重庆规划和自然资源年鉴 2020

重庆市规划和自然资源局 编纂

西南师范大学出版社
国家一级出版社 全国百佳图书出版单位

图书在版编目(CIP)数据

重庆规划和自然资源年鉴. 2020 / 重庆市规划和自然资源局编纂. — 重庆 : 西南师范大学出版社, 2020.12

ISBN 978-7-5697-0590-4

Ⅰ. ①重… Ⅱ. ①重… Ⅲ. ①城市规划 - 重庆 - 2020 - 年鉴②自然资源 - 资源管理 - 重庆 - 2020 - 年鉴 Ⅳ. ①TU984.719-54②F124.5-54

中国版本图书馆CIP数据核字(2020)第248851号

重庆规划和自然资源年鉴(2020)

CHONGQING GUIHUA HE ZIRAN ZIYUAN NIANJIAN(2020)

重庆市规划和自然资源局 编纂

责任编辑: 万珊珊
责任校对: 张昊越
装帧设计: 闰江文化
照　　排: 夏　洁
出版发行: 西南师范大学出版社
网　址:http://www.xscbs.com
地　址:重庆市北碚区天生路1号
邮　编:400715
电　话:023-68868624
经　　销: 新华书店
印　　刷: 重庆美惠彩色印刷有限公司
幅面尺寸: 210mm × 285mm
印　　张: 25.75
插　　页: 11
字　　数: 700千字
版　　次: 2020年12月 第1版
印　　次: 2020年12月 第1次印刷
书　　号: ISBN 978-7-5697-0590-4

定　　价: 198.00元

2019年重庆市规划和自然资源局领导班子

董建国　党组书记、局长
扈万泰　党组副书记、副局长(正厅局长级)
蒋宜茂　党组成员,市地质矿产勘查开发局党委书记、局长
张　远　党组成员、副局长
张　睿　副局长
黄　强　副局长、一级巡视员
黄　涛　党组成员、二级巡视员
韦　平　党组成员(副厅局长级)
曹春华　党组成员(副厅局长级)
文　星　党组成员、副局长
余　颖　党组成员(副厅局长级)
李德平　党组成员、市纪委监委驻局纪检监察组组长
韩列松　党组成员、副局长
桑东升　党组成员,市规划展览馆(市规划研究中心)馆长(主任)(副厅局长级)
田茂明　党组成员、二级巡视员
刘文琼　二级巡视员
苏孝金　二级巡视员

任职变动情况

党组成员、副局长:黄强(2019年12月免去局党组成员职务,任一级巡视员)
党组成员、副巡视员:黄涛(2019年6月套转为二级巡视员)
党组成员、副局长:王岳(2019年9月免去局党组成员、副局长职务)
党组成员、市纪委监委驻局纪检监察组组长:李德平(2019年8月任党组成员、市纪委监委驻局纪检监察组组长)
党组成员、副巡视员:田茂明(2019年6月套转为二级巡视员)
副巡视员:刘文琼(2019年6月套转为二级巡视员)
副巡视员:苏孝金(2019年6月套转为二级巡视员)
副巡视员:何旭炎(2019年5月退休)

《重庆规划和自然资源年鉴(2020)》

特约撰稿人员

张 立	黄 鸥	张艺扬	汪 航	林南江	章 明	丁 婷	江竹影	赵丽玥
吴 威	方 丽	李 阅	冯晓红	张 城	王志耕	田 昊	刘 睿	刘浩亮
金 睿	赵 萌	蔡雪红	张 彧	王榆林	罗应超	周 末	赵海燕	谢晓彤
唐本锋	戴志锋	张作保	杜兆辉	魏 强	周登祥	蒋 友	兰 博	喻 坤
李晓庆	杨海琳	彭 波	秦 溱	周红梅	关兴华	赵晓莹	傅 彦	王玉波
张 迪	张晨光	廖艳妮	潘小旋	吕 宁	宋 丹	涂泸丹	代 楠	肖艾华
刘冰游	袁国珊	张 文	梁 强	周晓凤	吴雯雯	朱莹莹	王小红	曹燕华
胡诗瑶	吴 斌	付永利	朱晓红	龙晓翔	张姝姝	张婉然	陈江红	李进财
孙 坤	朱建川	刘林甫	涂 华	何 灵	张 弛	涂 棪	唐伟杰	谢世海
任 艳	梁伟恒	张 敏	宋国民	陈 庆	左羽平	田国江	李豪桀	余欧阳
蒲克建	江红英	陈季忠	向富能	唐锦明	朱宏祥	徐 睿	代贵军	徐 杰
谭真红	冯智峰	丁雪芹	李 坤	王洪坤	曹让奎	马 超	黄玉才	曾思崎
陈 玮	吴 雁	赵佑东	梅 兵	李寿远	徐贤铭			

编辑说明

一、《重庆规划和自然资源年鉴(2020)》是重庆市规划和自然资源局主持编辑出版的具有政府公报性质的综合年鉴。2004年编辑出版首卷,2020年卷系总第17卷。按照“真实、全面、系统”的编辑原则,2020年卷如实记录2019年重庆市规划和自然资源系统重要资料信息和发展状况。

二、《重庆规划和自然资源年鉴(2020)》坚持以马克思列宁主义、毛泽东思想、邓小平理论、“三个代表”重要思想、科学发展观、习近平新时代中国特色社会主义思想为指导,坚持辩证唯物主义和历史唯物主义的立场、观点、方法,存真求实,全面、客观、系统地记载重庆市规划和自然资源各个领域的基本情况,反映年度重要事项与发展变化。

三、《重庆规划和自然资源年鉴(2020)》由图片要闻、特载、特辑、大事记、综合、调查测绘、规划、自然资源利用与保护、企事业单位(社团)、区县和附录组成。

四、为免累赘,凡直书月、日而未写年份即为2019年。

五、《重庆规划和自然资源年鉴(2020)》编辑始终得到市规划自然资源局党组的高度重视。市规划自然资源局各部门、各区县规划自然资源局、系统企事业单位(社团)积极撰稿,提供资料,使年鉴编辑工作得以顺利进行。在此深表谢忱。

六、卷中疏漏、错误之处,恳请读者原谅并予以校正。

10 月 19 日，2019 中国城市规划年会在渝召开，市政府市长唐良智在开幕式上致辞。

3 月 8 日，市政府副市长陆克华（中）出席 2019 年全市规划自然资源工作会议并做重要讲话。

10月30日，市政协副主席谭家玲视察渝中区地质灾害防治工作。（渝中区规划自然资源局提供）

4月18日，自然资源部副部长、党组成员凌月明到万州区调研地质灾害防治工作，查看江南新区翠屏山危岩带治理工程现场。（万州区规划自然资源局提供）

7 月 26 日，自然资源部副部长、党组成员库热西到南川区调研地质灾害防治工作。（南川区规划自然资源局提供）

10 月 10 日，自然资源部副部长、党组成员王广华一行实地检查指导重庆市第三次国土调查工作。（市调查监测院提供）

10 月 20 日，自然资源部副部长、党组成员赵龙，部空间规划局局长刘国洪，国家自然资源督察成都局局长董菊卉一行赴渝北区铜锣山，调研长江上游生态屏障（重庆段）山水林田湖草生态保护修复工程试点工作。（渝北区规划自然资源局提供）

4 月 17 日，自然资源部国土整治中心罗明副主任带队调研九龙坡山水林田湖草生态保护修复工程试点工作。（九龙坡区规划自然资源局提供）

10 月 24 日，自然资源部地质勘查管理司副司长薛佩煊一行到彭水县检查指导地质灾害防治工作。（彭水县规划自然资源局提供）

11 月 5 日，国家自然资源督察成都局领导到九龙坡区开展三调实地督查。（九龙坡区规划自然资源局提供）

10 月 19 日，2019 中国城市规划年会在重庆国际博览中心盛大开幕。

2 月 15 日，机构改革后重庆市规划和自然资源局新任局管干部集体向宪法宣誓。

7 月 1 日，市规划自然资源局党组举行庆祝建党 98 周年活动及党员代表大会。

3 月 22 日，市规划自然资源局党组成员、市地勘局局长蒋宜茂同志到彭水县调研指导地灾防治工作。（彭水县规划自然资源局提供）

7 月 16 日，市规划自然资源局党组成员、副局长张远赴江津区局走访调研“不忘初心、牢记使命”主题教育活动。（江津区规划自然资源局提供）

9 月 11 日，市规划自然资源局副局长张睿到九龙坡区规划自然资源局调研。（九龙坡区规划自然资源局提供）

4 月 22 日，市规划自然资源局党组成员、二级巡视员黄涛到重庆市勘测院调研党建工作开展情况。

7 月 27 日，市规划自然资源局党组成员、副局长韦平参加自然资源部页岩气资源勘查重点实验室第三届学术委员会第一次会议。（市地研院提供）

4 月 12 日，市规划自然资源局党组成员（副厅局长级）曹春华出席重庆全市域多源多尺度实景三维建设成果发布暨应用技术培训会。

5 月 5 日，市局党组成员余颖参加重庆规划和自然资源论坛。

6 月 4 日，市规划自然资源局党组成员、副局长韩列松到彭水调研指导矿山生态修复和绿色矿山建设工作。（彭水县规划自然资源局提供）

9 月 26 日，举办第一届“规划自然资源青年论坛”，庆祝中华人民共和国成立 70 周年。

目 录

区县

附录

特 载

重整行装再出发　攻坚克难求实效
规划自然资源工作开创新局面

2019年是市规划自然资源局全面履职的开局之年。一年来，在市委、市政府的坚强领导下，我们深学笃用习近平新时代中国特色社会主义思想，紧紧围绕把总书记殷殷嘱托全面落实在重庆大地上这条主线，以党的政治建设为统领，立足乡村振兴、城市提升两个基本面，聚焦“三大攻坚战”“八项行动计划”，紧扣“两统一”职责，重整行装再出发、攻坚克难求实效，干部职工精神状态昂扬向上，各项工作取得积极成效，荣获市级部门年度考核一等奖。

一、坚决扛起党建责任，纵深推进全面从严治党

全面落实新时代党的建设总要求，扎实推进党的各项建设高质量发展，不断提升党组织的创造力、凝聚力和战斗力。认真开展“不忘初心、牢记使命”主题教育。坚持学习教育、调查研究、检视问题、整改落实“四个轮子”一起转，组织“1+2+6”理论中心组学习29次，形成调研成果128项，整改突出问题302个，创新开展入党介绍人与党员谈心、“榜样面对面·优秀共产党员”等特色活动，得到中央和市委巡回指导组肯定。强化思想理论武装。制定《理论学习中心组学习制度》，组织党组中心组理论学习36次，举办庆祝建国70周年系列活动，用好“新时代红岩讲习所”“学习强国”“七一书院”、群众性读书、青年论坛等载体，推动党员干部系统学习习近平新时代中国特色社会主义思想，跟进学习习近平总书记最新重要讲话精神。严格落实意识形态工作责任制，出台《局新闻发布管理办法》等规范性文件，强化正向引领、阵地建设和舆情处置，充分展示了部门的良好形象。狠抓领导班子建设。坚持民主集中制，修订完善局党组会、局长办公会议事规则，严格“三重一大”集体决策制度，全年召开局党组会、局长办公会74次，局党组把方向、管大局、作决策、保落实作用有效发挥。班子成员间坦诚相见、合作共事，认真开展批评和自我批评，构成既讲原则又讲和谐的良好氛围，凝聚力、战斗力进一步提升。加强基层组织建设。大抓基层支部，制定《“三基”建设工作方案》，创建节约型机关、智能机关和规范化机关，开展局管干部领导力提升、党务及纪检干部培训，发展党员28人。坚持清单管理、定期提醒，扎实抓好履责情况报告、述责述廉、述责评议考核等制度落实，督促各党支部落实“三会一课”、主题党日等组织生活，8名党组织书记因评议未达“好”被取消年度考核“优秀”等次。持之以恒正风肃纪。制定深化落实全面从严治党主体责任工作清单，修订完善巡察制度，扎实开展形式主义、官僚主义集中整治，严格落实“基层减负年”要求，严肃查处违反“八项规定”等违规违纪行为，加强“以案四说”警示教育，干部作风和行政效能进一步提升，3个基层党组织、7名个人获市直机关先进。

二、增强政治机关意识，强力落实重大工作部署

牢记规划自然资源部门首先是政治机关，自觉把政治标准、政治要求贯彻到局系统党的建设和各项工作之中，以实际行动践行“两个维护”，兑现市委“三个确保”政治承诺。积极投身脱贫攻坚工作。深入“访深贫、促整改、督攻坚”，对18个深度贫困乡镇“定点包干”，中央脱贫攻坚专项巡视反馈39项任务全部完成整改销号。单列用地指标5.6平方千米，优先交易贫困区县地票28.8亿元，支持土地开发整理项目投资10亿元，争取增减挂钩跨省调剂资金9.9亿元，农房收储18156户，易地扶贫搬迁农房建新拆旧率大幅提高。扎实抓好重大督察整改。强力推进缙云山自然保护区生态环境综合整治，340宗违建基本整治到位。建立“领导小组+工作推进组”机制，整治违建别墅项目201个，走在全国前列。协同完成“大棚房”整治。推动中央环保督察、国务院大督查等整改取得实效。坚决贯彻落实市领导批示指示。全年办结陈敏尔书记、唐良智市长批示90件，430件人大建议、政协提案办理满意率100%。

三、强化规划战略引领，不断提高国土空间治理能力

坚持世界眼光、国际标准、重庆特色、高点定位，系统谋划推进全市国土空间规划体系，努力把总书记的重要指示要求落地落实。市级国土空间总体规划基本完成。立足“四个优势”，聚焦国际化、绿色化、智能化、人文化，以“一区两群”为骨架，深入谋划面向2035年的全市国土空间保护开发格局，促进成渝地区双城经济圈规划协同。35项专题研究和33个专项规划基本完成，市级形成新总规方案，璧山、潼南、綦江等区县形成试点成果。重点专项规划成果丰硕。深入开展重庆东站、长江文化艺术湾区、蔡家半岛、寸滩邮轮母港等重要片区规划，广阳岛片区总体规划、两江四岸核心区整体提升规划方案获批，历史文化名城保护、综合交通体系、民用机场布局、基础设施体系、主城都市区交通网络一体化等一批专项规划编制完成。高标准推进中国西部（重庆）科学城、礼嘉智慧公园、智博村等规划，塑造主城“H”形智能创新带。国土空间规划“一张图”加速形成。新一届市规委会组建运行，国土空间规划议事协调等制度框架基本形成。强化国土空间规划对各专项规划的指导约束作用，动态整合50余类专项规划200余个空间数据图层，基本建成市域尺度、详细规划深度的“多规合一”空间底图。高质量举办2019中国城市规划年会，充分展示了“山水之城·美丽之地”的独特魅力。

四、聚焦“三大攻坚战”“八项行动计划”，持续提升资源保障质量效益

落实“六稳”工作要求，用好增量、盘活存量，优先保障重大项目和实体经济用地需求，以资源利用方式转变推动经济高质量发展。完善土地储备制度。出台储备土地整治、考核办法，推动市级平台储备土地实质性划转，做好驻渝部队、国有企业土地资产专项清理，新增储备土地31.5万平方千米，发行土地储备专项债券501亿元，同比增加43%。有效保障重大项目落地。锚定国家、市级重点项目库，提前介入、定期调度，精简审批程序、加大报批频次，全市审批建设用地145平方千米，推动渝西水资源配置工程、渝万高铁等重大项目落地。高效集约配置土地资源。加大实体经济支持力度，出让工业用地24.8平方千米，同比增加27.5%；智能产业、新能源汽车、新型材料、生物医药等战略性新兴产业项目用地占比提高到68%；推动小康新能

源汽车、东湖高新、比亚迪新能源等项目落地。开展建设用地“增存挂钩”专项清理,处置批而未供土地4336公顷、闲置土地420公顷。加强矿产能源保障。聚焦特色效益和紧缺急需矿产,优化矿产资源勘查开发布局,新探获锰储量4089万吨,矿业权出让金入库14.76亿元,同比增加102%,建成绿色矿山101个。建筑碎石矿山布局加快落地,供需趋于平衡。涪陵、南川—彭水、荣昌—永川等区块页岩气“多点开花”,新产气73亿立方米,同比增加9.2%。

五、精准施策倾力支持,努力实现乡村让人们更向往

把乡村振兴作为服务支持“三农”工作的重中之重,进一步整合规划土地、资金、项目、人才等政策资源,精准发力、重点突破,促进乡村“五个振兴”。编制实用性村规划。印发乡村规划设计导则,选派规划师下乡,全面完成区县域村庄布局规划,精准投放村域“小挂钩”、点状用地、返乡创业等政策包,促进一二三产业融合发展,在全国村庄规划专题会议上交流经验。严格落实耕地资源保护政策。出台加强和改进永久基本农田保护工作的实施意见,加强耕地占补、平衡市场化调剂,开展储备补充耕地核查整改,补充耕地7270公顷,划定永久基本农田储备区3万公顷。激活乡村资源要素。全面完成大足区农村土地制度改革三项试点,农村集体经营性建设用地入市67公顷3.8亿元,农村宅基地“三权分置”改革试点平稳移交。完善农村产权交易体系,生态地票扩大到全市,新交易地票2001公顷60.7亿元、农村产权8004公顷7.9亿元。巴渝民宿获2019北京国际旅游博览会“最佳创意奖”。

六、推动产城景融合发展,努力实现城市让生活更美好

围绕两江四岸城市发展主轴,把好山好水好风光和历史文化元素融入城市规划建设,着力优化空间布局、完善功能配套,彰显山水之城、美丽之地的独特魅力。优化城市功能布局。构建综合配套成熟度评价体系,加强土地出让统筹,引导水土、西永、鹿角等新兴组团公共服务设施均衡布局,完成土地出让价款财政入库1929亿元。编制社区家园提升实施方案、普惠制幼儿园和中小学建筑设计导则,轨道与地面公交换乘站点衔接进一步优化。利用边角地新建成社区体育文化公园20个,被央视新闻联播报道。塑造山水形态之美。深化城市发展主轴、高度、密度、色彩等规划研究,推动两江四岸提质减量,主城区新出让住宅用地平均容积率同比下降18%。出台城市设计管理办法和编制导则,高标准规划长嘉汇大景区,分片分类推进九龙半岛、钓鱼嘴半岛、原重钢片区等重要地区城市设计,加强建筑屋顶、立面环境整治风貌提升专项规划指引,推进市规划展览馆迁建工程前期工作。规划街巷、滨江、山林等山城步道1万千米,串联山城江城特色要素。彰显人文气质之美。出台《加强历史文化保护传承规划和实施工作意见》,推进渝中半岛人文中心建设,推动大田湾—文化宫—大礼堂、山城巷、金刚碑等传统风貌街区保护修缮,增添城市“书卷气”“翰墨香”。

七、抓好国家试点工程示范,稳步推进生态保护和修复

以国家山水林田湖草生态保护修复工程试点为重要抓手,强化部门、区县联动,加强政策、技术创新,着力保护好重庆的好山好水,筑牢长江上游重要生态屏障。统筹山水林田湖草系统治理。生态修复国家级工程试点取得突出成效，中央后续奖补资金全额下发，获评市民最喜爱的十项改革第四名，经济日报、光明日报深度报道，渝北“巴渝乡愁”土地整治、九龙坡跳磴河综合治理工程入选自然资源部生态保护修复典型案例。完成长江经济带国土空间用途管制和纠错机制试点，强化江心岛生态留白，长江及支流两岸10千米范围内废弃露天矿山综合治理667公顷，实施土地综合整治6630公顷。编制实施主城区“四山”保护提升方案，取得阶段性成效。筑牢地质灾害防线。到位中央财政专项资金3.8亿元，加快建设国家重点省市地质灾害综合防治体系，完成50个重大地质灾害隐患点专业监测、124个大型工程治理项目。15907名“四重网格员”不畏艰险、驻守一线，对15415处隐患点全覆盖监测预警，成功预报处置112起，地质灾害灾险情同比减少23%。大力保护林草资源。开展国土绿化提升行动，完成营造林42.9万顷，森林覆盖率达50.1%。完善自然保护地体系，开展林长制试点，森林覆盖率指标横向交易顺利实施。

八、突出大数据智能化赋能，夯实规划自然资源管理基础

坚持以法治建设为保障，强化大数据、智能化创新和应用，着力完善规划自然资源管理体制机制，提升行政效能，改善服务营商环境。加强法治建设。扎实推进重庆市矿产资源管理条例、地质灾害防治条例等立法修订工作。清理规范性文件203件，制定规范性文件38件。推进土地例行督察、卫片执法整改，查处各类违法案件1622件，办理行政复议和应诉案件919件，局系统依法行政水平进一步提升。扎实开展国土三调。坚持国家立场、数据真实，综合运用卫星遥感、无人机、实地核查等手段，开展长江干流自然本底调查、生态旅游地质资源调查、设施农用地专题监测、自然保护地清理等调查监测。全国首个规划自然资源调查监测院挂牌成立。加强测绘地理信息建设。全面使用2000国家大地坐标系，获批省级卫星应用技术中心，时空大数据服务平台有效运行，实现市域多源多尺度实景三维模型全覆盖，公共服务能力进一步增强。推进重大科技创新。勘测院、调查监测院参研项目获国家科技进步奖一等奖1项，规划院、地研院、地理遥感信息中心等获市科技进步奖8项、国土资源科学技术奖3项、授权发明专利9项。云阳普安乡发现的新恐龙动物群，填补了恐龙演化序列空白。深化“放管服”改革。实现工程建设项目“一张蓝图”上生成、“一个平台”上审批，规划用地“多审合一、多证合一”，建设工程规划许可办理件次同比增加38%。深入走访民营企业，新解决工业厂房办证遗留问题56.4万平方米，精准帮扶长安、力帆等企业土地资源盘活纾困。不动产登记“三减、五优、一延伸”，实现登记、交易、缴税“一窗办理、即办即取”。

九、坚持严管厚爱相结合，全面加强干部队伍建设

强化局党组领导把关作用，着眼“选育管用”全链条，打造忠诚、干净、有担当的高素质专业化干部队伍。树立正确选人用人导向。印发《干部选拔任用工作暂行规定》，压实各层级管理主体责任，抓好新修订《党政领导干部选拔任用工作条例》落实，确立“实在、实干、实绩”用人标尺，坚持事业为上、依事择人、人岗相适，突出“该用谁而不是谁该用”，把好干部标准落到实处。统筹一体推进干部选任。坚持“全局一盘棋”，统筹兼顾系统各板块领导干部的发展平衡，激发干部干事创业活力。结合机关机构改革，妥善安排局机关处室和区县局338名领导干部；结合局属事业单位调整，任免领导干部178名；与远郊区县党委加强配合，完成9个区县28名领导干部的任免。落实公务员职务与职级并行制度，完成543名公务员和316名参公管理人员职级套转，84名市局机关干部和232名局属单位干部职级晋升，有效解决了部分临近退休和任职级时间较长人员的待遇问题。注重精准培养锻炼。围绕建立“源头培养、跟踪培养、全程培养”体系，加强优秀年轻干部和党外干部储备培养，向市委组织部推荐处级优秀年轻干部16名、科级优秀年轻干部14名，向市委统战部推荐党外优秀年轻干部6名、民主党派市委代表人士后备人选5名。突出机构改革强化融合要求，制定《2019年干部培训计划》，选派参加各类教育培训1000余人次，开展德国大数据培训班、浙江大学领导力培训班等培训37期，干部综合素质和业务能力进一步提升。加强选人用人监督。严肃工作纪律，坚决防止选人用人上的不正之风，严防“带病提拔”。深化核查机制，严把干部任前审核关，做到干部档案必审、个人有关事项报告必核、纪检监察机关的意见必听、有关信访举报必查“四个必”。健全审计、巡察等联动机制，推进全方位、多渠道、近距离考察干部，全年有8人受到诫勉谈话处理和取消优秀年轻干部推荐资格，6人因不符合任用条件未能提拔和进一步任用，切实做到了管在日常、严在经常。

2020年，我们将在市委、市政府坚强领导下，以习近平新时代中国特色社会主义思想为指导，牢记总书记殷殷嘱托，抢抓成渝地区双城经济圈建设重大战略机遇，大力发扬斗争精神、开拓精神、专业精神、敬业精神，只争朝夕，不负韶华，奋力推动规划自然资源事业迈上新台阶，为夺取疫情防控和经济社会发展双胜利做出新的更大贡献！

特辑

重庆规划和自然资源年鉴（2020）

在2019中国城市规划年会上的致辞

重庆市政府市长　唐良智

(2019年10月19日)

尊敬的各位领导、各位专家、女士们、先生们、朋友们:

大家上午好!

今天,来自国内外的规划领域的专家学者相聚重庆,共同出席2019中国城市规划年会,这必将为重庆新型城镇化建设聚智汇力,聚势赋能。在此我谨代表重庆市委、市政府,代表陈敏尔书记,对年会开幕表示衷心的祝福!对各位领导,各位专家的到来,表示热烈的欢迎!

习近平总书记深刻指出,城市规划在城市发展中起战略引领和刚性控制的重要作用,做好规划是任何一个城市发展的首要任务,规划科学是最大的效益,规划失误是最大的浪费,规划折腾是最大的忌讳。今年4月,总书记视察重庆时强调,要深化城市建设管理,优化空间布局,完善功能配套,彰显山水之城,美丽之地的独特魅力。总书记的殷殷嘱托,为我们提高城乡规划建设管理水平指明了方向,提供了遵循。重庆市集大城市、大农村、大山区、大库区为一体,资源禀赋独特,城乡形态丰富,历史文化悠久,经济社会发展富有活力。重庆市委、市政府高度重视城乡规划工作,今年来我们全面贯彻落实总书记在重庆提出的“两点”定位、“两地”“两高”目标,发挥“三个作用”的重要指示要求,精心编制国土空间规划,统筹推进乡村振兴和城市提升,着力构建主城区都市圈、渝东北三峡库区城镇群、渝东南武陵山区城镇群的“一区两群”区域协调发展格局,实施以“两江四岸”为主轴的城市有机更新,努力实现“城市让生活美好,乡村让人们更向往”的目标。

中国城市规划年会被誉为规划师的节日。举办20年来,始终关注城市规划的热点和城市发展的前沿,广邀国内外的知名专家学者和一线规划设计人员开展学术研讨,目前已经成为我国城市规划领域影响最大、水平最高、参与性最强的行业盛会,成为我国规划界交流往来的重要平台。本届年会聚焦“活力城乡,美好人居”主题,通过学术报告、专题会议、现场调研等多种方式,交流思想、分享经验,这既合乎城乡融合发展的趋势,又顺应人们对美好生活的向往,必将为我们带来一场推动高质量发展、创造高品质生活的思想盛宴。

各位领导,各位专家,重庆是一座山水之城,美丽之地,城在山水间,山水在城中。这里有山有水,依山伴水,显山露水,为规划师们提供了施展才华的广阔舞台,我们衷心地期待各位专家学者以这次年会为契机,走进重庆城乡,融入山水画卷,触发思想灵感,为重庆贡献更多的精妙创意,真知灼见,和我们一起把重庆规划建设得更加美好!让更多海内外的朋友们在这里“行千里·致广大”。

最后衷心祝愿2019中国城市规划年会取得圆满成功!衷心祝愿各位领导、各位嘉宾身体健康!工作顺利!

谢谢大家!

在2019中国城市规划年会上的致辞

自然资源部副部长、党组成员　赵龙

（2019年10月19日）

尊敬的唐良智市长，杨伟民主任，黄艳副部长，各位领导、各位同仁，大家上午好！

首先，我代表自然资源部，对中国城市规划年会的召开表示热烈的祝贺！规划年会是规划行业学术交流的盛会，大家会聚美丽的山城、江城重庆，集贤聚智，广泛交流，深入研讨，必将对我国国土空间规划事业改革发展产生积极深远的影响。在此，也预祝年会取得圆满成功！

党中央高度重视国土空间规划工作。习近平总书记多次强调："规划科学是最大的效益，规划失误是最大的浪费，规划折腾是最大的忌讳。"国土空间规划是国家空间治理体系和治理能力现代化的重要基础，是国家治理体系的重要组成部分。今年5月9日，中共中央国务院印发《关于建立国土空间规划体系并监督实施的若干意见》，对国土空间规划的指导思想、目标任务、总体要求、框架体系、实施监管、工作保障等做出规定，标志着我国新的国土空间规划体系"四梁八柱"已经形成，国土空间规划进入了新的时代。

做好新时代国土空间规划工作，必须把思想和行动统一到党中央的重大决策部署上来

新中国成立70年特别是改革开放40年来，各级各类空间规划在支撑城镇化快速发展、促进国土空间合理利用和有效保护方面发挥了积极作用。但也存在着规划类型过多、内容重叠冲突，审批流程复杂、周期过长，地方规划朝令夕改等问题。党中央、国务院把握时代要求，顺应人民期盼，坚持问题导向，做出了"建立国土空间规划体系并监督实施"的重大决策部署，将主体功能区规划、土地利用规划、城乡规划等空间规划融合为统一的国土空间规划，实现了"多规合一"。

"多规合一"的国土空间规划，以习近平新时代中国特色社会主义思想为指导，紧紧围绕统筹推进"五位一体"总体布局和协调推进"四个全面"战略布局，坚持新发展理念，坚持以人民为中心，坚持一切从实际出发，按照高质量发展要求，统筹布局生态、农业、城镇空间，推动形成绿色发展方式和生活方式，推进生态文明建设，建设美丽中国。

"多规合一"的国土空间规划，体现战略性，对空间发展做出战略性、系统性安排；提高科学性，实现人口资源环境与经济社会发展在空间上相适应；强化权威性，严格实施规划，规划一经批准，任何部门和个人不得随意修改、违规变更；加强协调性，统筹和综合平衡各相关领域的空间需求；注重操作性，确保规划能用、管用、好用。

"多规合一"的国土空间规划，明确了"五级三类"的规划框架，在纵向上，通过国家、省、市、县、乡镇五级规划，层层传递国家意志，保障国家重大战略落实落地；在横向上，加强总体规

划、详细规划、相关专项规划的协调衔接,以详细规划落实总体规划,以总体规划对专项规划进行指导和约束,以城市设计、乡村营造、大数据收集等手段提高规划水平,从而实现每一块土地都纳入空间规划管控,每一寸土地都规划得清清楚楚,进而形成生产空间集约高效、生活空间宜居适度、生态空间山清水秀,安全和谐、富有竞争力和可持续发展的国土空间格局。

党中央的决策部署充分表明,"多规合一"的国土空间规划,不是简单的"一二三叠加",更不是某一个规划"改头换面""摇身一变""新瓶装旧酒""穿新鞋走老路",而是国土空间规划体系的整体重构,是在"吸收、改革、提升"基础上的国土空间治理体系的系统重塑。"多规合一"后,没有"多",只有"一",不会再存在各类空间规划交叉重叠冲突,就是一本规划,一张蓝图,"一张蓝图绘到底"。

我们一定要把思想和行动统一到党中央决策部署上来。当前,目标已定,方向已明,摆在我们面前的是统一思想、不再争论;是三军用命、将士齐心;是脚踏实地、狠抓落实。国土空间规划是个新生事物,无论熟悉的还是不熟悉的领域,都要求我们摒弃惯性思维,探索创新,去迎接挑战,去拥抱新生事物,积极跟上时代前进的步伐。我们相信,只要坚持以习近平新时代中国特色社会主义思想为指导,紧紧围绕国土空间规划体系改革的方向、目标、任务、路径,凝心聚力,团结奋进,一定能够完成党中央交给我们的光荣使命。

做好新时代国土空间规划工作,必须坚持以人民为中心

规划是为人民服务的,规划做得好不好,最终要用人民群众满意不满意、高兴不高兴来衡量。当前,中国特色社会主义进入了新时代,社会主要矛盾已经转化为人民日益增长的美好生活需要和不平衡不充分的发展之间的矛盾。我们要顺应时代变化,将满足人民日益增长的美好生活需要作为国土空间规划工作的出发点和落脚点,"不忘初心,牢记使命"。

坚持以人民为中心编制实施国土空间规划,首先要落实国家战略。规划是一定历史时期空间政策的集中体现,只有紧扣时代主题,体现国家意志,顺应群众需要,规划才有旺盛的生命力。党的十八大以来,党中央相继做出统筹推进"五位一体"总体布局和协调推进"四个全面"战略布局,贯彻新发展理念,推动高质量发展,深入实施主体功能区战略、区域协调发展战略、乡村振兴战略等重大决策,部署实施京津冀协同发展、长江经济带发展、共建"一带一路"、粤港澳大湾区建设、长三角一体化发展、黄河流域生态保护和高质量发展等区域发展战略。这些重大战略的实施,本质就是引领经济社会高质量发展,着力提高人民的生活水平,是国家意志与人民期待高度契合的体现,需要通过国土空间规划来实施,并落地见效。

坚持以人民为中心编制实施国土空间规划,必须充分满足人民对美好生活的需要。人民群众的诉求是具体的、实在的。我国经济社会发展的空间结构正在发生深刻变化,人民对美好生活的需要日趋丰富多元,空间需求更加复杂多样。坚持以人民为中心编制规划,不是把"人"只当作统计意义上的"人口"来测算用地规模和配套设施,而是要以人的需要、人的感受、人的全面发展来安排好生产、生活、生态空间。既要从宏观层面推动产业发展,基础设施、公共服务等资源更加均衡、高效配置,也要从微观层面积极回应人民群众关心的教育、医疗、体

育、住房、养老、绿色开敞空间、社区生活圈、城市安全等诉求，从而最大限度地实现空间布局安全便利、舒适宜居、美丽有序，让人民群众生活在山清水秀、充满活力、温馨安宁的美好家园，切身感受到国土空间规划带来的获得感、安全感和幸福感。

坚持以人民为中心编制实施国土空间规划，要防止畸轻畸重，顾此失彼。不能一谈落实国家战略，就认为是“划三条红线”，忽视城市内部空间布局结构的科学优化、集约高效；也不能一谈满足人民群众多元丰富的空间需求，就认为可以放松自上而下的红线管控，片面地用以往的城市规划代替国土空间规划。要将落实国家战略与满足人民群众对美好生活的向往融为一体，做到宏观微观结合，实现国家利益与人民利益的高度统一。

做好新时代国土空间规划工作，必须结合地方实际体现地域特色

我国幅员辽阔、人口众多，各地区资源禀赋千差万别，发展阶段各不相同。国土空间规划不可能只有一种模式、一个定式。编制国土空间规划，既要体现全国一盘棋的思想，也要紧密结合地方实际，突出地域特色；既要强调统一性，也要体现多样性；既要层层落实国家意志，也要防止规划千篇一律。

编制国土空间规划，应当立足本地资源禀赋特点和经济社会发展实际，依据主体功能定位，突出地域特色，因地制宜规划本区域空间开发保护格局，制定差异化区域协同政策。要注重历史文化传承与积淀，保留城乡既有肌理脉络，推动实现城的繁荣、镇的舒适、村的恬静。

当前，我们正在按照“管什么就批什么”的原则，对规划审批制度进行改革，这其中既有简政放权，提高规划审批效率的考虑，更是为了赋予地方更多的空间决策自主权。地方更熟悉自身实际，更掌握本地特点，更了解人民需求。各地要切实负起责任，充分发挥主观能动性，努力编制出切合地方实际、体现地域特色的好规划，进而实现高质量发展，满足高品质生活，做到高水平治理。广大规划从业者，要深入实地、沉下身子，热情拥抱我们的土地，真切感受她的形态、质地、温度和脉搏，不能无的放矢、言之无物，更不能只居庙堂之高而不识江湖之远。

做好新时代国土空间规划工作，必须改进规划方法

目标一旦确立，就要解决桥和路的问题。规划方法就是实现规划目标的桥和路。国土空间规划的本质就是统筹解决空间布局的矛盾和冲突，这就要求我们集思广益，发现矛盾冲突，及时提出解决对策。要采取“专家指导、公众参与、政府决策”的工作方法，既要防止规划成为少数编制人员的规划，又要防止其成为长官意志的规划。

要充分发挥各领域专家的作用。国土空间规划涉及的领域广，综合性、专业性强，需要“专业的人做专业的事”。规划专家在其中要发挥重要作用，但这还远远不够，还要充分吸纳自然地理、生态环境、农林水利、产业布局、经济社会、历史人文等各领域专家的意见，特别是多听取熟悉当地实际、具有地方经验的专家学者的意见建议。要舍得多花点时间，进行充分的思想碰撞和多方案比较，在争论和碰撞中解决矛盾和分歧，形成最大共识。

要真心诚意听取公众意见。要让公众参与贯穿规划编制的全过程，改变过去征求意见流于形式、走走过场的形式主义陋习，充分尊重和

保障人民群众对空间发展决策的知情权、参与权、监督权,让规划更好地呼应民声、汇聚民智。要采取入户调查、交流互动、听证论证等多种形式,开通展览展示、媒体网络等丰富渠道,真心诚意听取群众意见,更重要的是采纳群众意见。规划成果要让人民群众听得懂、看得见、能提意见,要让基层干部能理解、能落实。

要完善行政决策程序。规划成果最终要由行政决策,各级政府要严格规范决策程序,在广泛听取专家意见,扩大公众参与度的基础上,对重大问题进行深入研究,对规划成果进行认真审查,审慎做出规划决策,确保编制出科学可操作的国土空间规划。

做好新时代国土空间规划,必须发挥好学会协会的支撑作用

学会、协会都是国土空间规划体系的重要组成部分,是推进国家空间治理体系和治理能力现代化的重要力量。希望学会、协会把握定位,聚焦主业,发挥智力智库和桥梁纽带作用,汇集成一支强大的支撑力量,为建立国土空间规划体系做出积极贡献。

要团结动员和组织规划行业工作者,按照"世界眼光、国际标准、中国特色、高点定位"的要求,深入研究建立国土空间规划体系并监督实施的重大问题,支撑国土空间规划编制审批体系、实施监督体系、法规政策体系、技术标准体系,推动中国特色国土空间规划体系理论实践的不断探索创新。要注重总结正反两方面的经验教训,借鉴国际先进规划理念和方法,加速培养符合新时代需求的规划人才队伍。

要最大程度凝聚社会力量,聚心聚力,形成多方合力;要广泛听取、及时反馈社会公众对规划领域不同的声音、诉求,在政府、行业、社会公众之间,架起通行顺畅的桥梁,形成紧密联系的纽带。

要进一步加强规划行业的引导,既要发挥好市场机制的作用,又要强化行业自律。最近,在规划编制任务委托中,一些地方出现不顾实际盲目攀比、铺张浪费、标的价格畸高、甚至哄抬价格等现象,要高度重视,及时纠正,督促广大会员恪守法规标准,守卫职业道德,履行社会责任,鼓励社会监督,树立行业良好的形象。

各位同仁,同志们,新使命呼唤新担当。让我们在以习近平新时代中国特色社会主义思想的指导下,进一步统一思想共识,凝聚行业力量,全力推动建立国土空间规划体系并监督实施各项工作,为促进国家空间治理体系和治理能力现代化,为实现"两个一百年"奋斗目标和中华民族伟大复兴中国梦做出新的更大贡献。

最后,再次预祝规划年会取得圆满成功,衷心祝愿美丽的重庆明天更美好!

谢谢大家!

在2019中国城市规划年会上的致辞

住房和城乡建设部副部长 黄艳

（2019年10月19日）

尊敬的唐良智市长，杨伟民主任，赵龙副部长，赵宝江副部长，诸位院士专家们，以及同行和同志们：

大家上午好！

今年是新中国成立70周年，我们满怀无比喜悦和自豪的心情观看了盛大的庆祝仪式，今天我们仍然带着这个心情齐聚重庆，中国城市规划年会今年的主题是“活力城乡，美好人居”。这个主题非常符合重庆这个独特而且充满活力和生机的城市。“活力城乡，美好人居”应该是在新时代高质量发展的要求下，城乡人居环境建设的目标和愿景，是继2018年年会主题“品质和共享”之后，又一次提出探讨高质量发展和人居环境的问题。为推进城乡高质量发展，构筑美好人居环境，具有十分重要的现实意义。

在这里，我代表主管部门祝贺大会胜利召开，也感谢重庆市政府的大力支持，感谢会议组织和筹办团队们辛苦的努力！

习近平总书记历来对城市规划建设管理工作高度重视，十八大以来多次做过重要指示和批示，为推进城市高质量发展和人居环境高品质建设工作指明了方向，提供了遵循。我们要认真贯彻落实习近平总书记重要指示精神，努力提高人居环境质量，体现党执政为民，一切以人民为中心的理念，来顺应人民群众对美好环境和幸福生活的新期待，来全力推动城乡人居环境的高质量发展，不断提升人民群众的幸福感、获得感和安全感。

借此机会，结合落实党中央国务院部署的重点工作和我部部分重点任务，我想从以人民为中心，以问题为导向，以社区为切入点三个方面，和大家一起探讨当前提高人居环境的质量的理念、方法和路径，也给大家提出一些期待。

一、以人民为中心，坚持改革创新，提高人居环境质量

习近平总书记指出，城市的核心是人，关键就是12个字：衣食住行，生老病死，安居乐业。以人为核心，是城市化进入“下半场”，城市高质量发展建设的出发点，既是初心、理念和情怀，更是一件件实实在在的工作。只有切切实实地深入了解人民群众的需求，了解人民群众所面临的老问题、新困难，以及对美好生活的新期待，我们才能跳出原有的主观思维路径。只有面对真实的人、城市、乡村，了解实实在在存在的规律，人和城市、环境的关联，供给和需求的差异，才能对我们画出的图，制定出的规则有真正的体验和认知，我们才能真正知道这些规划、政策和规则，哪里是有效的，哪里是低效和无效的，哪里是错误的。

习近平总书记指出，做好城市工作，要顺应城市工作新形势、改革发展新要求、人民群众新期待。如果说，在高速城市化的上半场，我们的重点是快速供给解决有无问题，那么，在高质量

城市化的下半场,我们必须要致力于为人民营造出美好环境和幸福生活。所以,面临新时代、新目标、新要求,不能靠老思想、老政策、老办法,必须要从根子上“改”、从实质上“变”,用改革创新来实现以人民为中心的初心。

2018年11月,中共中央、国务院印发了推动高质量发展的意见,要求加快城市建设管理制度创新和技术创新,提高城市发展建设质量和治理水平,建立城市建设管理和人居环境质量评价体系,对我们的工作提出了新的要求。

我们常说,规划师总是本着考虑长远利益、公共利益、整体利益做规划,注重公共环境、公共设施、公共安全,就是以人民为中心,是专业和行业的基本价值取向。但是,很多时候这种价值取向仅停留在概念上。我们并不了解实际情况和居民实际需要什么。

我在很多场合提到新加坡在城市规划建设管理中,最近所做的一些值得我们借鉴的工作:

例如,在城市整体层面,要在大尺度上了解不同人群的共性需求,新加坡重建局收集各类关于市民、设施、服务等方面的实时动态信息,在信息平台上分析城市中人群的活动和需求,研究在通勤、服务、市政、职住关联等方面的动态关系,精准找到很多需要改造和完善的城市设施和服务供给,以此制定出年度和近期建设规划和行动方案。

比如,发现城市人口年龄结构和分布发生明显变化,中心城区老龄化,郊区新市镇年轻小家庭化,以此制定调整过去按平均指标配置的公共服务设施,调整合并中心城区的基础教育资源,改造成为老年服务设施,并在住宅、公共环境上增加适老化改造的投入计划和行动。在郊区新市镇建设规划中,补充了托幼中小学校、丰富多样的商业文化中心、郊野公园,以适应年轻家庭的需要。

我多次讲这个例子就是想说明,以人民为中心的理念,要求我们这些城市专业技术人员和管理者要了解城市、了解城市变化规律,掌握不同人群的新需求,及时改善改造城市各类设施和环境,以适应和满足居民的需要。我们要改变工作思路、方式方法,真正把“以人为核心”的初心落实到工作中。

二、以问题为导向,认识并不断解决各类城市病和城市的短板,提高人居环境质量

十八大以来,习近平总书记多次指出要解决好“城市病”问题,要建设没有“城市病”的城市。在30多年高速城镇化的粗放扩张发展建设中,我们留下了大量的城市短板问题,客观上说这是阶段性问题,既有规划的问题,也有建设的问题和管理的问题;既有发展政绩观的问题,也有政策和专业技术问题。我们在座的专业技术和专业管理人员,不能把问题责任都推到市长、书记那里。

以问题为导向,首先要找到问题和找准问题,其实找到和找准问题很复杂、很难,必须要从现象到原因和根源,有宏观和整体问题、有局部和具体问题、有系统性问题、有重点问题。找到和找准问题,是我们解决问题、治疗城市病的基础和依据。

我结合部里目前的工作,给大家举几个找城市问题和短板的工作方法。

(一)“城市体检”工作

治病首先要体检,治理“城市病”,必须要认真深入地调查研究分析真正的城市问题和短板,这是一项非常综合、系统、多专业和跨专业的工作,因为城市本身就是一个庞大复杂的综

合系统,我们要透过“环境污染、交通拥堵、房价虚高、管理粗放”等城市病的现象,分析研究病因和病根,要针对性地开出治病的方子,有些是西医的办法,比如可能涉及提出要调整规划、制定建设计划补短板、增加投入解决重点关键问题;可能更多的是中医的办法,比如完善政策、法规和制度。

今年以来,我们在总结北京城市体检经验基础上,选取11个试点城市开展体检工作,清华大学,中科院,中规院,城市规划学会、协会都派出业务骨干协助各个城市查找城市病以及病因,对症下药,初步形成了一套评价指标体系和配套政策制度,明年还将进一步拓展试点范围。经过这两年的探索和实践,我们认识到这项工作是治理“城市病”的有效措施,紧扣解决人民群众关心的教育、医疗、养老、住房、交通、环境等突出问题,协助地方政府共同开展一些实实在在的调查研究和实践工作。

比如,目前国务院非常重视的基础性公共服务设施配套建设问题,我们在城市规划中有配套指标和控规要求,但是为什么目前包括托儿所、幼儿园在内的基础性公共服务配套设施还有如此大的缺口,其实问题很复杂,有规划的科学性问题,有配建过程中不落实的问题,等等,必须要建立常态性的体检,以结果为导向,督促各级政府补短板。

(二)“生态修复城市修补”工作

近几年部里开展的“生态修复城市修补”工作,是典型的针对城市问题和短板开展的工作,在座的很多同志都参与了。四年来,我们分三批试点城市,指导58个城市开展了生态修复城市修补工作,树立了三亚、徐州、景德镇、延安等一批样板城市,在推动资源枯竭型城市产业结构调整,加强城市自然生态、水系、绿地的修复,补足城市基础设施和公共服务短板等方面取得了显著成效。这种治理城市病的方法和措施,得到了所有城市政府、社会和市民的高度肯定,而且一大批规划和设计院、规划和设计人员参与了这项工作,积累了丰富的经验。总结这些试点城市的三个突出经验:

1. 针对试点城市突出的问题,因地制宜制定建设规划和行动方案,不能超出发展阶段和实际情况。

2. 城市政府整体统筹。针对问题,系统和整体地研究建设项目,制定建设规划,统筹项目库,改变了以往各部门各区分项目分资金的、碎片化的城市建设方式。比如城市生态环境是一个整体系统,修补项目是在生态系统整体规划上统筹安排的,科学性和有效性大大提高;城市基础设施、公共服务和公共环境的修补改造,围绕功能完善和居民意愿,系统制定建设规划和项目计划,城市改善提升的效率和效益大大提高。

3. 工作机制上,一把手牵头,部门协作,全面动员社会和市民,形成营造美好家园的氛围。技术单位和人员践行了从规划设计到建设实施再到运行管理的全过程服务。

目前,各地都在大力开展提升城市品质和改善人居环境的工作,我们正在总结“生态修复城市修补”的经验做法,将推广复制到这一轮城市品质提升和改善人居环境的工作中去。

三、以社区为切入点,通过老旧小区改造等城市更新改造工作,提高人居环境质量

社区是城市管理治理的基本单元,习近平总书记多次对深入推进社区治理创新,下好城市规划建设管理的“绣花功夫”提出了很高的要

求。在中央城市工作会上提出要加快老旧小区改造,不断完善城市管理和服务,让人民群众在城市生活得更方便更舒心。我国的城镇化率接近60%,城市发展建设模式已经从外延扩张向内涵提质转变,进入对存量提质增效阶段,城市建成区的改造完善,已经成为我们的主要工作任务。

今年6月19日,李克强总理主持召开国务院常务会议,部署了推进城镇老旧小区改造工作,要求重点改造建设小区水电气路及光纤等配套设施,有条件的可加装电梯,配建停车设施,同时在小区改造基础上,引导发展城市社区养老、扶幼、医疗、助餐、家政等城市服务业。这项工作涉及居民上亿人,量大面广,任务繁重。我部认真贯彻落实国务院部署,会同国家发展改革委、财政部等22个部门开展了全国范围的实地调研,中央政府加大了政策和资金支持的力度。我们启动了试点工作,明年还将在试点基础上全面推开。

老旧小区改造是民生、民心工程,也是发展工程,还是构建共建共治共享的社会治理格局的重要抓手,是城市有机更新、社区治理、改善人居环境工作的有效切入点。围绕老旧小区改造工作,大量的城市公共产品供给和管理服务都在社区这个城市最后一公里基层单元上被链接起来,如安全技防、快递接收、托幼配套、社区养老、停车场、社区活动场足球场、生活垃圾分类、水电暖气热信供给、海绵城市改造,等等。这里的每一项工作都是党中央关切的民生工程、群众关注的民心工程,是综合性、系统性工程,必须要有社区党建和社区治理组织的支撑,居民、社会专业机构和人员、市场等方面的共同参与。

所以,包括老旧小区改造的城市更新是今后一个长期持续的工作,老旧小区改造将是一个长期持续的工作,需要在座的同行们同志们,无论是在管理部门工作还是专业技术部门工作,都要改变工作思路和方式,深入社区,既要担任专业技术服务的角色,又要担任社会工作者的角色,在充分了解和尊重居民意见基础上,践行决策共谋、发展共建、建设共管、效果共评、成果共享的陪伴式服务,把政府计划和群众需求有机地结合起来,真正做到自上而下与自下而上的结合,提供高质量服务,改变管理方式。

除此之外,部里正在大力推动历史文化名城保护、城市设计等工作的改革,以落实中央对城市高质量发展建设的要求,希望大家本着开拓进取、改革创新的精神,积极参与。

中国城市规划年会已经举办多年,吸引了一大批从业者,要积极搭建维护好这个平台,落实好习近平总书记的指示精神,把最先进的理论,最新鲜的实践带到年会上来,和大家共享共议,促进城市可持续发展和人居环境的改善,实现活力城乡、美好人居的目标。

最后,预祝大会顺利成功,谢谢大家!

2019中国城市规划年会

10月19日，2019中国城市规划年会在重庆开幕。市委副书记、市长唐良智出席开幕式并致辞。联合国副秘书长、人居署执行主任沙里夫视频致辞。自然资源部副部长赵龙，住房城乡建设部副部长黄艳，全国政协经济委员会副主任杨伟民，中国城市规划学会顾问赵宝江，中国工程院院士吴志强、崔愷、孟建民，市领导杜黎明、潘毅琴、谭家玲等出席。

唐良智代表市委、市政府，代表陈敏尔书记，祝贺2019中国城市规划年会开幕，欢迎各位嘉宾的到来。他说，重庆集大城市、大农村、大山区、大库区于一体，自然禀赋独特，城乡形态丰富多彩，历史底蕴深厚，文化资源富集，经济社会发展充满活力。近年来，重庆牢记习近平总书记殷殷嘱托，精心编制国土空间规划，统筹推进乡村振兴和城市提升，着力构建主城区都市区、渝东北三峡库区城镇群、渝东南武陵山区城镇群"一区两群"协调发展格局，实施以"两江四岸"为主轴的城市有机更新，努力实现城市让生活更美好、乡村让人们更向往。中国城市规划年会是我国城市规划领域影响最大、水平最高的学术峰会和行业盛会，是我国规划界交流交往的重要平台。本次年会聚焦"活力城乡、美好人居"主题，契合城乡融合发展趋势，顺应人们对美好生活的向往，将为我们推动高质量发展、创造高品质生活带来思想的盛宴。期待各位专家学者以这次年会为契机，走进重庆城乡、融入山水画卷、触发思想灵感，为重庆贡献更多精妙创意、真知灼见，和我们一起把重庆规划建设得更加美好，让更多海内外朋友在这里"行千里·致广大"。

沙里夫在视频致辞中向与会嘉宾致以亲切问候，预祝2019中国城市规划年会圆满成功。她说，城镇化已成为21世纪变革性趋势之一，对住房、基础设施、基本公共服务、粮食安全、教育卫生等的可持续发展带来挑战。过去40年，中国经历了前所未有的城镇化进程，采取了一系列政策措施有效应对了可持续发展方面的挑战。中国城市规划设计的理论和实践，对其他国家具有良好的借鉴意义。作为联合国负责城市事务的机构，联合国人居署的宗旨是在社会和环境方面促进人类住区的可持续发展。我们将通过知识分享、政策建议、技术支持和协作行动，助推中国城市可持续发展。

赵龙、黄艳和中国城市规划学会理事长孙安军分别致辞。

据悉，本次年会由中国城市规划学会、重庆市人民政府共同主办，将举办多场主旨报告、学术对话、特别对话等，集中展示规划领域的最新研究成果。参会院士专家将围绕"生态优先绿色发展背景下山水之城美丽之地建设"等多个议题进行探讨和调研，为重庆城乡规划建设建言献策。

以下是大会报告观点集锦。

共绘高质量发展蓝图　共创高品质美好生活

潘毅琴：重庆市人民政府副市长、党组成员

潘毅琴副市长指出,重庆紧紧围绕习近平总书记重要指示要求,深入学习习近平总书记亲自审定的北京、雄安新区等总规编制理念和方法,坚持世界眼光、国际标准、重庆特色、高点定位,聚焦国际化、绿色化、智能化、人文化,按照“干五年、看十年、谋划三十年”的总体要求,深入实施城市提升行动计划,统筹推进乡村振兴,着力打造山水城市、培育特色小镇、建设美丽乡村,让城乡建设展现大山大江大资源格局、彰显大城大美大人文精神,努力实现城市让生活更美好、乡村让人们更向往。

潘毅琴副市长系统介绍魅力重庆的高质量发展蓝图以及共创美好生活的实践,她对重庆城市建设实践总结道,一是尊重城市发展规律,构建“一区两群”网络城市格局;二是立足自然资源禀赋,塑造山水之城美丽之地的特色风貌;三是围绕没有“城市病”的城市,优化公共服务和基础设施体系;四是注重历史文脉传承,提升巴渝大地“书香气、文化范”;五是突出大数据智能化,集中力量建设“智造重镇”“智慧名城”。

最后,潘毅琴副市长表示,重庆集大城市、大农村、大山区、大库区于一体,具有好山好水的自然基础,特别是作为全国首个省级统筹城乡综合配套改革试验区,是打造“活力城乡、美好人居”的绝佳试验田。

完善空间治理　促进城市化健康发展

杨伟民:全国政协常委、经济委员会副主任

杨伟民副主任从以下三个方面对城市化在城市发展中发挥的重要作用进行了详细阐述。

第一,把城市化作为城市持续增长的重要动力。

城市化是一个自然历史的发展过程,近代城市化和工业化相伴相行,共同构成了近代以来经济发展的持久动力。“十五”计划首次提出实施城镇化战略。之后的二十年,大量农民进入城市就业,城市发展迅速。但城市化发展中也存在一系列的问题,如:经济与人口失衡;财力与人口失衡;土地与人口失衡;经济和人口与资源环境承载能力失衡。这四大失衡最终反映为生产与消费的失衡,即生产多,消费少。

第二,把城市群作为推进城市化的主体形态。

杨伟民副主任认为,无论是发展小城镇还是大城市,都应该放在特定的空间才有意义,在城市化地区应该发展以特大城市为龙头的城市群,在农产品出产区应该点状发展一些城镇。

“十一五”规划纲要进一步提出要把城市群作为推进城市化的主体形态。党中央先后提出京津冀协同发展,粤港澳大湾区、长三角一体化发展等国家战略,要推动这些地区成为引领高质量发展的重要动力源。因此在中国经济走向高质量发展的阶段,在城市化的空间形态上,必须旗帜鲜明地把城市群作为城市化的主体形态,并完善相关政策和规划。

第三,把空间治理作为城市治理的重要方式。

杨伟民副主任认为国家治理体系不仅包括自上而下的纵向治理,也包括在一定空间单元统筹上一级政府各部门、各方面目标要求的空间治理。他指出,空间治理是以空间均衡为目的,以空间发展为对象,以主体功能为依据,以承载能力为底线,以空间规划为准则,以控制开发强度和优化空间结构为手段,以政府、企业、居民、社会组织为治理主体的一种治理方式。

让城乡因我们更美好

庄少勤:自然资源部总规划师

庄少勤总规划师以“网红城市”重庆为例,作为规划工作者与作为普通游客,他们的体会是否相符呢?规划工作者该如何感知城市的活力和美好,如何谋划城市美好的未来呢?庄少勤总规划师指出,我们习以为常的专业知识和经验或许只能认知冰山一角,而空间问题还包括时间问题、行为问题、关系问题。

在传统工业化视角下,出现了很多方法与问题不匹配的情况。例如,空间治理问题被降维为空间建设问题,生产生活问题被降维为空间区划问题,品质结构问题被降维为规模数量问题,个性体验问题被降维为宏观统计问题,国土空间规划被降维为三线划定规划。对此,庄少勤总规划师强调,城市是有温度的,而“我们”不应该是冰冷的。国土是文明的载体,文明是自然的后代。国土空间规划是要协调“时空人事”的关系,即考虑所处之迹、所在之地、相关利益与空间关系这四个方面,才能构成一个完整的国土空间规划。

我们能否把握新时代的脉搏?我们是否能有效建立与现时代匹配的规划体系?我们能否让新时代更美好?针对这些问题,庄少勤总规划师给出了自己的思考。

要理解新时代,首先要把握城镇化的脉搏。从工业文明到生态文明,驱动要素越多,变化越快,不确定性越大。而我们恰恰通过规划来驾驭这种不确定性。

生态文明新时代需要与之匹配的时空秩序来支撑。在生态文明新时代,我们要走新路,坚持新发展理念,坚持生态优先、绿色发展;在高质量发展阶段,我们要守初心,坚持以人民为中心,让人民有获得感、幸福感、安全感;在现代化治理新要求下,我们要接地气,坚持一切从实际出发,做能用、管用、好用的规划。

规划体系的重构由技术体系向治理体系转变。在规划中我们强调目标导向、问题导向、运行导向。多规合一不是规划的拼凑,而是要突出数据、标准、平台、制度的四个统一,融合战略综合、技术系统、政策操作的三方面优势。我们希望未来的规划是一种可感知、能学习、善治理、自适应的智慧规划。

我们正面临当前生态文明新时代、不确定性时代、数字化时代等新时代、新机缘。作为规划从业者,我们要有自信,同时要从工程思维转到生态思维。规划工作者应该成为全球生态文明建设的重要参与者、贡献者、引领者,让城乡因规划而更美丽,让规划因我们而更美好。

新时代北京规划的实践探索

施卫良:中国城市规划学会副理事长,北京市城市规划设计研究院院长、教授级高工

施卫良院长指出城市发展和空间治理进入了新时代。从历史视角与时代使命来看,城市规划对城市发展起到战略引领作用。首都经历了“生产性城市、人口和功能聚集发展”到“弱化经济职能、以资源环境为约束发展”的过程。北京逐步从“依托旧城向四郊发展” 转向为“一核两翼”的发展战略。

同国内外特大城市一样,首都在快速发展中也面临着严峻的人口资源环境压力。转变发展方式、优化经济结构、转换增长动力,实现自我约束下的高质量和品质生活,成为新时代建设和发展的重要战略性任务。国土空间规划通

过国土空间资源的配置、管控，在国土空间开发保护中发挥战略引领和刚性管控作用，推动、促进、保障甚至在一定程度上“倒逼”发展方式的转变。

面临规划实践中长期存在的问题，首都治理方式从“九龙治水”到“多规合一”，以促进治理体系和治理能力现代化，形成了北京国土空间规划体系的“四梁八柱”，“三级三类”北京规划体系。

施卫良院长分别以北京分区规划(区级国土空间规划)、北京市朝阳区王四营乡规划实施单元、北京城市体检案例和北京城乡规划条例为案例介绍了北京规划在编制体系、实施体系、监督体系和保障体系方面的时代创新。他指出，北京的编制体系强调刚性传导、全域管控的编制理念；实施体系强调从空间维度的管控延伸到时间维度的实施引导，构建“总体规划-近期建设规划和年度实施计划-规划实施单元-项目规划综合实施方案”的规划实施管理机制；监督体系强调过程监测和预警调控；北京提出“法规政策—管理制度—技术标准—信息平台”的规划实施保障体系。

论空间规划的内核逻辑

吴志强：中国城市规划学会副理事长，同济大学副校长，中国工程院院士

吴志强院士从六个层面阐释空间规划的基本逻辑：

空间规划第一逻辑：生命逻辑，空间支撑生命永续，发展不可损伤底线。文明是一种生命发育，文明发展形成一种主体与环境的交互生态，生态文明更需要生态环境作为生命支撑。吴志强院士强调，国家空间规划体系的架构是一个国家现代化的重要里程碑；国家空间规划体系是防止和解决国家生态灾难，实现永续发展的必要和有效手段。

空间规划第二逻辑：蔓延逻辑，现代理性的点面蔓延，城市在前，国域满开。国家空间规划从点入手，都是以城市为点状发展的，形成村域、乡域、县域、市域、省域、区域、国域7个层面。吴志强院士以德国、美国建立国家空间现代规划体系为例指出，城市规划是一个国家空间现代化的先导，是一个国家空间规划的点状发源，国家空间规划则是一个国家空间治理由点到面的全面现代化的结果。国土空间规划体系是一个国家现代化不可缺失的现代理性重要组成部分。

空间规划第三逻辑：永续逻辑，经济、社会、生态三元互动才能支撑空间规划永续发展，这三支力量不是平行的，而是相互转换互为支撑的，空间规划的水平在于三个相位活力的搭接水平。

空间规划第四逻辑：四维逻辑，时间是第一向量。如果建筑学是将三维建成作为成果的话，规划则是把三维建成作为生命的开始。

空间规划第五逻辑：腰部逻辑，市场涌现与社会协同的双力平衡腰点。吴志强院士以德国、日本、美国、北欧国家、英国典型国家的上下平衡、中央集权、底部决定、公众参与、完善的空间规划法律法规体系为例来阐释这一逻辑，指出自上而下的政府调整和自下而上的市场动力的连接腰部是决定一个空间规划成功的关键部分。

空间规划第六逻辑：规划闭环递升逻辑，空间域变，规划本留。欧洲从20世纪90年代就开始做跨国规划，目前，一带一路也在做。市域层的空间规划已经做了管理体系、学科体系、技术体系、教育体系、人才体系的积累，向上可以外溢到省、区域、国家，向下可以外溢到县乡村镇，所以规划空间对象可以不断延伸。

吴志强院士强调，空间规划的前半部是不同层面的域的定语，回顾规划学科发展历史的过程，规划才是主体词。虽然学科知识不断扩充、多学科不断交叉融入规划，但是规划就要回归本质：即规划目标、路径选择、发展动力、监测评估、修正优化。不管域怎么变化，最后主题是规划。

国土空间规划的“双评价”：理论与方法

樊 杰：中国城市规划学会副理事长，中国科学院战略研究院副院长、研究员

樊杰副院长围绕资源环境承载能力和国土空间开发适宜性评价，分享了截至目前编制过程中的最新理论和技术成果。

樊杰副院长指出，“双评价”的理论和方法即是对地域功能形成机理、分布格局演变特征、空间组织规律的科学认知。地域功能结构呈现分类化、体系化、复合化、动态变化等一系列特点。将上位大尺度确定的主体功能有效地进行空间降尺度传导是工作中面临的重要挑战。

在承载力方面，樊杰副院长认为，影响大尺度地域功能生成和空间结构演变的首要条件是综合自然条件，包括资源、环境、生态、灾害。与此同时，自然承载力还体现为3种形态，即原值、余量和潜力。

在适应性方面，樊杰副院长提出了评价公式：地域功能适应性 = k×自然承载力，其中k值主要是地域单元所处的空间位置，k值越大，越接近合理确定国土空间开发保护格局的充分条件；较小的取值可以为规划者留有余地。

樊杰副院长指出，未来，国土空间规划可以从技术角度大体分为两大类型：一是区域性国土空间规划，即大于城市市区的空间尺度需要“双评价”为基础，其作用是显著的；二是在居民点建成区内的总体规划——“双评价”的基础作用有限。

就双评价方法而言，樊杰副院长指出，新版技术指南结合“生态优先、科学客观、因地制宜、简洁实用”的评价原则——将原先平行展开的生态、农业、城镇三类功能区评价，调整为首先开展生态保护重要性评价，再开展农业城镇评价；结合需求增补评价内容，将农业生产进一步细化为种植业、畜牧业和渔业，增加了承载规模的测算。适当简化评价流程。在技术规程上，编制过程紧扣评价目标与原则，并在技术流程上提出工作准备、单项评价、集成评价、综合分析四个步骤。

最后，樊杰副院长总结道，提高空间治理水平须坚定不移地走空间治理法制化道路，着力提升空间治理的科学化水平。是否从自然要素指向的双评价，拓展为人（才）区位指向和空间均衡为主要驱动力的科学分析与认知，是未来工作面对的重要议题。

存量发展中的城市设计——跨界思考与实践

崔 愷：中国城市规划学会常务理事，中国建筑设计研究院有限公司总建筑师，中国工程院院士

当前，我们国家已经进入存量发展阶段，跨界设计越来越多，崔愷院士介绍了他自己的一些实践和思考。

崔愷院士指出,这些年中央对城市工作做出一系列指示,以及从存量发展中加入了城市设计这一重要环节,建筑师不应该像以前那样独善其身,只做自己的小作品,而应该从提升城市环境,织补城市空间中调整以往的城市规划,甚至在未来的发展中尝试一种新的集约型发展。

就提升而言,崔愷院士以王府井步行街综合提升为例,指出从小事做起,对城市环境的提升非常重要。城市是复杂的系统,在更新中可以看到不同时期的历史遗存,具有丰富性。

就织补而言,崔愷院士以海口骑楼老街为例指出,城市更新要增加新的功能,又要保持历史街区某一种基本逻辑,同时还要使建筑上还有有机更新的机会。

就调整而言,崔愷院士以四川仁寿为例指出,规划的形态要与城市的发展有机融合。

就集约而言,崔愷院士以河北邢台邢东片区规划为例探讨在空间总体规划的理念下,城市发展不再是争大量的土地、铺路网,而是互相之间形成组团式的交通网络,建设一片,成熟一片。

最后,崔愷院士提出,创造美好环境,推动城市高质量发展,既需要自上而下的空间规划管控,也需要自下而上的精心设计创作,更需要找到两者互动、联动和有机融合的办法及机制。

城区总设计师制的思考与实践

孟建民:中国城市规划学会常务理事,深圳市建筑设计研究总院有限公司总建筑师,中国工程院院士

孟建民院士阐述了总设计师制的产生背景和历史渊源,介绍了总设计师制的四种模式,分享了其团队在深圳湾超级总部基地总设计师制的实践,以及对总设计师制未来的展望。

在城镇化快速推进的进程中,出现了形形色色的“奇葩建筑”,不断冲击社会公众的审美底线。习近平总书记指出,城市建筑贪大、媚洋、求怪等乱象由来已久,这是典型的缺乏文化自信的表现。在传统的城市规划建设管理体系中,通过“一书两证”对城市规划和城市设计进行刚性管控;在传统的工作平台机制中,各职能部门是直线式运行,行政对企业进行刚性管控,沟通难度大。我们并不缺少优秀的设计方案,而是缺少实施方案的有效机制。

从世界城市和建筑的发展史上看,总设计师制并不陌生。孟建民院士分享了1851年奥斯曼的巴黎城市改造、1951年柯布西耶的昌迪加尔城市规划、2011年比森特·瓜里亚尔特的巴塞罗那市总规划等国际案例,以及1992年齐康的苏州干将路沿线改造、1991年张锦秋的西安钟鼓楼广场、2012年张锦秋的西安临潼华清宫广场、何镜堂的地区规划传承岭南文化等国内案例。

孟建民院士把它们归纳成四种模式,即城市总规划师制度、城市总设计师制度、城区总设计师制度、街区建筑师制度。

城市总规划师制度,组织编制城市总体规划及相关专题研究,为城市发展战略、功能分区、重大基础设施布局、交通发展方式等工作进行整体把控。

城市总设计师制度,跟踪城市规划动态,对整体城市设计方案、三维立体空间、城市风貌、城市建设的物质空间及其品质进行把控。

城区总设计师制度,在城市分区与重点片区的城市设计层面,以公共利益为导向,搭建多元参与协调平台,倡导全专业广泛参与到设计、实施、运维等全过程管理层面，进行全要素把控。

街区建筑师制度，提供设计与管控一体化服务，对街坊单元进行整体设计以保证街坊集约节约利用有限的资源，以上层规划为依据编制相关导则进行精细化要点把控。

孟建民院士分享了其团队在深圳湾超级总部基地总设计师制的实践，这在分类上属于城区总设计师制度。展望总设计师制的未来，孟建民院士提出：核心是站在未来，思考现在。在未来视角下，在城市统筹的基础上反向指导城市设计。

受抑制的服务业——城乡规划和人口空间分布的影响

陆 铭：上海交通大学特聘教授，中国发展研究院执行院长

陆铭教授从人性特性说起，指出人们收入水平提高后，必然会消费更多、更高质量和更多样性的服务。服务业在互动中产生，不可运输、不可储藏。服务业的这一特性推动了城市化以及人口向大城市以及市中心集聚，在世界上的一些超大城市，出现了人口重新回归中心城区的现象。在世界范围内，随着城市化的提高，服务业的就业和GDP占比提高。大城市的服务业就业占比高于小城市。而在城市内部，以上海的餐馆为例，人口密度高的地方的服务业（餐馆）分布多，质量高，更具多样性。

中国改革开放四十年中，服务业发展越来越重要。未来，服务业在GDP中的占比还将持续提高。当今结构性调整面临的问题与服务业受到抑制相关，消费需求不足、人民福利受损，在国际比较视野下，中国的服务业发展偏低约10个百分点。究其原因，这与中国的政策有关。户籍制度仍然在限制城市化；中国控制大型城市的人口流入，土地配置更倾向中西部的中心城市；在城市内部，人口向郊区疏散，限制中心城区开发，限制中心城区的住宅用地比率，限制容积率，封墙堵洞、拆违、打击群租。这些政策均使人口导向低密度地区，土地供应快速增长导致城市建成区的人口密度快速下降，城市内部外来移民融入难，抑制了他们的服务消费。根据陆铭团队的研究，上述因素共同导致了服务业受抑制，如果将政策性的扭曲减少，则中国的服务业占GDP比例可以提高至少3个百分点。

特别值得一提的是，人们普遍认为城市中心城区的人口疏散可以医治“城市病”。以北京为例，北京中心城区人口比重下降，地块更新增加了通勤距离。通过大数据的分析，陆铭教授的团队研究发现，相对于不受地块更新影响的居民，地块更新会使周边受到影响的居民更换通勤起点的概率平均高3.15%，通勤起点距市中心的距离变动平均增加，通勤距离增加达到研究样本中平均通勤距离的7.3%。

最后，根据人口集中向城市，特别是高密度的大城市和城市的中心集中，以及服务业占比逐步提高的客观规律，陆铭教授建议，减少用行政手段干预人口空间分布。当前，户籍制度限制了人口从农村向城市迁移，尤其影响到了接近3亿的在城市里面没有本地户籍的外来移民的消费，因此，应加快户籍制度改革。另外，在城市建设用地里，过去大范围快速城市扩张，导致城市建成区的人口密度急剧下降，同时，大量中小城市面积扩张过快，这对中国未来经济可持续增长和产业结构优化升级会产生持续的负面影响，应予以纠正。另外，要谨慎对待城市人口向郊区疏散,要认识到世界范围内中心城区集聚服务业以及人口重新回归中心城区现象背后的客观规律。

包容共享、显隐互鉴、宜居可期——城市活力的历史图景和当代营造

王建国:中国城市规划学会副理事长,东南大学城市设计研究中心主任,中国工程院院士

王建国院士的报告围绕五个方面展开。

一、中国城市建设和发展的新趋势

新时代下,中国特色社会主义新时代主要社会矛盾发生转变,中央乡村振兴战略将城乡融合、消除二元隔阂提上日程,与此同时城镇化进程进入“下半场”阶段。

二、开放包容:城市活力的历史图景

历史地看,城市活力是城市健康成长、持续激发正向社会演进动能的本源之一。今天,一个城市是否有活力已成为城市竞争力比较重要的尺度,是社会民主的载体,也渗透着社区精神的记忆。与此同时,学术界对城市活力的专业关注由来已久。此外,城市更新过程中的乡绅化现象同样值得关注。

三、显隐互鉴:城市活力的当代呈现

城市活力可以分为显性和隐形两种类型。显性活力即直接可以具身感知到的活力,隐性活力即“万物互联”的背景下呈现的城市活力新形态。营造“显隐互鉴”的城市活力要做到三个“适”——适时:关注城市的不同历史背景、阶段和状况;适群:主导特定活动场所适宜人群;适度:把握不同阶层、不同年龄段、兼顾狭义活力和广义活力的“合理融合”。

四、宜居可期:城市活力的当代营造

基于规划师和设计师角度,发言中提出五种城市设计的途径:尺度宜小、节奏宜慢;杂而不乱,喧而不闹,动静相宜;关注自发、自愿、自主、自为的城市活力;以他者身份留意、观察、注视城市活动和景观;营造场所感使城市活力获得质量并持之久远。

五、走向显隐活力共构的宜居城市

最后,王教授从三个方面总结了今天的发言:在观念上正确把握城市发展建设决策主体介入的“度”和“实效性”;把握好“显性活力”营造的当代规划设计途径,在可控范围内建构局地“熟人社会”;特别关注新数据环境下的“隐形活力”营造。

大事记

重庆规划和自然资源年鉴（2020）

2019年规划和自然资源大事记

1月4日 重庆市规划和自然资源档案馆数字档案馆正式获批“全国示范数字档案馆”。

1月9日 重庆市规划和自然资源调查监测院“基于三维实景模型的建筑物变化自动检测方法及其系统”获发明专利授权。

1月10日 兴营煤矿采矿权退出,重庆市自然保护区内95宗矿业权实现全部退出,圆满完成中央环保督察组提出的整改任务。

1月11日 “不动产登记+金融服务”率先在主城区运行,不动产抵押登记实现“不见面”办理。

1月18日 重庆首批边角地修建的社区体育文化公园正式交付使用。

2月2日 万州区罗田镇、涪陵区青羊镇、江津区吴滩镇、江津区石蟆镇和酉阳土家族苗族自治县龚滩镇获批“中国历史文化名镇”。

3月1日 开展学习贯彻习近平总书记关于扶贫工作重要论述宣讲报告会,市委宣讲团来局宣讲。

3月2日 重庆市规划和自然资源局主办,重庆市规划和自然资源调查监测院主承办的“重庆规划和自然资源论坛”正式开讲,全年共举办十期。

3月19日 重庆市规划和自然资源局举办首届科普讲解大赛。

5月7日 重庆土地质量地质调查重点实验室创新平台建设验收。

6月17日 重庆市规划和自然资源局举办“不忘初心、牢记使命”主题教育宣讲会,市委宣讲团来局做报告。

6月21日 重庆市规划展览馆宣讲员在2019年全国科普讲解大赛上喜获佳绩,荣获全国三等奖。

6月25日 中共重庆市规划和自然资源局党组举办第一届“规划自然资源青年论坛”。

6月28日 2019年全国规划院长工作会议在重庆召开。

7月15日 中央第四生态环境保护督察组到重庆市规划和自然资源局进行走访问询。

7月26日 2019中国地理信息产业大会表彰重庆市地理信息中心3项地理信息科技进步奖和3项地理信息优秀工程奖。

8月22日 自然资源重庆市卫星应用技术中心正式获批建设,成为自然资源部批准建立的21个省级卫星应用技术中心之一。

8月28日 首届中国智慧城市大数据开放创新应用大赛颁奖典礼在重庆国际博览中心举行,市规划院空间规划大数据应用重庆市工程研究中心组队“udd66”参赛并荣获大赛“最佳团队奖”。

9月20日 2019年中国名城委西南片区会在重庆涪陵区顺利召开。

9月29日 重庆市第三批历史建筑名录正式公布,共有130处老建筑入选该名录。

10月19—21日 2019中国城市规划年会在重庆国际博览中心召开。来自全国各地业界学界代表围绕“活力城乡 美好人居”主题分享城市规划智慧和经验。

11月26日 在2019年中国技能大赛第六届全国测绘地理信息行业职业技能竞赛总决赛

上,重庆代表队喜获团体第二名佳绩。

12月18日 重庆市勘测院、重庆市规划和自然资源调查监测院参与完成的“中国高精度数字高程基准建立的关键技术及推广应用”荣获国家科学技术进步奖一等奖。

12月30日 国家地质灾害自动化监测技术创新平台培育基地通过自然资源部评估验收。

12月30日 重庆市全面实行不动产登记、交易和缴税“一窗办理、即办即取”。

综合

重庆规划和自然资源年鉴（2020）

党的建设

【概况】

2019年,局党组坚持以习近平新时代中国特色社会主义思想为指导,深入贯彻党的十九大精神,全面落实新时代党的建设总要求,以党的政治建设为统领,扎实推进党的各项建设高质量发展,着力提升党组织的创造力、凝聚力和战斗力,充分调动党员干部干事创业的积极性、主动性、创造性,为规划自然资源事业发展提供坚强政治保证。

【政治建设】

局党组坚决贯彻落实《中共中央关于加强党的政治建设的意见》,强化"政治机关"意识,把旗帜鲜明讲政治作为根本要求。深刻把握"两个维护"的内涵要求,坚决维护以习近平同志为核心的党中央权威。加强政治引领,组织学习宣传贯彻习近平总书记视察重庆重要讲话精神、党的十九届四中全会精神等,制定局系统工作方案,开展中心组研讨,抓好集中宣讲和支部学习,教育引导党员干部提高认识、强化认同。

全面落实习近平总书记重要指示要求,自觉履行党中央赋予的"两个统一行使"职能,着力推动生态文明建设。抓好习近平总书记关于规划自然资源领域的重要指示批示精神,统筹推进缙云山、农村"大棚房"、违建别墅等整治工作。坚持贯彻落实习近平生态文明思想,在城市规划建设中以自然为美,坚持产城景融合发展。抓好中央脱贫攻坚专项巡视反馈意见整改工作,交办的39项整改任务全部完成。

坚持把学习和遵守党章作为基础性经常性工作来抓,做到深学细照笃行。认真落实党内政治生活有关制度,严格执行民主集中制,坚持"三重一大"事项集体决策。坚决做到"五个必须",坚决防止"七个有之",增强党内政治生活政治性、时代性、原则性、战斗性。全面彻底干净肃清孙政才恶劣影响和薄熙来、王立军流毒,涵养风清气正政治生态。

【思想建设】

强化理论武装,制定《理论学习中心组学习制度》,全年开展党组中心组理论学习36次,有效发挥示范带动作用。组织支部集中学习和党员个人自学,推动党员干部系统学习习近平新时代中国特色社会主义思想,跟进学习习近平总书记最新重要讲话精神,及时学习市委、市政府重要会议和文件精神。围绕建国70周年加强思想引领,抓好"新时代红岩讲习所",推广"学习强国""七一书院",开展群众性读书、青年论坛等活动,增强教育吸引力和参与度。

开展"不忘初心、牢记使命"主题教育。运用"原汁原味用心学、集中研讨深入学、联系实际重点学"等做法,组织党员干部学深学实;组织13个领导班子成员调研19个课题,实现规划自然资源工作全覆盖;聚焦问题抓实整改,实行项目化推进、时间倒逼、销号管理,市委常委会专题民主生活会涉及市局4个方面27项内容、8个专项整治涉及市局197项具体措施,市委市政府交办需要上下联动涉及市局4项任务均有力有序推进,局党组专题民主生活会整改方案

21条措施全部落实。创新开展入党介绍人与党员回顾入党历程谈心、“榜样面对面·优秀共产党员”先进事迹宣讲等活动。

抓牢抓实意识形态工作。严格落实意识形态工作责任制，坚持每半年专题汇报、定期分析、风险预研预判等制度机制。加强宣传管理，出台局《新闻发布管理办法》《新闻采访工作规程》等制度。围绕“乡村规划师”下乡、山城步道、社区体育文化公园、第三次国土调查等专题，加强规划自然资源工作宣传。印发局《网络安全暂行管理办法》《规范使用微信、QQ等联络工作的通知》等，不断强化网络安全意识。坚持“专人专岗+常态值守”的常态化监测，重点跟踪监测征地、复垦、土地拍卖、公共设施修建选址等方面舆情，确保舆情态势总体平稳。

【基层党组织建设】

抓实建强基层党组织。制定《“三基”建设工作方案》，对强化基层组织建设、提升党员基本能力、夯实党建基础工作，以清单化的方式形成42条具体措施。组织党员干部创建节约型机关、建设智能机关和规范化机关，制定具体工作方案，全面展开实施。指导6个届满党组织搞好换届选举工作，赴基层开展支部工作条例辅导讲座，加强交流帮带。坚持清单管理、定期提醒，督促各党支部进一步认真落实“三会一课”和主题党日等制度。印发局《加强和规范党员发展工作的通知》，全年严格质量和程序发展党员28人。加强党务工作者能力培养，分5批次组织130余名党务干部参加培训，党建业务能力进一步夯实。在市直机关工委七一表彰中，3名同志被评为“优秀共产党员”、4名同志被评为“优秀党务工作者”、3个党组织被评为“先进基层党组织”。

加强干部队伍建设。坚持“好干部”标准，研究制定《干部任免工作暂行办法》《公务员职务与职级并行制度实施办法》等，织密选人用人制度之网。严格落实机构改革期间干部选任纪律要求，确保各个环节操作规范。加强干部培训，组织培训班37期，参训1000余人次。立足长远发展培养干部，注重年轻干部到基层一线实践锻炼，选派43名规划师下乡、10名干部到贫困村任第一书记。

做好机构改革工作。机关编制和人员转隶工作基本完成后，迅速成立临时党支部33个，组织“讲团结促融合”主题党日活动，保证学习教育管理不断线，增强团结力、凝聚力。事业单位改革启动后，对相关党组织及时进行更名、设立和撤销，配齐配强党组织负责人和党务干部。组织巡察组开展区县局机构改革期间廉政工作督导，保证区县局在机构改革期间人、财、物平稳交接过渡。

党建工作责任。制定局党组《深化落实全面从严治党主体责任工作清单》，明确履职正面清单和负面清单，确保从严治党任务更明确、责任更清晰、追责更严格。研究形成年度党建工作要点，召开全系统党风廉政建设工作会议，对党建工作进行全面部署。局领导带队对下属单位进行普遍调研，在深入了解的基础上，对全面从严治党责任落实、日常监督等针对性提出意见建议。制定《党务公开实施方案》，局机关率先设置公示栏，落实党务公开事项，接受监督、促进交流。抓好履责情况报告、述责述廉、述责评议考核等制度落实，年初8个党组织书记因评议未达“好”被取消年度考核“优秀”等次，党建责任进一步压实。

【党风廉政建设】

认真开展党风党纪教育，组织学习纪律处分条例、问责条例等党内法规，强化干部职工“底线”意识。针对上级关于违反党风廉政问题的处理通报，及时安排传达学习，并组织讨论交流。会同驻局纪检监察组，对局退休职工邓占华违纪违法问题进行处理分析，制作警示教育片，开展“以案四说”，用身边人身边事教育广大干部职工。

出台30项局机关内部管理制度，修订局党组《深入贯彻落实中央八项规定精神实施办法》，对改进调查研究等方面进一步提出要求。贯彻落实为基层减负要求，加强发文必要性论证，增强发文针对性；严控会议数量，提高会议质量；制定《督查督办工作办法》，规范督查督办方式和时效，确保重点工作有落实有成效。

坚持在重要时间节点，向系统干部职工发布廉洁提示短信，提高干部职工自律意识。会同驻局纪检监察组，加强对不动产登记窗口、区局等单位明察暗访。针对信访发现问题，对主城区房地产预售项目相关审查工作开展自查自纠，进一步健全机制、堵塞漏洞。

学习贯彻《党组讨论和决定党员处分事项工作程序规定（试行）》和市委实施细则，推动机关纪委承接“三转”后日常工作，调查处理问题线索10余个，推进日常监督向纵深发展。深化运用监督执纪“四种形态”，坚持抓早抓小、防微杜渐，对违反中央八项规定精神、违反工作纪律等行为及时给予处理。

【巡视工作】

组织局巡察组对38个区县局领导班子民主生活会进行督导；对52个单位进行主题教育巡回指导；对各区县局进行4个方面专项巡察；对15个2018年接受常规巡察单位进行检查，有力推动全面从严治党要求落实到位。

【群团工作】

推进精神文明创建，培育践行社会主义核心价值观，弘扬优秀传统文化、社会主义先进文化、红色革命文化。加强党员干部政德和社会公德、职业道德、家庭美德、个人品德建设。开展全国文明单位、青年文明号、全市文明单位创建活动，提升创建的数量质量。重庆市勘测院王大涛同志荣获“重庆市五一劳动奖章”，原重庆市规划信息中心荣获“重庆市五一劳动奖状”，局系统11个单位通过市级文明单位复查复审。

做好群团工作和统一战线工作。结合机构改革，抓好工会、共青团、妇委会等组织建设，完善健全工作机制。开展体育兴趣小组活动，培养志趣爱好，促进身心健康。开展书画摄影展、健步走、春游等群众性活动，营造积极氛围。参加市总工会、团市委、市直机关工委、市妇联等开展的活动，主动展现局系统职工风采。抓好统战工作，建立民主党派人员资料库，确定重点培养党外优秀年轻干部，邀请民主党派人士参加党的有关会议，主动听取意见建议。

做好党内激励关怀帮扶工作。坚持“三个区分开来”标准，建立容错纠错机制，激励干部担当作为。开展节日、生日慰问，组织健康体检，加强职工劳动保护，帮扶慰问病困职工，实现互助保障全覆盖。做好关爱离退休老同志和生活困难职工、党员及退役军人、军属等优抚对象工作。

（张立）

政务管理

【概况】

局办公室顺应机构改革新形势，围绕全局中心工作，上传下达，统筹协调，抓沟通促融合，保运转保平稳，较好地完成全年目标任务。

立足规范管理，推进制度融合建设。加快全局性、基础性制度体系建设，同步搭建覆盖各工作板块的政务管理平台。牵头拟定内部管理制度建设计划，出台32项制度规定，实现机关内部运行管理全覆盖。

强化统筹协调，保障全局有序运转。建立工作联系人制度，重点负责局领导会议、公务活动等安排，做好日常后勤保障。统筹安排国家部委、市级重要接待，协调安排区县调研、工作对接，促进市局与区县党委政府、市级部门沟通顺畅。印发局机关会议管理规定，上线运行智能会议管理系统，推进并规范党组会、局长办公会议题电子化申报，提高管理效率。

推动精细服务，深化日常保障支撑。坚持严把公文起草关、审核关、收发关，认真组织来文签收、分派、跟踪，细致做好发文修改、校核、印制。精心谋划选题上报市委、市政府和国家部委政务信息，有力传递“规划自然资源好声音”。抓好建议提案办理，全年承办代表建议、政协提案回执满意率100%，考评结果为优秀。办办公室主任业务培训，指导各区局办公室加强机构改革期间政务服务保障。

聚焦中心工作，加强政务督查督办。出台督查督办工作办法，将中央、国家部委和市委市政府的重大部署，领导重要指示、批示等交办事项形成管理台账纳入督查提醒，并实现信息化、条目化，确保“件件有交办、条条有着落、事事有回音”。牵头汇总并督促完成市级考核目标，市级部门年度绩效考核荣获一等奖。

【公文管理】

坚持务实管用、确有必要原则，严控发文数量、提高文件质量。建立办公室主任、分管副主任、文字秘书分类复核机制，严格执行“有件必审”等制度，严把政治关、文字关、政策关、格式关，确保公文政治正确、要件齐全、用语标准、体例规范、内容和程序合法。探索建立错情台账管理，对区县局、事业单位各类来文加强审核、强化沟通，提升公文管理水平。在办文上，坚持“精简、规范、优质”标准，严把报备、收发、阅办、归档等环节，健全完善各项公文办理制度和流程，掌握文件去向，及时催办、督办，确保公文快速有序流转，未发生文件漏传、误传、迟传等问题。

【建议和提案办理】

落实“一把手”负总责的办理工作责任制，成立以主要负责人为组长，各分管局领导为成员的建议提案办理工作领导小组，形成分管局领导、处室负责人和具体承办人员三级承办网络。并多次向局长办公会汇报2019年“两会”建议提案办理有关情况，确保建议提案办理工作与业务工作同研究、同部署、同落实。同时，抓好重要环节，严把“三道关口”。建议提案办理前均按要求与代表、委员进行沟通，办理中与代表、委员见面,办理后向代表、委员汇报,同时“严把承办关”“严把审核关”“严把签发关”,确保办理工作层层递进。全年承办代表建议、政协提案均已按要求全部办结,回执满意率100%;10月30日,市政协副主席谭家玲率评议组来市规划自然资源局就2019年政协提案工作开展民主评议,考评结果为优秀。

【政务督查】

出台《重庆市规划和自然资源局督查督办工作办法》,并升级政务督查督办系统,对政务督查任务进行网上分类录入、交办,确定工作时限,提出填报要求,对各项任务挂图作战、打表推动、规定时限、保证完成,确保市领导重要批示和局领导交办任务“件件有交办、条条有着落、事事有回音”。及时对市级绩效考核业务目标和专项目标、重要文件推进情况进行督办统计。自动对预警和超期的督办事项生成提醒功能,各项任务均有序推进、按期完成,无逾期事项。充分运用网络+督查等手段有效促进规划和自然资源领域各项重要工作任务的推进和落实,市委、市政府督查办交办事项办结率达100%,督办完成市局年度绩效考核业务目标、专项目标,荣获市级部门年度绩效考核一等奖。

【保密工作】

机构改革后,及时成立局保密委员会,由局主要负责人任主任,分管负责人为副主任,具体明确局机关处室和局属单位对分管业务范围内的保密工作责任,确保保密工作责任制落地落实。出台《关于进一步加强保密工作的通知》《关于进一步加强机构改革期间计算机管理的通知》《关于进一步加强定密工作的通知》《测绘地理信息管理规定》等保密制度,确保保密工作依法依规开展。加大计算机和网络保密管理力度,邀请测评技术公司对局涉密机房、涉密网络及终端应用环境进行分级保护管理预测评工作。以开展保密工作自查自评为契机,对局属单位开展保密自查、抽查工作,做到保密自查全覆盖。组织领导干部、涉密人员和保密干部,传达学习保密工作会议精神和相关失泄密案件情况通报,确保保密工作防微杜渐、警钟长鸣、常抓不懈,推动局系统内时时处处事事知保密、会保密。

【安全工作】

成立局安全生产委员会、局安全稳定工作领导小组,明确安全监管职责。推行班组日排查、部门周排查、经理月排查的“日周月”工作制度,企业安全生产整体水平持续提升。加强统筹协调,坚持每季度召开安全工作专题会,分析形势,研究部署重点工作。在重要时间节点,以及暴雨等恶劣天气情况,有针对性地开展专题部署和专项检查。及时迁建局安全调度中心,强化安全调度,全年开展安全调度710余次。深入开展安全稳定“百日攻坚”行动、迎大庆保安全集中攻坚专项行动和安全生产集中整治行动,广泛开展“安全生产月”和“安全生产渝州行”活动。全年全市规划自然资源系统未发生较大以上安全生产事故,未发生一般安全生产事故,全局系统安全生产形势总体平稳可控。

【外事工作】

围绕全市发展战略,根据2019年全市外市工作重点任务,紧密结合局自然资源业务工作对外交往合作的实际需要,科学制定2019年度因公出访计划、规范安排因公临时出国团组、严格因公临时出国报批手续、强化因公临时出国团组管理，开展因公临时出访工作，认真撰写出访报告，确保因公出访任务的完成和出访实效。出访期间，均严格执行因公出国的相关政策和规定，按照出访目的执行出访任务，加强与国外规划测绘同行的合作与交往，向全市规划自然资源业务提供了国际先进经验、理论和方法，提高管理能力和技术水平。

【筹办全国规划年会】

10月19日至21日，2019全国规划年会在重庆国际博览中心举办。年会聚焦“活力城乡 美好人居”主题，学术话题热点纷呈，专业探讨超前引领，与历次相比规模更大，参与度高、影响面广。牵头会同市城市规划学会做好各项准备工作，超万人在渝各项服务保障平稳有序，被国家学会和理事们赞誉为有史以来最好年会。中国城市规划学会授予市政府“2019中国城市规划年会优秀组织奖”。

年会共征集8642位作者撰写的4050篇学术论文，经过学术委员会评审，其中227篇在27个专题会场进行发表。同时有312篇论文会以墙报的方式在年会期间进行集中展示。会议期间，设置1个主题对话、33个专题会议、28个学术对话、2个高端对话、5个特别对话，由国际国内著名的机构、院校等承办，集中展示规划领域最新的研究成果和设计方案。同时，确定6个调研主题、11条调研线路，组织参会代表体验重庆城乡规划建设成果。

（黄鸥）

综合业务

【综合文稿撰写】

全年起草向自然资源部和市委市政府工作汇报、年度工作报告等综合性、重大专题文稿324篇，内容涉及国土空间规划、中央环保督察、违建别墅整改、生态保护修复、国土三调等重大专项工作。其中《共绘高质量发展蓝图 共创高品质美好生活——规划年会主旨报告》获市领导肯定性批示。

【统计分析】

建立健全统计工作制度，强化综合统计分析，指导业务处室做好专业统计，严防统计弄虚作假，编制综合统计月报12期、年度公报1期。建立“1+X”形势分析材料体系，围绕市委、市政府工作部署和全局重点工作，定期召开月、季、年形势分析例会，适时开展专项形势分析，刊发《调研与分析》37篇、《学习之窗》28篇。《借鉴浙江“亩产论英雄”经验提升我市产业用地效益的思考与建议》等研究，获市领导批示。

【发展战略研究】

制定印发《重庆市规划自然资源“十四五”规划编制工作方案》（渝规资〔2019〕907号），明确“1+5+14”规划编制体系（1个事业发展规划、5

个专项规划、14个重大研究课题),全面启动“十四五”规划编制工作。

【调研课题】

印发全局调研课题管理办法,加强制度化管理,推进课题成果转化。全年推出2批30个调研课题。“重庆市第三次国土调查数据共享及应用研究”“重庆市推动城乡自然资本加快增值研究”“重庆市航空航天遥感影像统筹管理办法研究”等课题紧密结合实际,课题转化成果对相关重点工作起到推动作用。

【行业宣传】

坚持把守正创新作为新闻宣传主基调,策划山水林田湖草生态保护修复、巴渝民宿、云阳恐龙化石群等重点宣传69项,发布报道503篇,其中中央级媒体95篇,“学习强国”APP刊发6篇。“社区体育文化公园”“山城步道”新闻报道先后2次登上央视,《重庆市发布“四山”保护提升方案 打造城市绿肺市民花园》等11篇报道先后被中国政府网转载。初步组建新闻联络员队伍。

【舆情管理】

围绕重大政策出台、重要数据发布节点等做好舆情管控引导,统筹建立风险评估、监测甄别、分级处置、督办反馈为一体的舆情应对机制,组建网络评论员队伍,成功研判处置江北铁山坪、南山违建、南岸不动产登记、土地出让等重大舆情。

【史志年鉴】

加强志书、年鉴工作指导。完成《重庆市志·国土资源和房屋管理志》内审稿的编纂,全书内容含4篇30章125节,共计142万余字,已报市局审查;完成《重庆规划和自然资源年鉴(2019卷)》的编撰出版工作,字数70万余字;为《中国建设年鉴》《中国国土资源年鉴》《重庆年鉴》《重庆经济年鉴》等供稿。

(张艺扬)

法治建设

【概况】

全年规划和自然资源管理立法项目共5件,其中地方性法规4件,政府规章1件;预备项目3件,调研项目1件,审议项目1件。强化规范性文件管理。印发《重庆市规划和自然资源局规范性文件管理办法》,有序清理涉及机构改革的立法文件203项,共涉及修订条文约400条。有效化解行政争议。印发《重庆市规划和自然资源局行政应诉办法》。2019年,办理行政复议诉讼案件919件,其中办理行政复议案件463件,行政诉讼案件456件。指导各区县(自治县)办理行政公益诉讼检察建议22件。

【法治建设与依法行政】

坚持党组织领导责任。切实发挥系统各级党组织对法治建设的组织领导作用，坚持“一把手负总责，分管领导具体抓，业务机构为主体，法制机构做统筹”的法治建设领导责任机制。

落实主要负责人的第一责任。坚持领导干部带头学法用法，严格落实党政主要负责人履行推进法治建设第一责任人制度，坚持法治建设与业务工作同部署同推进。一季度分别向市政府及上级部委汇报上年度法治建设工作情况，并在局政务公众信息网进行公示，接受社会监督。

统筹谋划全年法治工作。印发《2019年法治工作要点》，从构建规划和自然资源法规规范体系、规范权力运行、深入行政审批制度改革、有效化解规划和自然资源争议、提升法治思维和法治能力等几方面提出具体工作要求。

【立法工作】

制定《2019年局立法工作计划》，做到系统谋划、统筹兼顾、突出重点、查漏补缺。开展涉及机构改革立法文件清理工作。对203个原市规划局、原市国土房管局规范性文件进行全面清理，并按照集中修改、单独修改、废止等方式进行分类处置。目前，已公布第一批废止、失效规范性文件，集中修改已完成印发并报送市司法局备案审查，单独修改部分计划在2020年内全部完成。

为加强局规范文件管理工作，规范起草、论证、合法性审查、公布等工作流程，印发《重庆市规划和自然资源局规范性文件管理办法》（渝规资〔2019〕493号）。对列入市人大常委会、市政府2019年立法计划预备项目的3件地方性法规《重庆市矿产资源管理条例（修订）》《重庆市地质灾害防治条例（修订）》和《重庆市测绘条例（修订）》分别按照审议进度要求进行重点督促，制定切实可行的工作方案。《重庆市矿产资源管理条例（修订）》《重庆市地质灾害防治条例（修订）》已通过局长办公会集体审议，报送市政府审查。

【行政审批制度改革】

结合机构改革及“放管服”改革开展政务服务清单动态调整，梳理规划自然资源系统市、区县、乡镇三级行政权力清单事项186项（主项），其中行政许可52项，行政许可外的其他权力事项134项；梳理三级公共服务事项清单共计21项，已纳入2019年全市权力清单内容。统筹推进工程建设项目行政审批制度改革，牵头开展立项用地规划许可阶段及工程规划许可阶段有关工作。持续优化审批流程，取消规划许可阶段方案预审，将用地预审意见和规划选址意见书合并办理，将部分区域性评估事项前置项目生成阶段完成，提高后续审批效率。优化审批方式，会同人防、园林、住建等十多个部门建立并联审批模式，将协办时限由10个工作日压缩至6个工作日。完善全市“多规合一”“一张蓝图”，整合50余类空间规划和200余个空间数据图层，将压覆矿产资源、地质灾害区域评估成果纳入“多规合一”平台管理。持续推进简政放权，进一步研究下放审批权限，拟定《关于优化主城区都市圈土地规划管理体制的实施方案》并报送市政府，建议我局下放事权6项。

全面贯彻落实深化“放管服”改革优化营商环境电视电话会议精神，落实各项重点任务措施，优化事项报批办理，梳理17类应当上报市政府审批的规划自然资源审批事项，拟定《关于优化简化规划自然资源工作报批事项办理方式的工作意见》并获市政府批准。持续推进“互联网+政务服务”,行政审批事项全面纳入全市网上行政审批大厅。优化不动产登记服务水平,在服务大厅设立综合受理窗口,将一般登记压缩至3个工作日,抵押登记压缩至2个工作日,抵押注销登记、查封及解除查封登记、异议及注销异议登记实现立等可取。调整优化企业减负政策,梳理调整企业减负清单事项17项,持续优化营商环境。

【行政复议与诉讼】

办理行政复议诉讼案件。截至年底,办理行政复议和应诉案件共919件。收到复议案件463件,其中:市局为复议机关226件;市局为被申请人43件;市政府为被申请人市局代市政府复议应答194件。收到行政诉讼案件应诉通知456件,其中:市局为被告277件;代市政府应诉179件。

应对行政公益诉讼。全年局系统共收到行政公益诉讼诉前《检察建议书》22份,均为各区县(自治县)局,按要求整改回复检察机关,进入诉讼程序仅1件。另联合市检察院、生态环境局等九部门制定《关于印发〈关于落实高检院与生态环境部等九部委关于在检察公益诉讼中加强协作配合大号污染防治攻坚战的意见〉的七项机制的通知》(渝检会〔2019〕9号),建立公益诉讼对口联系、信息共享、线索移交和交流会商等工作机制。

区县局沟通指导。坚持复议诉讼典型案例分析机制,为强化对区县局复议诉讼案件的统一指导和协调,以责令交地、限拆、信息公开、依法履行、公益诉讼等案例为主,进行深入剖析,分四个片区召开行政复议诉讼典型案例分析会。

复议应诉制度建设。为夯实复议诉讼工作基础,规范行政应诉行为,增强行政应诉能力,完善行政应诉机制,印发《重庆市规划和自然资源局行政应诉办法》(渝规资发〔2019〕25号)。

信访工作。梳理工作机制,制定《重庆市规划和自然资源局信访事项办理工作细则(试行)》,对信访事项的提出、受理、办理、督办审理等方面作进一步明确,规范信访工作程序。建立完善信访工作情况通报制度,实行信访工作情况周报、月报等制度,及时通报局系统信访工作情况。完善基础和综合业务制度,健全信访事项办理规程规则,深入推进信访业务标准化、精细化管理。同时,推进“阳光信访”,畅通信访渠道,实行网上受理信访制度,切实贯彻落实国家信访信息系统。全力推进视频接访工作,探索实行网络约访、网上信访代理,加快全市规划自然资源部门信访信息系统平台的建设和应用。

【法治宣传教育】

严格贯彻执行“七五”普法工作计划。广泛宣传规划和自然资源相关法律法规,开展自主培训,组织系统新提任领导干部参加新提任领导干部法治理论知识考试。

充分利用特定时点,组织全系统各单位开展各种形式的法律宣传活动。“三月法治宣传月”期间,系统各单位以“三八妇女节”、“消费者日”等节日、纪念日为契机,深入基层、社区、村镇开展法治宣传活动。其中,在观音桥步行街设置法治宣传点,摆放宣传展板,接受市民关于城市规划、不动产登记、集体土地征收等各类咨询100余人次,发放《不动产登记暂行条例》《不动产登记暂行条例实施细则》《重庆市历史文化名城名镇名村保护条例》等法规单行本约600

册，环保袋约1000份。12月结合第六个“宪法日”开展系列宣传教育活动，组织局系统积极开展《宪法》、新《土地管理法》《行政复议法》实施20周年等宣传活动。

（汪航）

自然资源执法督察

【概况】

2019年，通过推进耕保督察、卫片执法、“大棚房”问题专项清查整治、违建别墅清查整治等执法、督察和各项专项工作，有力地维护全市规划自然资源管理秩序。

【自然资源督察】

配合国家自然资源督察成都局在重庆市开展耕地保护督察和其他各类督察工作，督促指导相关区县对督察发现的问题进行处置整改，并对耕地保护督察违法违规问题突出、历年督察“挂账”问题整改滞后的5个区县人民政府，由国家自然资源督察成都局会同市政府进行约谈。组织开展“执法公示、全过程记录、重大执法决定审核制度”督察。

【专项整治】

缙云山国家级自然保护区违法建筑整治。认真学习和贯彻落实习近平总书记关于缙云山国家级自然保护区生态环境问题的重要批示精神，按照市委市政府安排部署，会同相关区县政府和市级部门大力推进违法违规建筑整治。至年底，清查认定的332宗违法违规建筑，已完成整治311宗，拆除违建7.7公顷、复耕复绿土地8.3万平方米。

“大棚房”问题清理整治。认真学习和贯彻落实习近平总书记关于“大棚房”问题重要批示精神，按照党中央、国务院和市委市政府安排部署，会同农业农村部门组织、指导区县开展“大棚房”问题清理整治，并探索建立健全长效监管机制。至年底，清查认定的799个“大棚房”问题已完成整治797个，剩余2个项目按规定延期整改。

违建别墅问题清查整治。认真学习和贯彻落实习近平总书记关于违建别墅问题重要批示精神，按照党中央、国务院和市委市政府安排部署，明确任务，细化标准，落实责任，高质量、严要求推进违建别墅问题整治。至年底，全市共清查认定违建别墅问题项目179个、906栋，占地面积122.52公顷、建筑面积58.15公顷，并已完成全部整治。

主城区“四山”违建整治。全面组织完成主城区“四山”违建调查清理工作，共清理出违建55275宗、2269.9公顷，并建立数据库和进行数据分析，同步开展违建拆除整治工作，至年底，已拆除整治违建5390宗、400.3公顷。

明月山林长制试点。制定印发《关于在明月山生态屏障区开展林长制试点指导意见》《明月山林长办公室运行工作方案》,督促和指导南岸区、巴南区、江北区、渝北区4个试点区落实工作措施,全面推进明月山林长制试点相关工作。

(林南江)

科技与信息化管理

【概况】

对接自然资源部"一核两深三系"战略,坚持"应用、科普、攻关"导向,制定局《科技创新发展工作方案(2019-2020年)》,打造"七个一批"成果。按照全市大数据智能化创新驱动发展战略提升计划的要求,结合新型智慧城市建设、"云长制"专项工作及全局信息化建设的目标任务,推动网络安全和信息化融合发展。

【科技发展战略研究、规划计划】

按照自然资源部《关于深化科技体制改革提升科技创新效能的实施意见》和《科技创新发展规划纲要》要求,主动对接"一核两深三系"重大科技创新战略,紧扣重庆实际,制定科技创新工作方案,印发《重庆市规划和自然资源科技创新发展工作方案(2019—2020年)》(渝规资办发〔2019〕22号)。开展规划自然资源科技创新和信息化战略研究。

【科技平台建设】

推进省级卫星中心建设。整合重庆市遥感应用资源,申报获批"自然资源重庆市卫星应用技术中心",遥感应用及管理职责由重庆市编办写入依托单位"三定方案"。创建自然资源部科技创新平台。"国家地质灾害自动化监测技术创新平台培育基地"通过部评估验收,正式纳入自然资源部工程技术创新中心建设名单,更名为"地质灾害自动化监测技术创新中心"。提升科研基础条件。始终坚持把科技创新平台建设作为科技创新工作的重要载体,重点支持省部级科技创新平台能力建设。

【科技人才培养】

落实科技激励政策。始终坚持人才是第一科技资源,支持局属单位落实科技创新人才激励政策,入选自然资源部高层科技创新人才第三梯队8人,入选第三批重庆市学术技术带头人及后备人选14人,"地质灾害监测与预警创新创业团队"入选"重庆英才•创新创业领军人才(科技领域)第一批团队"。

【技术标准建设】

探索建立规划和自然资源标准体系。开展重庆市规划和自然资源标准体系研究,探索构建行业领域标准化体系;组织开展行业标准体系名录梳理。系统梳理国家、行业、地方关于空间规划、用途管制、生态保护、地质勘察、地灾防治等方面标准116项,制定废止、修订及新编计划。标准制修订。2019年度，开展标准的立项、起草、审查、报批、发布64项(含2017年、2018年立项的标准)。其中，2019年发布地方标准4项，局发标准导则6项。

【重大科技工程项目】

申报获批国家自然科学基金青年基金项目3项、重庆市技术创新与应用发展专项面上项目与重点项目14项、技术预见与制度创新专项项目4项。

【科技项目与成果管理】

开展局级科研项目55项。2019年获国家科技进步奖一等奖1项，重庆市科技进步奖8项，公示获国土资源科学技术奖励二等奖3项，获授权发明专利9项，实用新型专利14项，计算机软件著作权登记37项，发表高层次学术论文100余篇，完成自然资源部科技成果登记61项，重庆市科技成果登记17项，编制完成《重庆市规划和自然资源2016—2018年度科技成果集》。

【信息化建设】

按照新的职能职责定位和全市信息化新要求，全面推动全局网络安全和信息化融合发展。一是制定1个发展规划。局《信息化融合工作方案(2019—2020年)》，明确"一云一库一平台多应用"的总体目标，部署未来2年信息化工作任务。二是完成两大重点任务。编制局落实"云长制"工作方案、系统迁云工作计划、系统整合工作计划，采购云平台服务商、迁云服务商、系统整合服务商，完成178个系统整合、整合率达到51.8%，完成257个系统迁移上云、比例达到79%，系统迁云和整合通过市"云长制"督导组现场考核评估；编制贯彻落实重庆市新型智慧城市建设的实施方案，涉及市局8项重点任务按计划稳步推进。三是夯实3大基础保障。成立局网络安全和信息化领导小组暨大数据智能化应用发展领导小组及其办公室(设在局科技与信息化处)，统筹推进全局系统网络安全、信息化融合、科技创新、大数据智能化应用工作；制定印发局《网络安全暂行管理办法》《网络安全责任制落实工作指标》，网络安全工作责任体系初步建立；共发布17次重大网络安全监测预警，组织开展1次现场检查、2次全面排查、3次专项排查、3次视频调度，完成16个三级系统安全测评，推进商用密码应用，在全市"护网2019"行动中被评为"优秀防守单位"，荣获"2019年度网络安全等级保护先进单位"，2019年国家网络安全宣传周活动工作获全市通报表扬，全年网络安全事件"零"发生。

【科普宣传与科技交流】

围绕"第50个世界地球日活动""科技活动周""全国土地日""全国科普日"等活动主题，组织开展一系列丰富多彩的科普宣传活动。地球日，围绕"真爱美丽地球 守护自然资源"主题，开展"地学科普走进区县暨扶贫干部慰问""重庆地质(矿山)公园摄影展及VR体验""重庆市浅层地温能野外科学观测研究基地开放""邮票图说世界测绘发展史学术报告"等六项活动，参与人次达到1万余次，现场发放科普宣传册、图书等约2000册。土地日进行线上有奖互动问答活动，动员社会树立保护自然资源的意识。全国科普日，针对渝中区中华路小学，北碚朝阳小学、状元小学分别开展3场次地学研学活动，活动充满趣味性和知识性，受到学生及家长的欢迎。科技活动周，围绕"科技强国·科普惠民"

的主题，黔江、江津、万盛、合川、垫江、忠县等区县局，开展学术报告、高新技术与成果展、科普进校园、科技下乡扶贫等活动，局属单位开展“地学科普惠民—走进彭水”“当化石遇上科技园博园”“地灾险情应急演练及地灾防治知识培训”“国土综合整治科技创新主题讲座”等共计十二项专题科普活动，参与人次达到4000余次，现场发放科普折页、手册、图书等达2000余册。进一步加深社会大众对规划自然资源工作的了解，营造良好的科技科普氛围，真正让科技走进民众，普惠民生。同时，在科普宣传方面，采取线上线下结合的方式，借助传统媒体（重庆日报、江津日报、万盛电视台等）与新媒体（网易新闻、华龙网、今日头条、上游新闻、微信公众号等）平台宣传，起到广泛良好的社会效应。

持续打造地理文化品牌栏目和科普品牌。“824研究所”“每周一图”“寻景巴渝”等科普品牌产生显著的影响力。“每周一图”发布44期专题地图；“824研究所”通过公众号向社会发布12期；“寻景巴渝”推送原创图文120篇。成功举办十期“重庆规划和自然资源论坛”，主题涵盖国土空间规划、科技前沿、乡村振兴、自然资源产权制度改革等诸多方面，参会人数达1800人次，行业参与度高，反响热烈。在2019年科普讲解大赛中分获市级二、三等奖各1人，部级三等奖1人，全国三等奖1人。

2019年，下达科普类科技项目9项，支持13家局属单位举办科技活动周活动，全年科普工作资金投入共260.1万元，比上年增长3倍。创作《山城龙迹——走进重庆恐龙世界》等科普读物5部。

创办“重庆规划和自然资源论坛”。共举办10期，参会人数达到1800人次。论坛主题丰富，紧扣规划自然资源主题，聚焦热点领域，为市规划自然资源科技创新人才搭建交流平台。编印《重庆规划和自然资源论坛——山水绘文》，推广论坛交流成果。

（章明）

信访与政务公开

【概况】

2019年，信访与政务公开工作深入开展矛盾纠纷控增量、减存量、防变量行动，着力解决信访突出问题、防范化解信访稳定风险，维护规划自然资源领域正常信访秩序和社会稳定。在信息公开方面，全面推动规划自然资源管理领域决策公开、执行公开、管理公开、服务公开和结果公开，提升政务公开质量，规划自然资源管理工作更加透明，保障公众知情权、表达权、参与权、监督权，人民群众获取规划自然资源领域政务信息更加方便快捷。

全市规划自然资源领域信访稳定形势总体平稳向好，件次、人次分别下降8%、17%。未发生极端、规模性不稳定信访事件，未发生进京非接待场所上访的情况。全年，局机关接待处理群众来信来访1287件次，2320人次。群众到市委市政府信访94件次、1283人次。国家信访局、自然资源部转送我局信访件共339件。通过市规划自然资源局公众信息网、市政府信息公开统一平台等渠道,主动公开政府信息69933条,具体涉及政务公开、工作动态、政策法规、年度报告、规划计划、规划征集、专题栏目、行政审批、办事服务、行业动态、公示公告等方面内容。受理申请公开政府信息820件,其中当面申请112件、信函申请379件、市政府信息公开办及其他部门交办转办173件,门户网站申请156件,内容涉及土地出让、集体土地征收、土地房屋权属登记、测绘、项目预审、土地利用总体规划、城市总体规划、乡镇规划等信息。

【政务信息公开】

加强重点内容的公开。对外公开2019年度土地供应计划及执行情况,地块出让公告、成交公示等。坚持执行矿业权招标拍卖挂牌出让公告公示制度和矿业权人勘查开采信息公示制度。依托全国征地信息共享平台,主动公开国务院、市政府建设用地批复文件,指导督促区县规划自然资源管理部门及时公开用地批复文件相对应的拟征地通告、听证材料、"一书四方案"、征地公告、征地补偿安置方案公告和征地补偿安置方案的批复等信息。坚持耕地保护监督。

增强发布解读回应关切。对外发布广阳岛片区总体规划相关情况,"四山"保护提升情况,开展国土空间总体规划编制过程公开,深度宣传巴渝民宿,阐述巴渝民宿创新"以房联营、以地入股"的模式。推动公众参与回应关切,开展中心城区轨道与地面公交换乘整体提升问卷调查,并及时反馈回应建议采纳情况。

抓好预决算公开。主动在本部门公众信息网上公开部门年度预决算情况及说明、"三公"经费预决算情况等信息。强化政府信息管理及监督。制定《重庆市规划和自然资源局政务公开工作方案》,完善《重庆市规划和自然资源局政务信息公开目录》,全面规范政务信息公开要目,落实相关责任单位,确保政务信息公开责任落实。开展局系统政务公开业务培训,就《政务信息公开条例》进行系统讲解。同时,通过调研监督并抽查各分局政务公开工作情况。加强平台建设,提升信息发布平台建设水平。

【信访工作】

一是抓好市级交办重点工作。2019年,市级交办的2件重点问题,已全部化解,交办的2个重点群体,江北区大川水岸问题已办结;区县被辞退国土员诉求问题,拟定的《重庆市原国土员养老和医疗补助实施方案》已完成社会稳定风险评估备案,待市联席办会议专题研究确定后组织实施。二是做好信访突出问题专项治理。按照《2019年全市开展"4+N"信访突出问题专项治理(重点领域攻坚)实施方案》,组织开展征地拆迁专项治理工作。三是稳步推进领导干部接访下访群众工作,按期录入信访信息系统。全年,局领导班子成员通过重点约访、专题接访、带案下访等方式,接访下访群众47批次,涉及群众1000余人,推动解决一批信访突出问题。四是抓好敏感时期的维稳工作。在全国全市"两会"期间、"五一""五四""六四"节点等敏感时期,加强信访矛盾的排查和信息的综合梳理及深度分析研判,及时将信息反馈区县规划自然资源部门。五是抓统筹协调沟通,建立信访稳定应对协调工作机制。加强与市、区县信访、公安、街镇等部门的联动,做到集访发生前有预案,发生后第一时间妥善处置,事中事后及时报告;加强与区县规划自然资源部门沟通,做好日常接访工作。

【矛盾纠纷调处】

开展矛盾纠纷排查工作。印发《关于开展规划自然资源领域信访矛盾问题排查工作的通知》,明确排查范围和报送要求,对市规划自然资源领域存在的信访矛盾问题进行全面摸底排查。梳理排查重点领域(集体土地征收)2件、重点群体41件、重点问题41件、重点人员288人。按照"诉求合理的解决到位,诉求无理的思想教育到位,生活困难的帮扶救助到位,行为违法的依法处理到位"的"三到位一依法"要求,采取"一案一策"、因案施策、分类办理的多措并举方式,加强指导区县规划自然资源部门综合运用法律、政策、经济、行政等手段和教育、协商、调解、疏导等办法,有效推进信访矛盾逐案化解(办结)。

【项目风险性评估】

为有效规范和全面深入推进社会稳定风险评估工作,提高科学化、民主化、依法决策水平,结合全市规划和自然资源工作实际,制定并印发《重庆市规划和自然资源局社会稳定风险评估实施细则》(试行)(以下简称《细则》),规定在做出决策、制定政策、出台改革措施、举办重大活动等事项前,对事项可能引发的社会不稳定问题先期调查、预测、研判,并采取相应措施,预防和化解存在的风险,确保事项的顺利实施。《细则》包括评估主体、范围、内容、程序、方式、机构以及成果运用等内容,明确根据"属地管理、分级负责,谁决策谁负责、谁主管谁负责、谁审批谁负责"的原则,围绕全市规划和自然资源领域社会稳定风险评估事项,重点对评估事项的合法性、合理性、可行性、可控性等方面进行评估,查找决策事项实施前、实施中、实施后存在的各类风险,收集利益相关各方面群众反映,判断是否可能导致危害社会稳定的事件及激烈程度等,并根据决策事项风险等级做出不实施的决策,或者调整决策方案、降低风险等级后再行决策,并在实施过程中做好相应的风险防范措施和跟踪评估管理,妥善处理相关群众的合理诉求。《细则》旨在通过开展社会稳定风险评估,着力从源头上预防和化解社会矛盾,切实解决影响社会稳定的源头性、根本性、基础性问题,提升预测、预警、预防社会稳定风险能力,逐步实现社会稳定风险评估"全覆盖"。

(丁婷)

财务管理

【概况】

2019年,在全市财政收入增速减缓、机构改革职能调整的大背景下,围绕全局重点工作,预算安排上有保有压,完成各项工作任务。

全年实现入库土地出让收入等市级非税收入943.01亿元,相比部门预算征收计划924.6亿元，完成计划101.99%。其中当年征收859.07亿元，实际入库786.66亿元，未入库72.41亿元。2019年退库1.42亿元。

财政预算资金。全年争取财政资金24.04亿元，预算指标执行22.84亿元，执行率95.01%。未执行指标1.2亿元，其中财政收回0.12亿元，结转2020年1.08亿元。

部门收支决算情况。2018年结转11.41亿元，2019年收入29.48亿元，支出28.03亿元，基金弥补差额0.07亿元，结余分配5.53亿元，年末结转结余7.4亿元。

2019年全口径“三公”经费支出788.93万元，比上年减少98.39万元，其中因公出国（境）费支出317.04万元、公务用车运行维护费支出453.13万元、公务接待费支出18.76万元。2019年一般公共预算财政拨款“三公”预算1371.6万元，支出719.18万元，较上年减少113.31万元，下降13.61%。其中因公出国（境）费支出288.85万元、公务用车运行维护费支出414.91万元、公务接待费支出15.42万元。

争取专项资金情况。2019年争取地质灾害综合防治体系建设工作的国家补助资金3.8亿元，并安排下达超过2亿元市级财政资金。争取2019-2020年国家补助资金2.37亿元，实施长江及主要支流10千米范围内废弃露天矿山生态修复工作。沟通协调市财政追加国土空间总体规划编制一次性专项资金6118.5万元、规划测量放线常年专项资金2280万元，统筹1100万元保障2019年规划年会顺利召开。

完成局机关、局属地环总站、信息中心、执法总队、地灾防治中心及原局属公租局、公房处及与市住建委相关职能划转对应的预算财力划转工作，测算主城不动产登记中心房地产市场监管职能财力划转基数，待市住建委下属新设房管机构成立后实施划转。完成与市应急局、市发改委、市林业局、市生态环境局、市水利局、市农业农村委等其他市级部门的财力划转调整。与近郊12区、主城6区确定预算收支上划基数并纳入2020年预算编报，推进新纳入预算单位300余个银行账户开立备案工作。

按照市级党政机关事业单位所属企业改革工作精神，制定《重庆市规划和自然资源局所属企业改革实施方案》，成立局属企业改革工作领导小组。依据分类改革实施原则，顺利完成10家企业关闭注销、1家企业转让退出、地研院下属3家参股企业和巴渝民宿集团等4家一级企业股权划转工作。

【收入征缴管理】

继续严格执行企业减负非税优惠政策，自减负措施实施以来累计减免10.66亿元。继续落实市政府关闭煤矿工作要求，2019年退还24家煤矿企业价款0.55亿元，累计已办理560家煤矿企业退价款11.95亿元。落实市政府“四山”和自然保护区矿业权退出工作要求，2019年落实5家矿业权企业奖补资金1420万元。认真贯彻落实《中共中央国务院关于加强耕地保护和改进占补平衡的意见》，全年主城区非重点项目累计购买耕地数量553.33公顷、水田规模286.67公顷、粮食产能588万公斤，金额3.11亿元，为脱贫攻坚助力。按规定核审办理并清退非税退库收入1.42亿元。

【预决算管理】

重新确定支出规模。按全市压减一般项目预算要求，压减年初项目预算1.67亿元。按机构改革职能划转要求，合并原国土、原规划年度预算，同时随房屋管理、应急管理等职能划转，划出预算财力1.87亿元。随近郊12区及主城区林业等职能划入,2020年预算编制新增财力7.58亿元。

优化项目预算分类。科学编制2020年预算,对原国土、原规划一般性项目及重点专项按自然资源、国土空间、地质矿产、规划、测绘等进行整合分类,对科研课题、能力支撑等项目切块编制预算,全局一般性项目分为6大类560小项,重点项目分为8大类107小项。

筹措资金保稳定运转。拓宽资金渠道保障局属事业单位绩效工资,2019年由协税收入保障主城10个不动产登记中心及建设事务中心等4家公益一类单位执行绩效工资。调剂市局统筹资金663.79万元,解决局属单位执行绩效工资及离退休健康休养费政策调整出现的资金缺口。筹集资金2256.96万元解决巴渝民宿、病害虫防治所、康居公司企业改革涉及的人员安置及历史遗留问题。调剂资金1606.8万元安排近郊区局机关及参公单位2019年目标考核及离退休健康休养费。

【专项资金管理】

落实专项资金3.93亿元用于耕地保护各项工作。其中:1.4亿元支持市级整治项目,2.53亿元保障全市用地指标收购。开展建卡贫困户复垦项目,周转金累计9.40亿元,借款14.8亿元,收回借款9.58亿元。实施地票交易,累计交易新增建设用地指标302.68公顷,占补平衡指标577.34公顷,交易收入10.66亿元,利息收入1.02亿元,支出0.52亿元,专户结存资金11.16亿元。

落实专项资金5.31亿元用于地质灾害防治各项工作。其中2.91亿元用于非库区地质灾害工程治理,监测和搬迁(市级0.9亿元,转移支付区县2.01亿元),2.4亿元用于三峡库区地质灾害防治、监测预警和避险搬迁(市级0.08亿元,转移支付区县2.32亿元)。

落实专项资金1.80亿元用于地质矿产勘探、开发与保护各项工作。重点投入基础地质、矿政管理、恐龙化石挖掘和保护、生态旅游地质调查、地下水监测工程、土壤生态健康等;继续推进土地质量调查,固体矿产勘查项目等。

落实1.41亿元用于城市提升及乡村规划各项工作。其中:4551万元用于城市提升及建筑管理、城市设计,4428万元用于主城市政交通规划,1422万元用于历史文化名城保护,3696万元用于乡村振兴一张图、全市乡村自然资源禀赋及空间特征分析等项目。

【政府采购】

继续扩大政府采购规模。2019年局属单位申报采购计划785项、金额6.49亿元,其中,单一来源采购211项、1.88亿元,目前已完成采购770项。其中市局机关采购项目230项、采购金额5.49亿元,单一来源201项、1.81亿元。

继续规范采购过程监管。结合招投标工作实际情况,总结实践经验,进一步改进健全招投标制度,制定统一的采购管理办法,规范招投标活动的程序。加强招标过程中的合同备案管理,加强采购事项与预算执行、合同管理的衔接,对合同的签订、变更及违约责任等事项进行规范。

【资产管理】

统筹资金保障局重点工程建设。统筹资金保障联合办公楼建设,目前已完成主楼室内装修,2019年支出0.55亿元,累计支出2.59亿元。统筹修购基金330.04万元,用于规划创新基地4

号楼的装修改造。

推进局属单位资产管理工作。分批审核办理局属单位资产购置、处置及出租等相关事项，全年集中办理报废更新、资产调拨、修购等事项0.43万件、涉及资金1.35亿元；规范管理资产出租出借事项，审核办理出租出借事项48件、出租面积2.55万平方米。解决南岸、大渡口、渝中区局因机构改革等原因新增的办公用房保障及配套设施需求，妥善办理转隶单位及资产划转手续。

【财务管理与监督】

加强制度建设，规范财务管理。出台局内预算管理、合同管理、政府采购、专项资金管理及局机关财务管理办法，加强全局财务管理工作的规范性、统一性。联合市财政局出台《关于明确市级地质矿产调勘查项目预结算税金标准的通知》，规范新形势下地质矿产调勘查项目资金管理。

利用信息化手段，提升监管水平。优化完善收费系统，实现不动产登记缴费线上全城通缴，在中心城区和大足等区县上线财政电子票据。继续优化财务管理信息系统，结合机构职能整合需求及内部控制相关要求，对局系统用友财务管理系统进行模块升级及结构优化。

完成局内重大审计等任务。配合市审计局专项审计组，完成董建国局长任期经济责任审计、2018年原市国土房管局和原市规划局预算执行审计。配合国家审计署重庆特派办完成原规划版块“因审批需要委托第三方开展的技术性服务活动”的摸底调查，配合市审计局完成对市发改委的专项投资审计。

强化业务培训，提升专业能力。组织局属单位财务人员2批次100余名赴厦门大学参加政府会计制度专题培训，对局属单位财务人员进行新会计制度核算软件培训。配合部财务司在重庆召开自然资源资金监测监管研讨会及培训会，有序推进全市自然资源资金监测监管系统试点工作。

（江竹影）

审计工作

【概况】

按照“服务和服从于机构改革大局，起好步、开好局，努力推动内审工作再出发”的工作思路，围绕新“三定”方案核心职责，夯实基础、完善体制、健全制度、围绕局中心和重点工作开展内审项目、搭建新型高效的审计平台，提升内部审计工作成效。

【优化制度机制】

健全工作机制，成立内审项目审理委员会，负责研究讨论内审工作重大事项。推进制度建设，初步拟定内审制度框架，出台《委托审计暂行规定》。

【开展内审项目】

全年全系统开展内审项目175个,审计资金量达262.95亿元,发现问题434个,提出审计建议被采纳354条,下达整改通知书13个,下达审计决定书21个。

【配合国家审计】

全年组织配合国家审计项目15个,其中局系统单位作为主要被审计对象接受审计项目5个,协助国家审计机关完成10个涉及我局业务范围的审计项目的数据查询和资料提供等工作。

【调研服务】

开展内部审计工作调研,摸清系统内审工作现状和面临的困难;为部分基层单位配合、协调国家审计工作提供定向指导。

【信息化建设】

完成审计信息系统初始化测试和试运行。

【拓展理论研究】

"搭建信息化审计平台助推内部审计创新发展"课题论文获中国内审协会内部审计理论研讨三等奖,"领导干部经济责任审计评价指标体系构建"研究取得初步成果。

(赵丽玥)

干部人事管理

【概况】

2019年,干部人事工作围绕规划和自然资源中心工作,以机构改革为主线,突出"打基础、促融合、上水平"目标要求,不断提升干部人事管理制度化、规范化、科学化水平,为推动全市规划和自然资源工作提供坚实的保障。

【机构改革】

(一)完成市规划自然资源局机构改革。根据《重庆市机构改革方案》,在整合原市规划局的职责、原市国土房管局的国土资源管理职责,以及有关市级部门相关职责的基础上成立重庆市规划和自然资源局,为市政府组成部门,机构规格为正局级,于2018年10月挂牌运行。2019年2月,市委办公厅、市人民政府办公厅印发《重庆市规划和自然资源局职能配置、内设机构和人员编制规定》,核定局领导职数1正5副,内设29个处室,另按规定设置机关党委和离退休人员工作处。重庆市林业局作为市规划自然资源局管理的部门,机构规格为副局级。局系统职工1.8万余人。

(二)完成垂管区规划自然资源局机构改革。中心城区都市区范围内(含两江新区)组建22个区规划自然资源局,由市规划自然资源局实行垂直管理。2019年7月,实现职责划转到位、人员编制转隶到位、"三定"规定印发到位。划转相应编制和人员到高新区管委会支持成立高新区规划和自然资源局。

（三）跟进指导双管区县规划自然资源局机构改革。主城都市区范围外17个区县规划自然资源局机构改革由所在地区县委编办牵头、市局跟进指导完成，领导班子由市规划自然资源局党组管理为主、区县党委协助管理。

（四）完成事业单位调整转隶工作。2019年5月，中心城区都市区区局机构改革中，整建制划入事业单位303家。2019年7月，原市规划局、市国土房管局管理的60家事业单位完成转隶。

（五）深化规划和自然资源综合行政执法改革。市委编委印发《重庆市规划和自然资源综合行政执法总队机构编制事项的通知》，明确市级层面整合重庆市规划监察执法总队、重庆市国土资源房屋执法监察总队，组建重庆市规划和自然资源综合行政执法总队，为市规划自然资源局管理的行政执法机构，机构规格为正处级；中心城区都市区组建22个区规划和自然资源综合行政执法支队，机构规格均为副处级。

【制度建设】

针对机构改革后局系统管理单元多，板块之间、区域之间干部人事管理差异较大的情况，研究印发干部任免、职务职级并行、因私出国（境）、干部人事档案、事业单位绩效工资等相关管理办法。

【职务职级并行】

按照市委组织部统一安排，完成局系统共543名公务员和316名参公管理人员职级套转。分2批组织开展局机关晋升工作，指导局属单位陆续开展相关工作。全年共晋升一级巡视员1名，二级巡视员6名（机关3名），一级调研员30名（机关24名），二级调研员4名（机关4名），三级调研员18名（机关10名），四级调研员10名（机关6名），一级主任科员以下241名（机关36名），总体推进稳妥有序。

【干部队伍建设】

在集中任命局机关和各区县规划自然资源局338名领导干部的基础上，结合局属事业单位整合、更名和局系统领导干部队伍建设需要，任免领导干部178名。与远郊区县党委加强配合，完成9个区县28名领导干部任免。组织完成608名领导干部个人事项的集中填报、录入和随机抽查，对个人事项报告存在问题的7名领导干部给予诫勉谈话。及时制订出台市局《2019年干部培训计划》，与市委组织部联合开展国土空间规划和自然资源专题培训班，选派参加局管领导干部专业素质和领导力提升专题培训班等各类教育培训1000余人次，开展培训37期。

【人才队伍建设】

组织开展重庆地质矿产研究院、市地理信息和遥感应用中心、市规划自然资源调查监测院、市自然资源利用事务中心共计36名专业技术人才考核招聘。组织完成2019年下半年事业单位公开招聘，共计招录63个岗位93人。根据工作需要和干部任免情况，全年完成人员调动127名。下放职称评审权限，新组建重庆市工程技术系列规划测绘专业重庆市勘测院中级职称评审委员会（拥有评委36名）。组织评审通过正高级职称42名，副高级职称136名，中级以下职称87名。开通绿色评审通道，局系统16人参与特殊渠道职称评审，14人获得副高级以上职称。

（吴威）

离退休干部管理

【概况】

截至12月31日,市规划自然资源局机关和局直属56个单位,共有离退休人员5161人(含市地勘局),其中包含离休干部17人,建初干部20人,局机关离退休人员223人。

【制度建设】

按照机构改革方案和市委老干部局的工作机制要求,参照自然资源部老干部局工作职责,局离退休人员工作处履行"负责局机关离退休人员工作,指导局属各单位离退休人员工作"职责。具体负责局机关离退休人员思想政治建设、党组织建设,落实政治待遇和生活待遇,制定落实学习和活动计划,指导各垂直管理局、局属各单位离退休人员工作处工作。3月至6月,分别赴市卫健委、市市场监管局、市老干局、涪陵区局、长寿区局、璧山区局等市级部门和各区县局开展现场调研,向各区县局、局直属事业单位发放问卷59份,基本摸清局系统离退休人员工作现状,借鉴先进经验做法,形成调研报告,制定操作性较强的相关制度。起草《重庆市规划和自然资源局机关离退休人员服务管理办法》,厘清市局与区县局、局属各单位离退休人员服务管理职责边界,规范事务性工作内容及其标准。建立政治理论学习、组织生活、形势报告和情况通报、阅文和订阅报刊、重要会议和活动、参观考察、走访慰问、教育培训、活动阵地建设等9项基本制度。

【"三项"建设】

加强政治建设、思想建设和政治建设。推进"两学一做"学习教育常态化制度化和"不忘初心、牢记使命"主题教育,每月组织生活和政治理论学习日,采取专题辅导讲座、报告会、座谈会、专题片、"三会一课"、主题党日等形式,学习习近平新时代中国特色社会主义思想和党的十九大和十九届二中、三中、四中全会精神、习近平总书记视察重庆重要讲话精神。推进离退休人员党支部规范化建设,对离退休人员党支部进行选举,选出9名老党员担任书记、委员,建立健全离退休人员党支部工作经费机制,收缴的党费全额作为支部活动经费。开展以"展示阳光心态、体验美好生活、畅谈发展变化"为主要内容的为党和人民事业增添正能量活动,组织老同志书画摄影、文艺汇演大赛,旗帜鲜明地弘扬社会主义核心价值观。

【干部服务工作】

全年共组织政治理论学习和组织生活12次,召开形势报告和情况通报会4次,集中传达文件8次,为223名离退休人员订阅党刊、报刊、老年期刊各一份,组织离退休人员赴南川大观镇、红岩村革命历史纪念馆、规划展览馆、地理信息与遥感中心参观考察活动4次,在重要纪念日、重大庆典、传统节日和寒冬酷暑期间,在局领导的带领下集中走访看望离退休老同志70余人次,分三批次组织老同志进行健康体检,组织健康讲座2次。为特殊困难老同志争取到帮扶资金2.7万元，为建初干部争取到帮扶资金1.6万元，为癌症患者争取到帮扶资金4.2万元，为2名离退休人员遗属发放定期生活困难补助2.7万元。组织离退休人员参加市第八届老干部艺术节文艺汇演，《我和我的祖国》获优秀组织奖，组织老同志参加市委老干部局棋牌比赛和桥牌比赛。参加市老年体育协会活动，荣获2019年度老年体育组织奖；开展局系统“庆国庆迎重阳”系列活动，紧扣庆祝新中国成立70周年主题，开展“我和我的祖国”征文、摄影、书画、文艺表演等活动，征集到文章28篇、摄影作品107张、书画作品37幅，并对作品评出一、二、三等奖及优秀奖、参与奖。

（方丽）

调查测绘

重庆规划和自然资源年鉴（2020）

自然资源调查监测

【概况】

全年统筹推进自然资源调查监测工作，着力夯实自然资源管理基础。推进全市第三次国土调查，县级成果全部提交国家核查，基本摸清全市自然资源本底状况。组织开展年度变更调查和地理国情监测，保障基础调查监测成果的现势性。成功试点全市域自然资源全地类变化情况季度监测，探索构建自然资源常规监测机制；正式启动自然资源三维立体数据库建设，为全市自然资源数据整合、分析、监测、管理提供三维立体时空信息服务；有序推进长江干流自然资源本底调查、全市自然保护地监测等专项工作，为生态文明建设工作提供全方位保障和支撑。

【第三次全国国土调查】

全面推进第三次全国国土调查工作。推进区县内业解译、外业调查、在线举证、市级内外业核查、协助国家开展外业核查等阶段性工作，全年累计核查图斑逾3000万个，召开市级培训会议11次，向区县下发整改意见逾300次，与区县点对点工作对接100余次。12月，形成全市正式成果上报全国三调办。经国家核查，全市三调初始库成果地类差错率为0.14%，县级检查差错率平均为0.26%，低于国家三调办成果质量差错率1%的要求。

【专项调查监测】

规划和自然资源变化常规监测。基于卫星遥感影像，采用人工智能算法、人机交互判读和外业核查等方式，快速提取自然资源变化图斑，以季度为周期，辅以审批数据、管理数据，持续对全市域规划和自然资源变化情况进行监测。2019年试点运行的第四季度常规监测，共识别疑似变化图斑3045处、面积4043.11公顷。明确全市监测图斑地类变化、疑似违法图斑分布情况和重点管控区用地变化情况，为建立健全全市自然资源变化快速发现、提早预警、及早处置机制进行有益尝试。

地理国情监测。利用高分辨率航空航天遥感影像，整合全年基础地理信息数据及相关部门专题数据，监测全市自然和人文地理要素的现状和变化情况。共收集、处理全市30余个市级部门的专题数据，完成全市域地理国情要素、地表覆盖、地理单位数据更新及建库工作，监测成果通过国家质量复核并一次性完成市级地理国情建库成果汇交。

自然保护地监测。系统梳理全市各级各类自然保护地空间范围和土地利用现状。全年共收集、处理落实全市各级各类自然保护地空间范围211处，面积159.80万公顷。结合历年地理国情监测和土地利用变更调查成果，对自然保护地内被判断为疑似人类活动的相关地类现状及近五年的变化情况进行监测，分析全市各级各类自然保护地的交叉重叠情况以及边界范围存在的问题，为全市自然保护地的管理与保护、边界优化调整等工作奠定数据基础。

长江干流（重庆段）沿岸自然资源调查。以重庆市第三次国土调查为基础，结合实地抽样调查和自然资源日常管理数据，对流经重庆境内18个区县，总长度达691千米的长江干流（重庆段）沿岸6千米范围内的自然资源现状、开发建设与利用现状、保护与管控现状进行全面梳理，共计76.89万公顷。通过数据搜集、信息整合、矢量叠加分析及外业现场核实等工作，形成坐标一致、上下贯通、多重属性一体的长江干流（重庆段）沿岸自然资源底图，为重庆市长江经济带发展和生态文明建设提供基础数据支撑。

【自然资源三维立体时空数据库试点】

以时间轴为脉络，对2013年、2017年、2018年三个时点的基础空间和自然资源专题数据进行全面整合，分类别、分要素立体化叠加整合地理国情、土地利用等数据，梳理分析各类数据关联、脉络和动态变化情况，并通过历年自然资源监测数据，对各个时点的自然资源进行比对分析，实现自然资源全面监测。共整合各类自然资源图斑6182个，摸清缙云山片区13平方千米范围内的自然资源家底和时空变化情况。通过比对分析，试点范围内自然资源年均变化率为0.46%（0.06平方千米），其中转变为旱地、水田和有林地的地块占比最多，分别为45%、22%和15%。

（李阅）

自然资源确权登记

【概况】

全年全市共计办理不动产登记业务295万余件，发放不动产权证书和证明250.79万本。通过深化不动产登记改革，营商环境持续优化。自然资源统一确权登记工作按照国家统一部署安排有序推进。

【自然资源统一确权登记】

起草《重庆市自然资源统一确权登记总体工作方案》，经自然资源部审核，已报市政府印发实施。配合自然资源部开展长江干流自然资源统一确权登记工作，起草重庆段工作方案，收集确权登记相关资料。

【不动产登记】

全面深化重庆市不动产登记改革，实行不动产登记、交易和缴税“一窗办理、即办即取”。在不动产登记服务大厅综合窗口，只需交一次材料、与一名工作人员互动，即可一次性办完申请、缴税、缴费、领取不动产权证书等事项。不动产登记办理实现“023”办结，存量房屋买卖过户、不动产抵押注销登记、不动产查封及解除查封登记、不动产异议及注销异议登记等立等可取，不动产抵押登记2个工作日办结，一般登记3个工作日办结。开通互联网申报平台，存量房屋买卖等群众办事高频事项和不动产登记信息查询可在“渝快办”申报；在银行等金融机构开设不动产抵押登记专网，抵押人和抵押权人可通过专网远程申报抵押登记、远程获取登记结果,实现"不见面"办理。优化不动产登记信息查询。任何人均可查询全市已经登记的不动产登记信息(包括不动产的坐落、面积、层数,是否存在查封、是否存在抵押等限制状况)。开设不动产登记信息网上专栏。任何人均可在网上获取不动产登记改革相关的政策文件、资料清单、收费标准、办理时间、不动产登记公告、不动产登记统计数据、地籍图更新时间等信息。设立独立的不动产登记和地籍测绘投诉电话。

【权籍调查】

优化权籍调查方式,按照"数据共享、规范统一、高效服务"的原则,沿用已有成果,推行数据共享,确保权籍数据和登记数据互联互通。强化地籍图更新,明确已登记宗地地籍图实时更新。推广地籍图查询,任何人均可查询地籍图(宗地图和房屋平面图)。

【权属争议调处】

2019年,全市调处自然资源权属争议28件,涉及面积约527.18公顷。全年未发生重大突发自然资源权属争议,调处的权属争议案件均系区(县)级规划自然资源主管部门管辖处理,无市级规划自然资源主管部门管辖案件。

【信息平台建设】

支撑互联网申报,开发建设不动产登记综合服务平台,已纳入"渝快办"APP端和PC端使用,提供存量房屋买卖等群众办事高频事项申报、不动产登记信息查询、预约办理、自助缴费、进度查询、通知公告、办事指引等多项服务。支撑"一窗办理、即办即取",开发建设不动产登记、交易和缴税一体化平台,推动登记、交易和缴税并行办理。支撑"不动产登记+金融服务",开发建设不动产抵押登记专网申报系统,提供远程抵押服务。支撑不动产登记信息公开,在重庆市规划和自然资源局官网设置"重庆市不动产登记专题栏目",提供清晰的办事指引。

(冯晓红)

测绘管理

【概况】

2019年,全市测绘管理工作围绕自然资源"两统一"职责和为经济建设、国防建设、生态文明与社会发展做好保障,结合自然资源管理大平台,坚持依法行政,夯实测绘基础,提升服务能力,维护国家安全,为全市做好测绘地理信息保障支撑。

【测绘基准及系统】

升级全市高精度现代测绘基准体系。统一全市空间基准,全面使用2000国家大地坐标系。建成79座兼容北斗、GPS、格罗纳斯的卫星导航定位基准站，覆盖8.24万平方千米的大地水准面精化，共享周边五省31座卫星导航定位基准站数据资源，实现全市厘米级的实时、无缝、高精度三维空间定位。对接东方红卫星移动通信有限公司、重庆零壹空间科技集团有限公司，开展重庆天地基一体化融合试点建设和遥感、雷达卫星采集统筹协调工作。

【空间测绘数据资源建设】

抓好空间测绘数据资源建设，完成DLG数字线划图、DRG数字栅格模型、DEM数字高程模型、DOM数字正射影像，实现全市1:50000、1:10000、1:5000比例尺测绘产品市域全覆盖，1:2000比例尺测绘产品覆盖近20000平方千米，1:500比例尺测绘产品实现中心城区与区县建成区全覆盖。实现高中低分辨率卫星影像、航空影像与低空无人机影像区域覆盖和年度更新，建成覆盖全市中心城区——区县——乡镇——村社全范围、多形式、多尺度基础地理信息数据库和多源影像数据库。

【重大测绘项目】

开展“十三五”基础测绘数据资源项目建设，完成16480平方千米航摄影像数据获取，完成1:2000(DLG)数字线划图、(DEM)数字高程模型、(DOM)数字正射影像16480平方千米。

开展多源多尺度实景三维项目建设，完成覆盖全市域8.24万平方千米的多源多尺度实景三维模型数据建设，建成全市域0.4米，29个区县建成区0.05米、主城区0.08米，以及其他部分区域0.03米实景三维模型。开发全域空间三维数字沙盘，实现多源多尺度三维数据集成、管理和应用。向涪陵、铜梁、万州等区县开展数据分发。

推进智慧基础时空库和智慧社区建设，持续推进智慧基础时空库的标准建设、应用研究和智能探索。建成智慧金刀峡、智慧医院等应用场景，构建以地理空间为中心的信息化整合服务模式，促进街道(乡镇)、社区和大型场馆的精细化管理。

推进新型基础测绘转型发展试点示范，以自然资源部试点项目“3D+”全息空间数据建设与应用示范为契机，推动基础测绘转型发展。完成《“3D+”全息空间数据产品规范》地方标准编制，优化全息空间数据生产和应用体系建设，推进数据轻量化和移动端平台开发。

【制度建设】

开展《重庆市测绘管理条例》修订立项报告、修订立法调研报告、修订起草说明以及草案建议稿的编写，继续申报2020年立法准备项目。开展全市航空航天遥感数据(影像)统筹管理调研、办法起草工作。开展《重庆市房产面积测算成果备案审核管理办法》《重庆市房屋面积测算实施细则》《重庆市测绘资质管理办法》等集中修订工作。开展多测合一工作调研，推进多测合一方案与流程优化，推进成果共享互认、减轻企业负担，提升建设工程领域测绘水平。

【测绘行业管理】

完成测绘资质新申请、专业增项、资质升级单位行政许可63家，日常信息更新144家。完成350家测绘资质单位和行政单位年度统计和季度统计审核与上报，完成308家测绘资质单位年度报告审核与上报，完成2018年度测绘资质单位信用信息征集、公示与发布。开展2019年全市建设用地勘测定界成果质量抽检和测绘行业“双随机一公开”抽查，对80家测绘资质单位进行测绘资质、测绘产品质量、安全生产、测绘坐标系等进行了检查。全市共有测绘资质单位318家,其中甲级7家,乙级77家,丙级211家,丁级23家,2019年测绘产值28.9亿元。

【技术发展与人才培养】

举办测绘地理信息行业新技术装备及新形势下测绘应用解决方案专题研讨会、规划和自然资源新格局下的测绘地理信息技术创新专题研讨会、西南片区测绘地理信息学会工作交流和测绘地理信息学会2019年年会,完成2019年测绘地理信息优秀工程、优秀论文评选工作,结集出版“智测千里 数绘广大”论文集。全市测绘行业现有正高级工程师95名,副高级工程师673名,新世纪百千万人才工程国家级专家3名,享受国务院特殊津贴专家6名,重庆市勘测设计大师4名,青年学术和技术带头人3名,重庆市杰出专业技术人才1名,注册测绘师人数432名,全行业技术人员(含专业和相关专业)总计8548人。

【职业技能竞赛】

8月12日–16日,联合市人力资源和社会保障局、市总工会、共青团市委,从全市300多家测绘单位8000多名测绘从业人员中严格选拔42支代表队,在九龙坡区圆满举办第六届重庆市测绘地理信息行业职业技能竞赛,授予竞赛优秀选手“重庆市五一劳动奖章”“全市技术能手”“重庆市青年岗位能手”“重庆市测绘地理信息技术能手”等荣誉和奖项。

11月9日–13日,通过竞赛选拔的优秀团队代表重庆参加在四川成都举办的第六届全国测绘地理信息行业职业技能竞赛,获得团体二等奖,2人被授予“全国测绘地理信息技术能手”荣誉称号。

(张城)

地理信息管理

【概况】

全年地理信息管理工作围绕履行规划自然资源“两统一”管理职责和全市经济社会发展需要,按照地理信息管理工作要点,修订完善地理信息法规,加强制度建设,做好测绘地理信息成果、地图和地理信息安全保密管理工作,强化全市地下管线数据动态更新管理,组织指导应急测绘保障,开展国家版图意识宣传教育,加强测量标志保护,推进建设重庆时空大数据服务平台,高效运维重庆市地理信息公共服务平台(天地图·重庆)、重庆市社会公共信息资源共享交换平台、重庆市综合市情系统,不断优化地理信息公共服务,促进地理信息产业发展,发挥地理信息重要保障作用。

【地理信息成果管理】

加强地理信息数据资源统筹管理,印发《重庆市基础测绘地理信息成果提供使用管理办法》《重庆市自然资源和空间地理数据库数据资源清单》，编制完成《局系统涉密测绘地理信息成果管理规定》。

做好成果汇交和目录发布。全年市测绘地理信息成果保管机构共接收汇交基础测绘成果1248项，其中纸质资料3500余件，电子数据容量约45 TB。更新目录条数2.2万余条，元数据37万余条，更新发布全市测绘成果分发服务系统目录和全国地理信息资源目录系统目录（重庆市部分）。

简化地理信息成果申领审批手续，持续做好成果分发服务。取消基础测绘地理信息成果收费和市外申领成果证明函等手续，实现用户提交申领材料原件和现场领取成果资料“一站式服务”。全年，市局测绘成果分发审批360余次，对外提供成果查询2000余次，分发各比例尺4D成果18000余幅、影像成果12万平方千米。

【地理信息安全保密管理】

强化地理信息安全保密管理。优化技术防控体系，建立互联网公开存储与发布测绘成果探测与跟踪工作机制，完成互联网追溯系统功能升级。加强分发成果可追溯管理，对分发成果实现100%加水印和加锁。提升地理信息管理和从业人员安全保密能力，组织全市测绘地理信息保密培训和考试，共有271人通过考试。组织测绘地理信息成果保密专项检查，专题开展地理信息档案库房巡检和保密设备更新工作。依法监督涉密测绘地理信息成果销毁工作，警示提醒200余家用户单位，并提供咨询服务。

【地图管理】

做好标准地图服务和公共地图编制，组织更新全市和各区县标准画法地图177幅，提供局网站在线服务。编制《每周一图》《重庆麻辣美食图》《重庆魔幻交通图》《重庆玩乐旅游图》《重庆娱乐休闲图》《重庆历史文化图》《重庆舒享酒店图》等一批有影响力的公共地图产品。全年审核公开地图82件，共计296幅。

开展以“规范使用地图，一点都不能错”为主题的“2019测绘法宣传日暨国家版图意识宣传周”活动，通过现场讲座、制作宣传片、发放宣传手册、制作宣传海报等多种形式，深入全市各区县商业中心、社区、学校进行国家版图意识宣传教育，其中进社区40余次，进学校16次。

做好脱贫攻坚地图服务保障，对接市发展改革委扶贫集团，专门制作开州区大进镇各类影像地图。做好政务地图服务，全年为各级政府部门提供各类专题政务地图近5000幅。提供应急服务保障，为各市级部门制作各类应急需求图件70余幅。

【地图市场监督管理】

持续做好地图市场监管工作。联合重庆市新闻出版总署、中华人民共和国重庆海关、重庆市“扫黄打非”工作领导小组办公室，组织各区县局，完成全市承印、进出口经营单位地图专项检查工作，检查印刷企业70余家，图书经营场所200余处。加强重大展会地图检查，完成“第二届中国西部国际投资贸易洽谈会”“第二届中国国际智能产业博览会”等大型会议的地图审核。做好新中国成立70周年重大庆典期间地图检查，对市内三峡博物馆、重庆规划展览馆、重庆自然博物馆等大型博物馆、展览馆以及机场、港口、口岸等重要地点进行巡查，整改9幅“问题地图”。加强各级政府部门网站和新闻媒体网站的监管，全市626个政府网站和“华龙网”“大渝网”等新闻媒体网站纳入互联网地理信息监管系统，全年识别检查超过254万张的地图，人工检定静态图片4600余张，处置涉及登载问题地图图片的网站12个，“问题地图”26幅。

【地下管线数据动态更新管理】

做好地下管线数据动态更新管理。调研部分区县地下管线数据动态更新工作，召开全市地下管线数据动态更新工作会议。印发《关于进一步加强地下管线数据动态更新工作的通知》及配套《重庆市地下管线数据动态更新管理实施方案》和《重庆市地下管线数据动态更新技术要求》，修订《重庆市地下管线综合管理信息系统部署使用管理办法》。全市新增入库地下管线数据长度共计7334千米，其中，市政管线新增7322千米，跨区县长输管线新增12千米。

【应急测绘】

健全应急测绘保障工作机制，印发《重庆市规划和自然资源局应急测绘保障预案》。推动应急队伍能力建设，定期开展无人机数据采集及应急数据快速处理训练，在渝北区礼嘉街道大田湾开展2019年滑坡灾害应急测绘地理信息保障演练。开展国家应急测绘保障能力建设项目重庆单项工程建设，完成重庆单项工程安装环境改造、共享资源节点软硬件设备接收、视频会议系统终端安装与调试工作。

【测量标志保护】

开展永久性测量标志保护工作调研，通过问卷调研、查阅档案、实地走访、召开片区座谈会等形式，初步摸清全市测量标志管理现状。开展测量标志核查工作，制作全市40个区县(含两江新区、万盛经开区)测量标志点之记档案手册，各区县依照手册启动本行政区域内测量标志核查工作。

【地理信息公共服务】

强化重庆市地理信息公共服务平台(天地图·重庆)建设，做好电子地图更新，更新数据量600GB，为各行业部门提供达7000万次的数据查询和调用，有效支撑50余个市级部门100余个业务系统的地理信息相关应用需求，连续6年获得自然资源部“五星级省级节点”评价。运行维护重庆市社会公共信息资源共享交换平台，汇聚3035类政务信息资源，有效支撑90个市级部门和区县政府开展业务协同应用。加大重庆市综合市情系统应用，完成数据成果空间化整合，研发综合市情信息“一张图”查询系统，为“渝快办”平台高效便捷运行提供基础信息支撑，为城乡规划、精准扶贫、应急处置、防汛抗旱等工作提供服务保障。

【大数据智能化和新型智慧城市建设】

按照市局新型智慧城市建设方案，推动建设全市自然资源和空间地理数据库。开展重庆时空大数据服务平台及应用示范项目的全面建设，构建时空大数据智能化融合治理技术体系和时空大数据服务体系，实现地理空间、政务信息、互联网数据、物联网四个方面538类数据资源的统一汇聚，数据总量超过1亿条。

【地理信息产业发展】

持续深化“放管服”，取消测绘地理信息成果收费，为地理信息企业减轻负担4927万元。市地理信息产业规模稳步增长，全市地理信息产业从业单位或企业共447家，从业人员数量超过2.7万人。地理信息科技创新能力逐步增强，在2019年地理信息产业大会上，全市9个测绘地理信息领域科研项目和6个地理信息工程获奖，其中科技进步一等奖1项、二等奖8项，优秀工程金奖2项、银奖3项，铜奖1项；1家民营企业获"2019年中国地理信息百强企业"称号，2家民营企业获"2019中国地理信息产业最具活力中小企业"称号。

（王志耕）

规划

重庆规划和自然资源年鉴（2020）

总体规划

【概况】

2019年，重庆市国土空间总体规划初步方案基本形成。围绕战略定位和目标彰显优势、成渝地区双城经济圈建设、“一区两群”市域协调发展格局、乡村振兴和城市提升、建设现代化主城都市区、规划实施机制等内容深入研究，一体推进35项专题研究、33个专业专项规划编制，完成29个区县2035规划大纲，现已形成方案、图集等阶段成果。各区县同步启动国土空间总体规划。加快推进区县编制试点，指导璧山区、潼南区先行先试完成“双评价”和国土空间初步方案编制工作。完善“多规合一”一张图，对其进行持续动态更新，保障一张蓝图的时效性和准确性。

【全市国土空间总体规划】

市委、市政府于2018年启动《重庆市国土空间总体规划(2019—2035年)》编制工作。规划把习近平总书记对重庆提出的“两点”定位、“两地”“两高”目标、发挥“三个作用”的重要指示作为战略目标定位，聚焦国际化、绿色化、智能化、人文化，系统谋划面向2035年的全市生产、生活、生态空间格局，推动成渝地区双城经济圈建设和“一区两群”区域协调发展，提升国土空间治理体系和治理能力现代化水平。

【“一区两群”区域协调发展格局研究】

落实市委五届五次全会提出的“一区两群”区域协调发展格局，开展“一区两群”空间格局研究，遵循资源环境承载力的客观差异，充分发挥地区比较优势，引导“一区”地区提升城市竞争力，构建现代产业体系；推动“两群”地区构建生态保护格局，推动城乡自然资源资本增值，全面提升城市发展品质和生活质量。

【生态保护红线评估调整】

按照自然资源部要求，会同生态环境局和林业局开展生态保护红线评估调整工作。梳理包括永久基本农田、镇村建设用地、矿业权，交通、市政、脱贫攻坚等用地与生态保护红线存在矛盾，并按照相关原则进行生态保护红线评估调整，评估调整后的生态保护红线将可消除各种矛盾，保障重大项目落地实施。

【规划编制工作】

全面贯彻《中共中央国务院印发关于建立国土空间规划体系并监督实施的若干意见》(中发〔2019〕18号)，指导全市各区县(自治县)全面开展区县国土空间总体规划编制工作，调度各区县(自治县)完成编制单位遴选、启动规划编制。印发《重庆市区县(自治县)国土空间总体规划编制工作指导意见》《重庆市区县(自治县)国土空间总体规划编制及报批工作规程(暂行)》《重庆市区县(自治县)国土空间总体规划编制导则(试行)》等配套文件，明确工作重点、细化编制要点、规范工作程序。组织召开7次业务交流会，宣讲自然资源部最新工作要求，传达市国土空间总体规划编制要点，培训资源环境承载能力和国土空间开发适宜性“双评价”和“双评估”工作技术路线，切实提高区县(自治县)规划编制水平。

【试点工作】

完成全市资源环境承载力和国土空间开发适宜性“双评价”和国土空间开发保护现状评估试点，配合自然资源部制定《“双评价”技术指南》。开展生态保护红线评估调整工作，优化全市生态空间格局，评估调整后，解决千余项重大建设项目与生态保护红线的矛盾。

深化城市运行监测与评估工作。形成“1+1+1+6”的成果体系。即：1个信息化平台、1个国土空间规划实施评估报告、1个中心城区城市运行监测报告（街道层级）以及工业用地、资源本底、土地利用绩效、远郊区住宅、小城镇发展、耕地破碎度及绩效等6个专题研究报告。本项工作入选自然资源部《智慧规划》典型案例向全国范围推广，发表论文3篇，并在2019年全国规划年会上进行成果交流。

【土地利用总体规划】

完成土地利用总体规划局部修改、调整和符合性审查共328宗，面积4614公顷，保障城乡建设、基础设施和旅游等项目用地布局；评估追加全市17个区县土地利用总体规划建设用地目标2800公顷；实施地票土地利用规划空间入库1966公顷，调增区县规划建设用地目标3231公顷。开展国土空间规划一致性处理工作，已审查通过南川、涪陵、大足3个区县以及江北机场和广阳岛片区的国土空间规划一致性处理方案，为一批重大项目和基础设施项目等提供规划空间保障。

（田昊）

重点规划

【概况】

2019年，重点规划处工作围绕全市社会发展需求和全局规划工作改革创新的新形势，通过“搭平台、促改革、建制度、抓重点”的工作思路，对标对表地完成了组建市规划委员会，建立国土空间规划体系，开展重大规划编制研究、长江经济带国土空间治理、全局重点项目前期等系列工作。

【组建市规划委员会】

市委、市政府高度重视国土空间规划工作，对市规划自然资源局提出“进一步发挥市规划委员会统筹职能，助推我市国土空间规划改革”的要求。按重庆市政府工作安排，主要完成以下工作：一是完成新一届市规划委员会组建；二是制定出台《重庆市规划委员会工作规则》《重庆市规划委员会办公室工作细则》《重庆市规划委员会专家咨询委员会工作细则》等3项工作规则、细则；三是全年组织市规划委员会议5次，审议《重庆市国土空间总体规划》《两江四岸核心区整体提升规划方案》《重庆科学城国土空间总体规划方案》等重大议题27项；四是遴选建立机构改革后新一届规划和自然资源专家库，共6个分库55个专业1127名专家，发挥专家咨询作用，共为全局4大类300余个项目提供专家咨询、评审工作，抽取专家人数1100多人次，确保项目审查的公正、公平。

【重大规划编制研究】

全年开展20余项重大规划编制研究工作，15项已形成阶段性成果并报市规划委员会及专题会进行审议。其中，重庆市国土空间总体规划、两江四岸核心区整体提升规划、重庆科学城国土空间总体规划、广阳岛长江生态文明创新实验区规划、重庆东站片区控制性详细规划、重庆市中心城区山城步道专项规划等规划成果得到肯定。重庆市养老服务设施规划工作，针对重庆市养老服务设施相关问题充分开展调研座谈，了解发展状况及问题，分析原因，提出重庆市养老服务设施规划实施改善建议。此外，从规划、建设、运营各个阶段统筹考虑城市轨道交通发展，协调推进轨道交通场站及周边用地综合开发，以TOD模式助推重庆“两高”建设，探索具有重庆特色的TOD开发协调机制。

【建立国土空间规划体系】

贯彻落实党中央国务院关于建立国土空间规划体系并监督实施的重大改革任务，起草关于全市国土空间规划体系做好新时代国土空间规划的意见，多次向自然资源部咨询请示，广泛征求专家学者、区县、市级有关部门的意见，通过局长办公会审议，已上报市委改革委全体会议审议，按程序报请市委市政府印发。

【长江经济带国土空间治理】

按照国家和重庆市推动长江经济带发展领导小组办公室有关要求，开展了长江经济带(重庆段)国土空间规划编制前期论证工作，配合完成2019年推动长江经济带发展工作要点中由市局牵头的5项任务，积极推进长江经济带国土空间用途管制和纠错机制研究性试点工作。

【重点前期工作】

一是加强全局重大项目统筹管理工作。制定《重庆市规划和自然资源局重大项目统筹管理工作规程(试行)》，牵头落实刘鹤副总理在《重庆市有关工作情况汇报》上批示的6项任务分解工作。牵头组织报送市级投资三年滚动重大项目15个，2020年市级投资重大项目10个。对照《关于<印发全面落实习近平总书记在深入推进长江经济带发展座谈会上重要讲话精神重点任务分工方案>的通知》，贯彻落实市规划自然资源局牵头任务2项，配合任务10项目工作。对市规划自然资源局组织实施的120个重点项目按季度进行汇总分析，加强全程跟踪和工作通报。配合推进重庆东站建设、轨道交通第四期建设规划报批等重要工作。二是推进重点前期工作项目成果转化。“重庆市巫溪县凤凰集镇地质灾害综合治理工程前期工作”“重庆市巫溪县中梁乡场镇地质灾害综合治理工程前期工作”2个项目通过前期论证申报，成功获得国家专项资金支持。

(刘睿)

交通规划

【概况】

2019年，完成《重庆市综合交通体系规划（2019—2035年）》审批，提出构建完善“5+5”对外综合运输大通道，以及“一区两群”全域协调、分区差异的综合交通体系；完成《主城区轨道交通线网规划（2019-2035年）》审批，完善轨道层次体系构建，优化形成由轨道快线、轨道普线构成的“环射+纵横”的轨道线网布局。编制完成《成渝地区双城经济圈川渝毗邻地区交通一体化规划》《重庆市综合交通枢纽布局规划》《主城区现状轨道站与公交一体化换乘优化规划》《重庆东站铁路枢纽综合交通规划》《广阳岛及周边片区道路交通专项规划》等一批重点规划。

【重点专项工作】

赴万州、涪陵区开展现场调研，走访1个深度贫困镇、1个整村脱贫村和相关贫困户，做好与相关区局的技术服务支撑工作。会同区局梳理应对轨道交通噪音扰民环保督察相关工作。

【交通规划体系建立】

编制完成《重庆市综合交通体系规划（2019—2035年）》，并通过市政府常务会议审议。规划以“国际化、绿色化、智能化、人文化”为发展导向，确定重庆市的交通发展目标为：建设国际综合交通枢纽，引领区域交通协调发展，构建国际畅达、绿色便捷、智能高效、安全友好的综合交通体系。提出构建完善“5+5”对外综合运输大通道，以及“一区两群”全域协调、分区差异的综合交通体系，支撑重庆建设国际综合交通枢纽和交通强国示范区。同时，结合国家和市委市政府的相关要求，规划明确提出了中心城区交通发展模式、发展目标、总体发展策略、分项发展策略及综合交通规划方案。该规划已通过市政府常务会议审议。

【城市交通规划】

初步完成《成渝地区双城经济圈川渝毗邻地区交通一体化规划》。为落实国家对区域交通协调发展的相关要求，以“规划同图、建设同步、两地同管”为目标，提出“共谋共建、双核联动、毗邻缝合”的发展策略。同时结合主城都市区人口、区域、产业和城镇发展，分析和预测主城区都市圈交通发展需求，提出主城都市区交通一体化指标体系和规划引导要求，进一步完善主城都市区综合交通规划方案，提出近、中、远期建设时序建议。

编制完成《重庆市综合交通枢纽布局规划》。全面落实市委市政府提出开放大通道、构建大枢纽、做强大口岸、培育大平台、营造大环境，建设现代化综合交通枢纽的总体要求，对接国家交通强国战略，协调国土空间规划城市空间布局，衔接综合交通运输体系规划的规划要求，全面完善重庆市综合交通枢纽布局规划方案，形成“1+1+5+23”综合交通枢纽体系。

编制完成《主城区轨道交通线网规划（2019—2035年）》。结合轨道交通第四期建设规划动态成果，进一步贯彻轨道交通引领城市发展格局理念，结合城市功能布局，完善轨道层次体系构建,优化形成由轨道快线、轨道普线构成的“环射+纵横”的轨道线网布局。规划方案通过新增轨道快线满足中心城区主要功能节点的联系时效需求;通过新增轨道普线进一步增加轨道线网密度,增加对人口岗位覆盖率,引导“轨道+步行”出行方式;通过城市轨道发挥重要衔接功能,与国家干线铁路、城际铁路实现枢纽换乘衔接,与城市铁路实现直连直通,形成融合的轨道网络。实现轨道站点与城市功能相互支撑,轨道线路与城市形态相契合,有效引导市民绿色出行,持续推进缓堵保畅。该规划已通过市政府常务会审议。

编制完成《中心城区现状轨道站与公交一体化换乘优化规划》。对中心城区范围内现状运营及近期将通车的172个轨道站开展全面研究,对站点周边交通需求与地面公交资源进行系统梳理,依托中心城区交通综合信息平台等大数据资源,按照问题导向和目标导向相结合的总体思路,对每个站点提出具体的改善规划方案和实施机制建议。在工作开展中,广集民智、广集民意,联合华龙网集团、新重庆客户端等平台开展中心城区轨道与地面公交换乘整体提升规划问卷调查,对市民提出优化公交站接驳距离的建议,根据综合梳理和科学分析,开展全面优化提升。

【专项交通规划】

编制完成《重庆东站铁路枢纽综合交通规划》。结合东站铁路枢纽的功能定位,优化重庆东站周边地区综合交通网络布局,完善交通集疏运系统,同时为重庆东站站房及配套综合交通枢纽设计、重庆东站站前片区城市设计及控规优化的编制提供交通设计条件。以“同步投用”为原则,提出重庆东站周边配套交通设施实施时序建议。

编制完成《广阳岛及周边片区道路交通专项规划》。开展广阳岛及周边片区道路交通专项规划,完善片区交通网络布局,实现“岛内交通零排放、岛外交通绿色化”的目标,将广阳岛长江生态文明创新实验区建设成为铁公水联运的实验区、TOD模式实验区、绿色出行实验区。

编制完成《主城旅游景区交通环境提升规划》。为提升中心城区旅游景区交通服务质量、净化旅游区出行环境,打造全市旅游交通出行服务品牌,按照“一景一策”原则,制定各景区周边交通组织优化、交通设施提升和应急预案规划方案,形成中心城区12个旅游景区交通环境提升规划方案,为中心城区旅游景区交通整治实施提供参考依据。

编制完成《中心城区交通堵乱点治理规划》。为贯彻落实市政府领导对市公安局关于深入开展中心城区交通堵乱点治理的报告的批示精神,通过全面梳理形成“一点一策”的交通规划治理方案,针对每个具体的堵点、乱点,通过近期和中远期相结合、工程措施与管理措施综合施策,各堵点、乱点的交通供给能力和运行效率在短期之内将有较大提升。

编制完成《重庆市中心城区步行系统规划研究及重点区域规划试点》。为提升城市品质,完善城市步行出行环境,引导步行+公交的出行方式,满足市民对高品质美好生活的向往,全面开展全市中心城区步行系统规划研究及重点区域规划试点工作,通过优化步行网络、空间、设施和环境,实现与轨道网、公交网的有机融合。

编制完成《渝汉高铁、渝贵高铁预研预控规划》和《龙头港、渭沱港集疏运系统预控规划》。为落实市领导提出的“强化重大项目预研预控”相关要求,发挥规划统筹引领作用,完成渝汉高铁、渝贵高铁以及龙头港、涪陀港集疏运系统等一批重大交通基础设施的预研预控规划，对线路布局、高铁站点设置以及港口的集疏运系统等提前进行国土空间规划控制，提前开展相关矛盾协调工作，为后期项目实施提供重要支撑。

【服务建设项目审批工作】

开展面向全局的业务培训会，加强对《交通强国建设纲要》的学习，编制《重大交通基础设施工作协调方案》，完善现场办公、上门服务、预约服务等机制，对未进入规划审批程序的方案提前进行技术审查，对重大项目开辟绿色通道，主动走访市城投集团、市地产集团、市轨道集团等企业。经统计，全市核发道路、桥梁、立交、隧道建设工程许可总长度超过500千米，为重大项目顺利开工提供保障。

（刘浩亮）

历史文化风貌

【概况】

截至2019年底，全市有9个历史文化街区、19个中心城区传统风貌区；23个中国历史文化名镇、30个市级历史文化名镇；1个中国历史文化名村、45个市级历史文化名村、110个中国传统村落；25908处不可移动文物、387处历史建筑；世界文化遗产大足石刻和世界文化遗产预备名录涪陵白鹤梁、合川钓鱼城；世界自然遗产武隆喀斯特及南川金佛山、世界自然遗产预备名录奉节天坑地缝；36个风景名胜区、1004株古树名木；7类主题遗产以及4110项非物质文化遗产。

【历史文化保护】

制定完成《关于加强历史文化保护传承规划和实施工作的意见》，建设“山水、人文、城市”三位一体的国家历史文化名城。按照“一年抓抢救、两年有亮点、三年显成效、五年成格局”的工作要求，将历史文化保护传承工作细化为开展资源普查、推进保护修缮、传承历史文脉、完善法规体系4个板块、26项重点任务、194个项目进行推进实施。推动重庆市国土空间总体规划历史文化名城保护专章和专项规划编制工作。组织陈同滨、章叶青等国内知名专家及高水平编制设计单位组建工作团队，按照“4+1+1”的技术路线开展相关工作。按照住建部要求，指导各区县新编、修编一批历史文化资源保护规划。

【重点工程】

完成系列重点工程，建设渝中半岛人文中心，综合提升城市“颜值”和“气质”。整体提升洪崖洞——朝天门——湖广会馆2700米滨江岸线，统筹建设解放碑——朝天门高品质文商旅片区，即“一号工程”《朝天门片区治理提升方案》设计，整合形成《两江四岸核心区整体提升规划方案》;制定完成《大田湾——文化宫——大礼堂文化风貌片区保护提升实施方案》;开展“开放历史文化资源保护与利用”专项工作;深入研究渝中半岛人文中心的功能内涵、历史人文、精神价值,开展《渝中人文核心区价值体系研究》和《渝中人文核心区保护传承规划研究》。

【历史文名城(街、村)划定】

加大资源普查,充实保护对象。按计划重点推进历史文化街区划定和历史建筑确定工作,建设历史文化资源信息库。完成第三批130处历史建筑和新增历史文化街区、名镇名录的批准公布工作,推进第四批历史建筑审核评定;在现有的历史文化资源空间保护体系基础上,开展具有山城特色的码头渡口、传统街巷、传统道路等传统元素的保护研究,纳入保护范围;组织江津成功申报市级历史文化名城,强化历史文化保护分级管理。

【中心城区山城步道专项规划】

编制完成《重庆市中心城区山城步道专项规划》,打造“山城步道”特色品牌,包括街巷步道、滨江步道和山林步道,以“演绎城市年轮,传承城市人文,方便市民出行,丰富市民生活,彰显山水特色”为指导思想,整合绿道、健身登山步道、部分人行道,系统串联山城江城特色要素,打造成为绿色出行便民道、山水游憩休闲道、乡愁记忆人文道、城市体验风景道。主城范围内共规划布局10000千米以上山城步道,其中重点特色山城步道60条、1207千米。央视新闻频道《美丽中国我的家》专题节目以直播的形式,对已经建成的半山崖线步道“虎头岩”段进行专题报道,作为重庆市实施城市提升行动计划的生动实践。

目前,歌乐山、两江三桥、花溪、礼嘉、北塘峡江、沙磁、南山、环城墙、盘溪河9条步道已经开工。半山崖线步道起于李子坝公园,止于平顶山公园,全长28.7千米,串联21处文保单位及历史建筑,将于年底开工建设。

【宣传及培训工作】

在微信公众号、学术期刊等发布宣传名城保护工作开展动态及相关资源信息;在重庆涪陵组织开展2019年中国名城委西南片区会暨历史文化保护管理培训会,全国各片区代表、专家学者共计280余人参会;配合国家住建部开展全国历史文化名城保护法制建设培训会,《重庆市历史文化名城名镇名村保护条例》作为全国优秀法规案例进行宣讲。

(金睿)

城市规划

【概况】

全年城市规划处开展20余项重大规划编制研究工作,其中,重庆市国土空间总体规划一体推进35项专题研究、33个专业专项规划编制，29个区县完成2035规划大纲、图集等阶段性成果，重庆市国土空间总体规划方案初步形成。两江四岸核心区整体提升规划、重庆科学城国土空间总体规划、广阳岛长江生态文明创新实验区规划、重庆东站片区控制性详细规划、重庆市中心城区山城步道专项规划等取得成果。开展重庆市长江经济带国土空间治理能力提升机制建设前期论证，统筹推进重点项目管理，完成重庆东站建设、成渝中线高铁规划和科学城站选址论证等重大事项。

组织召开市规划自然资源局调度会、协调会4次，细化制定全局城市规划提升年度工作要点并督促落实；牵头重点片区规划及城市设计等各类规划50余项；开展控规新编32项，新接及转接控规修改项目合计110项，办结及在办上级交办件200余件。

【广阳岛片区规划】

完成广阳岛片区规划方案，《广阳岛片区总体规划》已获市政府审批。推动市人大常委会出台《关于加强广阳岛片区规划管理的决定》。制定《2019年广阳岛片区实施方案》，指导做好岛内岛外生态修复和环境整治。加快推动广阳岛生态文明干部学院、长江生态环境学院等重大项目选址工作。

【长江生态岛链专项规划】

根据各自资源禀赋，将鱼洞中坝岛、珊瑚坝岛、木洞中坝岛、桃花岛、南坪坝岛等分别定位为观光农业生态岛、鸟类栖息生态岛、湿地风光生态岛、自然生命生态岛、田园乡愁生态岛，合理统筹生态保护、休闲游憩、科普教育等功能，充分体现江心绿岛的生态价值、功能价值、文化价值、景观价值和精神价值。

【“四山”保护】

完成《重庆市主城区“四山”保护提升实施方案》，研究制定“四山”综合管控任务要求，提出推进违法建筑综合整治、生态保护修复等8方面共34项工作任务，还原“青山纵隔、层峦叠翠、清流激湍、草长莺飞”的自然美景，营造“山在城中、城在山中”的和谐画卷。

【两江四岸城市发展规划】

统筹“两江四岸”江、岛、岸、城空间关系，科学布局国际化、绿色化、智能化、人文化重大功能项目，精心打造山清水秀生态带、人文荟萃风貌带、便捷共享游憩带、立体城市景观带，打造解放碑——朝天门——江北嘴——弹子石、九龙半岛——钓鱼嘴半岛、广阳岛、礼嘉——悦来——蔡家重要功能空间节点，整合策划形成两江交汇历史人文湾区、长江文化艺术湾区、长江生态文明湾区、嘉陵江智能创新湾区“四大湾区”，分区分段提出城市设计规划指引。

【中心区城市功能布局】

做好中心城区国土空间规划，开展寸滩邮轮母港、智博村、国际生物城、两江协同创新区等重要片区规划，完成重庆国际化功能体系布局规划研究等。高水平规划西部（重庆）科学城，以西部槽谷1093平方千米作为科学城的主要载体，以高新区作为科学城的核心区，以轨道快线15号线为主，串联国家自主创新示范区、礼嘉、悦来、两江协同创新区等地，构建智能创新带。

【中心城区城市设计】

制定完善城市设计编制技术导则、全市中心城区城市设计通则、城市设计编制审查规程，构建重庆特色的城市设计工作体系，提炼凝练适用于重庆的管控要素，并落实到控规中。分片分类推进九龙半岛、钓鱼嘴半岛、原重钢片区、重庆站、重庆东站等重要地区城市设计。建立城市设计专家咨询库、优秀城市设计单位库。

【中心城区社区规划研究】

组织开展市内外社区规划建设调研，完成中心城区社区便民服务设施现状调查，结合公共服务提升工作要求，形成《中心城区公共服务设施实施方案》研究成果。配合市住房城乡建委开展老旧社区整体提升示范项目选址论证工作，并先期启动社区规划试点示范研究。

【城市有机更新】

完成中心城区城市更新规划研究，理顺城市更新规划体系。配合完善中心城区城市更新管理办法。按照“减量、增绿、留白、整容”的总体思路，推动综合采用“微更新”、零星改造、综合整治等方式，开展旧城改造和城市更新，改善人居环境。

【中心城区降容提质】

完成中心城区高度、密度、强度分区规划研究，大力降低新建居住用地和滨水临山地区的建筑高度和容积率。优化居住空间布局，落实小街区制，在土地出让前，进一步细化研究论证地块规划条件，提高支路网密度，切实把“窄马路、密路网”理念落到实处，促进职住均衡，形成顺应自然、疏密有致的城市生活空间。

【土地供应和建设项目安排】

印发《规划引领城市发展统筹土地供应优化建设项目安排工作方案(试行)》，出台《重庆市“一张蓝图”统筹项目实施工作规程(试行)》，推进规划实施项目库建设工作，统筹土地供应范围和项目优先安排时序。开展重庆东站、复盛高铁站、重庆北站站城一体化开发模式研究工作。

【中心城区控规改革创新】

开展重庆市控规体系改革专题研究，探索建立国土空间总体规划——分区规划——详细规划的传导机制和编制管理体制，实现“穿透式”规划要求。完成中心城区控规分图图则优化工作，整合形成中心城区城市规划一张蓝图。参照北京城市副中心控规经验，先期在广阳岛、重庆东站、科学城等片区探索以街区制方式开展控规编制。

【城市规划工作保障体系】

学习采用三维仿真、遥感解译、动态模拟等先进技术，提升规划编制及管理的有效性、准确性、科学性，切实保护好自然山水本底，避免大开大挖。同步建立完善规划院、交通院、勘测院等配合单位协调联动机制，保障城市规划工作快速反应。

【城乡规划编制资质管理】

全年共办理完成新申请资质8家，资质变更6家。完成2019年度规划编制单位年度总结收集及整理工作。完成9家规划编制单位的双随机检查工作。完成重庆市网上行政审批平台关于城乡规划编制资质审核流程更新、发布工作。完成《重庆自贸试验区乙、丙级城乡规划编制单位资质许可告知承诺服务指南》。

(赵萌)

建筑规划

【概况】

2019年,建设项目规划审批以简化程序、优化流程、精简环节、提高效率为抓手,以制度落实、队伍建设、规划研究为重点,建立健全各项制度,推进审批制度改革,坚持高效务实推进全市建筑规划工作。

为深入精准服务企业,促进经济社会发展,就久划不报(签订土地出让合同或划拨决定书超过3个月未申报用地规划许可证的)、久报未办(办理了用地规划许可证3个月未取得建设工程规划许可证的)、久建未结(取得建设工程规划许可证3年内未申报规划核实的)等三个方面对中心城区建设项目进行摸排和筛查,对119个“积案”项目进行分析研判,限时办结,已完成任务。同时,通过现场勘验、卫片解译等方式,对中心城核心区“大坑”停建项目进行梳理,共清理16个项目,其中10个项目年底已复工,剩余6个项目涉及企业自身问题和司法处置,有待进一步研究。

为社区体育文化公园的规划手续办理开辟绿色通道,优化审批机制,严格方案审查以及后期实施过程中的形态把控,确保公园设计意图能顺利落地。全年已完成第二批20个社区体育公园的规划许可。

全面落实国务院关于优化营商环境的总体部署,提升工程建设项目审批效率,推进市工程建设领域审批制度改革深化。重点做好世行评价迎检工作,按重庆市工程建设项目审批制度改革工作领导小组办公室要求,出台配套文件《重庆市社会投资小型低风险建设项目审批服务改革工作方案》(渝规资发〔2019〕65号)。

按照《重庆市中心城区“两江四岸”治理提升统筹规划》有关要求以及《重庆市中心城区“两江四岸”治理提升实施方案》有关任务分解,开展系列工作。针对十大重要节点项目开辟规划许可绿色通道,加快推进项目规划手续办理。开展建筑屋顶、立面等风貌导则和专项研究工作,提升建设项目的设计水平和审批质量,使城市建(构)筑物体现出实用美、个性美、整体美的统一。

【建筑规划政策研究和制度建立】

出台《重庆市工程建设项目建筑面积测算规则》,解决规划许可建筑面积与不动产确权登记建筑面积计算标准不统一问题;编制完成《重庆市中心城区建筑屋顶景观艺术设计导则》《重庆市建筑外立面设计导则》《重庆市公共厕所规划设计导则》《重庆市义务教育中小学建筑设计导则》《重庆市普惠性幼儿园设计导则》《重庆市城市色彩规划方案》,启动《重庆市临时建设工程规划管理办法》修订工作。

【建设用地规划许可管理】

全年全市共核发建筑项目建设用地规划许可证1713件次,同比减少6.19%,总用地面积7550.66公顷,同比减少6.7%。其中:中心城区共核发建设用地规划许可证560件次,同比减少7.74%,总用地面积3352.66公顷,同比减少14.26%;主城新区共核发建设用地规划许可证

666件次,同比减少5.26%,总用地面积2967公顷,同比增加6.3%;渝东北片区共核发建设用地规划许可证314件次,同比减少17.15%,总用地面积843公顷,同比减少21.4%;渝东南片区共核发建设用地规划许可证173件次,同比增加26.28%,总用地面积388公顷,同比增加23.8%。

【建设工程规划许可管理】

2019年,全市共核发建筑项目建设工程规划许可证4651件,同比增加36.27%,总建筑面积16538.14公顷,同比增加3.3%。其中:中心城区共核发1667件,同比增加21.68%,总建筑面积8601.14公顷,同比增加0.32%;主城新区共核发1842件,同比增加50%,总建筑面积4903公顷,同比增加4.3%;渝东北三峡库区城镇群共核发799件,同比增加46.07%,总建筑面积2250公顷,同比增加0.2%;渝东南片区共核发343件,同比增加27.99%,总建筑面积784公顷,同比增加60.2%。

【空间形态规划设计】

龙湖沙坪坝枢纽项目空间形态研究。项目用地北临三峡广场,南临沙坪公园,重庆龙湖景楠地产发展有限公司于2017年6月经招拍挂取得。项目用地面积约8.49公顷,规划用地性质为交通设施兼容商业商务,铁路站场的盖上总计容建筑面积为50公顷,包括48公顷上盖物业和2公顷铁路站房,建筑高度25-41层,最高建筑182米;铁路站房包括高铁进站通道和进站大厅,盖下总建筑面积为25公顷,共计8层。鉴于该项目为城市重要的对外展示窗口,区位敏感、景观重要,配合建设单位组织国际方案征集,参与征集的设计单位为日本株式会社日建设计、澳大利亚伍兹贝格(亚洲)有限公司等。最后经市规委会审定,日建设计公司以"三峡山水"为构思,采用"飘带"将塔楼与裙房一体化设计方案作为实施方案。

时尚文化城项目空间形态研究。项目位于重庆市渝中区解放碑商贸核心区,其位置紧邻解放碑,土地经招拍挂获得,规划性质为文化设施、娱乐、商业和商务,用地面积0.78公顷,总计容建筑面积15.4公顷,建筑高度300米。该项目已列入重庆市"十二五"社会事业发展规划重点文化项目,是市政府确定的全市文化产业发展六大基地项目之一,已进入国家新闻出版改革发展项目库。

该项目定位为"国际化的文化地标"、重庆首个文化主题购物公园,是集商业、办公、书城为一体的城市综合体。经专家评审,推荐凯达环球建筑设计咨询有限公司方案作为实施方案。该方案微缩重庆的文化特征和地理特征,通过植入三万平方米的超级书城业态将商业裙楼分为三段体量"商业中心+书城+餐饮",并分段设置空中文化广场、空中休闲广场和空中生态广场,将该项目打造为具有文商旅融合的城市名片。经市规委会审定,同意该方案作为实施方案。

重庆广播电视发射塔项目空间形态研究。该项目是重庆市"十三五"社会事业发展规划确定的重点文化项目。现发射塔位于渝中区浮图关,建于1970年,属超期使用的危塔,需要筹建新塔。因广播电视节目不能停播、需要扩大信号覆盖范围及电磁辐射对周边居民邻避效应等问题,原址改扩建不具可行性,会同市广电集团,经多次现场踏勘和论证,综合考虑各种因素,新发射塔拟选址在沙坪坝区歌乐山新开寺附近,建设用地面积约4.2公顷,海拔高程520米~540米,设计塔高204.5米,建筑面积1.35公顷。通过专家评审，形成"水润山城""生命之光""悦动之光"三个送审方案。经市规委会审议，确定将"水润山城"作为实施方案。

【打造社区体育文化公园】

截至年底，利用主城建成区边角地建成社区体育文化公园50个并已投用，2020年将再建成投用42个。

为保证公园规划建设实施质量、效率，市局多措并举。一是优化公园规划审批机制，落实中心城区各辖区专人办理规划手续，为公园手续办理开辟绿色审批通道，提升公园相关规划手续办理效率；二是建立公园方案审查专家库，邀请专家在方案设计、施工等过程中指导，保障公园落地设计意图落地；三是加强公园设计、施工、运营的过程管控，多次到施工现场督导，找准问题整改，保障公园效果；四是充分征求民意，在公园规划方案、LOGO设计过程中召开座谈会、发放调查问卷、网上征集等方式充分征求社会广大人民群众意见，强调社会共治，增强人民的参与感、获得感和幸福感。

【规范房屋测绘标准】

出台《重庆市工程建设项目建筑面积测算规则》。为构建良好营商环境，深入推进行政审批制度改革，市局组织对以前在规划许可和房产测量环节标准不一致的7大方面24条差异条文进行统一，为实现多测合一、一测多用提供技术保障，解决规划许可建筑面积和不动产确权登记建筑面积计算标准不统一的问题。

（蔡雪红）

市政规划

【概况】

2019年，市政规划处扎实开展"不忘初心、牢记使命"主题教育活动，树创新服务，务实高效、廉洁规范的工作作风，以"三大攻坚战""八项行动计划"为抓手，着力污水源头治理、全面推进市政项目审批改革、持续优化营商环境，推进铜锣峡储气库、中航油输油管道、"清水绿岸"生态设施、800千伏白鹤滩至江苏特高压输电工程、渝西水资源配置工程等一系列重大市政设施。

【规划污水排放源头治理】

着力源头整治，全面提升水环境。对盘溪河片区（城市建成区）和九曲河片区（城市在建区）的排水系统进行规划梳理。针对城市雨污水混接、漏排以及阳台污水进入雨水管道等现象，在土地供应和规划审批环节，采取四项措施，杜绝源头污染：一是在制定年度供地计划时，同步论证片区的污水处理设施的承载力及建设时序；二是将地块配套的市政污水处理设施建设纳入土地整治的出库和验收环节；三是将污水处理设施建设情况作为拟供应土地的成熟度判定条件;四是将建筑污水与市政污水的接入口以及阳台污水接入室外污水系统作为建设工程规划许可和竣工核实的审查重点,要求随项目同步建设,同步投用。

【市政规划研究】

开展市政规划研究,服务经济社会发展。完成《主城区跳蹬河流域污水设施规划情况梳理》工作,及时梳理跳蹬河流域污水处理设施和排水管网的现状和规划情况。服务保障民生,开展《黑石子垃圾填埋场臭气扰民问题规划梳理》,推动黑石子垃圾填埋场有序关停和及时启动洛碛生活垃圾处理设施提前运行的规划手续办理工作。完成成渝经济圈一体化发展市政设施规划研究工作,梳理现状本底,形成协作发展规划建议。

(张彧)

村镇规划

【概况】

2019年,村镇规划工作按市委、市政府的统筹部署以及自然资源部加强乡镇级村庄规划工作要求,发挥规划引领作用,统筹开展乡镇国土空间规划编制,完成《乡镇国土空间规划技术规程》研究,开展编制试点。全面完成区县域村布局规划,开展乡村特征分析,建立乡村振兴重点项目清单。印发《重庆市乡村规划设计导则》《关于进一步加强实用性村规划编制管理的通知》,指导各地因地制宜、因村施策编制"多规合一"的实用性村庄规划。探索创新规划实施保障机制,深化农村改革法宝,完善形成包含地票、点状用地、村域增减挂钩、巴渝民宿的规划实施"政策包"。探索建立农村集体建设用地"指标池",搭建四类5700余个乡村振兴"项目库"。落实人才振兴,分三批选派43人次技术骨干脱产进驻乡村振兴重点村镇,参与指导村镇规划编制和实施工作。

【乡镇国土空间规划】

受自然资源部国土空间规划局委托,起草《乡镇国土空间规划编制规程》,并形成征求意见稿。同时,为增强《规程》的合理性、可行性和科学性,结合梁平区竹山镇发展实际,指导梁平区开展竹山镇国土空间规划编制试点,已通过审查批准。

【村布局规划】

立足村庄的本底条件,因势利导、塑造特色,努力让每一个乡村自成一品,避免千村一面。以村为单元开展区位条件、自然本底、经济社会、历史人文以及生态保护、地质安全等"4+2"资源禀赋分析,为全市行政村建立资源台账。全面完成区县域村庄布局规划编制,按集聚提升、城郊融合、特色保护、搬迁拆并4类对全市行政村进行分类,建立分类指引,差异化引导村庄规划建设。

【实用性村规划编制】

多措并举，增强村庄规划实用性。坚持“底线+融合”，促进多规合一。以生产、生活、生态空间合理布局为前提，突出粮食安全和生态环境保护，把各项规划的发展目标、保护要求、实施路径统筹起来，通过任务化、指标化等方式融入村庄规划，实现“一个村一本规划”。实施“用途+清单”，保障发展需求。精准对接乡村发展需求，将农村集体建设土地用途划分为5类，全部落实到地块、明确到图纸。针对风貌改造、环境整治、改厕建池等难以上图的项目，通过预留规划弹性空间，在村庄规划中列出清单，采取“规划+清单”方式予以保障。推行“多样+简化”，力求易懂好用。结合乡村发展实际，坚持缺什么补什么，需什么编什么，不照搬城市规划、不贪大求全。制定印发《乡村规划设计导则》，直观表达村庄规划编制要求。规划成果按“三图一表”（影像图、现状图、规划图和规划指标说明表）简化表达，让村民易懂、干部好用。

【乡村规划建设管理】

建立完善村镇规划管理系统。深化“4+2”村资源禀赋台账，整合各级各类规划管控要素和基础规划底图，建设村镇规划数据库，构建村镇规划管理系统，制定村镇现状数据、规划数据、乡村振兴项目库、规划编制动态等信息动态维护机制。以此为基础，整合规划许可情况，形成村镇规划实施态势分析，探索建立村镇规划数据动态公布机制，形成全市统一的基础数据、管理底图、统计分析。

搭建村规划许可网审平台。以村镇规划管理系统为基础，搭建覆盖全市所有乡镇的乡村规划许可网上审查平台，强化许可管理，纳入乡村振兴“一张图”统筹管理。

开发“步移式”村镇建设用地选址系统。以村镇管理系统为基础，整合乡村建设规划许可系统，打通内部流程，开发步移式村镇建设用地选址系统，实现选址分析的自动化，建设覆盖全市乡村建设规划许可审批系统，提高基层规划自然资源管理人员外业选址的工作效率，减少政务服务办事申报材料，提升办事效能，更好服务于乡村振兴战略实施。

（王榆林）

自然资源利用与保护

国土空间用途管制

【概况】

2019年,按照自然资源部的工作部署和要求,不断夯实土地利用计划、建设项目用地预审、建设用地审批、土地征收的管理基础,深入探索国土空间用途管制制度体系建设。保障全市经济社会发展用地,有效保障“工业跃升”及“三年交通会战”等用地需求;突出抓好全市重大项目、脱贫攻坚乡村振兴用地保障;完成大足区农村土地制度改革试点和长江经济带国土空间用途管制和纠错机制试点;与市农业农村委完成全市“大棚房”问题整治整改工作,建立大棚房问题系列长效制度机制。

【土地利用计划及用地预审】

全市共安排新增建设用地计划指标9699公顷。加大乡村振兴用地支持力度,安排乡村振兴各类用地计划指标1485公顷,较2018年增加19%,其中乡村振兴专项指标267公顷、农民建房和农村一、二、三产业融合发展专项指标658公顷、精准扶贫专项指标560公顷。国家级项目用地预审获批12件2018公顷,完成市级项目用地预审88件5006公顷。

【土地用途转用和征收审批】

全市共计审批各类土地转用和征收1660宗,总面积14483公顷,其中农用地13272公顷(耕地7801公顷)。在审批的土地转用和征收中,工矿仓储用地4492公顷、交通运输用地3718公顷、住宅用地1904公顷、公共管理与公共设施用地2132公顷、商服用地538公顷、水域及水利设施用地238公顷、其他土地1461公顷。

【重大项目用地保障措施】

一是加强向自然资源部的协调汇报,及时掌握国家层面相关政策信息,推动报国家审批用地的重大项目尽快获批。二是加强市级部门之间的沟通配合,提前介入并共同推动重大项目前期工作,为及时开展用地报批提供条件。三是加强点对点协调。针对重大项目用地报批和用地实施中的突出问题每半月进行集中调度。同时,采取发书面函、赴现场调研指导等方式,推动重大项目用地报批和征地实施有序开展。四是实行分类保障用地。围绕市委、市政府确定的时间节点,督促指导有关区县和业主单位,采取及时报批先行用地、正式用地,审批先行安置,区县提供临时用地或使用国有土地等方式,积极有效保障了重大项目按期开工和急需用地。全年市级重点关注项目105个,已累计全部或部分完成用地审批82个、占总数的78%,共审批用地约87.05平方千米。

【脱贫攻坚、乡村振兴】

对深度贫困区县、深度贫困乡镇产业发展、农村基础设施建设等用地计划实现应保尽保,单列下达乡村振兴,农村一、二、三产业融合发展专项指标446.67公顷,继续向14个国家级贫困区县分别下达精准扶贫脱贫新增建设用地计划指标40公顷,全市14个国家级贫困区县共计审批建设用地330宗,总面积0.21万公顷。进一步加大力度指导区县用好支持性政策,畅通用地审批绿色通道。继续深化渝鲁扶贫协作，超额完成增减挂钩跨省调剂目标任务，自然资源部下达重庆市调剂任务220公顷，比上年增加26.67公顷，可获得资金较去年8.7亿元增加1.2亿元。

【农村土地制度改革试点】

全面完成大足区农村土地制度改革三项试点。大足区成功出让26宗集体经营性建设用地，面积67.17公顷，成交总价3.80亿元，2015年3月试点工作开始以来累计入市交易农村集体经营性建设用地76宗、164.85公顷，总成交价款8.77亿元，抵押融资2宗，1348万元；完成征地试点项目5个，面积58.17公顷，安置人员792人；收取农村宅基地有偿使用费23万元，自愿有偿退出182.27公顷，拆除“一户多宅”166.6公顷，租赁闲置农房143户、年租金40余万元。探索形成“可复制、能推广、利修法、惠群众”的改革成果，向自然资源部提交试点全面总结报告，为修改《土地管理法》及其配套行政法规提供实践支撑。

【长江经济带国土空间用途管制和纠错机制试点】

以永川区、石柱县为试点区县，开展重庆市长江经济带国土空间用途管制和纠错机制研究性试点工作，形成负面准入清单、全市+永川、石柱“1+2”试点工作报告，为全市进一步强化长江经济带生态保护，优化国土空间用途管理提供基础。

【征地矛盾纠纷调解处置】

集体土地征收领域群众来信289件次，较上年同期下降32%；办理行政裁决263件，代理行政诉讼236件，信息公开410件；化解市维稳办交办的信访积案2件；办理向国务院申请行政裁决的答辩23件。

【“大棚房”问题整治整改】

全市799个问题项目中全部拆除329个、占41.2%；部分拆除306个、占38.3%；完善手续164个、占20.5%。会同市农业农村委拟发《关于进一步规范设施农用地管理的实施意见（试行）》《重庆市“大棚房”问题整治复垦耕地特色高效农业发展技术指导意见》，建立大棚房问题系列长效制度机制。

（罗应超）

自然资源开发利用

【土地供应】

2019年，全市办理建设用地供应审批10308公顷，同比减少11.4%。按土地供应方式划分，出让5629公顷，划拨4679公顷。按土地用途划分,供应工矿仓储用地2874公顷,商服用地506公顷,住宅用地2284公顷,其他用地4644公顷。全市土地价款财政入库约1929亿元,同比减少9.6%。

主城区出让土地236宗、1575公顷,其中工业用地83宗、676公顷;经营性用地153宗、899公顷。中心城区土地出让价款入库1169.03亿元,同比减少18.2%。

【节约集约用地】

全市2018年单位国内生产总值建设用地使用面积下降4.59%,2016－2018年全市单位国内生产总值建设用地使用面积下降18.15%,下降率保持在全市“十三五”规划下降目标进度控制区间。开展建设用地“增存挂钩”专项清理,处置批而未供土地4290公顷,闲置土地420公顷,完成自然资源部下达任务。利用城市边角地打造社区体育文化公园,中心城区新建成开放社区体育文化公园20个。完成公园智能化信息平台建设,制定公园管护实施方案,形成公园管护的长效机制,接待群众120万人(次),被自然资源部纳入城镇低效用地再开发典型案例向全国推广。

(周末)

耕地保护监管

【概况】

2019年,全市落实最严格的耕地保护制度,着力加强耕地数量、质量、生态“三位一体”保护,深入落实“藏粮于地、藏粮于技”战略,坚决守住耕地保护红线。完成国家下达的耕地保护责任目标任务。建设占用耕地全部按照“先补后占、占优补优、占水田补水田”落实耕地占补平衡。加强永久基本农田特殊保护。完善保护措施,健全永久基本农田监督、执法和督察监管机制。

【耕地保护责任目标考核】

建立完善“党委领导、政府负责、部门协同、公众参与、上下联动”的共同责任机制,将耕地保护责任目标完成情况纳入市委、市政府对区县经济社会发展考核、粮食安全行政首长责任制考核。年初完成对38个区县2018年耕地保护责任目标完成情况的考核,采取市政府与区县政府签订耕地保护目标责任书的方式,分解下达2019年度各区县耕地保护责任目标任务。11月18日,召开专题会研究耕地保护工作,强调结合“三调”成果,不折不扣地落实“三线”,妥善处理好三者之间的关系;对耕地保护要结合我市现状和将来人口情况、粮食需求情况和未来发展趋势,从量上做出科学判断,从质上进行结构分析,做到量质并重、应保尽保。完成任务补充耕地0.686万公顷(占年度目标任务103%),其中土地整理新增耕地0.55万公顷,农村建设用地复垦新增耕地0.14万公顷。根据2018年土地利用变更调查结果显示,全市耕地保有量237.07万公顷（目标完成率124%），永久基本农田保护面积161.61万公顷。

【永久基本农田保护】

制定重庆市《关于加强和改进永久基本农田保护工作的实施意见》，将永久基本农田划定成果核实、严格重大项目建设占用永久基本农田踏勘论证、划定全市永久基本农田储备区、加强永久基本农田监督管理列为本年度耕地保护工作重点。确定了“先清理、再定性、后处置、再补划”的划定成果核实整改思路，杜绝借核实整改之机擅自调整永久基本农田布局的行为。严格重大建设项目占用基本农田踏勘论证，在全国率先实行重大建设项目占用永久基本农田补划地块踏勘全覆盖。全年共组织开展63个建设占用永久基本农田项目补划方案论证审核。对于重大项目建设占用永久基本农田，明确专人管理、督促指导，明确技术审查单位一周内完成审查（含外业核实），做到一周一会审。按照自然资源部统一部署高标准划定储备区，全市初步划定永久基本农田储备区13.07万公顷，质量与现有永久基本农田相当，空间与现有永久基本农田连片，2000平方米以下地块数量稀少，规模化程度较国家400平方米上图标准提高5倍以上。以全市自然 资源监管“一云一库三平台”建设为契机，研发启用重庆市耕地资源监测监管系统，对已审批建设项目占用和补划地块范围、质量、责任等信息入库分类管理，有利于在线整合分析各类管理数据，推进耕地监管向可视化、智能化方向发展。

【耕地占补平衡管理】

2019年自然资源部下达全市新增建设用地年度计划14.65万亩，依法批准非农业建设占用耕地1592宗，占用耕地10.4208万亩，其中1.56万亩使用地票落地，0.0596万亩使用增减挂钩周转指标，其余8.8012万亩使用新增耕地指标全部落实占补平衡。全市区县级土地开发整理项目验收235个，实施规模4.69万公顷，新增耕地0.52万公顷，完成投资12.26亿元；验收市级项目23个，实施规模0.56万公顷，新增耕地0.04万公顷，完成投资3.81亿元。全市交易耕地占补平衡指标0.25万公顷、12.53亿元，累计成交0.67万公顷、30.48亿元。按照自然资源部统一部署，初步完成储备补充耕地项目核查整改工作。对全市3179个项目，9万余个图斑进行逐一核实，核实新增耕地5.07万公顷，问题率0.89%。核查证实全市补充耕地数量真实、质量可靠，只有少量项目存在建设占用或撂荒问题。对2008年开展地票交易和增减挂钩试点工作以来市局发证或配号的农村建设用地复垦项目、地票交易落地情况进行清理，为地票纳入部监测监管系统，实现一张图信息化管理奠定基础。充分利用“三调”初步成果，开展旱改水潜力调查，同时继续在城口、酉阳推动实施“旱改水”试点项目，缓解重庆市水田占补平衡难题。建成“重庆市耕地占补平衡动态管理系统”，与重庆地票交易系统无缝对接，统筹管理市级收购、市场交易、区县占补平衡指标，完善耕地占补平衡管理。

【脱贫攻坚】

贯彻落实总书记“两不愁三保障”突出问题座谈会讲话精神，局领导带头“访深贫、促整改、督攻坚”，中央脱贫攻坚专项巡视反馈39项任务全部完成整改销号。农房收储实现“愿收尽收”，累计完成农房收储18000户，兑现收储资金8.1亿元，完成收储申请户数的100%。农村建设用地复垦和地票优先支持贫困区县开展,优先交易贫困区县地票940.47公顷,占全市61.7%。14个贫困区县共实施土地开发整理项目154个,投资10.18亿元,建设总规模3.04万公顷,预计新增耕地0.33万公顷,项目个数和投资总额分别占全市的40%和50.4%。单列脱贫攻坚用地专项指标560公顷,交易贫困区县耕地占补平衡指标0.09万公顷,占全市41.2%,争取增减挂钩跨省调剂资金9.9亿元,较去年增加1.2亿元。深化以房联营、以地入股利益联结机制,巴渝民宿促进建卡贫困户稳定增收、长效脱贫,获2019北京国际旅游博览会"最佳创意奖"。

(赵海燕)

地质勘查

【概况】

组织开展全市1:50000区域地质调查工作,加大1:50000土地质量地质调查力度,开展重点区域生态旅游地质资源调查工作,为渝东北、渝东南贫困乡镇精准脱贫、乡村振兴提供特色地质资源;落实"土壤污染防治行动计划",开展重金属高背景值区土壤生态健康风险评估工作。加强调查成果转化应用和开放贡献。

重点策划实施锰矿整装勘查及铅锌矿、毒重石等优势矿产勘查;加强区县急需的石膏、锶矿、水泥灰岩、饰面石材等特色优势矿种勘查工作,保障经济稳步发展;深化百日攻坚安全检查,加大地勘成果转化利用,支撑服务国家矿产资源安全保障。

按照防范措施提升一级、工作责任下沉一级的要求,推动防灾减灾和救灾工作"两个坚持、三个转变",成功应对13次强降雨过程和5次长时间连阴雨过程,成功预警处置地质灾害灾险情112起,紧急撤离避险群众2773人,三峡库区连续17年未因地质灾害造成人员伤亡,全市核销地质灾害隐患点598处。

持续推进全市页岩气勘查开发工作。督促涪陵、南川加大页岩气扩能、增产,推动綦江尽快落实资源储量,为商业开发奠定基础,推动大足、铜梁、永川深层页岩气加快规模化、商业化开发。2019年全市页岩气产量73.03亿立方米,较去年同期增长9.23%。

【地质矿产勘查】

组织开展1:50000区域地质调查、1:50000土地质量地质调查等基础性公益性调查工作,截至2019年底全市区域地质调查覆盖率达80%,土地质量地质调查覆盖率达40%,为全市城区规划、城乡规划、农业规划、工程建设、地灾防治等工作提供基础地质资料。完成生态旅游地质资源概查,调查资源体18658个,初步圈定865处有开发潜力的区域,为石柱、奉节等区县贫困乡镇精准脱贫、乡村振兴提供特色地质资源。对锰矿、铝土矿、煤层气等重要战略矿产资源及地方产业配套急需的钡矿、锶矿、水泥灰岩、饰面石材等特色矿产进行勘查部署，有针对性地开展矿产勘查工作。全年探获饰面砂岩资源量15990.3万立方米，水泥灰岩11419万吨，提交锰矿大型矿床1处，新增锰矿矿石资源量4089万吨；提交毒重石矿大型矿床2处，新增毒重石矿石资源量7593.88万吨。完成巫山县、奉节县县城城市地质调查，启动渝中半岛地质调查评价工作。

【地质勘查行业管理】

加强地质勘查行业安全监管。为确保地质矿产勘查领域的安全生产，有效预防当前地质勘查领域安全稳定事件(事故)发生，确保勘查项目施工安全和顺利实施。分别在春节两会期间、汛期分三次由市局地勘处、市地调院、相关专家组成检查组，对正在实施的13个地质勘查项目开展野外安全检查工作。检查过程中未发现重大安全隐患。加强事中事后监管。开展全市地勘工作事中事后监管，对注册在重庆市的44家地勘单位进行"双随机、一公开"抽查，共抽查12家单位，对被抽查单位的管理制度、报告编写、野外工作等进行检查。未发现失信行为及违反法律法规及标准规范的从业单位；未出现重大质量及安全事故。

【地质灾害防治】

2019年，全市共发生地质灾害灾情117起，同比下降25.5%。地质灾害造成15人死亡、1人受伤，伤亡人数同比下降23.8%，直接经济损失约3415万元、同比下降20.6%。一是健全"四重"网格化监测预警。对全市排查出的15415处地质灾害隐患点，落实15907名"四重"网格员进行严防死守。二是全年安排市级专项资金2.68亿元，获得3.8亿元中央财政资金支持，推进地质灾害综合防治体系建设。启动16个区县的地质灾害详细调查和10个区县的地质灾害精细化调查；实施5处特大型、42处大型地质灾害隐患点专业监测预警项目和4300余处群测群防点智能化监测预警项目；启动重庆市地质灾害智能化监测预警系统建设；完成大型和特大型地质灾害治理工程124处；完成受地质灾害威胁群众避险移民搬迁6000人；选派470名专业技术人员驻守乡镇，推进防治能力建设不断深入。三是强化会商调度和预警预报，累计向区县发布地质灾害气象预警信息12788条，通知区县开展雨中调度710余次，调度领导干部和市级专家赴重点区县驻守指导。四是联合开展防汛防地灾专项督查；扎实做好新中国成立70周年大庆期间地灾防治工作，确保安全稳定。

【页岩气勘探开发】

截至年底，全市页岩气勘查开发累计投资约518亿元，开钻页岩气井714口，完钻646口，投产507口，探明地质储量6242.67亿立方米，产气294.39亿立方米。其中，2019年投资73亿元，开钻页岩气井146口，完钻125口，投产121口，产气73.03亿立方米(占全国页岩气产气量的47.6%)。一是涪陵、南川页岩气实现扩能增产。涪陵、南川加强焦石坝区块加密井部署提高采收率，深化江东、平桥、东胜区块滚动开发，建成年产能115.49亿立方米，产气71.36立方米，较去年同期增长9.4%，增产成效显著。二是深层页岩气勘探开发取得积极进展。綦江区东页深1井、丁页4井，获31万立方米/天、20万立方米/天测试产量，永川区永页1号平台5口井全部投产，日产量达到23万立方米，为深层页岩气大规模商业开发奠定了技术基础。三是完成油气勘查开发监督检查任务，推动加快勘探开发。按照“双随机、一公开”工作要求，完成自然资源部抽查的4个页岩气探矿权核查任务，和市级5个页岩气探矿权、1个采矿权专项督查工作，督促油气企业履行勘查开发责任和义务，加快推进页岩气勘探开发进程。目前，全市已初步形成以涪陵页岩气勘查开发为示范，南川、綦江、永川、大足等区县积极跟进的多点发力态势。

（谢晓彤）

矿业权管理

【概况】

截至2019年底，全市已发现矿产72种，开发利用的主要有石油、天然气、煤、锰、锶、毒重石、石灰岩等28种，共有探矿权85个、采矿权1108个（不含计划关闭矿山）。

【矿业权出让登记】

坚持保护生态和服务发展并重，从严从实从细把好矿业权设置准入“入口”，建立健全实地踏勘、联合选址、现场复核、集体会审、部门会商的矿业权出让项目计划管理机制，确保新投放的矿业权符合生态保护红线、永久基本农田、自然保护地和“三江”干流岸线管控规定。全面推进矿业权竞争性出让，制定矿业权交易监督管理办法，以拍卖挂牌方式出让矿业权59宗、成交金额56.8亿元，矿业权出让收益入库14.76亿元、同比增加102%。全年办理非油气矿业权出让登记业务728宗，全市非油气采矿权数量降至1200个以内，大中型矿山比例达到38%。

【矿产资源开发管理】

健全完善矿产资源开发管理制度，推进《重庆市矿产资源管理条例》修订，贯彻落实矿业权出让制度改革、矿产资源权益金制度改革，开展矿业权管理规范性文件“立改废”。按照“放管服”改革要求，将采矿权抵押备案服务、探矿权采矿权转让公示、区县（自治县）出让登记的采矿权交易服务，统一交由属地区县（自治县）规划自然资源主管部门办理。巩固自然保护区内矿业权退出工作成果，组织开展专项督察检查。

【建筑用砂石供应保障】

坚持服务经济社会发展，持续用力推进《重庆市建筑石料用灰岩资源开发布局方案》落地。加快采矿权出让项目计划投放，淘汰无效产能，形成有效产能，全市建筑用砂石产量达到9916万吨。提高矿产资源开发规模化集约化水平，全市建筑用砂石矿山平均年产能从33万吨提高到41万吨，大型矿山超过40%。鼓励铁路、公路等建设单位在项目用地红线范围内就地采挖利用砂石资源，支持大型企业投资矿山建设。完善矿产品监测统计制度，发布监测统计数据，稳定市场预期。

【露天矿山综合整治和绿色矿山建设】

制定绿色矿山建设推进计划，实行"定人、定点、定时"督察，优化完善绿色矿山评估程序和评价指标，全年建成101个市级绿色矿山，涌现出东方希望丰都铜矿山灰岩矿等一批"工厂式"矿山，全市矿山矿容矿貌得到显著改观提升。坚持"矿山数量降下来、生产规模升上去"，按照"减数量、扩规模、强生态、调结构"的要求，扎实开展露天矿山综合整治，印发专项行动实施方案，明确调查摸底、分类治理、生态修复等三项任务，以及关停取缔一批、停产整顿一批、提档升级一批等分类治理方式，构建属地负责、部门联动、企业主责的推进体制。

【矿产资源监管执法】

全年保持矿产资源执法高压态势，以开展矿产资源"打非治违"攻坚行动为抓手，在日常巡查、实地核查、矿产督察等常规监管方式基础上，不断探索科技管矿新方式，通过高精度无人机遥感监测，滚动式卫星遥感解译、现场调查，使矿产资源越界开采违法行为"无处遁形"，实现了矿产资源市级监管"全覆盖、多频次、天上看、地上查"的工作格局。

（唐本锋）

矿产资源保护监督

【概况】

截至2019年底，全市发现矿产资源72种，查明资源储量的46种。锰矿、岩盐、饰面用灰岩新增资源量分别为1555.76万吨、0.76亿吨、905.15万立方米。重庆市矿产资源极具特色，以页岩气为代表的能源资源丰富，非金属矿产多，金属矿产少。优势矿产为页岩气、天然气、地热、锰矿、铝土矿、锶矿、毒重石、盐（岩盐）矿，分带明显，分布相对较集中。其中，岩气剩余技术可采储量1212.62亿立方米，主要分布在涪陵、南川、大足、永川、武隆、彭水等区县；天然气剩余技术可采储量2486.57亿立方米，主要分布在江津、永川、綦江、长寿、万州、梁平等区县；地热涌水量为223000.00立方米/日，主要分布在中心城区及周边区县；锰矿保有资源储量7733.54万吨，主要分布在城口、秀山；铝土矿保有资源储量15153.76万吨，主要分布在南川、武隆、黔江等区县；锶矿保有资源储量1209.61万吨（天青石），主要分布在大足、铜梁和合川等区县；毒重石保有资源储量3389.56万吨，主要分布在城口县；盐（岩盐）矿保有资源储量119.68亿吨，主要分布在合川、长寿、垫江、忠县、万州、云阳等区县。

【矿产储量管理】

深化"放管服"改革，改革矿产资源储量分类，取消矿产资源储量登记事项，缩减矿产资源储量政府直接评审备案范围，评审备案工作相关费用纳入财政预算；缩减矿产资源储量政府直接评审备案范围，将原来18种评审备案情形减为4种，即只对探矿权转采矿权，采矿权变更矿种与范围，除油气以外其他矿产在采矿期间资源量发生重大变化的矿产资源储量，以及建设项目压覆重要矿产进行评审备案。全面落实依法行政要求，办理储量评审备案48件、储量登记88件，完成全国储量直报审查4次，审批建设项目压覆重要矿产资源24宗。全面完成87个园区压矿区域性评估工作，锁定80个园区不压覆重要矿产资源，有效减轻园区企业压矿评估投入负担。优化建设项目压覆重要矿产资源审批政策，调整压矿审批不作为用地审批前置，确保不因压矿补偿问题造成重大建设项目卡点。全面完成陈列实物地质资料采集、江津石英玉调查和矿产资源开发利用水平调查评价等专项工作，利用矿产资源遥感影像监测技术指导无证采矿监管。

【矿产资源战略规划】

一是全面启动重庆市矿产资源规划编制，同时开展7个重大专题研究；制定矿产资源规划编制工作“三同步”原则，要求32区县级矿产资源规划与市级矿产资源规划同步部署、同步研究、同步编制。二是构建市级部门联席会议制度，建立部门信息共享、数据互通机制，开展8个市级部门调研，共同推进矿产资源规划编制工作。三是成立矿产资源规划编制专家咨询委员会，制定区县级矿产资源规划编制技术要点与技术要求，指导科学编制市级及区县级矿产资源规划。四是以经济社会发展资源需求为导向，优化全市矿产资源勘查开发布局，提高煤、地热、锰、钡、锶、水泥用灰岩、建筑石料用灰岩等重要矿产资源的保障能力。五是贯彻生态优先、绿色发展理念，推进矿业绿色发展。六是科学设置规划指标，制定新增资源量、新发现大中型矿产地、矿山数量、开采总量、大中型矿山比例、绿色矿山建设比例、矿产地储备数量等7个具体指标。

【地质遗迹保护】

云阳普安乡恐龙化石研究取得重要突破，12月16日市局组织召开“重庆市云阳普安恐龙化石群保护与研究学术研讨会”，在会上中科院周忠和院士、王成善院士等11位全国知名古生物化石和沉积学专家组成专家组，确认新田沟组恐龙化石群为新的恐龙动物群，填补了恐龙演化序列的空白。人民日报、新华社、人民网、中国自然资源报、重庆日报、重庆电视台等多家媒体对研究成果进行报道。秀山早志留世地层中发现数量较多、种类丰富、时代跨度大、分布范围广的鱼类及伴生动物化石，有望将中国有颌鱼类时代向前推进至少1000万年，得到中科院张弥曼院士、周忠和院士等专家的认可。

（戴志锋　张作保）

国土空间生态修复

【概况】

2019年，生态修复工作在深入实施土地综合整治、矿山生态修复、国家山水林田湖草生态保护修复试点的基础上，不断探索、寻求突破，各项工作取得积极进展。12月9日至11日，全国国土空间生态修复培训班在重庆举办，自然资源部领导、专家、地方代表做了19场精彩报告，来自全国32个省市自治区和新疆生产建设兵团规划自然资源部门组织人员参加培训，重庆市国家山水林田湖草试点成效和试点工程监管平台、矿山生态修复系统建设得到部领导的肯定，这次培训充分体现了自然资源部对我市生态修复工作的认可。

【生态修复政策研究、标准拟定】

一是持续开展政策创新。印发《关于拓展地票生态功能的补充通知》（渝规资〔2019〕574号），将拓展地票生态功能试点范围扩大至全市；出台《重庆市规划和自然资源局关于历史遗留废弃矿山复垦指标交易有关事项的通知》（渝规资规范〔2019〕3号），拓宽历史遗留和关闭矿山生态修复资金筹措渠道，激发区县政府、社会企业开展矿山生态修复的积极性。二是不断规范项目管理。出台《重庆市历史遗留和关闭矿山地质环境治理恢复与土地复垦项目质量验收标准》，把牢项目验收关键指标；编制《重庆市露天矿山近自然植被恢复技术指南》《重庆市露天矿山近自然植被恢复工程施工及验收规范》，规范自然恢复类矿山生态修复项目技术标准。

【国土空间综合整治】

一是大力推进土地综合整治项目建设。全年实施土地综合整治项目50个、1.34万公顷，估算投资11.53亿元，其中完成验收14个、0.34万公顷，估算投资2.62亿元。努力实现脱贫攻坚与生态保护双赢，妥善解决项目红线与自然保护区红线重叠问题，在18个深度贫困乡镇各实施1个市级投资土地综合整治扶贫项目，总投资3.70亿元，总体工程进度已完成80%。按照“全域规划、全域设计、全域整治”理念，推进5个土地综合整治试点项目，已完成投资1.5亿元。二是强化项目过程监管。全年开展两次集中巡查，实现整治项目巡查全覆盖，促进土地综合整治项目质量、进度、安全管理。三是积极开展项目储备。组织对28个土地综合整治项目审查，择优选取合川区涞滩镇、城口县北屏乡、酉阳县涂市镇纳入项目储备库争取市级财政资金，并最终确定合川区涞滩镇作为第三批土地综合整治示范项目。

【矿山生态修复】

一是有序推进矿山生态修复工程。全年修复历史遗留和关闭矿山915公顷，重点推进长江及主要支流10千米范围内废弃露天矿山生态修复，获得2.4亿元国家补助资金，开展底数调查，制定工作方案、实施方案等工作，完成修复任务766公顷。二是强化制度创新。探索历史遗留废弃矿山指标交易政策，有利盘活历史遗留废弃矿山建设用地，2019年成交14亩，亩均20万元。修订重庆市历史遗留和关闭矿山环境治理恢复与土地复垦项目管理办法,严格项目管理及项目验收标准。探索将矿山生态修复与建筑弃土填埋相结合,解决矿山生态修复资金筹措和建筑弃土消纳难题。三是优化重庆市矿山生态修复管理系统,实现全市历史遗留和关闭矿山生态修复的可视化、信息化、动态化、精准化管理,被自然资源部作为全国范例推广。四是与市发改委共同开展并完成采煤沉陷区调查。

【国家山水林田湖草生态保护修复试点】

截至2019年底,已完成投资59.19亿元、项目159个,国家绩效指标总体实现率超过60%,国家奖补资金累计到位18.3亿元。4月16日至18日,自然资源部等国家试点工作调研组调研我市试点工作,认为"重庆高度重视,政治站位高,对试点工程的系统性和整体性理解深,把握准,很好地诠释了人与山水林田湖和谐相处的关系。"11月16至22日,中青班调研组对试点项目进行了实地调研,高度肯定了试点工作,并提出了宝贵的建议。《经济日报》《光明日报》等国家及市级权威媒体多次对试点工程进行宣传报道,多个省市调研负责人到我市调研学习重庆试点经验。生态地票、森林横向生态补偿制度入选自然资源部生态产品价值实现十大典型案例。工程试点获评重庆市"我最喜欢的10项改革"第四名,得到网友130万余个点赞。一是"四山"生态环境质量明显提升。拆除"四山"违法违规建筑复绿面积85.76万平方米,治理历史遗留和关闭矿山恢复治理与土地复垦面积492.4公顷。二是江河湖库水质稳定达标。搬迁废弃船舶释放岸线3.7千米,完成生态护岸建设41.2千米,修复湿地面积36公顷,建设改造雨污管网217.12千米,长江国控断面和嘉陵江北温泉断面保持Ⅲ类水质,城市集中式饮水达标率100%。三是森林生态系统更加稳定。植树造林1.98万公顷,完成病虫害防治7.55万公顷。四是土地利用效率有效提高。实施土地综合整治3314公顷,修复污染土壤31.2公顷。五是制度机制更加完善。报请市政府印发《重庆市人民政府办公厅关于推进长江上游生态屏障(重庆段)山水林田湖草生态保护修复工程的实施意见》(渝府办〔2019〕2号),配套制定项目管理暂行办法、资金和绩效管理暂行办法、试点工作联席会议制度、试点项目巡查制度、统计月报和档案管理等配套文件,形成了"1+6"试点制度体系。六是基础工作扎实有效。建立生态修复专家库,开展近自然植被恢复技术导则、生态效益评价等创新研究,开展渝北、沙坪坝两个区国土空间生态修复规划试点。

(杜兆辉)

自然资源资产所有者权益管理

【概况】

2019年是落实全民所有自然资源资产所有者职责的开局之年，所有者权益管理坚持以“履行所有者职责、维护所有者权益”为工作主线，以“主张所有、行使权力、履行义务、承担责任、落实权益”为工作职责，以探索建立“家底清楚、权能丰富、权责对等、配置高效、监管有力”的自然资源资产管理制度为工作目标，不断深化对全民所有自然资源资产所有者权益管理工作的认识，强化全民所有自然资源资产所有者权益管理基础。市规划自然资源局设立所有者权益处，负责全民所有自然资源资产所有者权益管理。各区县局设立所有者权益科室承担相应职责，市土地储备整治中心完成实质性划转，作为局属事业单位支撑土地储备业务具体工作，相关事业单位设立所有者权益机构，为权益管理提供技术支撑。

【所有者权益管理改革】

统筹推进全市自然资源资产产权制度改革，促进自然资源有效保护和节约集约利用，推动全市生态文明建设。起草《重庆市自然资源资产产权制度改革实施方案(草案)》(以下简称《草案》)，印发《关于加强长江流域重庆段江心生态岛链保护管控的通知》，要求各区县提高江心绿岛保护意识，切实保护好江心生态岛链，促进人与自然和谐共生，推动广阳岛加快建成“长江风景眼·重庆生态岛”。起草《关于加强自然资源保护的通知》，作为全市自然资源资产产权制度改革配套文件之一，着力解决统一行使全民所有自然资源资产所有者职责问题，明确规划自然资源部门主抓土地、矿产资产管理，统筹加强对林、草、湿地等自然资源保护的指导，注重与水利、生态环境等主管部门的协同配合，并将特色自然景观资源纳入保护范畴，实施名录管理，提出禁止随意挖山、填湖、改变河道等破坏地形地貌、山水场景等。

【所有者权益管理】

当好“大管家”，做好“守卫者”是全民所有自然资源资产所有者义不容辞的责任。一是加强权益管理宣传培训。邀请中国自然资源经济研究院专家来渝讲授所有者权益管理专业知识，汇编所有者权益管理工作参阅资料，印发2019年权益工作要点，创办《所有者权益》刊物，组织召开全市所有者权益管理培训会等，增强对权益管理工作的认识。二是推动城乡自然资本加快增值研究取得成效。为落实习近平总书记视察重庆时提出的“推动城乡自然资本加快增值”的重要指示要求，坚持“绿水青山就是金山银山”的理念，研究形成推动城乡自然资本加快增值专题报告，提出6大增值途径，并将研究成果呈市领导参阅。三是启动全民所有自然资源资产保护使用规划研究，探索规划编制的依据、程序、标准，着重厘清保护与使用的关系，促进全民所有自然资源资产保值增值。四是摸清资产家底，优化资产管理。为加强所有者权益管理，开展全民所有自然资源资产清查研究，探索科学有效的资产清查技术规则、工作组织、质量管理、监管流程等,编制完成2018年国有自然资源资产报告,全面反映履行“两统一”职责情况。五是推进委托代理机制相关研究。认真梳理现行法律法规,分析各类自然资源资产国家所有权实现现状和存在的问题,形成全民所有自然资源资产国家所有权及其实现形式研究报告。六是开展专项工作研究。启动健全全民所有自然资源资产配置方式、全民所有自然资源资产损害赔偿机制,全民所有自然资源资产价值评估及评价考核体系建设,有效维护全民所有自然资源资产所有者权益等专项工作研究。

【土地资产管理】

2019年着力提高土地储备整治工作标准化、科学化、规范化、制度化水平。一是出台《重庆市储备土地整治管理办法》,对整治计划编制、整治方案审查、整治项目实施、整治工程验收、整治资金来源等进行细化和明确。二是印发《重庆市市级储备土地整治考核办法》,明确对市级整治实施单位工作情况进行考核,考核结果抄送市国资委,作为市国资委对市级整治实施单位年终绩效考核的依据。三是研究起草《重庆市市级储备土地管护办法》,为提升储备土地价值、推进产城景融合发展、提升城市品质提供支撑。四是优化土地储备审批,全面建立土地储备审批电子化流程,避免区县规划自然资源部门来回跑路、资料遗失、办理时间过长等问题,提高工作效率,全年办理中心城区储备批复27件,中心城区新增储备土地2016.83公顷。五是实施土地储备会审机制。为科学、合理、审慎地开展土地储备工作,规范土地储备整治流程,制定土地储备整治会议议事规则,坚持涉及储备土地的重要事项均要通过会审会议研究。六是联合市财政局印发《关于加强土地储备资金收支管理的通知》,要求各区县进一步规范土地储备资金的管理,严格实行专款专用,并做好预决算和绩效管理相关工作。七是积极帮助各类企业纾困解难,整合土地储备整治资金35亿元,用于企业转型发展中涉及的土地收储。

【专项债券资金】

土地储备专项债券是保障土地储备项目合理融资需求的重要来源,对促进土地市场健康发展、有效防范地方债务风险、降低土地储备整治资金成本发挥着重要作用。从2017年至2019年底,全市发行近1000亿元地储专项债券,2019年新增土地储备专项债券额度501亿元,较2018年发行额度净增151亿元,增长43.14%。

(魏强)

企事业单位（社团）

重庆规划和自然资源年鉴（2020）

重庆市林业局

【概况】

根据重庆市机构改革方案,重庆市林业局于2019年3月重新组建,为重庆市规划和自然资源局部门管理机构,具体承担全市国土绿化、林业产业发展、林业改革发展、自然保护地管理、草原监督管理等职责。截至年底,重庆市林业局机关有编制82名(其中行政编制77名、锁定事业编制5名),设局长1名、副局长3名,处级领导职数33名(含总工程师1名、机关党委专职副书记1名);机关下辖16个处室和15个直属单位;全市38个区县均设有林业局并作为政府组成部门,其中近郊15个区林业局班子实行区委和市规划自然资源局党组(委托市林业局党组具体负责)双重管理。

全年,按照市委、市政府关于持续打好“三大攻坚战”,大力实施“八项行动计划”的工作部署,围绕筑牢长江上游重要生态屏障、建设山清水秀美丽之地目标,狠抓重点任务落地落细落实。按时完成陈敏尔书记作出的16件批示和唐良智市长作出的35件批示。全年累计争取市级以上林业资金58.74亿元,较上年增长15.97%。完成营造林任务640万亩,全市森林覆盖率提高到50.1%。

截至年底,全市有森林面积413.4万公顷、森林覆盖率50.1%,活立木蓄积量2.31亿立方米;草地面积2.6万公顷(国土三调初步数据);湿地面积20.7万公顷(国土三调口径初步数据仅1.5万公顷)、湿地保护率60.2%;有各类自然保护区58个(其中国家级自然保护区7个)、湿地公园26个(其中国家级湿地公园22个)、风景名胜区36处(其中国家级风景名胜区7处)、国有林场69个;市域内分布有国家Ⅰ级重点保护野生植物9种、国家Ⅱ级重点保护野生植物40种,国家Ⅰ级重点保护陆生野生动物11种、国家Ⅱ级重点保护陆生野生动物54种。

【党建工作】

扎实开展“不忘初心、牢记使命”主题教育,持续推进“两学一做”学习教育常态化制度化,全年召开45次党组会议、31次党组中心组学习会议,2次专题民主生活会,举办“林业大讲堂”、开展专题报告辅导、革命传统教育及先进典型教育,培训干部800余人次,处级以上领导干部实际撰写心得体会105篇。围绕林业生态建设9项重点任务,局领导班子带头成立8个调研组深入一线蹲点调研“解剖麻雀”,形成调研报告9篇。扎实推进市委政治巡视反馈意见问题整改和成果巩固,市委巡视反馈的35个具体问题和选人用人、意识形态工作责任制以及廉政警示教育等3个专项问题,已全部完成整改“33+3”个,剩余两个均完成阶段性整改。坚持党管干部根本原则,安排6名同志到基层历练,完成机关及直属单位18名处级领导干部选拔任用及15个区林业局领导班子人员任免。坚持刀刃向内,开展严肃执纪问责,约谈干部3次、函询4人、谈话诫勉3人、行政警告处分1人、党内警告处分1人,持续开展“以案四说”警示教育。

【国土绿化提升行动】

落实《重庆市国土绿化提升行动实施方案(2018—2020年)》,编制年度国土绿化提升行动实施方案,研究编制长江重庆段“两岸青山·千里林带”规划方案,依托实施新一轮退耕还林工程等重点工程,不断提升国土绿化工作水平和质量。提请市政府召开全市统筹生态保护和脱贫攻坚双赢暨林业工作会议、全市国土绿化提升暨松材线虫病疫木除治“百日大行动”现场推进会议专题部署并与区县政府签订目标责任书,依托实施新一轮退耕还林工程等重点工程开展造林绿化大比武、大练兵,提升国土绿化工作水平和质量。国土绿化提升行动开展以来累计完成营造林建设85.38万公顷(其中国土绿化提升行动建设任务76万公顷、占三年113.4万公顷总任务的67%,其他各类营造林9.34万公顷)。大力开展全民义务植树活动,在陈敏尔书记、唐良智市长带头参加广阳岛义务植树活动示范作用下,全市1212万人次投身全民义务植树,累计植树5540万株。

【自然保护地体系建设试点】

深化落实习近平总书记重要批示精神,缙云山国家级自然保护区内190宗“四个交办”问题累计完成整改185宗,整改完成率97.4%;各级各方面认定的340宗违法违规建筑已完成整改321宗,整改完成率94.4%;在核心区、缓冲区内实施原住居民生态搬迁试点,已签订协议398户、1024人;编制完善《缙云山国家级自然保护区总体规划(2019—2028年)》,推进缙云山环山生态绿道示范建设。推进全市自然保护地大检查大整治,排查出的3003个问题一案一策制定整改方案,完成整治2768个,正在整改235个,整改完成率92.17%。进一步理顺自然保护地管理体制,在划入风景名胜区管理处的基础上,结合机构改革完成5个国家级自然保护区管理机构上划,对全市各类自然保护地监督管理进一步强化。开展以生物多样性为主的保护对象评估调查,研究制定自然保护区优化整合方案,牵头起草《重庆市关于科学建立自然保护地体系的实施意见》及试点工作方案。配合开展中央生态环境保护督察反馈问题整改,牵头整改2项措施和6个具体问题中,完成整改销号1项措施和4个问题,其余均完成阶段性整改目标。

【林草资源保护】

严格林地用途管制和差别化管理,完成落界公益林面积276万公顷,完成2019年森林资源管理“一张图”年度更新和全市“四旁”林木资源监测工作。牵头编制《市委办公厅市政府办公厅关于实施天然林保护修复制度的意见》。编制森林火灾风险隐患“一图一表一库”,设置检查哨卡4043个,落实4.3万余名护林员开展森林防火检查巡护,全年发生森林火灾10起,比上年少3起。扎实推进松材线虫病等重大林业有害生物防控工作,防治面积392.93万公顷,全市病死松树下降五成以上,灾害发生面积和程度实现“双下降”。全力查破森林和野生动物案件2881起,打击各类违法犯罪嫌疑人2993人。

【林业生态扶贫】

加大林业生态扶贫力度,倾斜落实33个有扶贫任务区县市级以上林业补助资金43亿元、其中国家级贫困区县26亿元,出台实施《统筹解决生态环保和脱贫双赢的指导意见》《关于建设“四好农村路”使用林地有关事宜的通知》,助推脱贫攻坚。继续推进生态护林员选聘管理工作,重点向建档立卡贫困户倾斜,争取国家林草局新增生态护林岗位补助4600万元。实施“千名林业专家进千村”科技产业扶贫,落实1016名科技人员进村入户开展技术指导。健全扶贫联络员制度,下达深度贫困乡镇林业扶持项目90个,资金1亿余元。支持对口扶贫的酉阳县车田乡林业扶持项目11个,支持资金2006万元。参与集团帮扶工作,派2名干部分别驻酉阳县车田乡清明村、万木镇黄连村任第一书记,开展定点帮扶。中央脱贫攻坚专项巡视反馈意见涉林问题52项、国家反馈2018年重庆市脱贫攻坚成效考核6个涉林问题(其中牵头1个、配合5个)全部完成整改销号。

【林业生态产业】

印发《重庆市林业产业发展规划(修编)》和木本油料、笋竹等专项规划,争取国家政策支持,落实一般性林业贴息贷款6.92亿元。命名市级林业龙头企业103家,累计发展木本油料林2801.4万公顷、特色经济林17.34万公顷。创建绿色示范村509个,向国家林草局推荐拟评价认定国家森林乡村156个,全市新增全国康养基地建设试点单位7个,全年森林旅游康养超过1亿人次,综合收益超过330亿元。举办“绿色中国行——走进世界苗乡”活动,大力推介彭水县及周边武陵山区生态旅游及特色文化。参展北京世园会重庆室外展园和室内展区分获特等奖、银奖。

【林业改革】

提请市委、市政府印发实施《重庆市开展林长制试点方案》,陈敏尔书记、唐良智市长任总林长,在主城“四山”11个区和4个远郊区县开展试点,落实各级林长4820人,初步建立林长制组织体系。在全国首创横向生态补偿提高森林覆盖率改革试点,指导江北区和酉阳县政府、九龙坡区和城口县政府、南岸区与巫溪县政府签订生态补偿协议,累计成交森林面积指标6670公顷,交易金额2.5亿元。认真落实市政府与国家林草局、国家开发银行签订战略合作协议,引进中林集团重组重庆林投公司探索央地合作共建33.35万公顷重庆国家储备林项目,一期22万公顷建设任务获国开行市分行100亿元政策性贷款并到位首笔5亿元资金。依靠政府搭台、村社动员、农民参与、企业实施“四方联动”,在城口落地全市首单国家储备林项目,并按10元/亩、40元/亩分别向村集体组织和农户兑付首笔流转金,带动户年均增收1500多元。开展重点生态区位非国有林赎买1328.46公顷。持续推进林业“三变”改革试点,26个区县确定改革试点村,林地入股面积6000余公顷,入股户数8881户,人均增收893元。持续深化“放管服”改革,提高服务效率,全年受理行政审批事项832宗。完成国有林场改革任务,印发国有林场中长期发展规划,出台国有林场森林资源资产有偿使用办法等制度,获国家林草局调研组肯定。

【可持续发展能力】

持续完善林业法规体系建设,配合市人大修订并审议通过《重庆市湿地保护管理条例》《重庆市野生动物保护规定》《重庆市长江防护林体系管理条例》3部法规。加大科技支撑力度,实施中央林业改革发展资金科技推广项目12项,市级科技兴林项目20项,编制地方标准5项,建立市级林业专家团队6个。启动全市林木种质资源普查工作,建设保障性苗圃12个。

【领导班子】

局党组书记、局长沈晓钟,副局长张洪,党组成员、副局长王声斌,党组成员、副局长、机关党委书记唐军,党组成员、二级巡视员谢志刚,党组成员王定富(副厅局级),二级巡视员陈祥,二级巡视员熊忠武。

(周登祥)

重庆市地质矿产勘查开发局

【概况】

重庆市地质矿产勘查开发局(以下简称市地勘局)是由重庆市规划和自然资源局管理的市属正厅级事业单位,下属107地质队、205地质队、208水文地质工程地质队、607地质队、川东南地质大队、南江水文地质工程地质队和市地矿测试中心等7个正处级事业单位和市地质矿产勘查开发集团有限公司1家国有企业;另有国家级博士后工作站1个。主要职责是管理所属地勘队伍,组织承担基础地质调查和矿产勘查工作,组织参与地质环境和地质灾害调查监测防治工作,开展地质科学技术研究与推广服务,履行国有企业出资人职责和管理职责。

2019年,市地勘局党委坚持把政治建设摆在首位,紧紧围绕经济发展中心任务,继续坚持“稳中求进、创新发展”工作总要求,以“稳队伍、稳项目、稳增长、稳收入、保安稳、强党建”为抓手,不忘初心、牢记使命,统筹推进各项工作,取得较好成绩。党的建设继续加强,地勘经济稳中有进、稳中提质,全年实现生产经营产值27.88亿元,新签合同金额28.42亿元,化解政府隐性债务2.09亿元。

【党建工作】

扎实开展“不忘初心、牢记使命”主题教育,召开局党委中心组理论学习会34次,专题学习会9次,局属单位开展集中学习166次,梳理形成4大类29项问题清单,立查立改、立行立改,过程和成效均受到市委巡回指导组充分肯定。着力加强宣传工作,在《中国自然资源报》《中国矿业报》刊发文章78篇。大力强化组织建设和干部队伍建设,开展党组织活动1500次,发展党员15名,坚持正确用人导向,晋升正副巡视员各1人,提拔处级干部12人、交流轮岗6人,套转职级43人,晋升职级28人。持之以恒正风肃纪,开展廉政谈话135人次,处置问题线索11件,依规处理2人次,完成7个局属事业单位的巡查工作,整改问题205项。切实加强制度保障,修订完善11项管理制度。

【地灾防治】

筑牢地灾防线,选派320名专业技术人员驻守38个区县743个乡镇(街道),汛前排查隐患点9702处、汛中巡查9664处、汛后核查9691处。开展地灾防治宣传培训510次,受训46224人。全力参与地灾应急抢险和处置,应急调查和处置1077次,成功预警9次,保障了121人生命财产安全。持续加强地灾防治工作,实施地灾监测项目144个,地灾工程治理项目180个。

【传统地质】

承担矿产勘查项目28个,基础地质项目59个。其中,在南川区探获1个中型煤层气气田,地质资源量149.54×10^8m^3;秀山县探获1个中型锰矿床,资源量293.08万吨;城口县探获中型和大型锰矿床各1个,资源量合计3276万吨,大型毒重石矿床2个,资源量合计13131.1万吨;大足区探获大型锶矿床1个,资源量3449.7万吨,大型石膏矿床1个,资源量3063.7万吨。

【新兴领域】

积极应对传统地勘业务减少的趋势,以山水林田湖草系统治理为突破口,参与实施铜锣山矿山修复、重庆古生物化石产地示范调查与监测(北部)、重庆市生态旅游地质资源调查等新领域重大项目。调查单体旅游资源点3688个,圈定资源组合223个,其中在云阳世界级侏罗纪恐龙化石群研究项目中发现了亚洲最早的新鸟臀类恐龙标本。

【改革创新】

企业改革取得新突破,关闭注销企业31家,转让退出5家,在整合保留存续的37家企业基础上,严格按照市政府常务会议决定精神,挂牌成立重庆市地质矿产勘查开发集团有限公司。科研工作取得新成效,在研科技项目36个,研究经费1227.98万元,配备科研仪器300余台(套)。

【扶贫攻坚】

推进扶贫工作任务。增派4名优秀干部到彭水县担任驻村第一书记。制定精准扶贫计划,走访慰问对口帮扶的彭水县大垭乡贫困户,组织青年团员为他们送书1300余册,栽种210株优质核桃树苗,并资助2户贫困户家庭每月1000元教育金。

【领导班子】

党委书记、局长蒋宜茂,党委副书记王力(正厅局长级,2019年5月退休),党委副书记、纪委书记魏勇,党委委员、总工程师刘东升,党委委员、副局长周京平,党委委员、副局长王旌骅,巡视员刘红(2019年4月晋升),副巡视员王青海,副巡视员刘英(2019年4月晋升)。

(蒋友)

重庆农村土地交易所

【概况】

重庆农村土地交易所于2008年12月经重庆市政府批准挂牌成立。2009年1月,国务院发布《关于推进重庆市统筹城乡改革和发展的若干意见》(国发〔2009〕3号),明确“设立重庆农村土地交易所,开展土地实物交易和指标交易试验(地票交易),逐步建立城乡统一的建设用地市场,通过统一有形的土地市场、以公开规范的方式转让土地使用权,率先探索完善配套政策法规”。

2019年,重庆农村土地交易所落实中央决策和市委市政府部署,积极应对复杂多变的市场供需形势,着力稳定指标交易市场,规范交易管理,确保指标交易量价平稳有序;规范组织农村实物产权流转交易,完善交易市场体系,推动农村产权流转交易市场持续健康发展。

【党建工作】

全面落实新时代党的建设总要求,以《党支部工作条例》为基本遵循,以“不忘初心、牢记使命”主题教育为抓手,强化理论武装,推进学习制度化、规范化和常态化,以学促用抓好落实转化。推进“三基”建设,发挥党支部的战斗堡垒作用。强化正风肃纪,推进党风廉政建设,强化责任压力传导,压实“一岗双责”;扎实开展廉政风险排查;坚持作风整治和问题整改,坚持领导带头,对各项整改任务建立整改清单,挂图作战、打表推进。所党支部获2019年市直机关工委先进基层党组织、局系统“2019年阅读推广活动”优秀组织单位称号。

【地票交易及改革】

全年共发布地票交易公告18批次、面积1973公顷,成交地票面积2006.67公顷、60.68亿元,累计成交地票面积20826.87公顷、610.8亿元;促进持票准用常态化,全年线上线下共办理地票使用379宗、面积1786.67公顷,累计使用地票面积15694.67公顷。

【拓展地票生态功能】

服务生态文明建设,拓展地票生态功能,调整完善复垦为林地的土地利用方向、验收标准等,将地票生态功能的范围扩大至全市,累计复垦形成林地并交易地票面积270.93公顷、7.56亿元;创新开展历史遗留废弃矿山复垦指标作为地票交易,已完成1宗交易面积0.93公顷、277万元。

【助推脱贫攻坚】

坚持对深度贫困地区、建卡贫困户的地票交易实行“优先交易、优先拨款”政策,全年交易18个贫困区县地票面积1293公顷、39.44亿元,占同期交易总量的64.5%,累计交易贫困区县地票面积14653.33公顷、430.48亿元,占交易总量的70.4%;全年,18个深度贫困乡镇交易地票面积187.67公顷、5.71亿元,累计交易面积650.73公顷、19.39亿元,实现贫困区县申请交易地票100%成交。

【耕地占补平衡交易】

全年成交耕地面积2572公顷、水田规模1090公顷、粮食产能2342万公斤,成交金额12.58亿元。

【农村产权流转交易】

全年完成承包地经营权、林权、“四荒地”使用权等农村实物产权进场挂牌、交易520宗、面积8035.49公顷,成交合同金额7.86亿元、惠及农户2.82万户;累计成交农村实物产权2431宗、面积40702.29公顷,成交合同金额38.44亿元、惠及农户15.29万户。其中,完成大足区集体经营性建设用地挂牌交易26宗、面积67.17公顷、3.8亿元。引导贫困地区农村实物产权进场交易,全年交易贫困区县农村产权面积3697

公顷、1.8亿元,交易量占全市总交易量的46%。推动产权交易与金融联动,全年办理农村产权抵押融资交易鉴证31宗、融资金额5652万元。

【服务乡村振兴】

为实施乡村振兴战略提供点上示范借鉴,在江津、巫溪、涪陵、石柱、潼南分别选取5个试点村,从深入解析用地政策、指导编制"多规合一"实用性村庄规划等方面探索助推乡村振兴的路径。协调指导试点村因村施策、按需编制、分类推进,编制"多规合一"的实用性村规划;积极开展集体经营性建设用地入市准备工作,收集各试点村意向入市项目等基础资料。

【巴渝民宿】

以扶贫民宿为切入点,在城口、巫溪、酉阳、彭水4个国家级深度贫困县选定了6个扶贫类项目作为首批开工建设的巴渝民宿示范点。截至12月,城口亢谷、巫溪长红村、彭水丹阳寨、酉阳楠木湾、彭水黄帝峡、彭水花丘堡六个巴渝民宿项目已建成投运,全年接待游客4.48万余人次,客房收入为129.15万元,餐饮及农特产品销售收入约为112.22万元;累计接待游客9.05万余人次,客房收入为314.36万元,餐饮及农特产品销售收入约为303.04万元。

【领导班子】

执行总裁王晓芹,副总裁姚力沛,副总裁陈雁。

(兰博)

重庆市规划展览馆(重庆市规划研究中心)

【概况】

重庆市规划展览馆(重庆市规划研究中心)是2004年2月经重庆市编办批准设立的重庆市规划和自然资源局直属事业单位,单位宗旨是为城乡规划成果展览、城乡规划研究提供服务,承担城乡规划展览、展示和公示工作,开展城乡规划政策和城市问题研究,开展城乡规划宣传教育,根据资质为城乡规划编制提供技术服务。其内设机构分为规划展宣、规划研究、服务管理3个板块,共计10个部门,职工总人数97人。

【推进展览展示更新】

按照"常学常新、常展常新"理念,策划布展《重庆工作情况展览》。展览包含"殷殷嘱托"、"营造良好政治生态"、"立足'两点'定位"、"紧扣'两地'目标"、"实现'两高'目标"、发挥"三个作用"、"重大行动部署"、"历史文脉"、"一带一路"、"长江经济带"、"乡村振兴"、"城市提升"等展厅。更加强调规划展示坚持以人民为中心的发展思想,坚持以新发展理念为引领,把总书记最新讲话精神、市委市政府最新决策、最新规划成果等在尽可能短的时间在展厅结合展项展示出来,展厅时事更新工作有序推进。

【展览公众接待】

全年共计讲解接待600余场次,累计接待参观者近13万人次。完成2019上合组织地方领导人会晤暨第二届西洽会、2019中国国际智能产业博览会等重要外宾接待任务;完成包括广西党政代表团、辽宁政府代表团等重要政务接待。配合市里的宣传任务,派出业务骨干赴北京参加庆祝新中国成立70周年重庆专场新闻发布会会前特展"壮丽70年,奋斗新时代"的宣讲工作,获得好评。

【公共服务职能】

在党的生日之际,联合"新中国70年,镇馆之宝70件"文物和档案故事网上征集活动全国摄制组,邀请各家媒体和网络达人们走进规划馆,将档案文物故事通过图文、短视频、无人机航拍、视频直播等多种新颖方式和多种拍摄方法呈现给广大网民。在第六个"世界城市日"当天,规划馆自制微电影《重庆,美好从这里开始》在官网官微正式上线,获得广泛关注和评价。

走进中学课堂,共建合作交流平台,近距离为同学们传播城市规划和自然资源知识,规划馆宣讲员被特聘为重庆鲁能巴蜀中学2021届选修课"荣誉教师"。承办2019"城市印记—城市有机更新"新经济论坛、"建国70周年摄影展"等学术论坛和交流活动,为重庆发展建言献策,吸引越来越多的朋友来到重庆这"山水之城美丽之地",在这里"行千里 致广大"。充分利用新媒体技术手段,推动展览馆、研究中心两个微信订阅号对外发声,全年累计更新发布信息要闻、活动动态150余条,阅读点击量突破万次。加强对《城市地理》办刊工作的指导,全年高质量组织宣传推介、主题活动、摄影展等不同类型活动5次,出刊9期,其中第100期出版,市局董建国局长为其写下序言。

【技术服务工作】

开展2018年城市发展报告、"十四五"战略规划研究等一批重点研究课题,积极推进"重庆市国土空间规划体系研究"和"重庆市规划和自然资源管理一体化研究"课题。围绕城市提升工作,协助完成《提升城市规划水平,科学引领城市发展》等文稿,协助建立"重庆城市提升工作平台"。配合组织开展一批全局重点规划项目研究,包括重庆东站、复盛站周边用地开发研究等;参与广阳岛领导小组办公室日常工作,配合形成《2019年广阳岛片区规划实施方案》。推进中心城区专业专项规划和控规编制组织审查,继续推进2018年组织审查的28个市级名村成果上报,完成重庆市第二批17个历史文化名村、7个历史文化名镇、3个历史文化街区和1个传统风貌区保护规划的技术审查和组织工作。

【新区开发开放规划】

推动两江新区国土空间规划编制组织和专题研究,重点围绕创造高品质生活、创新土地利用模式、公众参与等专题开展初步研究。服务新区产业招商,开展产业用地研究,协助两江招商集团深入摸清产业用地家底,形成《两江新区工业开发区产业土地现状与未来土地招商承载能力研究》,完成两江新区工业开发区在产业高端化和集群化、土地绩效等方面的评估。协助新区精细化城市管控,开展用地条件细化研究,深化完善招商项目规划选址和用地预控机制,全年共开展规划用地条件细化项目10余项。

【持续为远郊区县提供规划技术服务保障】

规划研究方面,开展"石柱县产业发展用地

需求分析及原西沱工业用地指标平移方案研究”。规划编制方面,延续推进并完成石柱县、武隆区、奉节县、巫山县和彭水县五个区县的规划大纲(原名总规评估和发展战略研究)。启动万州区碗厂村保护规划编制、罗田古镇保护规划修编,以及丰都县仙女湖镇金竹林村历史文化名村保护规划、涪陵区新妙镇历史文化名镇保护规划,开展实地调研和初步方案设计。规划成果技术服务方面,组织开展綦江区行政中心区城市设计及綦江区会务培训中心建筑设计方案征集,继续开展区县城乡总体规划技术咨询及远郊区县上报市政府审批的镇总规评估和规划成果审查工作。

【推动新馆建设筹备】

按市委主要领导指示,将市规划展览馆调整到能在室外看到最美城市风貌的地方,并作为城市会客厅,承担外事接待活动功能。经过多方调研论证,决定将规划展览馆迁建至弹子石广场车库。2019年,按照突出山城江城特色、融入山水背景、彰显时代风貌、建成重庆的重要名片等要求,已启动建筑改造方案与布展方案的研究及项目前期其他工作。紧密围绕规划自然资源职能发挥,充分借鉴国内外自然资源科普展馆策展和运营成功经验,积极筹建规划自然资源科普馆,筹备和展示内容策划等工作有序推进。

【主题教育】

坚持以习近平新时代中国特色社会主义思想为指导,对照上级要求、先进典型、群众期望、发展需要,持续抓好学习教育和问题整改。围绕“守初心、担使命、找差距、抓落实”的总要求,召开领导小组会议5次,工作组会议12次。馆党委书记认真落实第一责任人责任,组织馆党委理论学习中心组(扩大)学习会15次。聚焦重点任务和关键环节,班子成员深入规划展示、规划研究工作一线调研,调研中发现的问题有90%已整改到位。梳理“不忘初心、牢记使命”主题教育整改落实台账,通过专题民主生活会整改落实方案,确定六大方面19项具体整改内容。截至“不忘初心、牢记使命”第一批主题教育工作结束,展览馆党委“不忘初心、牢记使命”主题教育检视问题共34个(均已完成整改措施),有9项任务已取得明显成效并将长期坚持,高效完成整改落实工作。11月初,馆党委开展“不忘初心、牢记使命”整改落实情况“回头看”。

【搭建人才高地荟萃平台,推动一体化发展】

3月,宣传教育部被全国妇联授予“全国三八红旗集体”荣誉称号,这是该部门继去年获得“全国巾帼文明岗”之后,再次获得的一项全国性表彰。6月举行的全国科普讲解大赛中,展览馆宣讲员代表重庆赛区,获得全国三等奖佳绩。规划研究项目水平不断提升,获得重庆市优秀城乡规划设计一等奖1项、三等奖2项,《重庆市两江四岸绿色发展示范“湾区”战略发展研究》牵手吴志强院士团队成功申报中国工程院院地合作项目。重庆市规划展览馆(重庆市规划研究中心)充分利用优质资源平台,以四个平台建设为具体抓手,逐步搭建起多学科、多元化人才队伍,目前单位有博士(含在读)学历9人,硕士学历24人,本科学历46人;正高级工程师7人,高级工程师20人;中共党员44人,民主党派1人。持续增强干部职工干事创业本领,抓好工作人员培训工作,突出培训针对性,围绕展示和研究一体化发展目标,优化完善相关制度,实行工作任务项目化、清单化管理。坚持把“好干部”标准落到实处,合理使用好现有干部,适度开展干部交流和选拔,同时不断健全招才、引才、留才、用才机制,完善人才培养和激励机制,进一步激发干部队伍活力。

【领导班子】

党委书记、馆长、主任桑东升;党委专职副书记、副馆长、副主任刘令;常务副馆长、副主任严爱琼;副馆长、副主任李小彤。

(喻坤)

重庆市国土整治中心

【概况】

重庆市国土整治中心(以下简称“市国土整治中心”)是重庆市规划和自然资源局直属正处级事业单位,主要领导高配副厅局长级。宗旨是为全市耕地保护和国土整治提供基础性、技术性、事务性的支撑和服务。职责任务是立足耕地保护和生态修复,实施项目管理;负责自然资源部国土整治暨农用地质量与监控重点实验室重庆科研工作站工作,开展全市耕地质量调查评价及监测评价体系建设工作,组织实施全市耕地质量监测和年度更新;负责全市国土整治项目综合效益评价;负责全市国土整治工程技术研发、标准规范制定、技术集成应用与推广示范;负责国土整治规划编制;负责开展全市耕地保护和国土整治相关信息化建设;参与全市耕地保护和国土整治相关政策法规和管理制度的调研、论证、评估等基础性工作。

2019年7月,由“重庆市农村土地整治中心”更名为“重庆市国土整治中心”。目前,领导班子成员2人,在岗职工58人,其中自收自支事业编制19名,通过劳务派遣和借用用工38名,市局已任命但未办理入编1名,暂无离退休人员。内设办公室、总工办、资金财务处、发展研究处、建设用地复垦处、土地整理处等6个处室,共有3个党小组,中共党员18人、民主党派人士2人、市委组织联系的无党派人士1人;高级职称13人,工程师18人;硕士研究生以上学历21人;平均年龄34岁。

【党风廉政建设】

把政治建设摆在首位,用新思想新理念指导国土整治工作。深入学习习近平生态文明思想等新思想、新理念、新要求,努力将新发展理念融入实践。全年召开领导班子集体(扩大)学习会50次,班子成员带头领学篇目达100余篇。围绕“守初心、担使命,找差距、抓落实”的总要求,坚持把学习教育、调查研究、检视问题、整改落实贯穿全过程。组织中心党员同志形成6支队伍赴垫江、长寿、荣昌、涪陵、万盛等区县开展调研实地指导区县解决工作中的突出问题,形成专题报告4份上报局党组,协助基层解决采煤沉陷受损农房复垦、复垦地块坐标偏移缺失、项目变更和预算定额等工作中的难题,切实发挥领导党员同志先锋模范作用。做实“三会一课”,规范基础党务工作,全年召开支委会18次、党员大会27次、党小组会24次,支部书记、委员讲党课、微党课8次;党小组组织学习36次,组织干部职工参加上级组织的各类学习培训60余批次,童代志、甘建英、张爽、蒋伟四名同志先后赴德国、荷兰调研并洽谈国土整治合作项目。加强廉政教育,重温反“四风”相关规定,规范差旅、接待、培训中的住宿和用餐行为,加强警示教育,开展“以案四说”警示教育,制定“日常约谈、入职谈话、任职谈话、提醒谈话、诫勉谈话”五种类型的谈话制度。

【土地开发整理】

全年实施土地开发整理项目278个,投资16.53亿元,实施规模4.91万公顷,补充耕地0.67万公顷,圆满完成市政府下达的“补充耕地10万亩”的耕地保护年度责任目标任务。聚焦脱贫攻坚,在贫困区县、深度贫困乡镇、贫困村安排国土整治项目,投资5.98亿元,支持14个国家级贫困区县实施国土整治1.78万公顷,新增耕地0.22万公顷。狠抓“旱改水”试点,在耕地后备资源紧缺情况下,指导酉阳、城口创造性开展“旱改水”试点,为落实“占优补优、占水田补水田”打开新的渠道。项目规划与村庄规划的深度融合,做实项目规划设计与村庄规划的互融互补互促,荣昌清升古佛山项目就是以村规划为引领,统筹田水路林村房等各类建设,促进国土空间布局优化,极大改善农村生产生活生态环境。通过土地开发整理,为全市经济社会发展用地需求提供补充耕地和占补平衡的保障,实现全市耕地总量动态平衡,守住耕地保护红线,改善农村生产生活条件,优化国土空间布局,撬动社会资本参与农业农村发展建设,促进三产融合,培育出酉阳花田梯田、铜梁黄门农旅、潼南崇龛油菜、涪陵榨菜、彭水烟草等一大批特色效益农业产业基地和农旅目的地,为广大农村特别是贫困地区注入产业发展和富民增收的动力,加快脱贫步伐。

【全域土地综合整治】

按照“全域规划、全域设计、全域整治”的全域土地综合整治理念,全市第一批潼南、荣昌、梁平等3个国土综合整治示范项目整体推进顺利,将于2020年全面完工。目前,梁平合兴镇项目已基本完工,结合中华名柚园建设取得明显示范成效,6月5日《重庆日报》以《借名柚之力,助乡村振兴》为题对该项目建设成效作正面宣传;潼南太安镇、荣昌清升镇两个项目完成90%,12月27日《重庆日报》以《潼南区蛇形村开展国土综合整治,建设生态美丽乡村》为题对该项目建设具体做法作项目宣传报道。第二批涪陵、南川等2个项目有序推进。该两批项目已上升为全域土地综合整治国家级试点项目。通过全域土地综合整治,将项目实施与国土空间规划、产业发展规划相结合,通过完善项目区基础设施、优化国土空间布局、改善农业生产条件、保护修复生态环境,充分发挥土地整治“1+N”综合效益。

【农村建设用地复垦】

全市农村建设用地复垦完成项目入库备案0.38万公顷、市级抽查复核0.18万公顷,圆满完成“全年复垦入库备案0.23万公顷、组织市级抽查复核0.17万公顷以上”的年度目标任务。抓住地票市场良好态势全力处置历史遗留项目,通过再次征求老百姓意愿,完成全市0.49万公顷历史遗留项目的清理核实和入库备案,极大缓解信访矛盾,信访量较上年同期下降3成。抓项目流程精简和验收方式优化,项目周期进一步缩短,区县责任进一步夯实,复垦质量进一步巩固提升,酉阳等区县实现“当年备案、当年实施、当年交易”。抓复垦实施方式创新和地票功能拓展,指导潼南区上和镇农户自主复垦探索实践取得阶段性成效;配合市局将生态地票试点拓展到全市,目前已累计生产生态地票279.67公顷。通过实施农村建设用地复垦,有力盘活闲置废弃的农村建设用地,在保障农村发展用地空间的同时,有效补充耕地,推进城乡资源流动,促进土地节约集约利用和区域协调发展,助推脱贫攻坚和城市化进程。

【“十三五”易地扶贫搬迁建卡贫困户农房整宗地收益权收储】

全年全市农房收储新增6262户、25017人,完成7139户、28282人,共兑付农户资金3.73亿元。累计完成收储18156户、71219人,共兑付农户资金8.06亿元,兑付比例99.69%,基本实现“愿收尽收”,为贫困户搬迁建房筹集资金,避免因建新房产生大额负债。

【标准体系建设】

出台《国土整治项目规划设计规范》行业标准1项;《重庆市国土整治工程施工技术要求》《国土整治工程建设规范》《国土整治项目工程质量评定规范》等3项标准规范通过市场监管局验收,拟以行业标准形式出台。

重庆市国土整治项目综合监管系统完成建设和测试;市国土整治中心OA办公系统于2019年12月试运行,国土整治信息化水平和工作效率明显提升;测绘审查数据衔接和保密工作得到增强,国土整治信息化安全使用并高效运转。

【政策研究和科研工作】

全年承担市规划和自然资源局科技项目3个、调研课题3个,并按要求扎实推进。创造性开展自然资源保护立法研究,推动市局出台的《关于加强自然资源保护的通知》,为国家开展自然资源保护机制研究提供了支撑,受到社会广泛认可。针对农村低效建设用地盘活、水田水用机制、收储后破旧房屋处置等开展调查研究,取得阶段性成果。石漠化治理关键技术研究深入推进,装配式道路和沟渠施工试点成效初显。

【市场主体信用管理】

常态化开展国土整治市场主体公共信用信息采集工作,截至目前,共采集693家市场主体的信用信息记录,其中测绘单位150家、规划设计与预算编制单位202家、招标代理单位148家、监理单位131家、施工单位62家。目前,已形成全市国土整治诚信激励、优胜劣汰的良好从业环境。

【领导班子】

党支部书记、主任童代志,副主任甘建英,副主任莫建兵(2019年3月调离)。

(李晓庆　杨海琳)

重庆市规划和自然资源综合行政执法总队

【概况】

全面落实《重庆市规划和自然资源综合行政执法改革实施方案》要求。一方面，配合上级拟定市规划和自然资源综合行政执法总队机构、职责、编制"三定"事项，完成机构挂牌，组建总队班子，研究制定筹备组成员分工，任命内设机构，调整工作人员，协调住建委、城管局就相关职责和人员进行移交、划转；另一方面，指导中心城区支队筹备工作组成员分工、清理上报市和区两级规划和自然资源行政处罚权力清单，配合草拟主城支队"三定"方案等。真正做到机构融合、人员融合、人心融合，确保思想不乱、队伍不散、工作不断。市规划和自然资源综合行政执法总队筹备组组长陈正义，筹备组成员江恒、曹宁、万云河、唐春艳。

全年严格查处违法违规行为。总队调查核实土地、矿产违法线索127件(其中实地核查89件)，办结127件，办结率达100%。立案查处违法违规案件6件，全市共消除新增违法建筑26.7万平方米。主城区共立案查处进入规划审批程序违法建设408件，处罚面积139万平方米。办理建设项目规划核实1102件，面积5503万平方米。

【党建工作】

突出规范性，狠抓机制建设。全年开展党总支理论中心组(扩大)专题学习21次、支部学习48次；在议事决策上，严格落实民主集中制，召开党总支会议25次，对"三重一大"重要事项，坚持集体讨论决定；在组织生活上，严格落实领导干部双重组织生活制度，充分发挥学习引领作用。并结合执法工作上，明确分管领导牵头完成年初研究确定的6个课题，契合主题教育，开展有针对性的调查研究，形成调研成果14篇。

【区县执法指导】

以案件指导年为抓手，通过以会代训、案卷评查、上门指导、"一对一"帮扶、实地督导、联合办案等方式指导区县依法查处案件205件。组织评查案卷1578宗，推荐3宗优秀案卷报部评查。培训区县执法人员860人次。

【重点专项执法】

按照市局要求，参与对15个区县卫片执法的中期督导和市级验收，先后派出7个工作组22人次配合推进"大棚房"问题清理、耕保专项督查、缙云山生态环境整治、违建别墅清查整治、中心城区"四山"违建整治、"两江四岸"整治、中央环保督查、高尔夫球场"回头看"、矿产资源打非治违、扫黑除恶专项斗争等专项工作，完成《重庆市矿产资源条例》修订的调研工作。

【队伍建设】

一是打造"嘤鸣讲堂"升级版。继续组织开展10期富有特色、卓有成效的"嘤鸣讲堂"活动;二是坚持用制度管人,凸显制度的约束力。健全总队党务业务44项制度。同时强化制度执行,特别是严格工作纪律和执法人员监管,促使干部职工精神面貌较大改观、作风效能较大提升;三是坚持日常谈话提醒,切实关心爱护人。特别是在机构改革期间,组织开展深入的谈心谈话活动110余人次。

【领导班子】

原国土执法总队党总支书记、总队长陈正义,党总支副书记、副总队长曹宁,党总支副书记、副总队长万云河,党总支委员、纪律检查员、副总队长江恒,原则规划执法总队副总队长唐春艳。

(彭波)

重庆市地质调查院

【概况】

重庆市地质调查院(以下简称市地调院)属重庆市规划和自然资源局全额拨款公益一类直属事业单位,是重庆市规划和自然资源局地质勘查技术支撑单位。从事地质调查、矿产勘查、矿产资源规划、地质科研等工作,主要承担编制地质勘查规划、矿产资源规划及年度计划的具体工作,主要包括参与地质勘查和矿产资源规划编审和定期评估工作,提出年度地质工作计划建议等。承担区域性、公益性、基础性地质调查及项目服务工作,主要包括承担区域性、公益性、基础性地质调查,重要矿产勘查项目的前期论证、申报、项目监督管理和成果验收。开展地质环境信息和技术研究、推广服务,主要包括地质科学研究、建设、维护地质项目信息化平台、地质资料信息系统,提供技术培训和咨询服务。

院设办公室、总工办、财务科、基础地质科、资源评价科五个职能科室。2019年末在职人员30人,工作人员中专业技术人员22人,其中正高级职称5人,副高级职称10人,中级职称5人,初级职称2人。是一支以地质矿产高级技术人才为主体的地质矿产勘查项目管理队伍。

【地勘工作】

全年组织实施地质调(勘)查项目93个,其中市级财政项目90个,区县垫资及商业性项目3个,实际完成投入20154万元。

区域地质调查:实施区域地质调查类项目8个,完成1:50000野外调查面积2360平方千米,1:50000区域地质调查覆盖率由77.6%提高到80.46%。完成全市157幅1:50000区域地质图接图和数据集成,成功实现与重庆市规划自然“一张图”衔接。开展1:10000三维基础地质项目,完成野外调查面积40平方千米。其中1:50000潼南幅区域调查项目通过评审,查明调查区岩石组合、基本层序、沉积特征以及涪江流域五级河流阶地分布等内容,对潼南区城市基础地质问题、工程地质及环境问题进行初步分析研究,建立潼南城区三维地质模型及配套数据库,在服务地质调查、国土空间规划和地下空间利用方面进行有益探索;1∶50000三江幅、东溪镇幅、石壕幅、温水幅、松坎幅区域地质调查”项目在调查过程中新发现方解石、重晶石矿1处。

土地质量调查:全年实施土地质量地质调查类项目19个,完成1∶50000土地质量调查面积7147平方千米,覆盖率由34.71%提高到43.38%。完成梁平、江津东北、黔江北部、长寿、合川等5个项目综合评价,面积6675平方千米,发现中等及以上土占比达95.6%,发现富硒土地面积799平方千米、足硒土地面积4145平方千米,富硒足硒占比达74%,其中江津区发现水稻为主的大宗农产品富硒比例90%以上。完成潼南、铜梁等4个区县的土地质量地质调查成果集成,建立重庆市土地质量地质调查成果集成平台。

生态旅游地质调查:实施生态旅游地质调查项目4个。完成概查面积78500平方千米,覆盖961个乡镇、9943个村(包括1763个贫困村)。调查资源体18658个,新发现10802个,初步圈定865处有开发潜力的区域,其中石柱县圈定锅圈天坑岩溶地貌资源组合、油草河峡谷资源组合、龙潭河峡谷资源组合、龙骨寨资源组合等有开发潜力组合体16处。在概查的成果基础上,部署开展了七曜山片区生态旅游地质普查工作,完成调查面积1400平方千米。

湿地资源综合地质调查:全年组织开展铜梁区安居国家湿地公园和合川区洪泛平原湿地属性解剖工作。初步掌握其地理、环境要素与湿地地物景观要素的变化与变迁历史;基本查明区内河流与气候、地质构造背景、地形地貌特征、湿地区环境地质要素等基础地质信息;进行湿地形成的原因分析与水质综合评价。

矿产资源勘查:重点策划实施锰、铝、锶、钡、水泥灰岩、饰面石材以及地热水等重要勘查项目,提交矿产地22处。实施地质矿产勘查钻探40552.12米、槽探16380立方米。探获饰面砂岩(333)以上资源量15990.3万立方米;水泥灰岩(333)以上11419万吨;萤石矿物(333)+(334)资源量23.51万吨;铅锌矿(333)+(334)矿石资源量41.2万吨,其中折算金属(333)+(334)1.68万吨;锰矿(333)+(334)矿石资源量4089万吨,其中(333)矿石资源量1297万吨;新增毒重石(332)+(333)矿石资源量7593.88万吨;硫铁矿(332)+(333)矿石资源量386.1万吨,其中(332)矿石资源量197.5万吨。

煤层气、页岩气调查评价:渝东北上二叠统大隆组页岩气资源潜力评价项目完工的奉页1井为全国第一口以大隆组为目的层的页岩气参数井,经现场气测及点火测试表明,大隆组页岩气具有较好的勘探开发前景。松藻煤田完工的綦煤1井组,日均产气量达到工业气流标准,为商业化开发煤层气资源奠定基础。合川煤层气地面抽采示范项目完工的合煤1井预期最高日产量可达2000立方米左右。

【古生物化石发掘、保护与研究】

云阳县普安乡恐龙动物群发现3种新的恐龙类型,发现蜥脚类、鸟脚类、兽脚类恐龙化石,蛇颈龙类、龟鳖类、鱼类等化石发掘采集化石860件;完成3具恐龙化石的复原装架,完成化石修理3202块,发表SCI期刊论文2篇;召开重庆云阳恐龙化石群保护与研究学术研讨会,人民日报、新华社、人民网、中国自然资源报、重庆日报、重庆电视台等多家媒体对相关成果进行报道。

万州区盐井沟哺乳动物化石修复与装架项目(二期)完成化石拆包682件,精修化石825件,化石复原3具,模具制作3套,翻模装架6

具,原始埋藏状态模具、模型各6件。

秀山县多地的早志留世地层中发现大量的鱼类及伴生动物化石;有望将中国有颌鱼类起源时间向前推进至少1000万年;酉阳县酉酬一带角石化石资源调查评价发现角石化石出露点5处;黔江区正阳镇白垩纪恐龙化石资源调查评价项目划分4个恐龙化石产出区,新发现恐龙化石点3处。

【矿政技术支撑】

开展采矿权出让前期工作。组织实施采矿权出让及收益补征收前期工作43宗,确认采矿权出让和补征收益评估价值约12.08亿元。组织评审采矿权人公示信息抽查报告63份,确定异常名录矿山26家;组织非法和破坏性开采矿产资源价值鉴定评审工作11项。组织开发利用方案评审30项,做好开发利用方案与绿色矿山建设方案和矿山设计的衔接工作。

【矿产督察】

7月、9月、11月开展3批次绿色矿山建设专项督察,派出督察员237人次,按照“任务到人、责任到矿”的督察方式对本年度计划建成绿色矿山的151个矿山开展专项检查督促,全市绿色矿山建设平均进度从67%增长至88%。

【绿色矿山建设】

完成绿色矿山第三方评估矿山180个,通过评估矿山177个,完成巴南姜家片区和丰都包鸾片区绿色矿山建设示范区遴选工作,超额完成市局年初制定的年度绿色矿山建设任务。

【打非治违】

开展2019年遥感监测及无人机监管执法等打非治违工作,发现疑似越界开采矿山56个;疑似无证采矿点279处,并及时将上述情况上报市局进行处置。

【项目策划及管理】

配合市局采用公开招标方式确定3批次17个地质矿产勘查项目承担单位;实施重点项目组织论证49次;实施项目验收及单工程验收40次,优良率100%;分别在春节两会期间、汛期分三次对正在实施的13个地质勘查项目开展野外安全检查工作,未发现重大安全隐患;开展地质勘查活动事中事后监督检查,对全市44家地质勘查单位从事的地质勘查活动进行监督检查;协助市局建立地质矿产专家库,在库专家214名。

【领导班子】

党支部书记、院长杨弘忠;党支部副书记、副院长魏光飚。

(秦溱)

重庆市土地储备整治中心

【概况】

重庆市土地储备整治中心(以下简称“中心”)是重庆市规划和自然资源局下属正处级公益一类事业单位,于2016年8月正式成立,由市地产集团代管。2019年7月,划入市规划自然资源局管理。中心职能职责:一是为土地储备提供服务。根据年度土地供应计划制定年度土地储备整治计划并依法报批,批准后组织实施。二是组织开展土地储备工作。主要包括将依法征收的土地和收回、收购、置换等方式取得的土地进行储备。三是组织开展土地整治工作。主要包括对纳入储备的土地进行前期开发、保护、管理等。四是受市规划自然资源局委托,对区县土地储备整治机构进行业务指导。

中心内设综合管理科、资金财务科、土地储备整治一科、土地储备整治二科及合同管理科5个科室,核定事业编制28名。2019年末有职工30人,其中在编人员8人,借聘用人员22人。

【土地储备】

完成新增收储项目2个,面积约138.52公顷;推进办理市地产集团、市城投集团转储工作,涉及项目107个,面积14512.2公顷;启动化医集团、粮食集团、腾辉建材、北汽银翔24宗土地收储前期调查工作,形成拟收储土地踏勘报告。参与起草《重庆市国有土地使用权收回收购办法》,进一步规范和完善土地收储政策。截至2019年末,结转土地储备项目141个,储备土地166.78平方千米。

【土地整治】

完成储备土地整治402.32公顷,100%完成年度整治实施任务;完成土地供应209.88公顷,实现综合价金247.18亿元。

【项目资金管理】

全年承接土地储备项目预算资金376.1亿元,主要用于支付地产集团、城投集团、渝富集团土地划转对价及新增整治投资。

【调研与宣传】

完成“市级储备土地管护现状及制度研究”“土地储备规划及三年滚动计划编制”“主城区土地储备管理机制研究”及“市级储备土地整治验收课题”四项调研课题。编制《储备信息》2期。

【队伍建设】

加强干部职工队伍建设:新调入职工7人,完成7名职工聘用,公开招考聘用职工7人。

【领导班子】

主任袁玮(2019年8月6日起任职),副主任孟圆华。

(周红梅)

重庆市地质环境监测总站

【概况】

2019年重庆市地质环境监测总站(简称:市地环总站)围绕职责定位,在地质灾害防治方面,积极推动全市地质灾害综合防治体系建设,扎实开展地质灾害调查评价、监测预警、应急处置等工作。在地质环境保护方面,地下水监测、城市地质调查等工作取得一系列成果。

【党建工作】

坚决贯彻落实中央、市委和市局党组的决策部署,自觉将习近平新时代中国特色社会主义思想贯彻落实在地质灾害防治和地质环境保护工作中。按照市局党组有关要求,研究制定《2019年度党建工作要点》《理论中心组2019年学习计划》等工作计划。扎实组织开展"不忘初心、牢记使命"主题教育,持续推进"两学一做"常态化、制度化,组织中心组集中学习15次,开展党员大会、主题党日等活动24次。严格落实党建工作责任,强化"三会一课"、民主评议党员等组织生活制度落实,按规定做好党员发展工作,发展预备党员2名,接收入党申请1份。持续加强党风廉政建设和作风建设。经常性开展党风廉政教育,不断增强党员干部守纪律、讲规矩的意识。研究制定形式主义、官僚主义问题清单、廉政风险点和防控措施台账,完善制度建设,夯实工作责任,筑牢廉洁底线。

【地质灾害防治】

编制地质灾害防治方案及规划。编制完成《重庆市2019年度地质灾害防治方案》《重庆市地质灾害防治三年行动实施方案(2019-2021)》《重庆市主城区地质灾害防治规划(2018-2035)》等方案及规划,对全市地质灾害防治工作进行全面部署。

组织修订地方条例编制技术规范。承担《重庆市地质灾害防治条例》修订工作,通过5次立法调研、专题论证,最终形成《重庆市地质灾害防治条例(修订草案送审稿)》上报市政府。编制完成《地质灾害防治工程设计标准》(DBJ50/T-029-2019),并通过重庆市住房和城乡建设委员会批准发布实施。

加快推进重庆市地质灾害综合防治体系建设。按照《重庆市地质灾害综合防治体系建设方案》(2018-2022)总体部署,编制完成《重庆市地质灾害综合防治体系建设方案2019年工作实施方案》,制定《重庆市区域性地质灾害详查及精细化调查技术要求(试行)》《重庆市城(集)镇地质灾害调(勘)查技术要求(试行)》等技术要求,组织开展地质灾害5处重大隐患点、42处大型隐患点专业监测预警项目建设及5个区县4302处一般隐患点群测群防智能化监测预警项目建设,启动实施16个区县1:5万地质灾害详细调查、10个区县重点区域1:1万地质灾害精细化调查项目。

组织开展地质灾害应急处置。全年组织市级专家42人次开展18起地质灾害应急处置,成功处置万盛"4.19"关坝镇凉风村滑坡、城口"8.14""10.9"滑坡、沙坪坝"10.16"滑坡等多起重大地质灾害灾(险)情。

地质灾害防治项目技术报告审查。严格按照国家和市有关政策要求,坚决执行相关技术规范,优质高效地完成区域用地地质灾害危险性评估报告、市级财政出资的地质灾害治理工程勘查报告及其他技术报告的技术审查工作。

做好地质灾害防治金土工程技术指导和管理工作。全年完成涉及12个区县6120人的金土工程搬迁避让,实施过程中认真做好对区县开展地质灾害防治金土工程的技术指导、检查验收和资料收集汇总等相关管理工作。

【地质环境保护】

持续加强地下水监测能力建设。根据《重庆市地下水监测规划(2016-2020年)》,积极推进市级地下水监测站网建设,全年完成84个地下水监测站点建设任务,共建成市级地下水监测站点242个。完成国家山水林田湖草生态保护修复试点工程主城9区124个地下水监测站点的建设工作,为有效支撑水资源涵养和水环境保护奠定重要基础。

实施国家级和市级地下水监测工作。完成2019年度至2020年度全市90个国家地下水监测工程建设站点的运行维护及水质样品采集任务,初步掌握区域地下水状况,为国家级地质环境监测提供重要支撑。落实"水污染防治行动计划"9个地下水质量考核点水质监测任务,及时进行监测数据整理和分析评价。对已建成的158个市级地下水监测站点,实施水位(水温)动态自动监测、水质取样监测、监测数据整编,以及站点设施巡检维护和监测设备校测维护,确保市级地下水监测网持续正常运行。

推进重要区域城市地质调查。完成巫山、奉节城市地质调查,调查成果为奉节、巫山县城城市规划、重大工程规划、地质资源安全保障和防灾减灾提供科学依据。按市局安排部署,启动渝中半岛地质调查评价工作。

探索建立页岩气勘探开发与地质环境保护评价体系。与成都理工大学联合承担的"重庆市页岩气勘探开发地质环境影响评价"市级专项调研项目通过验收。该项目初步查明页岩气勘探开发过程对地下水、土壤等地质环境方面的影响,并提出相关地质环境风险防控的对策建议,为页岩气资源的绿色开发管理与地质环境保护提供重要依据。

【信息化建设】

组织实施一张图系统、群测群防及专业监测系统的性能扩展和功能升级工作。探索建立地质灾害数据全流程管理体系,明确区县两极地灾防治部门和单位职能职责,初步建立以"统一编号"为唯一识别码的全生命周期数据管理机制。地质灾害数据管理达到"动态实时、增量更新"水平,在全国地质灾害动态数据库建设和互联互通工作中获得"优秀"等级。

【机构改革】

按照机构改革工作要求,完成城镇房屋使用安全管理、白蚁防治职能划转和人员转隶等工作。

【领导班子】

站长、党支部书记李进财,副站长王磊、罗淼,工会主席包向军。

(关兴华)

重庆市规划设计研究院

【概况】

2019年,重庆市规划设计研究院(以下简称市规划院)紧扣习总书记对重庆提出的“两点”定位、“两地”“两高”目标、发挥“三个作用”和营造良好政治生态的重要指示要求,聚焦乡村振兴、城市提升两个基本工作面。按照市委市政府的决策部署和市局工作安排,以规划和自然资源新职能新要求及国土空间规划体系构建为重心,开展相关重大规划与研究工作。全年,承担重庆市国土空间总体规划编制及相关工作,抓项目质量;积极推进重大项目和重大工作,提高规划水平,圆满完成市局下达的任务和年度目标要求;加强战略研究,依托科技创新和特色化推动院发展;继续完善制度体系,适应新时代新要求优化管理体系,强化规范管理;凝聚发展共识,积极参与行业交流增强影响力,着力促进学术技术发展;开展特色党建,提高队伍凝聚力。

【党建工作】

针对专业技术人员多、高学历人员多、青年人员多的“三多”院情,着力以特色党建提高队伍活力和凝聚力。一是实施“品牌党支部”工程。结合各部门工作特色,已形成“规划下乡村”“规划进社区”“设计美好生活”“旧城特色解读”等特色品牌。二是策划特色主题党日活动。先后开展“规划引领,推动乡村振兴”下乡服务,“湖广会馆、东水门老街、建川博物馆”等徒步考察,“山清水秀美丽之地”专题演讲、“步行看重庆”公众参与等系列活动30余次,充分发挥规划作为公共政策工具的特性。三是借力全院文化建设集聚精气神。强化对工青妇等群团组织的领导与管理,增设职工合唱团、职工舞蹈队等各类兴趣小组,策划“青年规划师”系列活动,成立党员工作室,开展演讲比赛、南山会话、主题征文活动。

【全市国土空间总体规划编制】

市规划院作为市国土空间总体规划的主要技术单位和成果集成单位,开展规划编制工作,取得阶段性进展。一是推进院承担的专项规划和专题研究,重点研究空间优化拓展和中心体系布局网络城市群格局、三区三线划定、乡村振兴、科学城规划等内容,所有规划和研究均形成了较为完善的成果。二是集成相关技术单位的成果,形成规划文本、图集、综合报告、规划纲要、支撑表格等规划成果,并配合市局完成向自然资源部、市领导、市规委会、全国专家咨询会汇报的相关材料。三是配合市规划自然资源局组织开展分管市领导的区县调研、区县交流会、分片区协调会、专家咨询会等工作,形成相关材料。四是着重针对市域、主城都市、中心城区、两江四岸核心区等不同空间层次,深化开展空间格局等方面的研究。五是按照市规划自然资源局工作部署,启动主城都市、支点城市、綦江万盛一体化等规划研究。

【重大项目编制】

完成重大规划项目编制36项,规划成果得

到市领导好评。其中,重庆市中心城区山城步道专项规划、"两江四岸"城市发展主轴、重庆铁路东站片区控制性详细规划、科学城总体规划、两江交汇核心区整体提升规划研究、开埠文化遗址公园专项规划等项目已通过市规委会审议。另结合项目编制,与重庆日报共同策划开展"山城步道·我行我摄"步行看重庆公益徒步、摄影比赛等系列活动,配合市局进行全媒体宣传,山城步道规划工作得到中央电视台、人民日报、新华社等央视媒体,重庆日报、重庆广播电视台等本地主流媒体广泛传播,即提高规划编制的公众参与度,提升规划编制质量,扩大规划的社会影响力。

【科技创新】

大力推动科技创新,筑牢核心竞争力。一是科研方面,共申报各级科技项目26项,共获得立项18项,其中部级4项、市级5项、局级9项。与重庆大学合作的《重庆历史文化名城资源化传承模式、技术及工程应用》获2018年度重庆市科技进步二等奖;重规院·智城规划成果移动展示系统(安卓版)V1.1等3项成果获国家版权局计算机软件著作权登记证书,在中文核心期刊发表学术论文8篇。二是特色化发展方面,全面推进实施院《科技创新与特色化发展工作方案(试行)》,在国家级博士后科研工作站、空间规划大数据应用重庆市工程研究中心、首席专家工作室等现有科技平台的基础上,设立规划创新研究中心以及自然资源保护利用与生态修复、国土空间总体规划、城市设计等13个特色化技术中心,各平台围绕各自领域科技创新的目标与任务,策划系列科技项目、取得系列科技成果、造就高水平智库子平台、培养多层次科技人才。

【完善管理体系】

按照致力于为自然资源管理、国土空间管控、生态保护修复和城乡建设运行提供规划设计研究技术支撑和决策咨询服务的宗旨,不断完善组织架构和管理体系。一是为贯彻落实习近平总书记4月视察重庆时提出"加快推进成渝城市群一体化发展"的重要指示要求,按照市局工作部署,在四川分院加挂"重规院成渝城市群规划研究中心"牌子,积极组建队伍开展川渝协作规划研究。二是按照市委市政府要求,完成对下属雅凯斯凯公司建筑甲级资质的吸收合并工作,并设立建筑设计分院,保持并强化对局业务支撑能力。

【参与行业交流】

以全国规划院长会和中国城市规划学会年会为契机,加强组织与配合,参与学术交流,增强影响力。一是组织承办2019年全国规划院长工作会议,中国城市规划协会名誉会长赵宝江、中国城市规划协会唐凯会长以及来自全国的近五百名规划设计机构技术人员参会。同时组织召开《重庆市国土空间总体规划》专家咨询会、"山水之城·美丽之地"专家咨询座谈会,进一步完善重大规划相关内容。二是配合市规划自然资源局和中国城市规划学会筹办2019中国城市规划学会年会,会议取得圆满成功,得到与会领导、专家和参会人员的高度赞扬。三是主动承担"对话重庆:重庆2035"专场学术会议的策划和组织工作,会议围绕新时代西部大开发、长江经济带等战略背景下重庆的工作重点及使命,对重庆面向2035年的发展战略进行深入研讨,会议邀请来自全国各地及我市的知名专家学者进行会议研讨。四是统筹组织院论文投稿。经过精心组织、层层把关,我院技术人员向2019中国城市规划学会年会积极投稿,被录用共24篇,其中宣讲3篇、墙报展示4篇,收录17篇,被年会评为“优秀组织奖”。

【领导班子】

党委副书记、院长卢涛,党委书记、副院长袁大为,副院长刘利,总规划师彭瑶玲,副院长刘俭、罗翔,副院长、纪委书记罗江帆。

(赵晓莹)

重庆市交通规划研究院

【概况】

2019年按照市委、市政府决策部署,在市规划自然资源局的领导下,优质高效推进各项交通规划工作,高水平发挥交通规划支撑和保障功能。

【党建工作】

加强理论学习。制定《2019年度理论学习计划》。领导班子开展一周集中学习,全年集中学习研讨共20次。各党支部也以主题党日、党课等形式进行学习和研讨。在院内网开辟“学习之窗”专栏及时发布相关学习资料。

扎实做好主题教育。院党委集中学习研讨12次,撰写心得体会30余篇;完成调研报告5篇,提出35项措施并分步落实;讲授专题党课6次;认真开展“回头看”工作,确保查找问题整改落实到位,查找问题经过梳理归纳为16个,制定整改措施32项,已经全部整改。

推动党组织全面进步。召开党委会15次,开展主题党日活动69次,召开党员大会68次,完成目标任务考核。梳理和修订院党建工作涉及的基本组织制度和党组织工作制度等,进一步完善制度体系。加强党务工作人员的指导培训,强化党员队伍建设,转正1名预备党员,发展1名预备党员,确定1名发展对象,1名党员转正。

落实纪委监督职责。组织召开全院党风廉政形势分析会4次。经常性地开展监督检查和提醒、谈话共计48次,全年未出现违规违纪现象。

【支撑国土空间规划】

积极参与《重庆市国土空间总体规划(2019—2035年)》编制工作。基本完成“一圈两群”和“中心城区都市圈”综合交通支撑方案,开展关于西部陆海新通道、成渝城市群一体化发展、“一圈两群”协调发展等重大战略部署的28项专题研究和专项工作。完成中心城区都市圈22个区调研工作、30个中心城区以外的区县规划纲要审查、39个区县和市级相关部门征求意见回复。

编制完成《重庆市综合交通体系规划(2019—2035年)》,并通过市政府常务会议审议。在市域层面规划提出构建“5+5”对外综合运输大通道,以及“一圈两群”全域协调、分区差异的综合交通体系,形成“四纵三横”高铁网、10条城际铁路网,“三环十八射多联线”高速公路网,“3+8”规模化港区布局体系,支撑重庆建设国际综合交通枢纽和交通强国示范区。编制完成中心城区综合交通规划,明确提出中心城区交通发展模式、发展目标、总体发展策略、分项发展策略及综合交通规划方案。

优化完善基于四网融合的轨道线网规划。充分对接国家、市级相关规划,借鉴国内外规划建设发展经验,深化基于四网融合的中心城区都市圈轨道线网规划,在此基础上进行市域铁路(城市铁路)线网方案、中心城区都市圈城市铁路串联贯通方案、涪陵至中心城区的城市铁路必要性专题论证、綦江万盛一体化轨道优化方案、中心城新区12个区城市铁路及轨道细分方案、铁路公交化与新建城市铁路关系论证、城市铁路160和200千米/小时两种车辆比较等多个方面的专题研究,完善四网融合的线网方案。

开展重庆市民用机场体系规划和第二枢纽机场选址研究工作。为支撑重庆国际航空枢纽定位,对江北国际机场的客货运吞吐情况、历年变化情况、通航城市等进行深入分析,剖析现状腹地和不足,对第二枢纽机场选址、民用机场体系、发展趋势、枢纽机场布局等进行研究。

开展中心城区都市圈与四川毗邻地区国土空间交通一体化规划。为落实国家对区域交通协调发展的相关要求,以“规划同图、建设同步、两地同管”为目标,提出“共谋共建、双核联动、毗邻缝合”的发展策略,主动与四川相关部门、相关市县对接,推进交通一体化规划工作。

基本完成綦江万盛交通一体化规划方案研究。开展綦江万盛交通一体化规划方案研究工作,从对接“西部陆海新通道”、支撑战略支点、服务城市融合一体化发展等方面就铁路、高速公路、城市道路、等级公路等提出优化提升方案。

【重大交通专项】

完成中心城区轨道交通线网规划,并获市政府批复。中心城区轨道交通线网规划已通过市政府常务会审议,并获市政府批复。结合轨道交通第四期建设规划动态成果,至2022年,中心城区实现运营和在建轨道线路里程“850+”千米;至2035年,形成由6条快线、17条普线构成的环射+纵横的轨道网络,主城区线网规模约1252千米。

完成广阳岛及周边片区道路交通专项规划。开展广阳岛及周边片区道路交通专项规划,完善片区交通网络布局,实现“岛内交通零排放、岛外交通绿色化”的目标,将广阳岛长江生态文明创新实验区建设成为铁公水联运的实验区、TOD模式实验区、绿色出行实验区。

开展重庆科学城、高新区综合交通规划。开展《重庆科学城、高新区综合交通规划》编制工作。以“外快内畅”为目标,高规格高标准配置交通资源,构建高效便捷的交通体系,实现“1小时覆盖成渝城市群主要城市、30分钟覆盖中心城区主要功能节点、20分钟槽谷中心通达南北”。

完成中心城区现状轨道与地面公交换乘整体提升规划。为做好轨道交通与地面公交的一体化换乘工作,对中心城区范围内现状运营及近期将通车的172个轨道站开展全面研究,对站点周边交通需求与地面公交资源进行系统梳理,依托中心城区交通综合信息平台等大数据资源,按照问题导向和目标导向相结合的总体思路,对每个站点提出具体的改善规划方案和实施机制建议。同时联合华龙网集团、新重庆客户端联合开展《中心城区轨道与地面公交换乘整体提升规划问卷调查》,共收到7万份问卷,市民提出优化公交站换乘距离建议共涉及72座轨道站,通过进一步综合梳理和科学分析,规划方案得到优化落实。

完成重庆东站铁路枢纽综合交通规划,并报政府审批。优化重庆东站周边地区综合交通网络布局,完善交通集疏运系统,同时为重庆东站站房及配套综合交通枢纽设计、重庆东站站前片区城市设计及控规优化的编制提供交通设计条件。以“同步投用”为原则,提出重庆东站周边配套交通设施实施时序建议。

完成市建委牵头开展的《重庆城市轨道交通规划线路可行性及预可行性研究报告编制》、《重庆城轨快线(两横一纵两射线)可行性研究报告编制》,有力支撑第四期建设规划报批。

【发挥交通支撑作用】

发挥保障职能,完成市领导交办任务。制定各景区周边交通组织优化、交通设施提升和应急预案规划方案,形成《中心城区旅游景区交通环境提升规划》,为中心城区旅游景区交通整治实施提供参考依据。为贯彻落实市政府领导对市公安局关于深入开展中心城区交通堵乱点治理的报告的批示精神,形成“一点一策”的交通规划治理方案,形成《中心城区交通堵乱点治理规划》,针对每个具体的堵点、乱点,通过近期和中远期相结合、工程措施与管理措施综合施策,各堵点、乱点的交通供给能力和运行效率在短期之内将有较大提升。

提升城市品质,满足人民对美好生活向往,完成专项规划。为提高步行出行环境,引导步行+公交的出行方式,满足市民对高品质美好生活的向往,开展《重庆市中心城区步行系统规划研究及重点区域规划试点》工作,通过优化步行网络、空间、设施和环境,实现与轨道网、公交网的有机融合。另外,以历史文化保护和提升为前提,对片区的交通体系进行重构,完成《重庆市大田湾体育场、劳动人民文化宫整体保护提升专项实施方案交通论证》。开展重庆西站、沙坪坝站开通运行后交通评估论证工作,全面提升的客运疏解能力,在加快建设、保障运营等方面提出具体工作建议。

发挥规划的前瞻性,保障重大基础落地。完成渝汉高铁、渝贵高铁、龙头港、渭沱港等一批重大交通基础设施的预研预控规划,对线路布局、高铁站点设置以及港口的集疏运系统等提前进行国土空间规划控制,并加强与市交通局以及铁二院等相关设计单位对接,提前开展相关矛盾协调工作,为后期项目实施提供重要支撑。

服务规划管理,做好保障性服务。完成87项道路方案技术审查、80.2千米轨道线路审查、完成12项市域重要交通基础设施技术审查,3个片区共计15.59平方千米控规交通技术审查。完成40项背景交通流量预测分析工作和1项控规重大专项支撑指令性任务,2项建筑方案审批阶段交通综合支撑服务。

完成各类临时性指令性任务43项。主要是根据市领导、局领导临时安排的紧急任务,开展重大交通专题研究,支撑全市重大规划决策;结合报批的交通建设项目开展交通评估论证工作,提升规划审批效率;对重要路段、节点以及轨道站点等项目开展交通方案的细化研究工作。如重庆市“西沱古镇—水磨溪—石宝寨”区域跨江桥梁规划方案,金州商圈片区交通规划研究等。另外,还从支撑全市重大规划决策的角度主动撰写8篇交通规划决策参考和专题报告，从技术支撑角度协助市局回复提案、建议123件。

【交通大数据建设】

完成交通综合信息平台扩容及部署优化，提升平台软硬件保障能力；完成重庆市人员流动监测系统(人口库)建设，建立中心城区人口分布、市域人员移动和人口迁移等人口数据库；完成中心城区轨道车站周边步行系统专项数据库、交通可达性评估及优化提升辅助系统建设，建立针对轨道车站的可达性监测系统；交通规划数据库已基本形成覆盖全市域、辐射成渝一体化地区的数据框架，进入动态维护、充实完善、专项填充和深化应用的新阶段；完成围绕现状、在建轨道站点的步行专题数据深化建设；完成“轨道车站-步行系统-公交一体化衔接”的数据框架设计与部署和有关前期研究。

全年共完成交通月报12期、周报52期；参与市局综合统计(季度)编制和发布工作，季度交通运行成为综合统计报告的常规板块；参与局信息化资源目录和数据清单、数据接口和反馈市级平台数据清单编制工作，完成市局政务信息资源交通专项数据接入重庆市政务信息资源共享平台工作，并已实现上线运行、累计上线政务责任清单数据183项，已被多个市级部门在线申请无条件共享；与市局其他信息化建设成果充分融合，联合开展城乡规划实施评估和动态监测，合计提供27项指标大类，涉及行政区、组团、交通小区、地块边界等1000余个具体指标项。

【科研成果】

申报2项重庆市科技局技术创新与应用发展专项，3项重庆市规划和自然资源局科技项目，自主开展3个院科技项目。完成2项市科委社会事业与民生保障科技创新专项，启动3项重庆市规划和自然资源局科技项目。完成6项重庆市优秀城乡规划设计奖、1项重庆市科技进步奖、1项全国测绘科技进步奖的申报工作。荣获重庆市优秀城乡规划设计一等奖3项、二等奖1项、三等奖1项，荣获中国智慧城市优秀应用成果一等奖1项以及中国智能交通协会科学技术三等奖1项。同时，积极加强科技成果转化，申请4项发明专利，其中2项已进入评审程序。

【精神文明建设和群团工作】

组织全院职工进行“团结拼搏，超越自我”主题拓展运动活动1次。参加市委三月法制宣传月活动，参加市规划自然资源局举办的书画摄影展，分别获得一等奖和优胜奖，“规划自然资源系统青年论坛”，获优秀论文奖并进入论坛总决赛，“2019年阅读推广活动读书心得交流活动”，分别获得二等奖、三等奖。结合国庆主题组织员工学习参观体验山城步道特色文化活动，丰富工会体育活动，加强关怀帮扶，及时慰问伤、病职工和困难职工，关心保障职工合法权益；推进对社区的服务和联系，参加旗龙社区开展的《爱在当夏》青年交友联谊活动以及“植绿护绿弓箭绿色环保社区”活动。

【领导班子】

党委书记、院长张敏，党委专职副书记向旭东，党委成员、副院长周涛、高志刚，党委成员、总工程师黄伯寿。

(傅彦)

重庆地质矿产研究院

【概况】

重庆地质矿产研究院(以下简称地研院),主要从事基础地质和矿产资源调查科学研究与技术服务、页岩气资源研究、勘查与开发、矿政管理及矿山技术服务、地质环境保护与地质灾害防治科学研究与技术服务、国土资源科技创新基础平台与人才培养平台建设和运行、国土综合整治及生态修复、测绘和规划设计、工程勘察及工程设计、检验检测、自然资源文化等工作。

2019年末职工650余人,具有中高级职称人员360余人。设有国家级博士后科研工作站1个,已招收博士后10名。有国务院特殊津贴获得者、重庆市有突出贡献的中青年专家、重庆市学术学科带头人、重庆市百名工程技术高端人才、国土资源部杰出青年科技人才等省部级科技名号人才及各类专家近40人,现聘有8名中国科学院和工程院院士为院学术委员会成员。

地研院建成有气体矿产、固体矿产、地质环境、土地质量、检测分析等国家级、省部级科技基础平台14个。气体矿产:页岩气勘探开发国家地方联合工程研究中心、油气资源与探测国家重点实验室重庆页岩气研究中心、国土资源部页岩气资源勘查重点实验室、重庆市页岩气资源与勘查工程技术研究中心、重庆市页岩气勘探开发工程研究中心。固体矿产:煤炭资源与安全开采国家重点实验室重庆研究中心、外生成矿与矿山环境重庆市重点实验室。地质环境:国家地质灾害自动化监测技术创新平台培育基地、重庆市地质灾害自动化监测工程技术研究中心、国土资源部矿山地质环境—重庆南桐野外科学观测研究基地、深部岩土力学与地下工程国家重点实验室重庆研究中心。土地资源:重庆市矿山土壤环境监测与整治工程技术研究中心。质量检测:国土资源部重庆矿产资源监督检测中心。重庆地研院拥有一大批国内先进、世界一流的设备仪器,是国家标准和行业标准的制定(修订)单位、煤物理特性和化学成分分析标准物质定值单位、国家自然科学基金项目依托单位。

【党建工作】

认真学习领会习近平新时代中国特色社会主义思想、习近平总书记视察重庆重要讲话、对规划自然资源工作的重要指示批示精神等内容;健全党建工作责任目标考核体系,与支部书记签订《全面从严治党目标责任书》,专题研究党建工作7次;制定《院廉政教育计划》《党风廉政建设和反腐败工作要点》《廉洁风险防控手册》,加强党风廉政建设工作研判,推动“以案四说”常态化,组织50多名党员干部到九龙监狱进行现场警示教育,组织2个党支部开展现场党风廉政警示教育,督促指导各支部开展党风廉政教育70余次,开展岗位廉政谈心谈话10余人次,汇编印制50余份常见职务犯罪专项宣教材料,并组织开展为期1个月的技术支撑服务领域廉洁风险防控专项行动;院党委始终坚持从“四个迫切需要”的高度深刻认识主题教育的重大意义，落实党委书记“第一责任人”职责和班子成员“一岗双责”，扛起政治责任，严格按照市局“不忘初心、牢记使命”主题教育部署，持续把“不忘初心、牢记使命”作为党的建设的永恒课题，作为党员、干部终身课题，结合主题教育深入开展专项整治，严格执行八项规定，防止“四风”反弹回潮，强化纪委全面从严治党监督责任，与中干签订《廉洁从业承诺书》。系统落实巡察整改。坚持问题导向，将巡察组反馈的6个方面24个问题细化分解为69个问题，对标对表制定整改方案，逐条逐项落实责任人和整改措施，整改完成率达100%，主题教育工作得到市局第二巡回指导组充分肯定。

【科研工作】

全年发表学术论文61篇，登记软件著作权10项，申请发明专利8项，获授权2项，获得自然资源部和重庆市奖项5项。11人获得重庆市、自然资源部等省部级人才称号，“地质灾害监测与预警创新创业团队”入选重庆市第一批“重庆英才计划团队”。

应用研究与科技攻关：新增国家、省部级项目16项，市局科技项目13项。其中，获得国家自然科学基金青年科学基金2项，重庆市技术创新与应用发展重点项目、自然科学基金面上项目、重庆博士后基金项目等14项。获得市科技局“市级科研院所绩效激励引导专项”资质经费处于市级科研院所前列。此外，2019年共有9个标准列入国家行业、团体标准制修订计划或立项，《页岩含气量测试技术规范》获重庆市地方标准正式发布。

科研机制创新：改革优化科研管理机制，制定和修订《科技创新若干激励措施》《科研工作目标考核与奖励办法》《院高层次人才管理办法》等5项制度办法；加强人才梯队建设，按照科技贡献程度改革考核、奖励标准等，对高层次人才引进、激励、考核进行优化管理，为深入推进科技创新提供制度保障。

科研平台建设：“国家地质灾害自动化监测技术创新平台培育基地”通过验收，纳入到自然资源部工程技术创新中心建设序列；优化“自然资源部页岩气资源勘查重点实验室”研究方向，确定第三届学术委员会成员名单；调整“重庆市万盛矿区生态环境保护修复野外科学观测研究站”观测研究对象，由矿山地质环境提升为矿区生态环境，并组织人员参与编制矿区生态环境保护修复丛书，已列入“十三五”国家重大出版专项；开展“国家地质灾害自动化监测技术创新平台培育基地”和“页岩气勘探开发国家地方联合工程研究中心”开放课题申报与立项，加强与中国地科院、中国地质大学等国内外科研院所和高校之间的合作，同时“页岩气勘探开发国家地方联合工程研究中心”获评重庆市石油与天然气学会优秀集体奖。

科技成果转化与科普工作：成功研发地表裂缝、墙裂缝、地面倾斜监测仪和野外声光报警器等智能监测预警设备，用于重庆市地质灾害一级(空-天-地)示范监测、二级专业监测预警和群测群防智能化监测预警等重大项目，该设备销售与技术服务合同总额达4000余万元，广泛用于渝东北地质灾害智能化监测预警；强化科普宣传和对外科技交流，组织开展科普宣传进社区、进校园，免费珠宝玉石公益鉴定检测服务，编纂重庆市渝东南地区8个区县地质简史、重庆市矿石矿物图册等科普读物。页岩气分院完成的黄莺、天生2个页岩气典型剖面成为了国内同行交流平台，邀请国内外20余名知名专家来院开展学术交流。

【技术支撑】

矿产资源:实地核查采矿权673宗,探矿权13宗,全年累计发现无证开采、越界开采等矿产资源开采违法线索335条;开发矿产品监测平台,对1291个矿山生产状态和产能、销量、价格、流向进行监测;开展矿业权设置区划,对302宗矿业权开展生态保护红线、基本农田重叠、合规性审查等现场和室内复核,协助开展矿业权投放前的合规性审查233宗,出具矿业权合规性技术审查报告84宗;编制矿产资源开发利用统计年报,开展三江沿岸1千米、5千米范围矿山现状和碎石基地调查;编制重庆市绿色矿山建设标准、绿色矿山建设导则、绿色矿山建设"50问",以及优秀绿色矿山和绿色矿山建设示范区遴选指南等技术标准;开展重庆市矿产资源开发利用水平调查评价,掌握14个矿种的开发利用现状和水平;组织江津区石英质玉调查,发现4处石英质玉矿产地,配合开展智能管矿、储量管理数据填报、"一张图"数据处理等矿政管理信息化建设工作;建立区域地质图数据管理平台和渝中半岛、缙云山地质三维模型;在长寿圈定成钾靶区14.15平方千米,预测达到边界品位的钾盐矿石总资源储量14658万吨。

地质环境:完成开州、奉节等13个区县104个乡镇3114处地质灾害驻守工作,汛期派出驻守地质队员65名,备勤应急专家12人,开展各类地质灾害防灾减灾技术知识培训530余次,成功处置灾险情70余起,驻守区域未出现人员伤亡,切实保障了人民群众生命财产安全;在18个深度贫困乡镇调查发现251处旅游地质资源,16处富硒足硒土壤,23处矿产靶区,助力精准扶贫;协助市林业局申报的重庆云阳恐龙国家地质公园通过国家林草局审查,在潼南、永川等19个区县开展生态旅游地质资源调查,调查评价资源单点3651处,发现新资源点451处,划定资源综合体125处,并制定保护与开发利用方案。

国土空间规划与土地整治:编制完成《重庆市国土空间规划(2019-2035年)》中国土综合整治和生态修复专章,承担铜梁、秀山、四川省广元市等多个区县级国土空间规划编制工作。承担永川、梁平等14个区县119个村规划编制工作,通过相关区县政府批准。对7个市级临时用地土地复垦项目进行全过程审查与技术指导,完成黔江、万州等19个区县461个农村建设用地复垦项目2.8万余个地块土地整治项目测绘审查。在合川区开展重庆市唯一财政资金支持的土地综合整治项目试点。组织编制完成《重庆市土地整治旱地改水田技术要求》《重庆缓丘平坝区条(格)田整理技术指南》等2项技术标准。

非常规油气:编制完成《重庆市2020-2035年能源规划》,协助编制重庆市油气勘查开采监督管理办法,完成市局油气资源管理信息系统建设并已上线运行,开展页岩气地质环境、地震、地下水监控体系建设,在大足、南川等区域布设了17个地震台站,在国内率先初步实现页岩气开发区地震活动的有效监测,配合自然资源部油气督查工作,派出督查员及技术人员50余人次,督查区块18个并编写报告。为技术支撑合资公司提供页岩气地质研究、入井液体质量检测、地震台网布设等4方面的技术服务。重庆页岩气公司建成生产井5口,目前共产气4143万方。

生态修复:整合三所、国土分院部分业务,于7月成立生态修复分院;建立项目申报、审批、查询、统计、交易、监管等“一张图”管理的矿山生态修复管理系统,被自然资源部作为全国范例。调研起草废弃矿山项目管理办法和历史遗留废弃矿山复垦指标交易办法,完成废弃矿山生态修复面积665公顷,超出年度考核目标91公顷。支撑重庆市规划和自然资源局顺利通过山水林田湖草生态保护修复工程试点国家部委中期评估,争取中央后续奖补资金10亿元。协助总结重庆市山水林田湖草生态保护修复工程试点经验做法,渝北“巴渝乡愁”土地整治和九龙坡跳磴河综合治理工程入选自然资源部生态保护修复典型案例。助力山水林田湖草生态保护修复工程试点“1+6”项目管理机制入选重庆市2019年“我最喜欢的10项改革”。编制《2019-2020年重庆市长江及主要支流10千米范围内废弃露天矿山生态修复实施方案》,争取国家补助资金2.5亿元用于长江沿线矿山治理。

矿产资源权益:开展探明储量的矿产资源统一确权登记和矿产资源资产清查统计前期工作,系统清理矿产资源勘探开发成果4500余份。启动《重庆市全民所有自然资源资产价值评估及评价考核体系建设》的前期研究工作,九所刘欢鑫同志被借调自然资源部权益司,参与相关工作方案的研究与编制,为权益司工作提供了有力支撑,得到自然资源部权益司表扬。初拟重庆市全民自然资源资产保护利用规划工作方案,探索编制《全民自然资源资产保护利用规划》。

【队伍建设】

申报百千万人才工程国家级人选等各类名号人才7人,程礼军和张烨获得第三批重庆市学术技术带头人称号;朱正杰、廖云平、陆朝晖和杨德敏获得第三批重庆市学术技术带头人后备人选称号;博士后科研工作站进站、出站各1名;组建地质灾害监测与预警、页岩气绿色矿山环境保护、重庆市山水林田湖草生态保护修复等6个院级科技创新团队,地质灾害监测与预警创新创业团队入选2019年“重庆英才计划”之科技创新创业示范团队。

【领导班子】

党委书记、院长李大华,党委委员、副院长秦代伦、陈坤,党委副书记、纪委书记刘东,党委委员、副院长程礼军,工会主席邓涛。

(王玉波　张迪)

重庆市勘测院(重庆市地图编制中心)

【概况】

重庆市勘测院(重庆市地图编制中心)是隶属于重庆市规划和自然资源局的科研型事业单位。院拥有测绘甲级、工程勘察综合类甲级、工程设计甲级等十余项资质,承担了全市多个勘察、测绘、空间信息、展馆建设、监测、安全评估、工程设计及咨询项目,为全市轨道交通、跨江桥梁、道路、标志性建筑等重点工程以及基础设施建设提供勘测服务保障。院下设22个部门,其中职能部门8个,生产科研部门14个。2019年末有在职在岗员工1007人。院党委现有党员305人,下设1个党总支(含5个党支部),19个党支部,超过7人的支部均设有支委。院设有院纪律检查委员会,有1名纪委书记、3名纪委委员,每个支部均设有1名纪检委员。

【开展主题教育】

全年扎实开展"不忘初心、牢记使命"主题教育,以"三基建设"为抓手,进一步提升党的组织建设,抓好巡察整改工作,完成局巡察组反馈的68条问题的整改落实,解决主题教育期间发现的61项具体问题。同时围绕庆祝中华人民共和国成立70周年,开展"我和国旗合个影"等主题活动,增强干部职工的理想信念。

【重大专项建设】

全力摸清自然资源家底。推进第三次全国国土调查市级核查,承担14个区县,2.99万平方千米的市级核查任务。开展长江干流和太湖湿地自然资源统一确权登记项目。建立土地整治数据库,配合开展重庆市自然资源产权制度改革工作方案及指导意见研究制定工作。创新推动城市品质提升。开展重庆市历史文化资源测绘和数据采集工作,完成38个区县的成果验收工作。参与服务"四山"保护提升专项行动,完成江北区、大渡口区、巴南区"四山"范围内建设情况调查项目中的数据检查、数据入库工作;持续推进违法建筑排查工作,承担14个区县疑似违法图斑提取采集工作。建设"山水林田湖草生态保护修复试点工程"监管平台,实现重庆市生态保护修复试点工程一张图展示。助推乡村振兴战略实施。落实开州对口扶贫工作,开展"两不愁三保障"大走访活动,选派技术骨干参加规划师下乡,驻村第一书记等活动。推动数据应用引领发展。承担重庆市"十三五"基础测绘数据资源建设,总面积16480平方千米,已完成全部生产任务;完成18任务区,约2.5万平方千米基础性地理国情监测工作。

【服务保障】

全年承担工程测量、地理信息、地图编制、工程监测、勘察设计等项目数千项,为重庆轨道交通四号线、十号线、轨道尖壁段、跳蹬河"清水绿岸"治理提升工程等项目提供勘察测量服务,为重庆西站、南北循环道、两江新区照母山片区绿化情况等项目提供工程测量服务。认真落实支撑服务工作,开展1:500地理框架要素更新、市政地下管线数据动态更新和综合管理信息系统运行维护、中心城区地下空间数据更新、中心城区现状三维模型数据库更新等工作。

全年完成灯箱地图、墙面挂图、便携地图三大类共60种政务地图的制作及更新,为市委、市政府提供政务地图服务近200次,提供各类图6000余幅。推进大型图集的编制,正式发布《重庆地名文化故事》中心城区第一卷,编制完成《重庆抗战地图集》《重庆城市图集》《美丽新重庆》等图集。持续推进重庆市标准地图服务发布平台建设,做好重庆市标准地图改版设计,完成38个区县,176份标准地图服务。

【创新成果】

正式发布全市域多源多尺度实景三维建设成果,首次实现全市多源多尺度实景三维模型的全覆盖。成果发布得到38家中央级、地方级媒体的采访报道,引发社会广泛关注。包括部队、公安、城管、气象、民政、国家基础地理中心等在内的近百家行业主管部门、企事业单位主动与我院对接开展交流活动。推进军民融合工作,与武警重庆市总队,解放军某部正式签订合作协议,进一步提升市测绘地理信息成果在国防和应急处置工作中的应用力度。开展自然资源三维立体时空数据库“一山一岛”试点。以重庆市缙云山及周边近200平方千米为示范区,构建缙云山自然资源三维立体时空数据体系。以长江上游第一大岛广阳岛及周边168平方千米为示范区,通过自然资源三维立体时空数据库支撑广阳岛绿色发展示范建设。推动3D+全息空间数据库建设。相关成果支撑两江协同创新区规划优化、广阳岛长江生态文明创新实验区品质提升等大型项目,通过重庆市科技成果转化促进会主持的科技成果评价,得到专家组的高度评价,认为成果达到国际先进水平。

【改革工作】

按照市委市政府及市局的要求,深入推进院所属企业改革工作,将所持的勘察设计公司及子公司、数字公司的国有产权和相关人员正式移交市国有资产监管部门,将所持的智慧公司股权在重庆市联交所挂牌转让。勘察设计公司和数字公司移交工作已基本完成。高度重视改革过程中思想政治工作,做好政策宣贯,勘察设计公司、数字公司,多次组织召开职工代表大会,向职工讲解相关文件精神。院领导、中层干部与一线职工交心谈心,了解职工工作、思想动态,确保改革期间职工思想稳定。

【科技工作】

重庆市勘测院“重庆市青年专家工作室”获批成立,科技创新平台达到15个。成功申报“闵启忠工程测量员市级技能大师工作室”。院认真履行肩负的学会协会职责,积极开展相关工作。中国测绘学会工程测量分会在2018年考评工作中位列第一,全年承办中国测绘学会工程测量分会2019年学会年会、中规协城勘专委会西北西南片区2019年城市勘测单位发展研讨会、重庆市测绘地理信息学会2019年年会等多项活动,多次举办全国工程测量交流培训活动。全年院外科研项目结题4项,主持参与14项国家和地方标准规范的编制工作,发布专著2部,获知识产权10项,著作权15项,成果登记16项,自主创新产品3项,共有46个项目获奖,其中,与武汉大学等单位联合完成的《中国高精度数字高程基准建立的关键技术及其推广应用》项目获2019年度国家科学技术进步一等奖,《基于智能无线网关的高精度变形监测成套技术与应用》荣获2019年国家测绘行业科技进步一等奖。

【人才建设】

新增正高级工程师12人、高级工程师20人、各类注册师9人。在新中国成立70周年系列推举活动中,3名职工荣获重庆市最美勘察设计人称号,2名职工荣获全国勘察设计行业“优秀企业家”和“科技创新带头人”称号。朱清海获2019年巴渝工匠年度人物奖,王大涛获2019年重庆市五一劳动奖章,严以成获全市技术能手荣誉称号,陈良超、明镜入选自然资源部公布高层次科技创新人才第三梯队名单,胡波、李锋获评2019年青年中国测绘地理信息行业科技创新人才,周成涛、岳仁宾获评重庆市第三届优秀青年设计师。

【领导班子】

党委书记、院长陈翰新,正处级干部郑持辉

(2019年9月离退),副院长向泽君,副院长、纪委书记谢征海,副院长、工会主席何德平,总工程师俞春,岩土总工程师冯永能,副院长郑运松,六级职员张文。

(张晨光)

重庆市建设用地事务中心

【概况】

重庆市建设用地事务中心是市规划自然资源局党组直属的事业单位,受市局国土空间用途管制处指导,开展全市国土空间用途管制技术性、事务性工作。2019年,中心上下团结进取、务实担当、奋发有为,较好完成了年度各项工作和目标任务。

【用地审查报批】

完成用地审查报批约144.83平方千米,其中工矿仓储用地44.92平方千米、占比31%;交通运输用地37.18平方千米、占比26%。

【重大项目用地保障】

通过向自然资源部协调汇报,与市级相关部门沟通配合,采取集中调度、发书面函、现场调研等形式推动重大项目用地报批和征地实施有序开展。全年,采取报批先行用地、正式用地、审批先行安置,指导区县提供临时用地或使用国有土地等方式,及时有效保障重大项目按期开工和急需用地。先后发函21件(次)、组织召开协调专题会16次,较好推动并解决开州至城口高速公路、万州新田港铁路集疏运中心、武隆白马航电枢纽工程、郑万铁路、铁路枢纽东环线重点项目的用地报批、开工用地、征地拆迁矛盾化解等难点、堵点。全年市委、市政府重点关注项目105个,已全部或部分完成审批用地82个、约0.87万公顷。指导有关区县保障重大项目临时用地约0.14万公顷。

【脱贫攻坚、乡村振兴】

在已出台《关于做好点状用地审查报批工作的通知》《关于做好返乡下乡创业人才投资兴业用地保障助推乡村振兴的指导意见》等政策文件基础上,进一步加大力度指导区县用好支持性政策,畅通用地审批绿色通道。

【改革试点】

指导大足区成功出让26宗集体经营性建设用地,面积67.17公顷、成交总价3.80亿元,交易价格均价2.51万元。征地试点方面,在前期已完成4个征地试点项目基础上,完成1个征地试点项目。农村宅基地制度及“三权分置”改革试点方面,试点累计完成现状调查2.99万宗,收取宅基地有偿使用费849户、23万元;闲置农房租赁143户、年租金40余万元;自愿有偿退出宅基地182.27公顷。指导大足区对农村土地制度改革试点进行全面总结。

【“城中村”改造】

全年国家下达全市城中村改造目标任务4971户。截至10月30日,通过落实专人办理,开通绿色审批通道,加强督促指导等措施,年度目标任务提前2个月全面完成,并按照市委市政府2019年党政机关目标管理绩效考核目标任务,全年四个季度均按季度目标完成考核任务。

【“大棚房”问题整治整改】

高度重视并切实提高政治站位,主动配合并牵头协调指导推进全市“大棚房”清理整治工作。全市799个问题项目中,全部拆除329个、占41.2%;部分拆除306个、占38.3%;完善手续164个、占20.5%。会同市农业农村委拟发《关于进一步规范设施农用地管理的实施意见(试行)》《重庆市“大棚房”问题整治复垦耕地特色高效农业发展技术指导意见》,建立大棚房问题系列长效制度机制。

【专项综合整治】

对代家院社云中园用地审批情况进行调查核实;配合市局牵头处室对天台寺等四处宗教活动场所违建问题研究处置意见;指导缙云山符合保留的建构筑物完善用地手续,做好实施生态搬迁试点用地保障等工作。

【人大建议、政协提案】

配合市规划自然资源局空间用途管制处对市局交办的7件人大建议和3件政协提案认真进行梳理,落实办理人员,明确办理时限,交办的10件主办件均按时办结,代表、委员对办理情况表示满意。

【征地矛盾纠纷调解处置】

集体土地征收领域群众来信289件次,较去年同期下降32%。办理行政裁决263件,办理行政复议229件,代理行政诉讼236件,信息公开410件。

【领导班子】

党支部书记、主任唐莉,党支部副书记、副主任傅继明,党支部委员、副主任李念军。

(廖艳妮)

重庆市地理信息和遥感应用中心

【概况】

7月2日,经市委编办批复,重庆市地理信息中心更名为重庆市地理信息和遥感应用中心(以下简称市地理遥感中心),加强遥感应用职责、地理信息和遥感应用技术服务我市规划和自然资源“两统一”管理工作,促进全市信息化建设。

2019年,市地理遥感中心围绕新定位、新要求,主动谋划战略转型,主动调整内部组织和业务形态,主动作为,在地理空间信息化建设、遥感统筹管理及应用服务、测绘地理信息管理支撑服务、规划自然资源管理支撑服务以及科技创新与人才建设等方面扎实开展工作,确保工作实效,推动事业迈上新台阶。

【地理空间信息基础建设】

自然资源和空间地理数据库建设。持续更新基础地形图数据、遥感影像数据、水系、居民地及设施、交通、空间管制区、境界与政区、地貌、植被与土质等各类空间专题数据库。加紧整合地房籍、不动产登记、土地利用、矿产资源和地质环境等数据。利用人工智能技术提高数据库智能化建设,多方式、多渠道汇聚行业专题数据、互联网数据、物联网感知数据,提升数据质量和系统服务水平,形成全市域、多维度、空间化、开放型的自然资源和空间地理数据库。

时空大数据服务平台建设。时空大数据服务平台上线运行,构建的智能化数据提取、清洗、存储、编码方法打通数据采集、存储、处理、融合、转换等多个环节,建立一条数据清洗与空间融合相结合的自动化生产流水线,实现不同来源数据的标准化、流程化治理,累计为重庆市80多个市级部门200多个业务系统提供支撑。建成的时空大数据展示中心,利用多种高科技手段全面展现重庆市规划和自然资源局落实大数据智能化建设成果。

时空基准体系建设应用。全面推进2000国家大地坐标系使用,推广全市使用2000坐标系。完成市规划自然资源系统两套CORS系统共79个基准站的整合建设,为全市"多测合一"体系建设以及各行业应用提供精准和高效的空间定位技术支撑,已广泛应用于自然资源调查监测、国土空间规划、交通、市政、电力、环境、林业、水利、航运、气象等多个领域。

【遥感统筹管理及应用服务】

遥感影像统筹管理。全力推进全市遥感影像统筹管理工作,在市局指导下,针对自然资源调查监测、国土空间规划、地质灾害防治、执法监督、基础测绘等方面的工作需求,起草《重庆市航空航天遥感影像数据统筹管理办法》,已获政府规范性文件立项,促使全市遥感影像统筹管理和应用服务能力得到有效提升。

深化遥感服务能力建设。深化天空地一体化的遥感影像数据获取体系建设,持续深化重庆高分卫星中心建设,成功获批自然资源重庆市卫星应用技术中心。建立自然资源卫星云服务平台省级节点,进一步打通卫星获取渠道,可获取航天(卫星)30余颗数据。开发自然资源变化遥感智能检测与提取等软件系统,搭建千万级别的遥感影像智能解译样本数据库,实现海量遥感数据的快速处理、遥感目标智能识别,自然资源变化遥感智能检测能力得到大幅增强。搭建全市航空航天遥感影像统筹服务平台,实现多源海量遥感数据管理的自动化、智能化与集约化。

深耕遥感智能应用。运用遥感智能监测技术,开展规划自然资源调查与分析、空间信息更新分析工作。按月编制市域自然资源遥感监测月报,为自然资源管理监测工作提供技术支撑。完成全市自然保护地范围现状、变化及问题梳理,提出保护地边界优化调整方案。开展自然资源资产所有权委托代理研究、区县疑似新增违法建筑图斑提取、违建别墅问题清查整治专项等工作。辅助完成全市清查范围红线建库、疑似图斑提取和问题项目认定。策划"碧空慧眼"重庆遥感科普展,反响热烈。

【测绘地理信息管理支撑服务】

综合市情系统智能服务。持续建设综合市情系统数据库。面向各种应用场景和需求动态开展系统运维和升级,研发了多终端适用的市情信息任意指标组合"一张图"查询系统,提供了政务版、专业版和公众版等多种版本。系统在市委、市政府、区县以及各行业共安装部署18000多套,日均在线用户2000多人,已成为管理部门工作的"决策助手"。

地理信息公共服务。持续升级重庆市地理信息公共服务平台,新增发布重庆市重点项目、中心城区建筑物、区县建筑物等专题数据服务。开展基础电子地图和"每周一图"便民服务地图常态化更新。支持全市50余个部门100多个业务系统的地理信息应用,平台新增用户281个,各类地图服务累计调用超过7000万次。

测绘产品质检服务。开展2019年重庆市测绘地理信息成果质量专项检查、重庆市"十三五"基础测绘数据资源建设3D成果质量检验、资质升级质量监督检查、"三调"成果核查、地理国情监测成果质量检验等重点工作。完成市场委托检验项目总计594项,其中1:500地形图面积397.7平方千米、1:2000地形图面积758.196平方千米、地下管线长度为7066.3千米。

测绘成果档案管理及分发服务。累计对外提供档案成果查询1962次,完成基础测绘成果提供315次,分发各比例尺4D成果18170幅,分发影像成果12万平方千米,控制点资料273套。接收137个重庆市测绘资质单位汇交的基础测绘成果1248项;全年共计更新目录条数约2.2万条,元数据约37万条,完成全市测绘成果分发服务系统目录更新发布和全国地理信息资源目录系统目录更新发布。编制《重庆市互联网公开存储与发布涉密测绘成果快速发现与追溯系统运维规定》。

GNSS运维与服务。完成与四川、贵州、湖北等周边省市的接边融合共享工作。完成CQGNSS系统基准站、数据传输网络和数据处理中心等设施系统维护共计180余次,完成永川基准站迁建及涪陵、潼南新基准站选址。系统新增用户单位103家,新开通账户260个。系统注册单位总数达573家,开通帐户总数达1988个,日均并发量突破300个。完成渝黔接边区域8个基准站数据共享。

地理信息应急救援服务。完成2019年国家应急保障能力建设项目重庆节点建设工作,持续做好自然灾害和突发事件应急测绘保障服务,拓展应急测绘保障的广度和深度。应急运输车、指挥车、无人机等硬件日常维护和飞控固件及地面站软件升级实现更新。定期开展无人机数据采集及队伍应急救援演练等训练工作,累计参加训练人员达100余人次。推进应急数据资源及平台体系建设,维护更新"重庆市应急一张图"平台体系。

【规划自然资源管理支撑服务】

全力推进自然资源监测管理应用平台建设,汇集和融合各类自然资源,构建自然资源数据资源体系。建立监测评价应用场景和指标模型,基本完成平台系统搭建和重点功能开发,初步实现已有自然资源立体时空数据汇集和管理,以及土地、森林等资源监测预警场景的报表图件分析和监管督查联动等功能服务。创新开展地表变化遥感智能监测,为自然资源变化监测、事件预警、空间管制、生态修复等业务管理提供全过程的应用支撑。

自然资源指标体系研究。开展"三调"林地、草地、湿地、水域等自然资源专项指标体系分类标准与数据成果对比研究。面向自然资源行业管理和信息服务,形成调查监测成果服务目录和数据集,构建三调为基础山水林田湖草细化分类体系和调查监测技术方法体系。开展缙云山山水林田湖草调查监测试点,分析摸清缙云山347平方千米的资源本底和生态状况,建立调查监测专题数据集,支撑缙云山生态环境长效监管。

自然资源地理分析保障。承担西沱古镇-石宝寨-皇华岛、嘉陵江(水土至礼嘉)两岸自然资源本底和特色文化梳理。支撑国土空间"三条控制线"统筹划定,为黔江、开州、武隆、彭水等4个区县科学评估和优化生态保护红线提供技术支持。服务乡村振兴规划管理工作,分派第三批乡村规划师1名驻点万州龙驹镇,支持渝北等12个区县的村布局规划,完成乡村振兴"一张图"、全市乡村自然资源禀赋及空间特征分析等相关工作,并为市农委科学划定生猪养殖范围提供技术支持。

自然资源本底挖掘和历史文化研究。开展重庆山系、水系研究,中心城区自然资源文化特征、中心城区山资源本底研究、重庆特殊地名研究、"巴渝十二景"文化脉络研究等。支撑重庆本土文化关系辨析、水秀南岸起风景建设等工作。全年策划推出"八二四研究所"文章12篇。以"每周一图"为载体,搭建了一系列本土地理文化平台,全年已发布43期。

【科技创新与人才建设】

科技创新。获中国地理信息科技进步奖3项、中国地理信息优秀工程奖3项、全国优秀测绘工程奖1项、重庆市科学技术进步奖2项、重庆市测绘地理信息优秀工程奖5项、重庆市优秀城乡规划设计奖3项;发表论文80余篇,专著1部;7项技术发明专利、3项实用新型专利获国家授权,另有16项专利获受理,44项软件著作权登记,1部地方标准获批发布。

人才培养。开展项目负责人培训等多种活动。组织技术骨干赴武大、北师大、复旦等知名高校开展专业技术培训班。赴10余所知名高校延揽人才,引进知名重点高校硕士毕业生20余名。推荐技术骨干赴德国、奥地利、日本等国参加国际型学术会议并做报告。

【领导班子】

党委书记曾安明,党委副书记、主任张泽烈,工会主席、副主任徐永书,纪委书记、副主任李静,党委委员、副主任马泽忠。

(潘小旋)

重庆市规划和自然资源局宣传教育中心

【概况】

重庆市规划和自然资源局宣传教育中心(以下简称"局宣教中心")宗旨是为规划和自然资源发展提供宣传教育服务。职责是承担规划和自然资源政策法规、行业发展宣传,科普文化知识普及工作,开展干部职工教育培训及相关业务培训。局宣教中心内设办公室、宣传科、信息科、培训科、教务科5个科室;现有在职员工22人,其中正高级职称1人,副高级职称4人、中级职称5人;另聘兼职教师30余人,拥有较强的教学实力。办公地点位于人和街74号,培训教学点位于渝中区建设路46号。

2019年,在市局党组的领导下、各业务处室的支持下,中心紧紧围绕市局的重点工作,统筹谋划,强化管理,通过全体干部职工的努力,在完成基层党建任务、推动业务工作和规范管理方面取得一定成效。

【党建工作】

党建引领发展,充分发挥支部战斗堡垒作用,推动中心健康发展。一是逐步完善党支部自身建设。通过落实"党员组织生活""党员民主评议""党内监督"等制度的相关要求,全年按规定召开支委会12次,党员大会11次,党小组会24次;领导班子成员上党课5次;中心组学习12次;"主题党日"活动12次。二是不断加强党员队伍建设。继续强化对预备党员和入党积极分子的教育考察,今年经上级党组织审核批准,1名同志转为中共正式党员,2名同志转为中共预备党员。三是扎实开展"不忘初心、牢记使命"主题教育。在市局党组的统一部署下,中心全体党员干部从6月开始,深入开展"不忘初心、牢记使命"主题教育。支部聚焦主题主线,坚持强化组织领导,切实做到把学习教育、调查研究、检视问题、整改落实贯穿主题教育全过程。

【宣传工作】

一是配合部宣教中心做好宣传。在世界地球日、全国土地日,配合部宣教中心转发官方宣传视频、宣传海报等。1名同志被评为"2019年度自然资源系统全国党员干部现代远程教育工作先进个人"。二是配合市局村镇规划处做好规划师下乡宣传。全年编印《规划师下乡工作动态》简报8期、《规划师下乡》季刊3期、《乡村规划师工作总结汇编》1期;采写下乡规划师先进典型人物、乡村规划工作等新闻稿件3篇,联系中国自然资源报刊登规划师下乡新闻报道7篇。三是制作视频做好专题宣传。先后制作3部土地日系列宣传片、测绘法宣传片、中国城市规划年会宣传片等9部视频,并在市局、中心微信号上发布,播放量达到2.3万次以上。四是利用微信做好辅助宣传。全年微信推送累计28期94条信息,阅读总浏览量165556次84863人;功能板块累计点击量86972次48763人;常驻官方微信号关注人数已达18751人,2019年新增关注人数9644人。五是持续推进记者站工作。全年累计在《中国自然资源报》刊发新闻169篇,其中头版头条3篇,专版3篇。机构改革后,通讯员队伍组建完毕。

【系统培训、考试】

全年开展系统内培训27期,参训人员3500余人次,其中综合类培训项目4个8期,共培训500余人次,包括国土空间规划及自然资源管理专题调训(区县分管领导专题培训)、领导干部专业素质和领导力提升专题培训、党务干部(含纪检干部)培训和纪检监察干部业务培训;业务类培训项目17个19期,共培训3010人次,包括村镇规划业务培训、新闻工作培训、规划和自然自然系统法制工作培训、交通市政规划培训等。

全年协助市局干部人事处开展公开招录考试6次,考生人数1824人。

【物管培训】

开展物业从业人员培训28期,参训人员2768人次。应区县主管部门、院校和企业邀请先后到永川、巴南等6个区县和华宇、渝高等5个企业开展送教培训,共444人次;与协会开展合作,开展《物业大管家精修营》培训,参训人数近120人;开展《物业管理税收新政》《人力资源管理》《行业发展态势分析与对策》《物业服务合同定制与审查》《物业劳动用工风险规避》5场公益讲座,培训效果良好。

【信息化工作】

利用"官方微信号"实现移动互联网微信端宣传教育两大职能。完成系统培训22期2200余人次的线上报名咨询和学员名单、座次表的汇总、制作、修改等工作;完成物业管理培训34个班次2769个学员的管理工作,其中微信端成功实现2500余人次的线上缴费,让公众和学员只要一机在手,随时随地可以浏览资料、自助报名缴费,实时了解报名情况与培训信息。

【内部建设】

修订《关于进一步加强政务督查督办工作的通知》,为增强执行力,提高工作效率和服务水平,确保政令畅通,完成各项工作任务提供依据和标准;全年共收文400余份;发文43个,会议纪要22期;到2019年底为止,档案室共收集整理立卷归档中心近30年的各类档案资料共137卷;坚持保障职工身心健康的传统,切实开展工会活动。

【领导班子】

支部书记、主任丁洪富,支部副书记、副主任谭钦平,支部委员、副主任张崇华。

(吕宁)

重庆市规划和自然资源调查监测院

【概况】

重庆市规划和自然资源调查监测院(以下简称市调查监测院),前身为重庆市国土资源和房屋勘测规划院,2019年7月正式更名为重庆市规划和自然资源调查监测院。设办公室、纪检监察室、计划财务室、科技质量室、基础调查所、专项调查所、权籍调查所、统计分析所、国土空间评价所(生态修复监测所)、所有者权益监测所(资产评估监测所)、规划监测所、耕地保护监测所、调查监测技术中心(工程研究中心)、政策法规研究中心14个部门。年末职工290人,中共党员170人。

【党建工作】

建立领导班子集体责任、党委书记第一责任、班子成员领导责任的责任落实体系,确保党建工作全覆盖。全年组织中心组专题学习12次,专题党课6次,支部学习122次,通过内网开设主题教育专栏,及时上传学习资料26篇,编印学习资料3册,印发学习文件35份,制作宣传专栏6期。扎实推进"不忘初心、牢记使命"主题教育整改落实工作,活动调研期间,累计召开座谈会14次,走访企业6户,现场解决问题2个,提出对策建议26条,形成调研报告5篇,取得实实在在效果。探索党风廉政建设和反腐败工作精细化管理方式,通过签订党风廉政建设责任书、党风廉政建设承诺书、廉洁从业承诺书,建立各部门责任清晰的明细表和坐标系,层层分解推动工作。7月,组织中层及以上干部赴荣昌区德廉教育基地——喻茂坚陈列馆开展廉政家风教育,进一步引导党员干部廉洁齐家、廉洁修身。

【调查保障能力】

全力支撑市第三次国土调查办日常工作,举办全市培训会7期,累计参训人数1800余人次,形成专题报告和指导区县工作技术细则、技术文稿60余份,牵头完成市第三次国土调查市级成果主体核查任务。承担国家级内业核查工作,完成市第三次国土调查坡度图制作、控制界线生产和面积计算工作,通过市三调办验收并在全市三调工作中广泛应用。2018年土地利用变更调查与核查遥感监测工作通过中国国土勘测规划院验收。

【重点项目监测】

配合市"大棚房"清理整治推进组办公室开展市级第三方核查相关工作,完成疑似问题线索清理核查和问题全覆盖核查。支撑市"违建别墅"清查整治推进组办公室完成清查认定技术要点、整治整改工作要点编制,开展全市技术培训4次,参训人员700余人次,部际协调机制办公室在简报中对重庆市相关技术保障工作表示肯定。协助市局开展卫片执法市级核查和中期督导14个区县,在全国卫片执法电视电话会上受部执法局表扬。开展规划和自然资源常规监测试点工作,实施自然资源要素监测、建设项目不同建设阶段监测和执法违法用地整改进度监测等重点专项监测工作,初步探索形成季度监测的工作流程、指标体系和技术标准,为建立健全全市自然资源变化快速发现、全面掌握、提早预警机制进行有益尝试。

【确权登记工作】

编制重庆市农村不动产权籍调查技术要求,承担《重庆市自然资源统一确权登记总体工作方案》和实施方案编制工作,为全市国土空间自然资源登记全覆盖奠定基础。受中国国土勘测规划院委托,完成《不动产权籍调查生产成本定额研究》《不动产权籍调查行业资信评价研究》等工作,不动产权籍调查技术水平不断提高。

【评价评估体系】

持续开展以现行土地利用总体规划为基础编制的村规划和规划调整技术审查工作,完成1048个村规划和426个项目一致性处理方案技术审查工作。配合市局开展长江经济带国土空间用途管制和纠错机制试点工作,承担永川区、石柱县技术支撑工作,完成"重庆市长江经济带国土空间用途管制负面准入清单"编制、"重庆市国土空间用途管制和纠错机制试点报告"上报,获自然资源部肯定。完成南川区、合川区农村集体建设用地基准地价编制试点工作,完成

2019年全市新一轮土地等别评价更新、中心城区征地片区综合地价编制等工作,重庆市城镇土地等别应用评价及调整更新成果通过市局验收并上报自然资源部,全市8个国家级开发区和41个省级开发区2019年度监测统计数据一次性通过自然资源部复核审查。

【耕保监测工作】

参与自然资源部组织的《基本农田保护条例》修改工作。参与起草贯彻落实自然资源部农业农村部关于加强和改进永久基本农田保护工作实施意见,完成40个重大项目占用永久基本农田补划踏勘论证技术审查,踏勘面积0.17万公顷,论证工作获自然资源部肯定,并对重庆做法在自然资源报进行宣传。起草全市永久基本农田储备区划定实施方案,开展划定技术指导和成果技术审查。完成耕地开垦费标准调整测算,利用三调初步成果开展旱改水潜力分析,推动实施酉阳"旱改水"试点项目。

【信息化建设】

基于市局"一云一库一平台",通过扩展国土空间信息平台"多应用"技术支撑,初步建立调查监测监管系统,以历年土地利用现状数据为核心,集成地质、土壤、确权登记、管理审批数据等整合形成市自然资源立体时空数据库,并建设耕地监测监管、常规监测、卫片执法、大棚房监测等应用系统,为自然资源立体化、精细化综合管理提供数据基础和技术支撑。

【统计分析平台】

承担的江北"一张图"项目通过市局验收,标志着全市区县"一张图"项目圆满收官。开展2000坐标转换工作,完成全市地质环境类、矿产类数据转换和渝北、垫江、江津、綦江、璧山等区县存量数据转换。开展的土地房屋专业数据库及大数据平台建设(二期)通过专家验收,协助制定市局《自然资源统计管理办法》,完成首份专项统计分析《中心城区开发强度分析》获局领导肯定批示。

【科技创新体系建设】

全年在研科技项目21项,其中参与国家重点研发计划专项子课题1项,首次成功申报国家自然科学基金项目。参与《中国高精度数字高程基准建立的关键技术及其推广应用》项目获国家科学技术进步一等奖,获省部级科技奖项6项、软件著作权6项、专著2部,获2019年度中国测绘学会科技创新型优秀单位奖,成为重庆市科学成果转化促进会副理事单位。全年发表科技论文39篇,其中15篇获评中国土地学会、中国地理学会、重庆市测绘学会优秀论文。完成年度平台建设资金256.5万元装备采购,积极推进平台装备共享利用,与重庆工商大学联合建设生态环境空间信息数据挖掘与大数据集成重庆市重点实验室,共同推进重点研究创新项目。承办"重庆市规划自然资源科技论坛",已成功举办10期,参与人员达1.6万余人次,在市内规划自然资源行业形成较好的创新氛围。

【政研决策支撑】

开展应急调研并发表内参22篇,工业项目"标准地"制度研究报告获市领导肯定性批示,《推动我市城乡自然资本加快增值的调研报告》《关于常态化做好形势分析的请示》和《关于新形势下做好规划自然资源调查监测工作的有关思考》获市局领导肯定性批示。牵头市局常态化季度形势分析、局事业发展"十四五"规划,政研服务支撑能力进一步提升。新建立《所有者权益》内参,畅通管理工作常态化发声机制。

【队伍建设】

成立专家咨询委员会,袁道先院士担任名誉主任,市政府参事邱道持教授担任主任,委员涵盖土地、水、林草、地质、矿产、法律、经济和统计等方面的市级相关知名专家。新组建重庆市工程师协会调查监测专业委员会,会同市内主要测绘、调查、环保、林业、水利、质检部门及部分高校,搭建全市规划自然资源调查监测工作新的平台。

加强队伍内培外引,全年组织举办行业培训15期,院级培训4期,部门培训27期。承办重庆市第六届测绘地理信息行业职业技能竞赛,5名同志获"测绘地理信息技术能手"称号。组织参加市局第一届"规划自然资源青年论坛",获"优秀选手"和"优胜选手"称号。建设核心文化体系,组建4支代表队参加由市测绘地理信息学会举办的首届定向越野赛,选派人员加入市局青年足球队,参加2019年"公仆杯"职工运动会足球比赛以及市建委青年足球比赛。

【领导班子】

党委副书记、院长张孝成,党委书记、副院长邵恒心,副院长熊先才、郑财贵,纪委书记龙霞。

(宋丹)

重庆市自然资源利用事务中心

【概况】

重庆市自然资源利用事务中心(以下简称事务中心),前身为原重庆市土地交易中心,成立于2003年8月29日。2016年8月更名为重庆市国土资源利用事务中心,2019年7月更名为重庆市自然资源利用事务中心。系重庆市规划和自然资源局直属正处级事业单位,核定事业编制人数20名,领导职数3名,下设综合科、市场服务科(矿业权事务科)、监管事务科、地价事务科、财务科等5个科室。事务中心的宗旨是为自然资源利用提供服务。职责任务包括承担土地、矿业权出让交易前和交易后的有关事务性工作;承担土地和矿业权二级市场的流转服务工作;承担其他自然资源利用服务工作。

【党建工作】

强化党的思想政治引领作用。全面贯彻党的十九大精神,以习近平新时代中国特色社会主义思想为指导,全面落实新时代党的建设总要求,坚持以党的政治建设为统领,紧紧围绕自然资源开发利用工作大局,从实际出发,以加强党的执政能力建设和党的先进性建设为主线,以加强支部建设和党员队伍建设为重点,严格落实全面从严治党要求,实事求是、扎实尽责,积极推动各项工作及责任落实。

结合中心职责任务和队伍建设实际,重视

学习教育,认真组织党员干部进行政治理论学习,准确把握思想建党规律,注重教育引导中心干部职工牢固树立“四个意识”,坚定“四个自信”,结合“不忘初心、牢记使命”主题教育活动开展,推进“两学一做”学习教育常态化制度化,全年共组织理论学习29次(其中常规学习14次,专题学习11次,革命教育活动、形势政策讲座、先进典型教育、警示教育等活动各1次)。

按照市局党组统一安排和部署,认真开展“不忘初心、牢记使命”主题教育活动,积极落实“守初心、担使命,找差距、抓落实”总要求,结合工作实际,狠抓重点举措,坚持问题导向、目标导向和成果导向相统一,在完善土地出让调控机制、履职土地供后监管、建立地价管理体系、创新土地供应方式、节约集约利用资源、乡村振兴和生态建设等方面思考贯彻落实的工作方向和重点,补短板、强弱项,积极推动学习成果的实际转化,不断巩固扩大主题教育成果。

充分发挥领导班子带头作用。班子成员发挥“关键少数”作用,带头抓好学习,开展轮流讲学,确保每一季度至少讲一次党课。领导班子定期通过谈心谈话了解干部职工学习情况、学习需求,根据干部职工反馈,及时优化完善工作、学习举措,多措并举,切实发挥党员先锋模范和引领作用。

【利用事务工作】

精准实施土地出让调度,统筹做好用地保障、稳定市场和土地价款征收工作。2019年,事务中心落实市政府土地出让统筹管理要求,紧扣城市规划引领土地出让要求,结合经济社会发展目标、行业用地需求、房地产市场形势等因素,编制年度土地供应计划,为保障发展用地、平衡供需关系、稳定市场预期奠定基础。按照年度土地供应计划,统筹调度房地产用地供应的总量规模、结构比例、空间布局和实施时序,促进市场供需平衡、价格合理、竞争有序。全年,市出让房地产用地0.28万公顷、出让价款1435亿元,其中中心城区出让0.09万公顷、出让价款900亿元;出让工业用地0.29万公顷、出让价款103亿元,其中中心城区出让0.07万公顷、出让价款40亿元。

强化土地供后监管,着力构建以土地出让合同为核心的房地产监管体系,提高土地供给有效性。有序推进“增存挂钩”专项工作和闲置土地处置,完成部下达处置任务。明确处置范围,坚持问题导向,细化工作措施,落实进度安排,强化定期通报等措施,批而未供和闲置土地处置任务完成率分别为部下达任务量的108%、131%。完善供后监管机制,多措并举促开工促投资。建立以土地出让合同为核心的供后监管体系,紧盯每个项目用地价款缴纳、开竣工时点以及闲置处置等关键环节,及时介入提醒、督促、处置违约项目,持续有力推进供后监管。通过发函催收、约谈企业负责人、律师函等措施综合施策,持续追缴欠款。通过现场巡查、协调督促、征收竣工违约金、定期提醒、季度通报等措施督促处置开竣工违约宗地。积极探索推进供后监管信息化建设。强化土地供后监管与规划信息的融合,努力提高土地供后监管信息化水平。已摸清2009—2019年出让宗地图形数据,对接业务需求,明确监管模块开发的方向,完善系统查询、统计、数据导出等功能。

规范地价管理与评估审计工作,强化对土地市场建设的支撑作用。完善地价体系建设。印发《关于做好2019年度自然资源评价评估工作的通知》,对政府公示地价体系建设各项工作进行统一部署安排。制定全市城镇土地级别及基准地价更新工作方案，组织各区县紧密结合国土空间规划最新编制成果，对2018年已形成的初步成果进行完善。完成南川区、合川区集体建设用地基准地价试点以及渝中区首次标定地价体系建设的成果验收，制定标定地价、集体建设用地基准地价工作实施方案，全面组织推进全市政府公示地价体系建设工作。完成中心城区城市地价动态监测季度、年度成果测算及上报，并达到市政府关于房地产市场调控地价浮动范围目标要求。组织开展项目公开招标采购，确定下一步中心城区地价动态监测工作技术承担单位。进一步规范工业用地补缴地价款工作。形成《重庆市规划和自然资源局关于进一步规范中心城区工业用地补缴地价款规则的通知》。按照自然资源部有关部署，组织开展全市范围内出让地价评估自查自纠工作，对各区局在出让地价评估委托、付费等环节进行规范，并将有关自查整改情况汇总上报。持续开展土地估价机构备案工作，加强土地估价行业监督管理。

【改革研究工作】

推进二级市场建设工作取得实效。贯彻国务院办公厅要求，制订实施意见。按照国办发〔2019〕34号文件要求，结合重庆市实际，拟定形成《重庆市人民政府办公厅关于完善建设用地使用权转让、出租、抵押二级市场的实施意见》(送审稿)。2019年3月利用事务中心组织有关专家对市发改委立项的"重庆市主城区二级市场信息发布和交易系统项目"进行验收，同意通过该项目验收，建议2020年上网运行。组织实施二级市场线下公开交易，成功交易两江新区悦来片区一宗划拨公共设施用地，将原取得的5641.7平方米划拨公共设施用地中的2025平方米土地分割公开转让，通过挂牌方式由竞得人取得。

切实做好政策研究工作。认真落实制造业高质量发展要求，紧扣产业发展需求及面临问题，制定优化工业用地供应管理促进高质量发展的若干政策措施，充分发挥工业用地生产要素作用。服务乡村振兴要求，依据土地管理法规定，完善配套制度，形成市农村集体经营性建设用地入市管理办法。建立市级部门联动机制，注重结合城市更新、环保搬迁、工业园区转型升级等工作深化支持政策，挖掘典型案例，因地制宜推进城镇低效用地再开发。

【作风建设】

落实全面从严治党责任。支部书记严格落实第一责任，支委抓实主体责任，严守党的政治纪律和政治规矩。班子成员坚持"一岗双责"，将市局党组有关精神、相关工作部署和廉政建设要求及时传达到位。中心支委针对中小企业用地难、地价评估监管等问题多次组织研究，推进清单化管理，着力解决工作中的实际问题。坚持把好工作方向，统筹一盘棋，将习近平总书记对重庆提出的"两点"定位、"两地""两高"目标、"四个扎实"、发挥"三个作用"和营造良好政治生态的要求，作为工作的根本遵循，带头学习研究，带头谈体会、抓落实。

做实做细基础工作，抓好党建责任落实。中心支委始终牢记主业意识，把知责明责作为落实党建责任的前提，以高度的政治自觉和行动自觉，扛起主责、抓好主业、当好主角，坚持高标准、严要求落实全面从严治党各项工作。始终把党的建设放到中心大局来定位、来思考、来衡量，将其与中心工作同谋划、同部署。

坚持从严管理干部，强化队伍建设。注重

廉政队伍建设,加强党员教育管理和监督,强化抓细抓长,持续纠正“四风”,坚决肃清孙政才恶劣影响和薄熙来、王立军流毒,认真落实市委“十破十立”和“五个结合”要求,提高党员干部在贯彻落实中央决策部署、应对重大斗争和突发事件、完成急难险重任务的能力。牢牢抓住严肃党内政治生活这个根本,扎实推进“两学一做”学习教育常态化制度化,以理论学习带动党员干部工作能力提升,提高工作规范化、法治化水平。突出党支部发展引领的政治功能,积极加强对先进骨干力量的教育管理,更好地发挥关键岗位党员带头作用。2019,利用事务中心共发展党员1名、预备党员1名、党员发展对象1名。

强化监督执纪,推动主体责任、监督责任贯通协同、形成合力。坚持廉政警示教育,坚持领导班子讲党课、反面典型案例分析、形势政策专题讲座等活动,盘点腐败堕落的典型类型,剖析干部蜕变的原因,做到警钟长鸣,规范党员干部政治言行。贯通运用监督执纪“四种形态”,尤其是第一种形态的运用,在日常监督中持续传递执纪必严、违纪必究的信号,重视廉政风险防控,及时落实具体举措,确保风险防控到位。强化谈话和约谈工作机制,加强教育提醒,对发现存在的苗头性、倾向性问题,及时约谈相关责任人,查找原因,制定整改落实方案,切实抓好问题整改,使监督常在、形成常态。

【领导班子】

主任翟建松,副主任吴嵩节、曹蕾。

(涂泸丹)

重庆市规划和自然资源局直属机关事务中心

【概况】

根据《中共重庆市委机构编制委员会办公室关于市规划自然资源局所属事业单位机构编制的复函》(渝委编办〔2019〕123号),整合重庆市国土资源和房屋管理局机关后勤服务中心、重庆市规划局机关后勤服务中心,设立重庆市规划和自然资源局直属机关事务中心(以下简称“中心”),中心核定编制数39名,核定领导职数3名(1正2副),整合后中心在编人数33名,其中主任1名,副主任3名,另有退休职工13名。为适应机构改革后新形势新任务的要求,中心按照“管理科学化、保障制度化、服务精细化”的要求,带领干部职工主动作为、真抓实干,全力推进机关事务和后勤保障工作。

【公务接待】

严格执行中央八项规定和《重庆市党政机关国内公务接待管理办法》,不铺张浪费,不讲排场,不超规格接待,不突破住宿标准,做到科学安排、文明接待、简朴大方。完成第二届西部投资贸易洽谈会、中国国际智能产业博览会、2019年中国城市规划年会、上级部委调研检查、各省市兄弟单位学习交流等各类接待任务共计82批次,赢得各方称赞,为市规划自然资源局树立良好对外形象。

【公车管理】

按照重庆市公务用车制度改革办公室要求,完成市局属事业单位公务用车制度改革,核定48家单位公务车辆编制194辆,封存停驶公车改革取消车辆131辆,并与重庆市级机关事务局完成数据对接。按照重庆市级机关事务管理局要求,完成市局、主城及近郊区局公务车辆OBD定位系统安装工作,实时监控车辆的运行轨迹、油耗及车辆状况,并全面启动重庆市规划和自然资源局公务用车信息化管理平台建设,实现车辆管控与任务派遣在公务用车平台App上运行。根据用车目的地、任务、乘车人数的情况,合理安排车辆,对重要、紧急、特殊、远距离公务出行,实行特事特办、急事急办,确保公务用车不误事、不误时,保障公务出行用车1985台次,接待部领导及其他省市来渝用车150台次。

【绿色机关建设】

推行绿色办公,推广使用再生纸、再生鼓粉盒等资源再生产品,倡导绿色出行,积极谋划预留安装新能源汽车充电桩,推进智能建设,建成车库智能停车库系统。督促5家局属单位完成食堂油烟治理工作,聘请专业监测部门验收、出具报告,相关情况报送重庆市级机关事务管理局。推进生活垃圾强制分类工作,配置分类垃圾回收设备,餐厨垃圾定点投放回收,与回收企业签订回收合同,切实做到应分尽分、应收尽收。

【企业改革】

按照《重庆市财政局关于市级党政机关和事业单位所属企业改革工作方案制定及报送有关事宜的通知》(渝财资产〔2018〕34号)和《重庆市规划和自然资源局所属企业改革实施方案》(渝规资〔2019〕310号)文件要求,对中心下属3个企业进行改革:重庆蓝悦物业管理有限责任公司整体转让给重庆康居物业发展有限公司,关闭注销重庆锦途物业管理有限公司,重庆凯比特置业有限公司。

【领导班子】

主任马晓樱,副主任陈先云、焦阳、欧德中。

(代楠)

重庆市规划事务中心

【概况】

重庆市规划事务中心(以下简称中心)于2019年7月经市委编办批准成立,是重庆市规划和自然资源局下属正处级公益二类自收自支事业单位,具有城乡规划编制乙级资质,是重庆市规划协会和《规划师》杂志理事单位。主要职责为承担国土空间规划实施和指导的事务性工作;承担国土空间规划相关基础性工作;提供国土空间规划有关技术服务;承担市规划委员会及专家咨询委员会、市历史文化名城保护委员会日常事务性工作;承担市规划自然资源局和市规划委员会办公室交办的其他任务。

中心现有员工47人,其中,研究生及以上学历占38%,高级工程师及以上职称占77%,国家一级注册建筑师1名,国家注册城乡规划师9名,涵盖城乡规划、道路交通、建筑学、景观园林等专业。

中心内设办公室、规划事务一科、规划事务二科、规划事务三科、规划事务四科5个科室。

【党建和党风廉政建设】

加强政治理论学习。围绕市规划自然资源局党组印发的2019年党建工作要点和中心组学习计划,每周均组织党员进行集中学习或自学。为便于全体党员和职工全面掌握并学习贯彻,支部安排专人将国土空间规划重要学习资料汇编成册。其中,第一部分习近平总书记、中共中央国务院关于规划工作的重要指示和文件汇编已印发。8月至12月,组织党员学习会15次,其中集中学习9次、党员自学4次、支部书记上党课2次(其中廉政党课1次)。

开展党员批评和自我批评。按规定开展主题教育活动"回头看"自查工作。22名党员开展了民主评议工作,其中7名党员同志被评为"优秀"。

切实深化党风廉政建设。认真组织党员干部进行廉政专题学习4次。在节假日,通过微信、短信等形式进行廉政提醒,先后开展谈心谈话10余次。全年未发现有违反中央八项规定精神、违反工作纪律等情形。

开展丰富多彩的党组织和工会活动。组织党员集中观看话剧《红岩魂》、京剧《张露萍》等红色教育影片和"清风润万家"家庭助廉立德展示活动影片;参观市局举办的"庆祝中华人民共和国成立70周年"——我与祖国共奋进书画摄影展。工会组织开展爱国主义教育电影观影活动;组织全体职工赴铜梁开展"健步走"活动;开展人文关怀,如职工生日慰问,春节前对5位退役军人、困难党员、困难职工进行慰问等。

【重要工作保障】

拟定并获批职责任务。8月上旬,中心成立伊始,启动相关起草工作,经市规划自然资源局党组会审议后,于10月上报市委编办。12月12日,市委编办正式批复(渝委编办函〔2019〕130号)明确中心职责任务,为中心长远持续发展奠定基础。

完成人员和资产划转方案。根据职责任

务,中心与信息中心、档案馆协商,就有关人员和资产划转方案达成一致意见。12月20日,市规划自然资源局批复同意划转方案。划转到中心的47人,已完成工资、"五险一金"和党组织关系等相关信息变更工作,以及资产划转和账户拆分工作。

推进内设科室设置方案。为保证过渡时期各项工作的有序开展,10月起,中心成立综合行政、综合事务、重点规划、交通市政、建筑风貌五个临时工作组,指定了组长、副组长,负责与信息中心、相关处室进行对接,有序承接并开展各项职责任务。依据市委编办批复的职责任务,结合临时工作组总体运行情况和工作实际,调整形成正式的内设科室设置及科级职数方案,并上报市局获得批复。

建立和修订一批急需的内部管理制度以及机构变更事项。建立主任办公会、每周工作碰头会等制度;修订出台中心《医疗费管理暂行办法》《创先争优奖励暂行办法》和规范日常财务报销要求等管理规定;完成机构法人、银行、税务、工商等信息变更和各类印章的刻印,出台印章使用管理办法;完成内部岗位设置及结构比例重新核定工作,并经市局人事处审核同意后,上报市人社局待批。

【重点项目支撑】

承担重点处委托的市规委办公室有关事务性工作。主要包括协助承办市规委会第四次专题会,专家咨询会4次;配合完成市规划自然资源局专家库遴选;承担关于加强中心城区自然山水保护严格控制建设项目土石方大挖大填有关通知的起草和相关研究工作;配合开展成渝铁路中线科学城站选址及车站建设工作方案落地实施技术服务等工作。

启动总规处委托的"十四五"重大科研课题"国土空间保护与利用研究"工作。

完成城规处交办的建设用地条件核发和控规一般性技术内容修改流程梳理及优化完善建议。

协助建筑处完成《重庆市工程建设项目建筑面积测算规则》起草工作。已于10月24日印发施行,并于12月12日向各区县(自治县)局、有关事业单位约500余名人员进行培训。

会同市地研院共同承担科技与信息化处委托的规划和自然资源系统标准体系研究工作,形成初步思路。

【日常技术服务】

市级工程建设窗口支撑有力。按照市规划自然资源局统一部署,中心安排2名人员代表市规划自然资源局进驻市建委综合服务窗口开展服务工作。轨道、铁路、高速公路等市政交通项目共接件77个;办结文书129份;移交档案项目97个。

按时高质量完成道路红线绘制和指标核算工作。全年完成道路红线制作任务1613件次,同比增加12.4%;完成指标核算任务1319件次,核算建筑面积1.17亿平方米,同比去年基本持平。

稳步开展城乡规划公示工作。全年完成建设项目规划公告牌小样图制作977个,城乡规划公示工作共25期,公示项目登报共950余件,外网处理图片1300余张。完成江北、渝北、北碚、沙坪坝区现场公示项目300余个,牌体1200余块。

持续推进控规一般性技术内容修改工作。全年完成全局各类业务办公会下达的控规一般性技术内容修改制作任务440件次。其中控规会183件;用地条件细化会125件;建管会64件;市政会59件;名城会4件;其他5件。

【获得的荣誉】

完成《主城区建筑项目经济技术指标典型案例研究与软件开发应用》《云阳县泥溪镇乡村振兴规划》《重庆市第二批历史建筑确定及保护规划》等3个项目,荣获2018年度重庆市优秀城乡规划设计三等奖;肖艾华同志被市委直属机关工委评为优秀党务工作者;派驻分局人员魏安明、周丽收到服务对象锦旗表扬;铜梁区和巴南区规划自然资源局分别发来感谢信,对中心下乡规划师罗国庆和派驻支持工作的朱海两位同志表示感谢;11名同志获评专业技术高级工程师职称等。

【领导班子】

支部书记、主任林立勇,副主任李兰昀。

(肖艾华)

重庆市规划和自然资源信息中心

【概况】

8月,依照《重庆市规划和自然资源局关于所属事业单位机构编制的通知》(渝规资[2019]53号)文件要求,剥离重庆市规划信息服务中心其信息服务职能,整合到重庆市国土资源和房地产信息中心,重庆市国土资源和房地产信息中心更名为“重庆市规划和自然资源信息中心”(以下简称信息中心)。机构改革后,提出“集成、融合、保障、支撑”工作目标,整合原两个中心职能,统一内部管理,梳理工作任务,着力提升信息化对自然资源领域重要工作的保障支撑。

【党建工作】

8月成立中心党支部,切实加强政治核心,召开党员大会,成立党支委,设立2个党小组,完成支部更名、党员转接、按时缴纳党费等工作,制定党建工作制度、工作方案10余个,认真落实“三会一课”。

【行政管理工作】

合并职能后,将内部统一划分为6个工作组负责日常工作运营,建立健全二十几个规章制度。原国土资源部重庆数据备份中心更名为“自然资源部重庆数据备份中心”。向自然资源部成功申报国土空间大数据工程技术创新中心,成为全国七个分中心之一,也是本系统在西部地区唯一入选单位。

【组织建设】

向上级工会和团委申请成立中心工会和团支部,完成工会和团支部选举,成立委员会,建立工作制度,认真推进日常工作。

【信息化建设】

一是促进市规划自然资源局"一云一库一平台"建设和融合。建立健全"局网信领导小组统筹、局网信办协调推进、信息中心具体组织实施、相关单位各负其责"的局政务信息系统迁移上云工作机制,调查摸底全局322个系统,支撑保障全市"云长制"工作。整合原城乡综合数据库、国土资源一张图和地理空间数据库,完成西安80系向2000系的数据坐标转换,基本形成全局国土空间规划"一张图"。逐步消除市规划自然资源局原各部门单位条块分割的管理系统,近1万名用户全部在统一的工作桌面、管理系统中开展日常管理,优化全局公文流转、人事考核、内部签报等政务管理流程,加快推进国土空间信息平台建设。

二是支撑"放管服"改革工作。制定从市级部门到局内单位可以落实执行的工作规程,统筹开展一批服务民生的重大公共服务设施项目和社会投资项目,深入推进全市"多规合一"统筹项目实施。不动产登记综合服务平台上线运行并正式对接市级统一政务服务平台"渝快办",对接30余家金融机构的银行专网抵押申报系统已在主城10区运行,不动产登记平台向市最高人民法院、市最高人民检察院、市公安局、市财政局、市民政局、市税务局、市住建委、市总工会、市公积金中心等单位以及30余家银行机构实现数据共享,基本实现全市不动产登记服务一体化办理。会同处室草拟全市贯彻落实通知细则和操作规程,促进"多规合一""多审合一"落地生根。上线运行2019版政务服务事项,在工程建设许可阶段取消方案预审,"黄灯预警、红灯警示"压缩审批时限,压覆重要矿产资源评价可采用告知承诺制,将放验线时间纳入审批时间,市城管局、市人民防空办、市住房城乡建委、两江新区建设管理局、两江新区城市管理局均并联审批上百余次,不断促进工程领域审批改革纵深发展。

三是信息化大数据应用对自然资源领域重要工作保障支撑方面。参与全市违建别墅清查整治专项行动,是全国用信息化支撑区县和市局开展核查、督查工作的省市之一。配合地票清理、矿产资源智能化等有关工作,统筹协调矿业权登记、矿山实地核查、无人机遥感影像数据清理,开发地票核查系统,确保核查工作高效开展。配合储备土地清理,摸清储备土地家底科学制定全市土地储备、整治计划,合理安排土地供应时序,促进土地节约集约利用,提升土地资产质量。

【领导班子】

党支部书记、主任戴一明,党支部副书记、副主任(正处级)汪蓓,党支部委员、副主任周宏文、赵根。

(刘冰游)

重庆市规划和自然资源档案馆

【概况】

重庆市规划和自然资源档案馆(以下简称市规划自然资源档案馆)是隶属于重庆市规划和自然资源局的正处级公益一类事业单位。2019年7月,按照《中共重庆市委机构编制委员会办公室关于市规划自然资源局所属事业单位机构编制的复函》(渝委编办〔2019〕123号)和《重庆市规划和自然资源局关于所属事业单位机构编制的通知》(渝规资〔2019〕753号),将原重庆市规划信息服务中心所挂的重庆市规划和测绘档案馆牌子及档案管理职能整合到重庆市规划和自然资源档案馆,整合后重庆市国土资源和房屋档案馆更名为重庆市规划和自然资源档案馆。整合后市规划自然资源档案馆建筑规模1.9万平方米。内设办公室、档案管理一科、档案管理二科、档案管理三科。

市规划自然资源档案馆核定人员编制18名,领导职数1正2副,2019年末实有人员42名,其中在编18名,劳务派遣24名。领导1正2副。

【党建工作】

坚持党建工作与业务工作同部署、同考核,把全面从严治党纳入重要议事日程,制定《党建工作要点》,定期听取党建专题汇报,及时传达上级重要工作部署。制定支部《深化落实全面从严治党主体责任清单》,形成支部书记带头抓,班子成员重点抓,支委委员具体抓的党建工作格局。严格执行民主集中制,始终坚持馆内重大决策征求意见、重大问题集中讨论、重大事项集中决策、重大事情末位表态。

按照“不划阶段、不分环节”的要求,深入开展“不忘初心、牢记使命”主题教育,将学习教育、调查研究、检视问题、整改落实贯穿主题教育全过程。主题教育期间中心组学习10次,交流发言24人次,领导班子上党课3次,支部集中学习8次,开展3个课题调研,形成调研报告3篇,检视问题23个,现已完成20个问题整改,3个问题正在整改中并取得阶段性成果。

以“三基”建设为抓手,进一步夯实党建基础。一是机构改革后及时成立中共重庆市规划和自然资源档案馆支部委员会并配齐配备党务干部。二是制定支部《党风廉政约谈工作制度》等规章制度,进一步规范支部管理。三是严肃党内政治生活,严格落实“三会一课”,坚持督促请休假党员及时补课,坚决纠正党内政治生活不正常不规范不严肃问题。充分利用“七一书院”“学习强国”等互联网学习平台,提高党员参学率。全年支部集中学习32次,班子成员上党课6次。四是加强干部队伍建设,开展科级领导职位民主推荐、岗位竞聘,畅通职工晋升渠道。五是强化监督制约,筑牢拒腐防线,围绕政府采购、项目管理等关键环节,开展廉政风险排查。利用规划自然资源系统典型案例,开展正反典型教育,加强廉政文化教育。六是坚持以问题导向,聚焦市局巡察反馈意见,24个问题已全部整改到位并将长期坚持。七是注重在业务骨干中发展党员,全年通过2名预备党员转正。

【档案管理资源体系建设】

围绕机构改革后新的职能职责推进档案管理制度和规范标准修订工作，出台《重庆市规划和自然资源档案管理办法》《重庆市规划和自然资源档案立卷归档规范》，初步形成新的行业标准体系。

有序推进集中管理，已有11家单位移交420.96万卷档案，电子数据量37.5TB，行业数据中心初步构建。接收规划版块档案40万卷，截至年底，馆藏档案(资料)495.05万卷(件)，电子数据43.87TB。

推动规划自然资源系统珍贵历史档案的二次开发及服务利用，开展光绪年间的地契等珍贵历史档案修复工作，全年共修复珍贵历史档案69卷，5808页。

【档案服务利用体系建设】

深化地质资料服务，在全国率先开展非涉密地质资料在线汇交服务工作，确定南江、一三六地质队作为试点单位，推动非涉密地质资料网上汇交和网上借阅。

结合机构改革后的新形势新要求大力推进档案管理信息化融合，市规划自然资源局档案管理信息系统已立项批复，批复预算为882万元。

与巴南区规划和自然资源局、九龙坡区不动产登记中心等多家单位实现数字档案资源互联互通，实现“异地查档、跨馆服务”。

全年为市局机关和服务对象1045人次提供档案资料15242卷(件、档)利用服务。

发挥“全国示范数字档案馆”引领作用，6月国家档案局副局长刘鲤生到馆指导工作，9月《中国档案报》记者到馆采访，11月全市数字档案馆(室)建设试点工作推进会在档案馆举行。2019年北京市城市建设档案馆等40余家单位来馆调研，档案管理工作获市规划自然资源局通报表彰。

【档案安全保障体系建设】

按照国家档案局《档案馆安全风险评估指标体系》要求，结合实际，建立21项安全风险防范工作清单，责任到人、落实到岗。按照要求关停门户网站，并开展信息安全自查自纠，及时进行国土资源和房屋档案管理信息系统、地质资料系统和三峡地灾档案管理信息系统安全等级测评，确保网络信息绝对安全。加强档案安全管理，坚持日巡周查月报制度，加强重点人员、重点场所、重点设施设备安全监管，做好隐患排查和整改。

【地质资料服务】

严格地质资料汇交验收，全年验收合格成果地质资料492档，发放地质资料汇交凭证492份，发放实物目录清单回执492份，成功筛选Ⅱ类实物地质资料3份，向全国地质资料馆转送地质资料20档。

强化地质资料汇交监管，与重庆市地质调查院联合印发《加强实物地质资料管理的通知》，确保Ⅰ、Ⅱ类实物地质资料应收尽收；完成2018年度全市399个地质项目收集工作，经确认后导入地质资料汇交监管平台74个，确保各类地质项目监管到位；对155个项目发放二次限期汇交通知书；完成526个逾期项目分类处置工作，销号182个。地质资料汇交率达到90%。

贯彻落实《自然资源部关于进一步加强地质资料社会化服务的指导意见》，完成国家地质资料信息管理服务系统安装部署，实现省级地质资料馆藏机构、主管部门和全国地质资料馆业务网联通和数据共享;基本完成馆藏地质资料目录数据补充著录和全文数据库建设工作。

【领导班子】

党支部书记、馆长欧美华,组织委员、副馆长钟佳琪,纪检委员、副馆长陈健蓉,青年委员、工会主席谭兴力,宣传委员张悦。

(袁国珊)

重庆市地质灾害防治中心

【概况】

重庆市地质灾害防治中心(简称市地防中心)是重庆市规划和自然资源局直属正处级公益一类事业单位。主要职能职责:负责组织实施重庆市三峡库区地质灾害防治工作,包括三峡库区地质灾害防治项目规划、审查审批和实施监管等;负责重庆市三峡库区地质灾害防治工作领导小组办公室(简称"市三峡地防办")日常事务工作;组织开展全市地质灾害综合防治体系建设工程治理项目的指导、检查、协调等工作。

市地防中心设主任1名(由市地环总站站长兼任,不占编制),副主任2名,内设综合办公室、财务科、信息管理科、项目管理科、工程管理科、应急处置科、应急保障科共7个科室,具有各类专业技术任职资格的20人,其中正高级职称5人,副高级职称7人,副高级及以上职称占比达60%。

【党建工作】

建立健全党风廉政建设责任制体系,加强廉政风险点排查,共梳理廉政风险点11个,制定防控措施12项。深入落实谈心谈话制度,全年中心支部书记与其他班子成员谈心谈话近20余次,领导班子成员主动与干部职工谈心谈话70余次,做到及时提醒,防范在前,同时增强领导班子和干部职工的向心力和凝聚力。

有序推进"三会一课"制度,全年召开支部党员大会14次,支部委员会11次,组织党课学习8次,开展主题党日活动11次,并组织干部职工到烈士墓、渣滓洞、白公馆革命教育基地和重庆市廉政建设教育基地开展廉政教育活动,进一步激发党员干部加强思想道德修养的自觉性,提高党内活动和党内生活质量。

按照年度工会工作计划,全年共开展新春茶话会、户外春(秋)游、钓鱼比赛等7次丰富多彩的文体活动,参与人数达131人次,丰富职工的文体生活,增强团队凝聚力。

【三峡库区地质灾害防治】

前三峡库区地质灾害防治工作

三峡工程重庆库区涉及巫山、巫溪、奉节、云阳、万州、开县、忠县、石柱、丰都、涪陵、武隆、长寿、渝北、江北、巴南、江津、北碚、南岸、九龙坡、大渡口、沙坪坝、渝中等22个区县(自治县)以及两江新区。库区辖区面积4.51万平方千米,占重庆市域面积的54.7%,总人口1681.91万人,占全市总人口的49.83%。

自然资源部将三峡库区列为全国地质灾害重点防范区域,有关领导多次带领专家检查、指导三峡库区地质灾害防治工作。从2001年开始,国家分二、三两期(按三峡移民搬迁分期划分)共安排79.26亿元专项资金投入重庆库区地质灾害防治(包括移民高切坡等)。主要包括:一是对510处地质灾害进行工程治理;二是按轻重缓急对445处57845名群众实施搬迁避让,未搬迁项目全部纳入群测群防管理体系,实施风险管理;三是对2547处地质灾害隐患点进行监测防范,对178处隐患点同时采取专业监测措施。

前三峡地质灾害防治工作初步建立地质灾害监测预警体系,提高库区地质稳定性,保障库区移民迁(复)建港口、码头、道路等安全和顺利建设,有效保护重庆三峡库区移民迁建城镇的安全,确保三峡工程135米、156米、175米蓄水安全和库区人民群众生命财产安全及长江黄金水道航运安全,缓和移民安置用地矛盾,美化库区环境,培养一大批地质灾害防治管理和技术人才,出台地质灾害防治系列技术标准或规定,创新管理体制和机制,填补地区性乃至全国性地质灾害防治专业技术标准化的空白,有力推动全国地质灾害防治工作。

三峡库区后续工作规划及实施情况

2011年国务院批复《三峡后续工作规划》,规划要求对重庆库区4740处地质灾害点进行防范,包括工程治理项目413个、群测群防监测点4327处(其中131处同时开展专业监测)、避险搬迁1042处共100887人(其中地质灾害避险搬迁73243人,175米蓄水临水房屋搬迁27644人),以及地质灾害防治能力建设,移民高切坡防护等,规划防治资金约101亿元。其中由自然资源部门管理实施的工程治理、监测预警等切块包干资金共49.18亿元(未含由移民部门管理实施避险搬迁和高切坡资金)。

国家将切块资金分年度下达重庆市,每年根据勘查、监测情况,按照国家下达的年度资金情况安排编制年度计划,报国家有关部委备案。截至2019年底,共下达重庆市三峡后续规划地质灾害防治专项资金31.14亿元,占切块包干资金总量49.18亿元的63%,已全部安排下达到区县和项目上。目前完成投资28.12亿元,占下达资金的90.3%。

【地质灾害监测预警和避险搬迁】

经动态运行管理,2019年重庆市三峡后续共实施地质灾害群测群防监测预警项目3928处、专业监测预警项目123处、应急专业监测预警项目13处、城镇地质安全监测预警项目2处,保护近80万人的生命财产安全。建成地质灾害监测预警信息平台,实现监测预警点建设,数据采集,传输处理标准化、自动化、信息化。同时,配合市水利局对需纳入三峡后续规划的避险搬迁项目及范围进行核定,共涉及23个区县,威胁72781户291594人,283226栋房屋、约10亿元财产安全。三峡后续规划实施以来,共下达地质灾害监测预警资金5.25亿元,其中2019年下达监测预警资金5780.79万元。

全年共组织专家对三峡后续地质灾害防治重点区县汛期和汛后监测预警及搬迁避让项目开展专项检查28个区县次,组织召开2019年度监测预警工作会商会议和三峡工程重庆库区高陡峡谷地区监测预警技术研讨会,进一步加强监测预警新技术、新方法的学习交流。通过查找薄弱环节并总结经验,进一步完善监测预警管理体制,确保项目运行安全稳定。全年对多起地质灾害险情进行成功预警和及时处置,避免人员伤亡。

【地质灾害工程治理】

截止2019年底,完成需实施工程治理的331个,项目勘查设计前期工作。其中,已完成工程治理项目施工241个,正在施工项目13个,共下达工程治理项目投资24.98亿元,其中2019年3.04亿元。有效保障地质灾害体及周边受威胁区域人民群众生命财产安全,保障重庆库区受地质灾害威胁的港口、码头、道路和长江航运安全,保障移民复建设施和长江航运的正常运行,有效促进地方经济发展,维护社会稳定。库区累计开展地质灾害治理工程项目进度、质量、安全等检查数十次,开展安全生产月宣传活动3次,完成近百项三峡后续规划地质灾害治理工程的市级项目验收检查工作。

【地质灾害综合防治体系建设】

2019年度启动并实施74个地质灾害综合防治体系建设工程治理项目,全年共完成治理施工项目46个,正在施工项目25个,尚在前期工作阶段项目3个,累计完成投资约45077.5万元,保护受威胁人数80594人,避免经济损失约50亿元。全市完成中小型地质灾害点治理工程共188处,累计完成投资约12988.6万元。

根据市规划自然资源局统一部署,对全市各区县在建项目组织开展安全、质量大排查大整治大执法,对部分区县工程治理项目竣工验收及结算工作进行指导。同时,组织各区县项目业主及参建单位,开展地质灾害工程治理项目质量、安全管理等方面的相关培训会议3次,累计培训500余人次。

【信息化建设及技术标准编制】

中心建设完成的"重庆市地质灾害治理工程项目管理系统"已正常运行。

近年来,中心先后组织编制完成《地质灾害防治工程合同编制指南》(T/CAGHP 043-2018),重庆市地方标准《城镇地质安全监测规范》《地质灾害治理工程施工技术规范》(DB50T989-2020)《地质灾害治理工程施工质量验收规范》(DB50T990-2020)和《重庆市地质灾害防治工程设计概(估)算标准及相关费用成本标准》等系列技术规范标准。

【科学研究】

重视三峡库区地质灾害防治基础理论和应用技术研究。由中心牵头组织,联合中国地质大学(武汉)、重庆大学、重庆地质矿产研究院、重庆市地勘局南江地质队和208地质队等多家单位共同完成《三峡工程重庆市库区蓄降水诱发地质灾害成因分析与风险评估研究》《库区非涉水堆积体致灾机理研究——以奉节县康乐镇李坪村苦草坪为例》和《重庆市三峡库区滑坡涌浪灾害评价及风险评估技术要求》等一系列科学研究项目。目前正在开展的科研项目有《三峡工程重庆库区长江干流水位变动带岸坡长期强度弱化规律及防护措施示范研究》《三峡库区高陡岩质岸坡消落带监测预警及风险管控技术应用研究》《三峡库区藕塘滑坡演化机制与防治对策》和《基于滑坡地质机理的监测预警方法研究》等,提高三峡库区地质灾害调(勘)查、监测预警和防治工程的先进科学技术含量,提高库区地质灾害防治的综合水平和减灾应急处置能力,为实现规划目标提供科学技术保障。

【领导班子】

书记、主任李进财,副主任马飞、张志斌。

(张文)

重庆市自然资源安全调度中心

【概况】

2019年7月,重庆市国土房屋安全应急调度中心更名为重庆市自然资源安全调度中心(以下简称调度中心),调度中心围绕“三化”(标准化、信息化、立体化)职责定位,开展值班值守、信息报送、预警预报、组织会商、调度指挥、督促检查工作,构建高效、有序、科学的调度工作体系,为处置市规划自然资源局系统突发事件和开展全市地质灾害日常防范工作提供有力保障。

【党建工作】

7月,调试中心党支部更名为“中共重庆市自然资源安全调度中心支部”。按照市局党组有关要求,研究制定《2019年度党建工作要点》《理论中心组2019年学习计划》等工作计划。扎实组织开展“不忘初心、牢记使命”主题教育,累计完成集中学习9次,交流发言14人次,开展座谈会6次,实地调研4次,发放调查表22份,征集问题34个,完成调研报告2份,按时召开调研成果交流会、专题民主生活会、评估工作会等。持续推进“两学一做”常态化制度化,召开民主生活会和组织生活会3次,开展谈心谈话12人次,组织召开支委会、党员大会、主题党日活动40余次。严格落实党建工作责任,强化“三会一课”、民主评议党员等组织生活制度落实,按规定做好党员发展工作,发展入党积极分子3名,接收1名同志的入党申请。

【标准化建设】

以值班工作标准化为基础,调度中心在全局系统下发《值班工作规定(试行)》,完善《值班工作手册》,提升值班保障水平。以信息报送标准化为重点,形成“汛期、重大节假日、敏感时期日报,较大及以上突发事件专报”的常态化信息报送机制;降雨期间,根据市气象局重要气象专报和雨情快报,启动联动响应信息报送机制,及时发出预警信息和核查报告。以地灾应对防范标准化为主线,对《应急工作规程(试行)》不断进行细化和完善,制定重大及以上地质灾害灾险情会商调度预案;出台《市级督导工作规程(试用)》,规范督导工作的内容、形式和手段;探索开展雨前雨中雨后“三查”工作,试行“雨中调度”预警阈值,统一实况降雨预警提醒模式;充实完善地质灾害应急专家库,实现专家就近调度、梯级调度。

【信息化建设】

以工作需求为导向,建立健全重庆市自然资源安全调度信息管理系统和安全调度视频会商系统,实现线上线下一体化,全年全天候调度指挥和快速远程指挥。以机构改革为契机,抓住市委市政府实施大数据智能化为引领的创新驱动发展战略行动计划的机遇,将基础空间地理数据、气象数据、地质灾害隐患点数据、灾险情数据、专业监测数据与地质灾害“四重”网格化管理数据有效融合,在安全调度信息管理系统中建立地质灾害安全调度大数据库,使系统具备对地灾隐患点和“四重网格化”人员的空间管理功能;通过与科研院所和相关地质工作单位的合作,引入算法模型,使系统初步具备对灾险情处置进行辅助决策的功能和对地灾风险进行不同空间尺度辅助分析的功能;通过数据共享和管理系统的移动化,实现预警预报信息自动定点发送和网格人员移动上报信息,提高信息报送效率。全年市区(县)两级信息系统同时收到系统共汇集全市地质灾害防治工作6大类动态数据和12大类静态数据,数据总量达60TB,较以往数据增加70余倍,为全局40余次会商研判提供支撑。

【立体化建设】

以“四重网格化”管理为基础,中心将一系列行之有效的调度工作标准规程“复制”给区县局,同时帮助区县局加强信息化能力建设,在市级层面协调解决有关工作问题,加强调度工作考核,压实区县局调度责任,调动区县局开展调度工作的积极性,逐步形成调度中心抓重点(重点时段、重点地区)、抓督导(抽查、派遣专家技术支撑)的市级直接调度和区县局抓日常的主动调度相结合的分级调度体系。

【工作成绩】

全年全市共经历13次区域强降雨过程,发生地质灾害灾险情160起(灾情116起,险情44起)。累计向区县局发布地灾和气象预警信息34次12788条;组织各类会商会56次,发出调度通知52次,调度厅级领导3人次,市局处级领导9人次,专业技术支撑单位处级领导48人次,市级专家组98支200人次;应急处置60余起灾(险)情,出具46份专家意见,188余篇指导日志;抽查“四重”网格员22146余人次,在岗在位率99.9%;跟踪督促45起重大灾险情后续处置情况,完成21起重大灾险情的工程治理、搬迁避让;开展雨中调度710余次,组织全市40个区县“四重”网格员235351人次开展地灾隐患点和重点地灾风险区域的全面排查,撤离受威胁群众2773人;成功预警处置6起地质灾害,避免72人伤亡。

中心机构改革后,快速建立新的值班工作机制,保障机关有序运转。全年共安排局领导带班480余人次、处级干部带班900余人次、值班人员在岗值班730余人次;抽查区县局值班值守情况1444次,处理紧急政务约1000余件、领导批示103件,解答、处理群众来电7000余起;向市委、市政府、部应急办和局领导报告专报57份、日报182份,向自然资源部报送灾情统计月报12份、局领导短息报告382次17190条。全年值班未出现脱岗、漏岗,信息报送未出现迟报、漏报、瞒报等情况。

【领导班子】

主任、党支部书记黎万山,支部委员、副主任、工会主席陈世松。

(梁强)

重庆市不动产登记中心

【概况】

重庆市不动产登记中心(以下简称市登记中心)是隶属于重庆市规划和自然资源局的事业单位。2019年,市登记中心围绕市规划自然资源局工作部署,以“抓规范、夯基础、强服务”为总体思路,进一步落实“放管服”改革要求,深化不动产登记改革,优化营商环境,加大“互联网+不动产登记”工作力度,在业务创新、优化服务举措、完善服务机制、破解登记难题、加强队伍建设等方面发挥示范引领作用,打造便民利企、优质高效的服务窗口,被中共重庆市委宣传部授予“重庆市岗位学雷锋示范点”。2019年受理各类登记57,375件。

内设受理审查科、登记复核科、缮发证件科、档案科、综合科、财务科、市场监管科、法制事务科、信息管理科、权调成果管理科、政策研究科、发展保障科等12个科室。年末在岗职工123人,离退休职工124人。

【党建工作】

学习习近平新时代中国特色社会主义思想,开展“不忘初心、牢记使命”主题教育,推动“两学一做”制度化常态化;开展经常性思想工作和交心谈心,大力提倡做优秀党员“六个要”、做合格党员“八个不”,发挥党员先锋模范作用,建设团结稳定的职工队伍;完善党建基础制度,制定党总支“三基”建设工作方案、党务公开方案,建立理论中心组学习制度、党支部委员学习培训等制度;规范丰富党的组织生活,开展形势政策教育、革命传统教育、先进典型教育和廉政警示教育;实施季度党建例会制度,选送支部委员参加专题培训,提升党建队伍素质;聚焦不动产登记业务关键环节和重点管理领域,查找业务环节廉政风险隐患,继续深化廉洁风险排查防控,加强信息技术手段分析和防控管理措施,积极探索建立风险预警监测系统,从细节上提高防范风险针对性和监督执纪有效性,为中心发展保驾护航。

【抵押类登记银行远程申报系统】

2月底参与市规划自然资源局抵押类登记银行远程申报系统试点工作,6月底完善该系统并试运行,8月底全面推行抵押类登记银行远程申报工作,截至12月,33家金融机构通过远程申报系统进行抵押类登记。通过专网申报系统和互联网申报系统,将抵押类登记延伸至银行业金融机构,构建“外网申请、内网审核”模式,推行线上统一申请、联网审核、网上反馈、现场核验、一次办结,减少群众跑路,提高服务效率。组织金融机构开展业务培训,安排专人建立线上抵押工作微信群,实时解答和处理银行问题。

【存量房屋登记交易税收:“一窗办理”】

贯彻落实《重庆市规划和自然资源局关于深化不动产登记改革有关事项的通知》(渝规资〔2019〕1247号)文件精神,制定《深化不动产登记改革工作方案》,完善综合窗口的布局、人员安排、工作环节和服务细节,整合网上申报、信息共享、存量房数据清理等工作成果,主动协调区税务局、区规划自然资源局和区住建委等部门，推进信息系统共建共用共享。9月中旬实施“一窗受理、并行办理”工作模式，12月12日将受理、审核、登簿、核缴税费、发放证书等环节合并为“一人对外，一窗办理、即办即取”工作模式，申请人申请办理存量房屋交易过户一般情况下半个小时内即可完税并领取不动产权证，实现群众“只跑一次”服务承诺。

【不动产登记档案管理】

优化统一不动产登记材料分类、影像质量、数据注录等标准，统一档案生产流程、强化管理功能，档案生产管理系统正式上线，运行良好，为下一步远程查阅、复制等需求奠定基础。按照操作规范、查询方法开发不动产登记信息查询系统，对不同查询需求做针对性处理，解决数据多样等问题，加强登记资料查询自我管理，提高工作效率和结果的准确性。不动产登记档案生产和利用的规范化、标准化、便捷化再上新台阶，建立可供全市借鉴使用的模板，助力“渝快办”。

【交易服务和监管工作】

协助荣昌、永川和石柱等区县登记中心上线商品房新网签系统；协助市住建委完善存量房交易服务体系，提高存量房交易安全性，为全市拓展交易服务做好前期准备；协助主管处室组织中介机构开展存量房网签服务培训和上线工作；承办的局级调研课题“提升不动产登记机构房地产交易一线监管能力研究”7月份顺利结题并通过专家组验收；承担中心城区房地产开发销售中介行为专项整治工作，全年接举报投诉电话1127次，其中咨询723次，投诉404次(有效投诉86件)，取得净化市场秩序、规范交易行为、维护购房者合法权益等成效；两次牵头完成中心城区“双随机、一公开”督查检查，维护房地产市场健康发展；强化市场监督管理，全年市场巡察50余次130余人次，组织辖区开发企业开展政策培训和矛盾隐患排查，处理信访投诉31件，协调解决购房纠纷17件，辖区房地产市场总体情况平稳健康、有序发展。

【创新便民利企举措】

丰富领证方式，新增邮寄服务，全年邮寄领证70件；常年坚持上门服务，为70岁以上老年人或重病人等特殊人群提供“足不出户”即可办理不动产登记的服务，全年上门服务305人次(其中跨区服务109人次)，服务足迹遍及中心城区；推出自助查询“不打烊”、延时服务、网上预约受理、网上查询、网上支付等便民利企举措，服务对象办理不动产登记更便捷；优化依嘱托转移登记，针对当事人的不同需求，加强内部流转，依嘱托登记更顺畅。

【强化“四项工作”解决群众疑难问题】

对群众关注的热点难点堵点问题加强调查研究，召开9次疑难案件会审会议，对24个疑难登记个案形成处理意见；强化解决房屋“办证难”工作，解决重庆报业集团、同济公司、五一技校等社会单位房屋办证难题，办理大证10个、小证293个，面积10.56万平方米；强化咨询接待和信访处置工作，9月18日正式上线“语音电话”服务，提升群众咨询体验感，全年接受咨询11300余件(其中电话咨询10500件，中心信息平台800件)，电话回访335件。信访接待50余次，协助区住建委处理群众信访遗留4件20余次，代市局回复信息公开、异议登记8件，代市局回复群众落实政策来信2件；继续做好非公证继承登记,开设专窗进行政策宣传和业务指引,推行告知承诺制,为全市规范非公证继承登记业务规则提供有益经验和建设性意见。全年接待非公证继承申请550件800余人次,完成查验280件,做到应办尽办,减少群众办事成本。

【创新方式加强业务交流指导】

创办“学习沙龙”交流互动学习平台,涵盖登记实务、质量检查、网络安全和读书心得分享等内容,全年举办10期,参与人数超过600人次,提升干部职工业务素质、人文素养和工作能力,沙龙邀请部分登记中心参与;举办3期专题业务培训,主城及近郊区县17家单位270余人应邀参加培训;受九龙坡中心邀请,对其职工开展专项培训;继续办好《不动产实务研究》专刊,加强编审和推广,利用微信问答平台开展业务知识随学随答,不断拓宽业务学习交流渠道,发挥引领作用;创新业务指导方式,接待涪陵等中心工作人员开展跟岗培训;主动到城口登记中心开展对口帮扶;应西藏邀请,赴拉萨开展不动产登记业务交流等。

【服务区域经济建设】

为重庆三峡博物馆《建国的生活—重庆庆祝中华人民共和国成立70周年生活变迁展》专题展览提供60年代至90年代权证图片扫描资料,方便市民了解新中国成立以来全市房地产交易、登记的发展历程;配合市区文物管理部门梳理收集历史文化建筑相关档案资料;配合政府做好大礼堂马鞍山等传统风貌区建设确权登记工作。全年办理718件棚改确权登记。

【领导班子】

主任、党支部书记袁玮,副主任周浔倩、胡渝清(2019年1月1日至8月5日)、王硪,副主任、党支部副书记、纪律检查员吴丹。

(周晓凤)

重庆市大渡口不动产登记中心

【概况】

重庆市大渡口不动产登记中心(以下简称“大渡口登记中心”)是重庆市规划和自然资源局直属副处级事业单位,主要职责任务是:受重庆市规划和自然资源局的委托,承担辖区内土地(含土地承包经营权)登记、房屋登记、林地登记等不动产登记发证的具体工作,以及房地产交易管理的事务性工作。承担土地(含土地承包经营权)登记、房屋登记、林地登记等不动产登记信息化建设工作。承担房地产交易和不动产登记档案的整理、保管、利用等工作。协助开展房屋权属纠纷信访处理,以及土地权属纠纷和合同纠纷的调处;承担相关行政诉讼的事务性工作。

大渡口登记中心内设综合科(挂财务科牌子)、市场监管科、受理审查科、缮发证件科、登记复核科、档案科、信息管理科等7个科室。2019年年末,中心编制29人,在编职工27人,其中大专及本科学历以上27人,中共党员14人。

【党建工作】

扎实开展主题教育。6月—8月,开展“不忘初心、牢记使命”主题教育。领导班子成员坚持问题导向,围绕不动产抵押登记远程申报、杜绝不动产登记有偿快件等课题开展针对性调研,提出对策建议26条。针对不动产抵押登记远程申报工作调研中发现银行推广积极性不高,工作推进不平衡、业务流程待优化等问题,建立一对一业务帮助、工作联动、问题快速处理、专网人员培训机制,主动服务金融机构,简化申报、优化取件流程,用线下提速等方式解决并案办理时间。加强作风监督、流程监督、纪律监督,运用信息化手段,建立回访机制,杜绝不动产登记有偿快件。针对查找出的班子成员个人问题18项,班子问题21项,已全部整改完成。进一步优化预售后房屋权属登记及抵押登记并案办理流程,解决批量件取件等候时间较长问题,加快同一批次报件数量较多的批量件受理速度,优化预售后房屋权属登记及抵押登记并案办理流程,有序推进农房办证工作,切实解决民营企业发展中涉及不动产登记的困难和问题,妥善解决半岛乐园公租房项目房屋现状与规划设计不一致导致的办证问题,解决辖区30万平方米工业厂房办证遗留问题,并注重整改具体问题与完善规章制度相结合,着力从制度上进行源头防控,推进整改成果长效化。

【不动产登记】

全年受理各类登记案件10700件,协征契税47182万元,不动产登记规费收入503万元。

全面推行“一窗受理”,线上线下并行办理。优化不动产交易、登记和税收“一窗受理、并行办理”流程,加强与税务部门的协作和信息共享,整合办理人员、窗口及业务流程,统一受理办理事项,一次性收取全部材料,并联审批业务。持续推进抵押登记银行专网申报,不断扩大合作银行范围及线上办理类别,累计办理不动产抵押远程申报业务1707件,涉及抵押金额95433万元,极大方便群众及金融机构。

配合区政府做好安置房办证工作,主动解决被安置人办证难题,保护群众合法权益,维护社会稳定,累计办理安置房不动产权证2589个。有序推进工业厂房联合审批办证工作,解决历史遗留问题,解决辖区9个工业项目,共计30.43万平方米办证问题。配合区政府,跟进解决晋愉江州一期、盛世融城等问题楼盘办证遗留问题。

优化业务规则,合理安排各登记流程的办理时限,防止办件时间过快或过慢。建立快件申请及回访制度,所有快件依申请办理,逐一登记造册,层级审批,并通过信息技术加强监管、排查、公示、回访,最大限度预防和减少重点岗位人员以权谋私、不作为、慢作为、乱作为的腐败问题。不断优化现有办事大厅环境,增加指示标识,更新办理要件、收费标准、办理流程等公示信息,保障群众知情权和监督权,提升办事体验感。

【房地产市场监管】

加大对销售价格备案的指导力度,简化企业办事流程,实现预售方案备案快速受理,确保房地产市场稳定。加强开发项目的售前、售中、售后监管,及时指导规范开发企业销售行为。持续深入开展房地产市场专项秩序整治工作。

坚持常态化开展矛盾纠纷排查,配合区信访办化解房地产市场矛盾纠纷,与金融办、住建委、市场监管局密切配合,共同处理卢山锦程、金融广场等项目的违规销售,跟进江州一期司法拍卖后续情况及晋愉盛世融城司法处置进展。

【领导班子】

党支部书记、主任李智,副主任、支部纪检委员李曦,副主任、支部委员庞永。

(吴雯雯)

重庆市江北不动产登记中心

【概况】

重庆市江北不动产登记中心(以下简称江北登记中心)内设综合科、受理审查科、登记复核科、缮发证件科、档案科、财务科、市场监管科、法制事务科、信息管理科等9个科室。共有在编职工53人,其中,研究生学历12人、大学本科学历38人、大专学历3人。中心有高级职称1人,中级职称11人,初级职称4人。

全年共办理各类登记案件14.44万件,档案总查询量39.1万件,颁发《中华人民共和国不动产权证书》59335件,《不动产登记证明》41207件。征收不动产登记费1327.1万元,经济适用房补缴土地价款及规费补缴约1987.2万元,协助征收房屋大修基金2.37亿元。

【党建工作】

6月到9月,聚焦主题教育目标任务,扎实开展“不忘初心、牢记使命”主题教育。紧扣工作实际,深入港城工业园区和老旧工业厂区开展实地调研,形成调研报告2篇,推动解决4个工业厂房项目确权办证遗留问题以及在全市普遍存在的老旧工业厂区房屋落地难的问题。推动解决群众反映强烈的“大川水岸三期”项目问题的办证,以较好的工作成果检验主题教育的成效。

针对2018年5月15日至6月8日市局第二巡察组对中心全面巡查后反馈的问题,江北登记中心经过为期一年的整改,市局巡察反馈的17个问题已全部整改完成,整改完成率100%。

【业务工作】

深入落实“放管服”改革及优化营商环境的相关要求,深化不动产登记领域综合改革,提升不动产登记营商环境,增强群众在办理不动产登记中的获得感。

实行存量房登记交易税收“一窗办理、即办即取”,群众办理二手房买卖过户时实现当场取证。二手房买卖过户实行网上申报。群众通过“渝快办”平台在线上申报交易登记,中心进行后台审核,买卖双方根据审核通过的提示短信,到窗口进行现场核验,即可领取新不动产权证。中心作为试点单位,积极配合市局推动网上申报的线上业务,二手房过户网上申报系统首先在中心测试成功,并在全市不动产登记系统推广应用。

实现抵押类登记“不见面”服务。配合市局推进抵押类登记银行专网申报,延伸服务到银行,开展“不动产登记+金融服务”。

缩短办件时限,高效办理不动产登记。根据国务院办公厅《关于压缩不动产登记办理时间的通知》(国办发〔2019〕8号),对转移登记、变更登记、并案业务等大部分存量房登记实行“当场办结,即办即取”,一般不动产登记都在3个工作日内办结,实现不动产登记的“大提速”。

定期研究解决不动产登记中的疑难问题。全年共召开疑难案件会审会议2次,形成专题会议纪要2期。

实现档案全市联网查询。大重庆范围内的9区12县都实现信息联网,凭有效身份证,在任何一个不动产登记机构,都能查到大重庆范围内的房产基本信息。

【窗口建设】

设立综合窗口,群众在综合窗口一窗完成申请受理、登记复核、登簿、制发权证等环节,一次性当场办结,同窗缴税、交费、领证,实行存量房登记交易税收“一窗办理、即办即取”。

【历史遗留问题和“办证难”问题】

协调解决辖区历史遗留问题和“办证难”问题。解决危旧改安置房项目——凯洋·富润苑的办证历史遗留问题,为656户安置群众办理产权证;解决“大川水岸三期”项目多年来的集访问题及产权证办理难题,为1355户购房业主办理产权证,使多年来的大川信访案件得以结案。

积极解决工业园区办证遗留问题。妥善解决曙光工业园11幢160间建筑面积16.9万平方米工业厂房的“集中办证”;解决重庆市化工研究院工业厂区房屋落地难、办证难问题,办理54幢共计11.56万平方米工业厂房的产权转移登记。

【清理历史档案】

完成对库藏历史珍贵档案的清理,其中,清朝130卷,民国1821卷,将移交市局档案馆作为历史珍贵档案进行保存。

【市场监管工作】

做好预售备案和开盘监管工作,有效确保辖区房价的稳定。全年共办理商品房预售备案53件、现房价格备案39次、预售方案备案变更14件、车位放开二次销售备案17件。组织开盘价格审核会19次。

及时制止并纠正开发企业的违规行为。联合房管、物价、工商、建设等部门,共同对新开盘的项目进行45次售前检查,中心开展日常巡查50余次,约谈开发企业10余次。

【群团工作】

党支部组织青年党员、团员关爱社会弱势群体,深入城口县沿河乡迎红村开展扶贫慰问,组织采购贫困户的农产品。开展近郊春游秋游、植树活动、交通文明劝导活动、职工运动会、青年数字跑、端午节包粽子、歌唱《我和我的祖国》快闪活动、与兄弟单位联合开展知识竞赛、主题团日拓展、志愿宣传服务、迎新春晚会等一系列活动。

【领导班子】

党支部书记、主任张永红,纪检委员、副主任陈春,副主任王福兴。

(朱莹莹)

重庆市沙坪坝不动产登记中心

【概况】

重庆市沙坪坝不动产登记中心(以下简称“中心”),成立于1994年4月,系重庆市规划和自然资源局直属副处级事业单位,内设综合科、财务科、市场监管科、受理审查科、登记复核科、缮发证件科、信息科、档案科、法制事务科等9个科室,有职工109人,其中在编70人,临聘人员39人。

中心的主要职责是为不动产权利人提供登记发证服务,受市规划自然资源局的委托承担辖区内土地登记、房屋登记、林地登记等不动产登记发证的具体工作,以及房地产交易管理的事务性工作。

中心深入开展“不忘初心、牢记使命”主题教育活动,以深化不动产登记领域“放管服”改革为主线,不断优化窗口建设,提高办事效率,不断提升不动产登记便民惠企的能力水平。

【不动产登记】

全年办理各类登记案件22.71万件,缮发不动产权证书22.11(证明)万件,实现财政非税收入2.05亿元;协征契税8.2亿元,大修基金3.4亿元。

【房地产市场交易】

全年成交各类商品房58589套,同比增长14.09%;成交金额446.13亿元,同比增长30.32%;成交建筑面积453.15万平方米,同比增长19.11%。成交各类存量房30587套,同比下降12.11%;成交金额129.44亿元,同比下降13.2%;成交建筑面积255.66万平方米,同比下降5.15%。

【房地产市场监管】

坚守“房住不炒”定位,不断加强房地产市场监管和巡查检查工作力度,采用日常巡查、专项检查、随机抽查、重大节假日暗访等多种方式进行明察暗访,及时发现市场销售一线的情况及存在的问题,维护良好的市场秩序,开展巡查516人次。定期对辖区住宅的销售及交易价格情况进行总结分析,按季度形成研判报告做好市场预判。继续开展房地产市场专项整治工作,收集违法违规线索103件,已全部处置完毕,整改清退金额182.5万元,下发责令停止违法违规行为通知书5份,回复并调查处理各类咨询投诉209件,接听各类咨询投诉电话2100余次。

【为民服务窗口建设】

全面推行“一窗受理、即办即取”,将受理、审核、登簿、核缴税费、发放证书等环节合并为一人对外,企业和群众“只进一个窗口、只交一套材料”,实现存量房转移登记、抵押权注销登记、异议登记、查封登记、自然人姓名和身份证号码变更登记等一般登记类业务办理时间立等可取。各窗口安装多个显示屏配置无声叫号系统,与群众、企业直接面对面,交流、服务更加顺畅。

加大信息公开透明力度,对所有不动产登记类型办理清单、收费标准、办理时限、工作流程等进行公开公示,定期发布和上报中心不动产交易登记的数量。创优服务措施,为企业和群众提供提前、延时和上门服务,设立党员服务示范岗。

【"放管服"改革】

全年致力于深化营商环境改革,提升企业和群众的获得感、体验感。成立由中心主要负责人任组长,分管领导任副组长,各科室负责人为成员的优化营商环境考核工作领导小组。相继出台《提升办件效能优化营商环境二十条》《营商环境优化提升工作方案》《关于进一步优化营商环境加强考核工作的通知》等多项管理规定,压紧压实责任,明确工作任务和具体责任人,倒排时间表,建立周汇报、周通报、周考核工作机制,对考核各项工作目标"挑刺""找茬",明确大厅环境、业务流程、服务态度、案件质量、工作作风等5方面的考核事项和考核标准,确保抓实抓细抓具体。建立公开监督工作机制,健全不动产登记效能投诉机制,设置专人对办件时限、办件质量、工作纪律进行检查督查。开通网上投诉渠道,公开投诉电话,专门受理不动产登记相关投诉,并及时进行处理回复。

充分依托"大数据+"、"互联网+"等信息化手段,建设智慧化不动产。大力宣传推广使用在线办、网上办、不见面办、专网办等互联网+不动产服务新模式,专设"渝快办"服务申报专区和涉企登记服务专窗。涉企登记,除首次登记外,其他只要符合办证要求的,即来即办,当场办结,当即发证;对涉企批量件,即来即派,实现零积压。升级自助查询设备,实现服务指南、政策文件、办件须知、档案查询、地籍(宗地)图查询等内容"点点通",实现个人住房信息在全市范围内查询;开展不动产抵押登记专网申报,将服务延伸到银行等金融机构,开启"不见面登记"新模式。

推行大厅值班长应急处理机制,大厅值班长工作日专人专责全天候在大厅值班,记录值班日志,对大厅秩序和运行进行巡查,及时处理突发事件,确保运转高效、反应迅速、应对妥当。

高度重视对外宣传,通过宣传展板、LED屏、宣传手册、微信公众号等对新办事流程、收件指南、市委市政府和市局重要文件进行精心宣传设计并发动职工进行广泛宣传;通过微信公众号、QQ,积极向开发企业、中介服务机构推送优化营商环境的各项举措和政策措施;通过深入社区、街道办事处,在三峡广场摆摊设点、发放宣传单等方式,积极向辖区群众普及"一窗办理、即办即取"新流程、新模式和优化不动产营商环境的政策举措。

【专项办证】

全面解决历史遗留办证工作。通过司法途径彻底解决锦绣天城等历史办证难题,安置房办证共42296套,317.22万平方米。主动配合区委、区政府及相关部门,并按照两证遗留方式高效推进国有资产办证工作,采取组建工作专班、深入调研、现场办公、联合会审、开通绿色通道等措施,用不到半年时间高效解决国有资产办证共计327万平方米。其中机关事业单位办证19.26万平方米;中小学校办证34万平方米;重庆大学、西政、川外等各类高校约274万平方米。

【主题教育】

扎实开展"不忘初心、牢记使命"主题教育,对标对表制定主题教育工作方案和重点工作计划,以加强"三基建设"为载体,切实夯实基层战斗堡垒。制定《三基工作建设方案》和责任清单、《从严治党工作方案》等,拟定40条党建责任清单,开展党员大会8次,党小组会36次,中心组(扩大)理论学习11次,支委会18次,党课辅导9次,组织到红岩革命纪念馆、规划展览馆"我看重庆新变化"等主题党日活动12次,落实整改任务18项且整改到位,形成解决安置房、抵押专网申报、农房办证以及机关事业单位历史遗留问题办证等调研报告,推动转化为实际成果。

【领导班子】

党支部书记、主任肖华,副主任王娟。

(王小红)

重庆市九龙坡不动产登记中心

【概况】

重庆市九龙坡不动产登记中心(以下简称九龙坡登记中心)主要职能是受重庆市规划和自然资源局委托,承担辖区内不动产登记发证、不动产登记档案保管和利用、房地产市场监管和分析、信访及历史遗留问题处置、协助区地税局征收契税等事务性工作。中心现共有职工39人,其中大专以上文化程度39人,占职工总数的100%,中共党员22人。

【党建工作】

认真执行民主集中制,建立支委会、主任办公会、行政办公会、专项会议制度,规范和健全议事规则和决策程序。认真落实"三会一课"、约谈、民主生活会、民主评议党员等制度。

扎实开展"不忘初心、牢记使命"主题教育,把深入学习贯彻习近平新时代中国特色社会主义思想作为最突出的主线,把深入学习贯彻习近平总书记视察重庆重要讲话精神,贯穿到学习教育、调查研究、检视问题、整改落实各个方面,将主题教育和"放管服"改革、改进窗口服务、优化营商环境相结合,不断增强群众的办事满意度。贯彻落实中央八项规定,纠正形式主义、官僚主义,完善廉政风险防控体系,保持风清气正、务实奋进的良好形象。

【不动产登记】

围绕优化营商环境,不断创新服务方式。开展不动产抵押登记专网申报工作。远程申报系统自8月上线以来,办理金融机构远程专网申报业务5183件;启用自助服务系统,使用不动产档案查询自助设备、"渝快办"不动产登记线上申请、不动产登记自助申报等方式,提高办事效率;开展企业地籍管理清理工作。按照世界银行营商环境考核指标,加快对企业房屋的土地管理。清理未"地房合一"楼栋5600栋,方便企业查询宗地利用情况。

中心围绕提高登记效率,服务改革跑出"新速度"。12月19日起全面开展"一窗受理、即办即取"业务模式,企业和群众可以当场一次性办理完成不动产登记、交易和缴税。截至12月31日共办理即办即取业务3016件,当场领取结果1047件,平均时长不超过1小时,最快在30分钟以内。

全年共办理不动产登记229940件。协助区税务局征收税款6.78亿元,其中契税4.84亿元。

【市场监管】

加强市场监管,做好市场稳控。集中力量做好房地产领域违法犯罪行为专项整治工作。加强预售方案审核和预售资金监管,指导开发企业合理定价。及时传达市政府及市局预售、限售等文件精神。审预售资金入账证明138件,审查预售方案117个,车位销售方案34个,指导148个商品房期房以及现房销售申报价格,约谈开发企业6次,开盘现场检查71次,日常巡查134次,审核商品住房网签注销申请324份并建立台账。

在国庆等重大节假日和两会、房交会等重要节点期间,加强对辖区内在售商品房项目销售情况的专项巡查,对容易引发客户投诉的不规范销售行为进行重点关注,加大对开发企业违法违规行为的监督检查力度,加大信访矛盾纠纷化解力度,确保辖区内房地产市场的安全稳定。

【助力乡村振兴】

围绕服务农村群众,大力推进农村不动产登记工作。全年共办理农村区域各类农房登记业务2963件,建筑面积27.96万平方米,其中农房初始登记113件,建筑面积1.53万平方米。

解决农民新村遗留问题办证。加强与区规资局、住建委等部门协作,参照“两证”遗留问题处理模式,办理铜罐驿镇农民新村项目3个,共228户,有效化解农民办证信访问题。

实施开展“自然资源统一确权登记制度探索”课题研究,加强与区规资、农业、林业、测绘等部门的对接联系,做好土地承包经营权、林权登记、自然资源登记的相关准备。

【信访维稳】

开展房地产项目信访问题化解工作,及时处理群众来信来访,全年共办结502件信访事项。

协调解决泰亨·至尚泓景项目违规销售抵押房,导致购房人未网签办证。一直不能解押办理网签,多次引发群访的问题。

协调解决绿云绣项目涉及违规销售抵押查封房屋,导致购房人购房后一直未完善网签及办证手续的问题。

协调解决美每家华龙城项目因资金问题,导致认购客户无法网签的问题。

【两证遗留】

开展征收征地安置户遗留办证问题。为各征收实施单位集中办理8702件安置还房。解决新华春天、志高花园等群众反映集中项目的办证问题。

开展工业厂房遗留问题办证工作,20个工业厂房历史遗留办证项目中,7个项目共计401173.06平方米房屋,52个证已办结。开展西南铝土地房屋历史遗留问题办证工作。

【领导班子】

党支部书记、主任吴宏锐,副主任纪检委员陈红,党支部副书记副主任何显华。

(曹燕华)

重庆市南岸不动产登记中心

【概况】

重庆市南岸不动产登记中心(以下简称南岸登记中心)是隶属于重庆市规划和自然资源局的事业单位。职责任务是受市规划和自然资源局的委托,承担辖区内土地(含土地承包经营权)登记、房屋登记、林地登记等不动产登记发证的具体工作,以及房地产交易管理的事务性工作;承担土地(含土地承包经营权)登记、房屋登记、林地登记等不动产登记信息化建设工作;承担房地产交易和不动产登记档案的整理、保管、利用等工作;协助开展房屋纠纷信访的处理,以及土地权属纠纷和合同纠纷的调处;承担相关行政诉讼的事务性工作。南岸登记中心内设综合科、受理审查科、登记复核科、缮发证件科、档案科、市场监管科、财务科、法制事务科和信息管理科共9个科室。2019年末有职工141人,其中在编职工54人(专业技术人员11人,事业管理人员39人,工勤人员4人),派遣职工66人,退休职工21人。中心共有党员45名,其中9名党员为专业技术人员,25名党员为事业管理人员,4名党员为派遣人员,7名为退休党员。

【党建工作】

中心支部压实班子成员"一岗双责",层层签订责任书,抓好落实从严治党主体责任。全年召开支委会20次,召开主题党日暨支部党员大会12次,开展书记、副书记讲党课5次。6月10日至8月30日,开展"不忘初心,牢记使命"主题教育工作。主题教育期间,中心班子共查摆出问题16个。中心支部坚持问题导向抓整改、坚持先易后难抓整改、坚持分工负责抓整改,制定出5个方面16条整改措施。11月,开展主题教育"回头看"工作,中心班子的16个问题中,限期整改问题全部整改到位;长期坚持的,已完善措施,持续整改。开展庆祝建国70周年纪念活动,加强爱国主义教育。同时加强中心党风廉政建设和反腐败工作建设。将廉洁纪律规定和反腐败要求纳入中心的日常管理制度。

【业务数据】

2019年,商品房、存量房交易总额439.59亿元。其中,商品房成交36704件,成交建筑面积311.45万平方米,套内面积235.61万平方米,成交金额为339.57亿元。其中商品房住宅成交19547件,成交金额为284.24亿元,套内单价为15375.42元/平方米,同比增长16.09%,建面单价为12783.35元/平方米,同比增长16.66%。存量房成交26057件,成交建筑面积208.99万平方米,套内面积168.79万平方米,其中存量房住宅成交21059件,同比下降20.11%。

有序推进不动产登记工作,共受理案件231539件。其中批量案件102733件,日常案件128806件,土地登记(包括土地权属和土地抵押)468件,农房638件,司法接待7882件,特案5975件。

全年共缮制不动产权证78372件,同比减少12.41%。缮制合同备案与预告证明48541件,同比减少31.40%。现房抵押:46006件,同比增长19.83%。

完成窗口档案查询60856件次,同比减少51.98%;批量档案查询141469件次,同比增加93.14%;共接收整理档案181542卷,同比减少23.75%;完成档案质检185055卷,同比减少13.89%;自助机查询36849件次,全市联网查询189件次。

全年执收非税收入2975.58万元,其中不动产登记费1416.87万元,转让手续费22.43万元,经适房转让土地价款142.08万元,规费补缴308.26万元,调查费151元,工本费5.1万元,划拨土地收益金1080.84万元。

【不动产登记改革】

一是全面推行存量房屋登记交易税收"一窗办理,即办即取"工作。开展流程再造、窗口调整及人员培训,开设"一窗办理,即办即取"综合服务窗口,企业或个人在综合窗口可一次性办理存量房转移登记、交易、核税、缴税、缴纳登记费和领取不动产权证书等事宜。二是实现不动产登记信息全市联网查询。市规划自然资源局将不动产登记资料、地籍图全部数字化保存,规划、地籍、登记等信息已集合在一个电子数据库。企业和群众可以通过"渝快办""重庆市规划和自然资源局官网""重庆市不动产微信公众号"进行网上查询。中心也设置了专人接待的窗口,权利人可凭身份信息查询本人名下全市范围内不动产登记信息。其他人可通过不动产座落查询该不动产的自然状况、地籍图(宗地图)、是否存在共有、是否存在抵押、是否存在查封等信息。三是开展不动产抵押登记服务向金融机构延伸。2019年已有30家金融机构开展抵押类业务外网远程申报,企业和群众办理不动产抵押登记由金融机构网上申报,登记结果网上反馈金融机构,整个流程抵押人和抵押权人都不需要到不动产登记服务大厅办理,实现不动产抵押登记"不见面"办理。2019年已远程办理不动产抵押登记4951件。

【便民举措】

简化流程简便手续,压缩办理时限。将不动产登记证明、不动产权证遗失公告调整为作废公告,作废同时补办新权证和证明。改进初始登记楼盘预转实和土地预审方式,由受理人员接件并统一科室内部传递;对土地竣工变更登记和土地房屋初始登记试行并案办理,一次性交件,减少企业跑路次数。缩减开发企业批量申请材料,对商品房合同中有预告约定的,不再单独收取合同预告约定和抵押权预告约定。改进司法查封登记业务在中心的内部流转流程,将法院拿到送达回执的时限由一周缩短为立等可取。开通委托到付邮寄不动产权证业务。全年共成功邮寄74份不动产权证书和证明。开展上门服务。优化上门服务政策,根据病重、病危或年老行动不便等群众的急切需要,固定每周二提供上门服务,方便申请人安排时间,全年累计上门服务78次,惠及群众300余人次。

【市场监管】

一是加强市场调研,及时掌握市场动态。组织5次市场调研,针对茶园刘家坪片区高铁影响楼盘问题、市场行情回落企业如何推盘问题、南滨路沿线在售楼盘定价问题等情况进行走访座谈,准确把握市场行情,针对企业困境精准施策,维持房地产市场平稳发展。二是开展二手房网签前期调研工作。按照《住房和城乡建设部关于印发房屋交易合同网签备案业务规范(试行)的通知》要求,结合《关于进一步做好“一窗受理、并行办理”工作的通知》(渝规资〔2019〕845号),针对中心城区房屋交易合同网签备案业务的执行情况,开展专题调研,形成《关于开展房屋交易合同网签备案业务的调研报告》,为市住建委市场处全面铺开二手房网签工作,提供详实的基础信息及建议意见。三是分析评估限售房屋解禁后市场影响。9月22日起,首批解禁的限售住房进行为期一个月的数据采集,对二手住房成交数据、交易人员数量、成交地段、成交价格信息等跟踪收集分析,对比往年同期、主城类似老区地段成交相关数据,形成分析报告。经分析得出,南岸区两年限售解禁的二手住房为总成交量的1%,对正常需求的转让影响不大,通过分析报告印证了限售政策的合理性。

【队伍建设】

一是完善部分制度加强内部人员管理。制定《投诉零容忍制度》,修订完成《派遣人员管理办法》,改进《服务向导制度》和《值周长制度》,印发《关于进一步规范政府采购管理工作的通知》。二是积极做好群团工作。开展篮球、钓鱼、舞蹈、游泳健身等兴趣小组活动,开展职工演讲比赛、纪念五四运动100周年活动、仲夏读书、端午节包粽子比赛、春游秋游、夏季运动会、国庆70周年庆祝活动、新春游园会等丰富多彩的活动。注重职工慰问帮扶,给女职工办理“玫瑰人生”保险,看望因病住院、生育、婚丧事宜的职工35人次,为4名困难职工开展“送温暖”活动,并给予其重大疾病困难补助,为职工办实事、做好事、解难事。三是开展先进集体(科室)和先进个人的表彰和“创先争优”活动。

5月7日,根据共青团南岸区委员会《关于表彰2018年度“南岸区先进团组织”“南岸区优秀共青团干部”“南岸区优秀共青团员”的决定》(南团发〔2019〕26号)文件,中心职工胡诗瑶被评为2018年度“南岸区优秀共青团干部”,职工黄小婷被评为2018年度“南岸区优秀共青团员”。

【领导班子】

党支部书记、主任胡渝清,副主任李永红、许雪松。

(胡诗瑶)

重庆市北碚不动产登记中心

【概况】

重庆市北碚不动产登记中心(以下简称北碚登记中心)是重庆市规划和自然资源局直属副处级事业单位。宗旨是为不动产权利人提供登记发证服务。主要职责是:依法承担辖区内土地(含土地承包经营权)、房屋、林地的登记与信息化建设工作,负责房地产交易和不动产登记档案的整理、保管、利用以及主管部门委托的其他登记工作。中心内设9个科室,2019年末有在编职工32人,其中专业技术职称人员8人。有研究生学历5人,大专及本科学历27人。有中共党员20人,有退休职工22人。

【党建工作】

一是坚持把党的政治建设摆在首位,深入学习贯彻习近平新时代中国特色社会主义思想,狠抓宣传引导、学习教育和意识形态等工作。按照市局党组工作部署,扎实推进机关党建“三基”建设和绿色机关建设。全年开展各类学习教育60余次,按程序发展入党积极分子1名,培养发展对象1名。二是严格执行“三重一大”决策有关机制,建立科室联合办案制度,与各科室签订党风廉政建设责任书。认真按照《中心约谈工作制度》及时开展谈心谈话等工作,防范廉政风险、强化纪检监督。三是转变工作作风,深入窗口、服务对象实地走访调研,认真查找分析群众办事难点,不断完善并严格执行《窗口服务规范》《一次性告知制度》《首问责任制度》等,主动发挥党员先锋模范作用。

【业务工作】

全年经市规划自然资源局新批准预售项目234个。批准预售总面积219.7万平方米,其中住宅供应量约211.1万平方米,非住宅供应量约8.6万平方米,预售商品房住宅16821套。

全年办理各类登记案件12.3万件(其中包含系统自动注销预告抵押和期转现抵押约2.6万件),商品房、存量房交易额约293.7亿元,其中商品房成交25483件,成交面积246.4万平方米,成交金额252.2亿元;存量房成交9353件,成交面积90.8万平方米,成交金额41.5亿元。

全年档案库存总量约117.17万宗,其中档案入库归档9.5万宗。向社会单位和办事群众免费提供房屋权属档案利用22.4万人次,出具证明12.8万份。

严格执行并完善房地产市场日常巡查、联合巡查、专项检查等制度,组织辖区内开发企业集中培训、逐一约谈,对商品房销售活动进行动态监测,对辖区内房地产市场领域的矛盾纠纷进行排查梳理,加强与相关部门的协调力度,及时化解不稳定因素。全年,开展各类巡查79批次,其中专项巡查23批次,“双随机一公开”检查3次;处理各类信访事务500余件,接待各类咨询1000余次,接待群众来访100余次;约谈相关企业100余次。

【窗口建设】

一是全面推行不动产交易税收登记“一窗受理、并行办理”模式,设立不动产交易税收登记综合受理窗口,一次性收取全部材料、一次性录入,实现“只见一次面”的工作目标。二是开展“不动产登记+金融”“不动产登记+互联网”服务。通过专网申报系统,将抵押登记及相关登记服务延伸到银行业金融机构,并推广“渝快办”移动政务服务平台,减少企业、群众跑路。三是不断强化辖区农村不动产登记窗口工作,持续提升不动产登记窗口延伸至涉农街镇服务水平。全年,辖区农村不动产登记窗口受理有关业务1889件。四是继续实行不动产登记“上门服务”和不动产登记结果“免费EMS邮寄”服务,全年开展不动产登记“上门服务”70余次、免费邮寄200余件。

【民生工作】

结合深化“放管服”改革、优化营商环境等重点工作,主动对接相关单位,报请区政府召开北碚区工业厂房不动产登记协调会等,相继为重庆广仁铁塔制造有限公司、国网重庆市电力公司、重庆洛维电子有限公司、重庆惠正机械制造有限公司等企业办理厂房不动产登记;按照区政府深化校地合作的部署要求,积极与西南大学对接,为其办理国有土地变更登记,办证面积约160万平方米,推进西南大学后续教学楼等房屋权属登记有关工作;全程参与缙云山国家级自然保护区综合整治有关工作,抽调10余名业务骨干组成工作推进小组,通过走村入户、现场办公等方式,为农户提供宅基地确权颁证服务;化解困扰群众多年的不动产登记难题,不断推进北碚红岩厂职工办证、四联光电职工房屋办证、焦家沟还建房办证、龙凤三村成套厂征地群众办证等工作。

【"不忘初心、牢记使命"主题教育】

按照市局党组"不忘初心、牢记使命"主题教育的工作要求,成立主题教育领导小组及办公室,按计划在主题教育期间开展"三会一课"、集中学习研讨会、中心组(扩大)学习会、主题党日活动等30余次,其中革命传统教育4次,爱国主义教育1次,廉政警示教育3次。中心9个科室负责人及20名党员全员参加、全程参与。党支部发放征求意见表、函100余份,对照党章党规查找差距,开展中央"8个方面"、市局"10个方面"专项整治,多途径查找、收集问题和意见建议。明确整改落实。认真梳理讨论查找收集的问题和意见建议,建立整改落实台账,边学边查边改,不断将"不忘初心、牢记使命"主题教育引向深入。

【队伍建设】

执行《党政领导干部选拔任用工作条例》等政策法规,按照干部选拔条件、程序和纪律选拔配备干部,全年认真开展干部选拔任用"一报告两评议"工作,并按程序完成内设机构负责人试用期满转正、人事档案清理、公开招聘工作人员及人员调动等工作。着力提高职工队伍综合素质,研究制定《干部职工培训学习计划》,将综合管理及业务知识全面纳入学习计划中,内容涉及行政执法、办公室工作、信息安全工作、档案工作、不动产登记工作等,参训率达100%。全年共40余人次参加市局、区政府组织的各类政务、业务培训,超过职工总人数的90%。坚持月度考核制度。

【领导班子】

党支部书记、主任吴炜,副主任高姝(女),党支部副书记刘方兰(女)。

(吴斌)

重庆市渝北不动产登记中心

【概况】

重庆市渝北不动产登记中心(以下简称中心),宗旨是为不动产权利人提供登记发证服务。内设综合科、受理审查科、登记复核科、缮发证件科、档案科、信息管理科、市场监管科、法制事务科、财务科九个科室。2019年中心编制数55人,现有在编职工53人,聘用人员78人。

全年共办结各类登记约20.2万件,其中,办理农村区域不动产登记业务1万余件。协助征收房产交易契税、增值税等10.2亿元。

【党建工作】

扎实开展"不忘初心、牢记使命"主题教育,强化思想政治教育,认真落实全面从严治党各项工作任务,筑牢党风廉政反腐工作防线,确保中心工作顺利开展。

【登记服务】

一是设立综合窗口,实现存量房转移(二手房过户)登记"一窗办理、即办即取"。二是大力推广落实"渝快办"线上登记服务模式。三是落实抵押登记专网到银行远程申报办理服务。四是开通实体经济、民营企业绿色通道。

【农村区域不动产登记】

在各镇街公共服务中心设立13个农村区域不动产登记专门窗口,实现农村不动产登记就近办理。开展村级代办服务试点。有序推进农村区域非公证继承业务。解决农村居民聚居区产权问题。落实镇街、部门信息协查机制,全年为全区镇街以及民政、农委等部门提供房屋信息查询36719人次。

【遗留问题办证】

全年办理群众购房、学校、医卫、工业厂房等23个项目,20.8万平方米。持续开展城镇房屋遗留问题的办证工作,解决佳华北辰里等群众购房遗留问题5个项目5.6万平方米,市一中寄宿学校、区妇幼保健院等7个学校、医卫国有房产项目8万平方米。推进工业厂房"两证"遗留问题集中办证工作。办理重庆双庆产业集团有限公司(A区厂房)、帅翼驰铝合金新材料重庆有限公司等11个项目,建筑面积7.2万平方米。

【业务质量管理】

坚持会审制度,定期会审研究解决疑难登记业务案件;坚持业务质量检查制度,严格落实登记业务责任制;持续加强办件秩序、重点业务管理工作;加强监管重点业务类别,从严检查限售类房屋登记、经济适用房再交易登记、解除网签办理、限制类登记等业务,确保登记正确。

【房地产市场监管】

落实市、区房产税、价格指导等房地产调控政策,全区房地产市场平稳发展。持续开展房地产市场监管整治,坚持明察暗访,查处违规销售行为,促进市场规范发展。大力处理房地产项目信访稳定问题,维护群众权益。

【领导班子】

主任张斌,副主任陈春(2019年8月离任)、刘玉亭、副主任 王福兴(2019年8月离任)、副主任向雯(女)。

(付永利)

重庆市巴南不动产登记中心

【概况】

重庆市巴南不动产登记中心(以下简称中心),系重庆市规划和自然资源局直属副处级事业单位。中心受重庆市规划和自然资源局的委托,承担辖区内土地(含土地承包经营权)登记、房屋登记、林地登记等不动产登记发证的具体工作,以及房地产交易管理的事务性工作;承担土地(含土地承包经营权)登记、房屋登记、林地登记等不动产登记信息化建设工作;承担房地产交易和不动产登记档案的管理、保管、利用等工作;协助开展房屋权属纠纷信访的处理,以及土地权属纠纷和合同纠纷的调处;承担相关行政诉讼的事务性工作。内设综合科、受理审查科、登记复核科、缮发证件科、档案科、财务科、市场监管科、法制事务科、信息管理科等九个科室。

2019年,中心以推进不动产登记工作提升服务水平为重点,以保障群众的不动产权利为首要,立足职能职责,为群众排忧解难、提供精准有效服务。

【党建工作】

一是全面贯彻落实中央、市委和市局党组、局直属机关党委关于基层党建工作的部署。及时组织全体党员干部,认真学习贯彻习近平总书记的重要讲话和重要批示精神,特别是习近平总书记在中央和国家机关党的建设工作会议上的讲话精神,在“不忘初心、牢记使命”主题教育工作会议上的讲话精神。二是严格执行党的组织生活制度,认真开展好“三会一课”。全年召开支委会17次,形成纪要17期,决议事项40个;党员大会15次,党小组会36次,领导班子上党课5次。三是积极开展“不忘初心、牢记使命”主题教育。6月13日,召开“不忘初心、牢记使命”主题教育工作会,成立主题教育领导小组,制定了工作方案。主题教育期间组织班子集中讨论学习6次,全体党员集中学习7次,中心组学习9次,党小组学习3次,专题党课3次,革命传统教育2次,警示教育1次。班子成员带头认真开展调查研究工作,发放意见征求表,召开座谈会收集问题、意见建议共47条。9月2日上午,开展领导班子专题民主生活会,会上,班子负责人及成员带头开展批评和自我批评,带头坚持真理、修正错误,及时指出和纠正批评和自我批评中可能出现的不良倾向。

【不动产统一登记】

全年办理证书共213055件,其中农房登记

12795件,林权81件,查询315500件,抵押专网申报3413件。商品房销售面积共569.4万平方米,同比增长0.61%,销售金额共545.32亿元,同比增长8.94%。

与税务部门推行不动产交易与登记、税务"一窗式"服务工作,实现"一窗受理、即办即取"的服务改革。目前,中心设有综合窗口7个,非涉税窗口4个,为办事群众和企业提供了更加方便、快捷的服务。

实现商品房买卖合同"网签即备案"功能,买卖双方在网上签订《商品房买卖合同》并提交时,首付款自动进入预售资金监管银行的账户,对商品房预售资金做到有效监管,同时保护群众预购商品房的合法权益。

与巴南区规划和自然资源局完成237254卷的土地档案电子数据移交,完成25宗闲置土地的动态衔接,改变"以前办理土地抵押登记的函来函往、企业和群众两头跑路"情况,并确保不动产登记工作的稳定性和连续性。

按照市规划自然资源局"互联网+"理念的工作部署,开展银行专网申报试点工作。1月,与农村商业银行巴南支行积极协调,共同配合成功开展专网申报试点工作。截至年底已开通30家金融机构抵押专网申报业务,通过开展抵押专网申报,既实现"让数据多跑路、让群众少跑腿"的方便、快捷、高效服务,又杜绝了不诚信的申请人以提交虚假注销材料进行蒙混登记的非法行为,切实降低不动产登记的法律风险。

积极推进优化营商环境财产登记工作。按区政府、市局的安排部署,重点推进优化营商环境财产登记相关工作,于12月30日顺利实现涉税类登记"线上申报、立等可取"和"一窗受理、即办即取"的工作任务。

【房地产市场监管】

一是做好商品房预售方案备案,坚持"房子是用来住的、不是用来炒的"定位,指导企业进行合理定价,稳房价、稳预期,确保市场平稳健康发展。共办理预售方案备案496件,指导企业合理定价136次。二是做好楼盘开盘检查、巡查工作,规范项目销售信息公示,让购房群众充分了解预售房屋信息后慎重购房,全年开展楼盘开盘检查和巡查检查共42次,发现销售信息公示不规范的共34个楼盘,已全部整改。三是做好信访投诉举报处理工作,加强对违规行为的查处力度。采取暂停网签、约谈企业措施,对荣盛等12家销售行为不规范的企业做出处罚,建立问题整改工作台账,指导、督促企业及时整改到位。其中,联发龙洲1号项目违规销售车位问题,以约谈企业负责人、暂停网签和预售业务办理等措施督促企业完成大部分整改,另有78户业主因涉及交房等问题要求过高,导致车位违规销售问题整改难度较大,进度比较缓慢。全年办理信访投诉举报共195件,发出责令整改通知书共3份,约谈企业共12次。四是做好房地产交易市场领域安全稳定工作。在国庆节前,召开辖区房地产交易市场领域的信访稳定工作会,传达市、区信访稳定工作相关会议精神,强调国庆期间的安全稳定。在国庆节期间,共巡查检查32家开发企业,确保国庆期间房地产交易领域的安全稳定。12月上旬,中心主要领导以带队现场调研及召开企业座谈会等方式,充分听取企业对不动产登记和市场监管等工作提出的意见和建议,进一步提高中心办事效率、办事质量和服务水平。

【办公楼搬迁】

中心新办公楼装修工作全面完成,于12月

27日至29日完成整体搬迁工作,12月30日正式投入使用,为办事群众提供了舒适、宽敞、方便的办事环境。

【领导班子】

党支部书记、主任唐洪智,副主任凌梅,副书记、副主任邱洪。

(朱晓红)

自然资源部重庆测绘院

【概况】

2019年,自然资源部重庆测绘院(以下简称测绘院)承担实施地理国情监测、第三次全国国土调查、自然资源专项监测评价项目等多个国家重大项目,完成测绘生产服务总值1亿万元。完成昌都市11个县10.98万平方千米的国土调查以及124万平方千米全球地理信息资源建设项目,项目成果顺利通过国家"三调"办核查及国家测绘产品质量检验测试中心复核。实施47万平方千米的国家基础地理信息数据库建设与更新项目。地理国情监测项目成果一次性通过国家复核验收。主动服务国家自然资源督察工作,抽调院技术骨干分赴重庆、湖南、湖北和贵州等四省市,为国家自然资源督察武汉局和成都局的国家"三调"核查工作提供技术支撑。

2019年,测绘院集中优势资源和力量,加强统筹协调,保证国家重大项目主体工作有序推进。全年未发生安全责任事故。

【地理国情监测】

基础性地理国情监测:完成贵州省(不包含贵阳市、安顺市、遵义市、六盘水市、黔南州龙里县)53个区县基础性地理国情监测数据生产,包括资料收集与整合、正射影像纠正、变化信息发现与提取、外业调查核查、内业编辑整理、过程质量检查等,形成符合设计要求、质量合格的基础性地理国情监测数据成果,面积约12万平方千米。完成重庆市、贵州省、湖南省的数据汇总、数据接边、入库预处理及汇交,面积约48万平方千米。完成直属生产单位监测数据生产成果的交叉验收。配合项目牵头单位,指导责任片区内贵州、重庆、湖南等省市开展监测成果的入库前检查和预处理、成果汇交等工作。完成责任片区内贵州等省份的数据集汇总、入库前检查和预处理、成果汇交等工作。

地方基础性地理国情监测:完成重庆市开州区、云阳县的地理国情监测,包括项目技术设计,各行业部门专题资料收集与处理,变化信息发现与提取、外业调查核查、内业编辑与整理、质量控制、成果基本统计分析及报告编制。完成贵州省贵阳市、安顺市(含贵安新区)、遵义市、六盘水市、黔南州龙里县面积约5.95万平方千米的地理国情监测数据生产,包括资料收集与整合、影像正射纠正、变化信息发现与提取、外业调查核查、内业编辑与整理、质量控制等。

【第三次全国土地调查】

完成昌都市11个县10.98万平方千米的第三次全国土地调查内业数据处理、外业调查、举证、数据库建设、数据汇总与分析、文字报告编写等工作。在国家三调办组织的成果质量核查中，我院承担的11个县以优异的成果质量一次性通过国家三调办核查，获得了各方高度肯定和一致好评。

完成重庆市开州、奉节、渝北、万盛等4个区县第三次全国土地调查，涉及项目金额2546万元。

【基础测绘】

国家基础测绘：完成湖南、贵州、重庆三省市27个生产单元（248个县级行政区域）约47万平方千米的1:5万数字线划图重点要素数据更新；完成重庆8.24万平方千米1:5万数字线划图全要素更新；完成贵州省381幅1:5万地形图制图数据更新生产；完成29幅1:25万数字线划图数据缩编更新；完成29幅1:25万制图数据生产；完成2幅1:100万数字线划图数据缩编更新；完成2幅1:100万制图数据生产。

地方基础测绘：完成重庆市大足区、綦江区、梁平县和武隆县1:2000规划区数字地形图测绘项目数字正射影像图、数字高程模型、数字线划图及数据建库和制图数据生产共计909幅，项目金额约1090万元，为地方国土空间规划和经济建设提供基础地理信息支撑。

【全球地理信息资源建设与维护更新】

完成境外区域约124万平方千米的数据生产任务，涉及1:5万图幅2803幅，主要任务包括区域网平差处理，数字正射影像图、数字高程模型、数字表面模型、核心矢量要素数据生产以及主要产品境外现场验证等。其中，核心矢量要素数据包括二级行政区划、主要地名、高速、快速路、城市主要道路、乡村主要道路、干线铁路等内容。

【不动产登记测量】

完成东莞市不动产登记数据整合项目质量检验、彭水县农村土地承包经营权确权登记项目正射影像成果质量检验、惠阳区农村地籍调查项目成果质量检验等项目，涉及项目金额约260余万元。

【地理信息系统工程】

完成西藏自治区土地调查数据库管理系统与服务平台研发、中铁工程设计咨询集团有限公司航测遥感院信息化测绘管理系统研发、矿山地质环境治理恢复监管平台研发、西藏自治区涉密测绘成果在线申请审批及目录服务系统建设、西藏自治区矿业权调查成果目录服务系统建设、黑龙江高精度位置综合服务平台（二期）建设、基于天地图的领导工作用图移动平台建设项目等，以及为有效支撑地方历史文化资源的保护和维护，完成重庆市忠县、丰都县、梁平县、开州区、万州区、奉节县、云阳县、巫溪县、巫山县、黔江区、彭水县、石柱县、秀山县、酉阳县等14个区县的历史文化资源测绘和信息建库工作，涉及项目金额约1000万元。

【专项监测评价项目】

长江经济带发展地理国情监测。围绕长江经济带发展战略实施以及重要水源地、大型湖泊保护，重点针对重庆市、湖北省内自然资源开发、保护与利用情况，面向长江流域发展不平衡不协调等突出问题，开展监测所需专题资料收集与整理，充分利用基础性地理监测成果，并根据需要细化或增加采集内容，开展统计分析，揭示区域和流域范围内、经济社会发展过程中自然资源开发与利用方面存在的突出问题，形成有价值、能站住脚的结论，提出现实可操作的建议，为自然资源部决策判断提供专题分析报告、监测报告、图件及相关数据等成果。

农业战略格局重要地理国情监测。围绕农业战略格局的主体内容，重点针对华南农产品主产区内自然资源开发、保护与利用情况，开展监测所需专题资料收集与整理，充分利用基础性地理国情监测成果，并根据需要细化或增加采集内容，开展统计分析，揭示区域范围内、经济社会发展过程中自然资源开发与利用方面存在的突出问题，形成有价值、能站住脚的结论，提出现实可操作的建议，为自然资源部决策判断提供专题分析报告、监测报告、图件及相关数据等成果。

【支撑保障】

为国家自然资源督察武汉局提供督察业务支撑保障。在国家“三调”核查督察工作中，就湖南、湖北和贵州三省市为武汉督察局提供技术支撑保障。在整个核查工作中，督察发现问题图斑数占全国的36%，内业识别问题图斑准确率达51.04%，部分县准确率超过80%，督察外业驻场时间大幅降低，督察工作效能显著提高。

【科技创新】

完成《统一监管自然资源技术开发与示范应用》测绘科技创新项目的开发。

完成《EarthArtsView三维仿真展示系统[简称：EAView]V2.0》《土地整治移动巡查平台V1.0》《藏东南高原边缘森林生态功能区统计分析与发布平台 V1，0》和《精准位置服务平台V1.0》四个软件著作权登记。

【科技奖励】

参与的《全球测图技术系统与应用示范》《面向自然资源统一管理的信息化测绘关键技术及应用》均被中国测绘协会评为“测绘科技进步奖一等奖”。

【领导班子】

党委书记、副院长肖平，党委副书记、院长山川，副院长杨洪、蒋世明，总工程师何忠焕，纪委书记方庆春。

（龙晓翔）

重庆市规划和自然资源学会

【概况】

重庆市规划和自然资源学会（以下简称市学会）是规划和自然资源及相关领域科技、管理工作者自愿结成的具有社会公益性质（地方性、学术性、非营利性)并依法注册登记的社会团体。12月31日,经第三次会员代表大会审议通过,重庆市国土资源和房地产学会正式更名为重庆市规划和自然资源学会。下设10个分支机构:学术科普专委会、地质矿产专委会、规划专委会、测绘专委会、法学专委会、会计专委会、征地分会、主城片区联络处、渝东片区联络处、渝西片区联络处。

2019年,市学会抓紧机构改革机遇,有序开展各项工作,以承接政府转移职能为工作重点,持续强化自身建设,切实提升学术影响力、会员凝聚力和社会公信力。在2019年全市性社会组织等级评估中获"5A级社会组织"称号。

【党建工作】

市学会党支部严格落实"三会一课"制度,全年开展集中学习12次。为加强党员干部革命传统教育,激发大家对党忠诚、严守纪律、顾全大局、勇于担当的思想觉悟,组织开展主题教育活动。9月25日,党支部和分支机构代表40余人在铁山坪森林公园开展"我和我的祖国"庆祝建国70周年活动。

7月13日,经学会主管单位市规划自然资源局批准,任命王锋同志为学会党支部书记。

【学术交流】

坚持把创新驱动发展作为学术交流的主旨,邀请国内知名专家学者来渝做学术交流报告。4月26日邀请中国地质大学(武汉)蔡建超教授来渝做题为《储层多孔介质微观结构研究及SCI论文写作技巧》的学术报告。重庆大学钟栋梁教授及主要研究人员参加报告会。蔡建超教授分享其团队在储层多孔介质微观结构方面的最新研究进展,讲解SCI论文写作中的关键细节。4月28日,邀请南京大学施斌教授(国家科技进步一等奖获得者)团队——分布式监测重点实验室副主任、南智传感总经理魏广庆博士一行来渝进行学术交流,研究院主要领导以及技术骨干50余人参会。7月15日,邀请北京青檬艾柯科技有限公司执行董事、新西兰惠灵顿维多利亚大学物理学博士刘化冰来渝做《核磁共振技术在地质资源与地质工程中的应用》学术报告。与会者就核磁共振技术在地质灾害预警中的应用、页岩重要参数测量等问题进行交流互动。

积极"走出去",组织会员参与高端学术交流活动。6月20日至21日,组织参加京津沪渝直辖市第六次土地学会联席会暨京津冀协同发展学术交流会。学会理事长、西南大学地理科学学院博导杨庆媛教授在会上做"基于重庆两江四山区域国土空间综合整治思考"的学术报告,学会副理事长、西南大学地理科学学院博导王成教授做"生产-生活-生态三生空间耦合透视国土空间规划"的学术报告。8月29日至30日,学会理事长杨庆媛教授带领学会会员参加二十八届(2019年)海峡两岸土地学术研讨会。杨庆媛理事长在"农村土地制度改革与乡村振兴"分会场上做题为"集体经营性建设用地入市助推乡村振兴的实践路径探讨——以成都市郫都区水源保护区为例"报告,受到与会学者高度关注。

促进区县经济发展,开展学会片区学术研讨。结合全国土地日"严格保护耕地 节约集约用地"宣传主题,邀请西南政法大学刘俊教授在涪陵、铜梁等区分别做"农村宅基地使用制度改革法律问题"学术报告。报告会聚焦规划和自然资源前沿问题,顺应新时期全面深化改革潮流,为加快城乡融合发展、助推乡村振兴提供思路,为区县经济发展起到助推作用。

6月26日下午,在市规划自然资源局学术报告厅举行第29个全国"土地日"学术报告会。局机关干部、中心城区各分局、局属各单位、各学会、协会、部分高校和科研院所近400人与会。西南政法大学教授刘俊在会上做题为"我国自然资源资产产权制度改革的目标与任务"的学术报告。报告结合实践,深入浅出,受到与会者欢迎。

6月28日,围绕土地日宣传主题"新时代国土空间规划与生态安全格局"召开座谈会。这是机构改革后市学会召开的第一次山、水、林、田、湖、草综合管理与研究。会上,国土空间规划涉及的政府部门、高校和技术单位的专家交互融合与碰撞,增进了友谊,促进了学科交叉研究,为在新形势新领域的探索提供了很多新思路、新理念和新方法。

【科普活动】

4月17日在綦江举办"世界地球日"宣传活动,活动以科普讲座、实地考察及发放科普资料等形式开展,来自九龙坡、渝北、江北、荣昌、永川、万州、涪陵、綦江等区学会的专家学者共计50余人参与。

4月20日下午,邀请著名星空摄影师、国际暗夜协会北京分会成员戴建峰在西南大学天文地质馆开展"星空摄影"主题讲座。本次讲座由市学会、西南大学天文地质馆、北碚区科技局以及北碚区科协联合主办。吸引来自西南大学和附近的中小学生、西南大学校友及市民共一百余人参加。

响应科普活动周号召,9月17日,学会在西南大学地理科学学院举办2019年全国科普日活动。组织学会会员单位20家土地规划机构的负责人或代表参加。与会者首先参观西南大学天文地质馆,激发在家对天文、地质知识的学习兴趣。参展后,学会理事长杨庆媛教授结合与会者工作实际,做题为《关于国土空间规划编制的几点思考》的报告。报告从建立国土空间规划体系及其实施的背景、国土空间规划体系及其实施的顶层设计与贯彻落实、当前国土空间规划研究关注的重点和热点等三个方面,向与会者介绍当前国土空间规划的新政及理论思考,为与会者提供大量的新信息、新思路。

5月23日至24日,走进万盛区进盛实验中学和中盛小学,开展两场地学科普进校园活动,19个班1050名学生参加活动,覆盖小学和中学两个群体。本次科普活动得到进盛实验中学、中盛小学师生及家长的高度认可。科普进校园活动不仅带来了自然科学知识,还激发了同学们探索大自然,保护大自然的热情。

为服务学会会员,将科普宣传从娃娃抓起,8月10日至16日间,学会携手重庆市少工委,组织会员10-15岁的子女30人,赴内蒙古自治区开展为期七天的"热爱祖国、以学习内蒙古民族文化和考察草原生态为目标的自然资源科普夏令营活动"。

【学会会刊】

会刊《重庆国土资源》既为学术研究提供阵地,也为科普宣传提供平台。为提升会刊质量:一是加大专家约稿力度,展示学会调研课题阶段性成果,提高刊出文章的学术性可操作性;二是鼓励基层会员投稿,努力刊载一线作者接地气的好文章;三是完善外协编委和审稿人制度。全年编辑出版6期、24万字。

【承接政府转移职能工作】

一是加强土地规划机构推荐名录常态化管理,做好规划机构业务培训工作,助推提升全市土地规划编制质量。截至年底,全市共有158家单位取得土地规划推荐资质,其中甲级6家,乙级45家,丙级107家。二是做好《重庆市规划和自然资源年鉴(2019卷)》的编撰出版工作,从2004年累计编撰16卷共690万字,《重庆市规划和自然资源年鉴(2019卷)》合计45万字。三是做好《重庆市志·国土资源和房屋管理志》编撰出版工作。截至目前已完成内审稿的编纂,已报市局审查。内容含4篇30章125节,共计142万余字。

【领导班子】

理事长杨庆媛,常务副理事长董世琳,秘书长胡晓风(6月30日离任)、王锋(7月1日上任),监事长李航。

(张姝姝)

重庆市地质矿业协会

【概况】

重庆市地质矿业协会(以下简称市地矿协会)成立于2004年,是由市地质、矿业企(事)业单位及有关单位自愿组成的地方性行业性非营利性社会组织,是依法注册登记的社会团体法人。业务监督指导单位为重庆市规划和自然资源局。市地质矿业协会最高权力机构是会员代表大会,在会员代表大会下,依次设置理事会、常务理事会、会长办公会,内设秘书处组织日常工作。

【党建工作】

协会党支部通过集中学习和个人自学相结合的方式,组织学习十九大报告原文、习总书记系列讲话精神和市委五届六次全会精神等;学习国家法律法规,特别是与行业相关的法规制度;立足行业实际,学习行业改革发展新活动、新知识、新规定。坚持落实好“三会一课”、主题党日、组织生活会、民主评议党员、谈心谈话等党内基本制度,定期开展党员培训,强化党员意识,引导党员围绕中心工作发挥战斗堡垒和先锋模范作用。

【绿色矿山建设】

按照市规划自然资源局对绿色矿山建设及第三方评估工作的要求,市地矿协会配合主管部门协调落实推进计划,为市局布置年度目标任务提供参考依据;组织开展“重庆市绿色矿山建设标准”“重庆市绿色矿山建设自评报告”的编写、佐证材料收集、第三方评估流程及要求等方面的技术培训;举办各区县片区绿色矿山建设推进会和学习观摩会;同时,组织矿山企业参加由中国矿业联合会在辽宁省鞍山市举办的2019(第十二期)中国矿业循环经济暨绿色矿业发展论坛。

另外,进行绿色矿山建设实地指导和第三方评估监督。由市地矿协会会长李玉明、秘书长周光荣带队,重点对计划建成个数较多、任务较重、具有代表性区县的推进情况进行实地调查和现场指导,提出相关整改措施和加快推进力度的建议;根据《重庆市绿色矿山建设评估工作程序》的要求,市地矿协会对第三方评估单位及第三方评估现场进行全过程监管,重点对评估廉洁纪律、评估流程、考核评分的公平公正性进行监督。

【会员服务和行业指导】

按照市规划自然资源局关于加强地质矿产勘查培训工作的相关要求,市地矿协会对在渝从事相关专业工作的地勘单位(含中介服务机构)工程技术人员及相关管理人员,就矿产地质、水文地质、测绘等专业有针对性地开展一期培训学习,参训单位32家,专业技术人员共计377人。

参与行业标准和矿业政策法规制定,为政府部门制定相关政策提供参考;密切与行业技术单位的联系,积极配合自然资源部矿产资源储量评审中心完成《重晶石、毒重石、萤石、硼矿地质勘查规范》,并提出编制意见;为矿山企业提供资源供需形势分析,投资方向建议以及海外矿山投资信息咨询服务;听取、收集矿山企业的呼声和诉求,并及时向行业主管部门反映情况。

【行业诚信建设】

12月,召开重庆市矿业权实地核查工作自律公约座谈会,并通过电话、邮件、多次召开研讨会等形式,就公约目的、内容及后续工作等与20余家代表企业及机构交流讨论,听取相关意见建议,最终形成《重庆市矿业权实地核查工作自律公约》。

【搭建信息交流平台】

加大宣传力度,以协会门户网、行业期刊《重庆地质矿产》为载体,重点宣传绿色矿山建设、行业动向、政策法规。杂志推出绿色矿山系列报道,详细介绍全市在绿色矿山建设方面所做的工作,市地质矿业协会在这项工作中发挥积极的桥梁纽带作用,使国家和市地矿行业有关信息、政策法规以及取得的成绩得到广泛宣传;更加注重稿件的趣味性和可读性,内容在地质科普、专业知识等方面有所侧重,更贴近实际工作。杂志全年编辑出版四期,印制发放2200册,顺利完成当年年审工作。

【加强自身建设】

配合市规划自然资源局顺利完成协会脱钩审计工作,进一步厘清行政机关与行业协会商会的职能边界;配合市民政局在全市行业协会商会中开展涉企收费专项治理工作,市地矿协会对2018年以来所有涉企收费项目进行自查,查清收费项目、标准、范围、数额和依据,并对照专项治理内容,逐一研究提出取消收费项目、降低收费标准以及下一步整改意见,形成专项自查报告,并及时报送市民政局。

健全档案工作,完成协会成立以来技术档案、文书档案的收集、整理、立卷、编目、归档工作。

【领导班子】

会长李玉明,副会长李进财、孙远东、李彪、赵宁德、杨弘忠、何安弟、姚光华、秦代伦、王家海、邓光明、蒋春义。

(张婉然)

重庆宝玉石产业协会

【概况】

重庆宝玉石产业协会(以下简称协会)2019年在市民政局、市规划自然资源局的指导帮助下,顺利完成协会第二届理事会和党支部的换届选举工作。协会严格按照国家有关社会组织的法律法规和协会章程,本着为会员服务、为政府服务和为行业服务的宗旨,积极开展工作,做好各项服务。

【换届选举】

完成协会第二届理事会的换届选举工作。7月3日,协会召开第二届第一次会员大会,大会选举第二届理事会理事、监事、副会长等,胡晓风同志当选协会第二届理事会会长。完成章程修改及会费标准的审议。

完成协会党支部的换届选举工作。10月21日,协会党支部召开党员大会,选举新一届协会党支部委员,胡晓风同志当选协会新一任党支部书记。

【课题研究】

协会完成《重庆市宝玉石资源的开发利用前景调研》和《重庆市宝玉石市场诚信体系建设研究》2个课题,促成重庆矿产研究院江津石英质玉调查研究项目立项。同时申报2020年市局的科技项目。

【完善制度建设】

协会根据章程的相关规定,制定《会员管理办法》《重大决策咨询制度会议办法》《分支机构管理办法》等制度,经协会第二届第二次理事会审议通过并实施。为规范市场,倡导会员企业树立诚信经营理念,制定《重庆宝玉石产业协会自律公约》《重庆宝玉石产业协会诚信经营承诺书》,会员入会需签订承诺书,并自觉遵守自律公约。

【服务会员】

为更好地服务会员,发挥协会纽带作用,协会深入开展会员走访,在走访过程中积极听取珠宝商在发展中遇到的问题和建议,联系、协调相关部门解决会员难题。

【领导班子】

支部书记、会长胡晓风,副会长栾进华、廖英、周颖,副秘书长陈璐。

(陈江红)

区县

重庆规划和自然资源年鉴（2020）

万州区规划和自然资源管理局

【概况】

截至2019年,万州区共有耕地1004平方千米,园地109平方千米,林地1348.87平方千米,牧草地276.73平方千米,城镇及工矿用地291.67平方千米,交通运输用地65.6平方千米,水域及水利设施用地176.53平方千米,其他土地184平方千米。永久基本农田616.67平方千米,占耕地总面积61.42%。

3月,万州区政府将原区城乡建设委员会城乡规划管理职责,以及原万州区国土资源和房屋管理局国土资源管理职责,万州区发展和改革委员会组织编制主体功能区规划职责,万州区水务局水资源调查和确权登记管理职责,原万州区农业委员会草原资源调查和确权登记管理职责,万州区林业局森林、湿地等资源调查和确权登记管理职责等整合,组建成立万州区规划和自然资源局(以下简称区规划自然资源局)。机构内设15个科室,下辖11个直属事业单位和16个规划自然资源所。行政编制41人,科级领导职数27人,局机关职工41人。2019年末在职在编总人数392人(空缺73人)。

全年区规划自然资源局清查出全区闲置用地310个341.37公顷,完成闲置土地工作方案与近期利用规划编制工作,选定32个地块为近期利用规划对象采取生态修复、功能修补等模式完善城市公共服务设施和基础设施配套,提升城市内涵。全区镇乡街道编制发放优秀人居环境整治案例图集,总体布局老旧住区及农村环境整治,选派42名规划师下基层服务,建立1镇乡(街道)1规划师的长效服务机制。开展易地扶贫搬迁超面积、超负债“双超”整改,办理易地扶贫搬迁不动产权证1350本。包装建卡贫困户复垦项目40个76.73公顷。完成易地扶贫搬迁房屋收储兑付1572户4410.25万元。

【国土空间规划研究】

在成渝地区双城经济圈背景下,谋划融入长江经济带发展战略,完成渝东北三峡库区城镇群发展等重大专题研究,研究构建以万州为中心,万开云梁忠为核心圈,串联沿江城镇发展带的区域空间结构。以万州和达州为发展极核,启动万达开空间布局优化研究,增强两地基础设施互联互通和产业协同。完成渝东两化示范区概念性规划和万州区避暑休闲地产规划等专项规划编制。探索建立万州区两级三类国土空间规划体系。印发实施《万州区国土空间总体规划编制工作方案》,推进万州区国土空间总体规划编制工作,同步启动恒合土家族乡国土空间总体规划编制试点。启动国土空间双评价、三线划定、人口城镇化、区域协同发展、历史文化保护、地理特征等专题研究。开展全区生态保护红线评估工作,启动自然保护地空间范围细化优化工作。

开展“两规”一致性方案编制。完成多批次土地利用总体规划符合性审查、局部调整或修改报市级审批,为万州综合保税区、万州东北部城市供水工程、中通物流园等项目以及高铁片区、经开区高峰园实施城市(镇)规划项目等重大基础设施落地和城市片区综合开发提供用地保障。

完成万州城区控规一张蓝图，协调落实15项专业专项规划，初步建立控规一张图数据库，基本实现利用“多规合一”业务协同平台服务项目前期策划。编制完成上坪片区控规修编、新田园控规修编，启动高铁控规深化，都历、驸马控规新编制。开展密溪沟、塘角、驸马、都历片区城市设计。完成三峡国际健康城规划等重点规划研究，完成城区5所高校搬迁选址、水产研究所及区委党校搬迁、幼专老校区搬迁利用等重大项目研究。开展二纵线预研预控，开展渝东北应急救援中心、江万船厂等重点项目选址研究。完成控规局部修改编制项目30余项。组织编制完成万州城市空间形态演变研究，2018年度城市空间发展年度报告、交通年度报告、公用设施年度报告、交通调查工作。完成城区索道论证、橘园改造等20余项前期规划论证项目。

【专项规划】

组织编制完成城市双修总体规划、社区公共服务设施整合规划、中心城区绿道网规划、城市地下空间规划等专项规划编制工作。组织开展城区闲置土地清理及规划工作，清理闲置土地310宗，完成权属核实与规划利用方案74宗。

【镇村规划编制】

完成恒合土家族乡特色小镇规划编制。完成全区村布局规划，完成350个村规划编制，全区村规划覆盖率达到80%。完成农村人居环境整治优秀成果图片集等编制工作。

【提升城乡品质】

与东南大学、四川美术学院交流合作，开展中心城区建筑色彩规划，中心城区建筑第五立面研究。指导滨江环湖、一环十六景、橘园改造、北滨公园景观提升。

【老旧小区改造】

《重庆市老旧住宅增设电梯建设管理暂行办法》（渝府办发〔2017〕76号出台后，区局组织制定并印制《万州区老旧住宅增设电梯办理指南（包含工程规划许可办理指南、工程规划许可工作主要流程图、工程施工图审查合格备案办理指南、办理施工许可证相关手续、工程竣工规划核实办理指南）》。经初步统计，至12月，区局共受理老旧住宅增设电梯办理规划许可申请约400份，核发建设工程规划许可约130部，已竣工投入使用约40部。其中发放办事指南1000余份，接待老旧住宅增设电梯咨询500余次。

【建设项目审批】

服务重大基础设施、招商引资项目14件（办理万州区江南水厂及配套管网工程、石峰片区配水管网及加压站工程、长江二桥北桥头至高铁片区连接道工程、天城大道改扩建工程、三峡国际农副产品集散基地、友豪万商城等项目办理规划手续），推动化解涉及重大历史遗留问题项目4个（金龙豪爵及兴茂现代城五六期停车库整改规划许可办理、如意汇景设计方案论证、九池乡黄梅村遗留问题）。全年办理建筑项目建设工程规划许可50件，许可总建筑面积约293.2万平方米（另江南新区、经开区单独办理建设工程规划许可52件，许可总建筑面积约292万平方米）；办理选址12件，总用地面积约

35.1万平方米;办理用地规划许可9件,总用地面积76.9万平方米。市政项目办理选址25件,办理用地规划许可13件,办理工程规划许可16件。办理建筑项目竣工规划核实确认书41件,竣工总建筑面积约216.9万平方米(其中居住面积约107.4万平方米,公建面积约59.8万平方米,工业面积约0.87万平方米,车库面积约46.6万平方米,配套面积约0.98万平方米)。

【历史文化资源】

通过开展资源普查,推进历史文化名镇、名村、历史建筑的普查申报、评价认定工作,形成历史建筑潜在名录78处,历史建筑正式名录16处,成功申报国家级历史文化名镇罗田镇,成功申报市级历史文化名镇走马镇、柱山乡,成功申报市级历史文化名村普子乡碗厂村。启动区历史文化保护传承规划和实施工作,完成阶段性成果《万州城市空间历史拓展演变研究》《万州传统风貌建筑元素指引图集》;完善保护规划,编制完成走马镇、柱山乡、碗厂村历史文化名镇名村保护规划,启动修编罗田镇历史文化名镇保护规划。完成14处历史建筑紫线保护规划编制及挂牌保护工作;推进保护修缮,完成42处保护性建筑测绘成果;开展专项行动和规划研究,启动山城步道专项规划编制工作,开展万州地理特征(地理文化)专题研究工作。构建"历史文化+大数据"管理系统,建立涵盖历史文化镇村、历史建筑等要素的空间数据库和地理信息系统。

【测绘地理信息】

建成万州区规划自然资源大数据演示厅、万州区综合区情系统,实现全区0.4米分辨率三维地形模型、中心城区83.4平方千米0.05米实景三维模型成果覆盖,并整合城市精细三维仿真模型,汇聚规划自然资源大数据成果,科学服务万州区委、区政府决策。建成局行政办公系统,搭建局微信公众号。完成中心城区周边1500平方千米1:2000地形图覆盖,完成区三等水准网建设,开展基本比例尺地形图、遥感影像和城市地下管线数据动态更新,全力做好全区招商引资、重大项目基础测绘保障,编制出版《万州区立体地图》,做好全区地理信息和地图服务工作,探索研究"多测合一"改革。加强全区测绘行业交流与监管,承办2019年西南片区测绘地理信息学会工作交流会,为西南六省市区搭建交流学习平台,并积极参加全国各类行业交流活动与学术会议。

【重新组建区规委会】

重新组建万州区规划委员会,完成区规委会工作规则修订及组成人员调整等工作,制定区规委会办公室和区规委会专委会工作细则,并召开第一次全体会议。组织审议《渝东"产业生态化、生态产业化"示范区概念性规划》方案、《万州建成区闲置用地清理处置及利用规划》方案、《万州区屋顶违法建筑整治指引方案》和《万州区传统风貌建筑梳理与运用研究》等重大规划研究项目。

【建设用地供应】

全年出让土地45宗295.92公顷,出让合同价款28.39亿元。办理划拨供地29宗49.33公顷。

【建设土地市场】

编制完成2020年度万州区土地供应计划并报区政府审定。开展新一轮土地级别和基准地价调整更新论证，并修改和完善2018年编制成果。

【土地供后监管】

强化出让合同和划拨决定书日常履约监管，开展2009-2016年土地批而未供处置，发出《开工履约通知书》33宗和《竣工履约通知书》21宗，催缴通知书或协助催款函11余份，催缴到位欠缴出让价款及滞纳金约5.12亿元。

【新增建设用地计划指标核销】

完成24宗141.03公顷项目计划指标核销工作。

【农用地转用和土地征收报批】

完成29宗481.51公顷农用地转用和土地征收报批，有效保障郑万铁路万州段项目、恩广高速公路万州段项目、宜万铁路万州新田港集疏运中心、中通快递渝东（万州）智能科技产业链园区、污水处理厂等全区基础设施建设和重点招商引资项目用地。

【征地拆迁】

实施征地26宗247.46公顷，安置人员约1500人，支付征地拆迁补偿资金4.92亿元。

【保障农村集体建设用地】

审批集体建设用地30批次，其中农村宅基地23批次213户1.9公顷，易地扶贫搬迁集中安置点用地1个1.72公顷，乡村公共设施和公益事业3个0.6公顷，入股联营企业用地3宗3.17公顷，有效改善农村人居环境，推动农村公共设施和公益事业建设。

【闲置土地清理】

清查出闲置用地310个341.37公顷，组织编制《万州建成区闲置用地清理处置及利用工作方案》，选择规模适中、所在区域功能缺失明显、居民需求强烈以及能有效提升城市景观形象的32宗10.95公顷土地为第一批闲置土地处置利用项目，已完成8宗，其余24宗土地正有序推进中。

【用地指标奖励】

万州区收获有史以来最大规模用地指标奖励。因土地节约集约利用成效获国务院督查全国通报表扬，获得奖励用地计划指标166.67公顷。

【单位GDP用地】

万州区2018年度单位国内生产总值建设用地使用面积为44.30公顷/亿元，与基期年（2015年）相比下降14.28%，年均下降率5.01%，完成既定目标。

【耕地保护】

完成市政府下达万州区2019年度耕地保护目标任务81680公顷，基本农田保护目标任务61666.67公顷。启动永久基本农田储备区划定工作并形成初步成果报市规划自然资源局复核。

【耕地占补平衡】

全区办理建设项目耕地占补平衡17宗71.74公顷（其中水田39.89公顷，粮食产能727184.48公斤）。

【农村土地开发整理】

完成1个市级土地整治项目（龙驹镇岭上

村和梧桐村),10个区级土地整理项目已完成50%以上。补充耕地181.61公顷。

【废弃矿山生态修复】

推进长江经济带10千米内废弃矿山生态修复,完成81个点调查摸底工作和修复点外业测绘。其中31个点52.42公顷完成修复任务。

【矿业权管理】

一是完成14家已设采矿权出让收益评估,收缴出让收益5282.24万元。完成4家新设采矿权出让前期(二合一)技术报告编制,2家新设采矿权评估报告编制。二是17家位于自然保护地和禁采区等矿业权已完成退出工作,公告自行废止采矿许可证。三是全区20家在产矿山全部纳入绿色矿山建设管理范围,其中6家矿山已建成绿色矿山并通过第三方评估。

【地灾监测预警】

完善"四重网格化"监测预警体系,全覆盖、全方位监测全区900处地灾隐患点,开展大周镇四方碑滑坡、溪口乡麻地湾滑坡等19处重要隐患点专业监测。

【应急处置】

开展地灾应急调查处置42次,疏散转移涉险群众180余人。投入资金840万元,实施地灾隐患点应急降险处理18处。

【开展校地合作】

区政府与中国地质大学(武汉)签署战略合作协议,三峡库区地质灾害野外监测与预警示范中心正式挂牌成立。

【查处违法案件】

全年立案查处土地违法案件92件,矿产违法案件9件,查处新增违法建设4起;制止违法建设50户。

【卫片执法】

立案查处2018年度土地卫片执法发现的违法案件19件,做出行政处罚15件,收缴罚款47.27万元,受理检察建议书1件。

【专项清理整治】

全区清理"大棚房"问题项目28个,其中全部拆除复耕项目7个,拆除非农设施,恢复原设施农业项目用途项目7个,补办完善设施农用地手续项目3个,拆除非农设施,恢复设施农业项目用途,补办完善设施农用地手续项目6个,拆除非农设施,恢复设施农业项目用途,补办完善设施农用地手续和建设用地手续项目5个,通过市级验收。

【不动产统一登记】

受理各类不动产登记业务8万余件。探索"互联网+不动产登记",开通不动产登记中心微信公众号,受理自助查询业务7210件。探索农房登记业务下沉至国土房管所方案。

【领导班子】

党委书记、局长白波,党委委员、副局长孙涛、杨毅、谭欣、赖精华,党委委员、区纪委驻局纪检组组长王端正,副局长卢长虹。

(李进财)

黔江区规划和自然资源管理局

【概况】

截至2019年，黔江区共有土地239185.14公顷，其中耕地60381.98公顷，人均0.11公顷，园地2245.86公顷，林地140205.23公顷，草地6703.04公顷，城镇村及工矿用地10297.63公顷，交通运输用地2834.32公顷，水域及水利设施用地3724.66公顷，其他土地12792.42公顷。全区已发现矿种17种：煤、铝土矿、萤石（普通）、重晶石、建筑石料用灰岩、水泥用灰岩、水泥配料用页岩、饰面用灰岩、白云岩、铁、铅、锌、硫铁矿、石英砂岩、耐火粘土、铁矾土、砖瓦用页岩等。探明并有一定储量的矿产资源有14种：煤、萤石（普通）、重晶石、铝土矿、饰面用灰岩、铁、铅、锌、硫铁矿、建筑石料用灰岩、石英砂岩、铁矾土、水泥配料用页岩、水泥用灰岩等。全区矿产资源总体特征表现为：大、中型矿产地少，小型矿产地多；非金属矿产多，能源矿产、金属矿产少；贫矿、难选冶矿多，富矿少。

1月8日，黔江区委区政府将原区规划局的职责，原区国土资源和房屋管理局的国土资源管理职责，区发展和改革委员会的组织编制主体功能区规划职责，区水务局的水资源调查和确权登记管理职责，区农业委员会的草原资源调查和确权登记管理职责，区林业局的森林、湿地等资源调查和确权登记管理职责等整合，组建成立黔江区规划和自然资源局（以下简称区规划自然资源局），作为区政府工作部门，于4月11日正式挂牌。机构内设办公室、党群科、法治科、行政审批服务科、计划财务科、规划编制和空间用途管制科、项目规划管理科、测绘和信息管理科、生态修复和耕地保护监督科、自然资源调查确权登记科、自然资源权益和开发利用科、地质矿产科等12个科室。下设副处级参公事业单位黔江区规划和自然资源综合行政执法支队、副处级事业单位黔江区集体土地征收中心、农村土地整治中心，正科级事业单位不动产登记中心、规划研究服务中心、土地储备中心、地质环境监测站、规划展览馆、国土资源和房地产信息中心等9个事业单位和14个基层国土资源和房屋管理所。2019年末在编在岗干部职工312人，其中在编146人（行政72人，事业72人，机关工勤2人），聘用166人。

2019年，区规划自然资源局围绕“统一行使全民所有自然资源资产所有者职责、统一行使所有国土空间用途管制和生态保护修复职责”，摸清自然资源基本状况，优化国土空间开发保护格局，提高资源配置质量效益，加强生态保护修复，守好安全稳定防线，坚持依法行政，提高行政效率，为黔江经济社会持续健康发展提供强有力的支撑。

【土地规划】

推进黔江区国土空间总体规划工作，开展“多规合一”工作，有序开展村（社区）规划编制，开展历史文化名镇、名村和历史建筑的保护工作，推进其他规划编制工作。

【国土空间总体规划】

完成工作方案制定并上报区政府，采购方

案已报请区财政局批准,招标文件已获局党委审议原则通过,待完善后发布招标公告。

【多规合一】

完成城镇控规整合工作,成果已报市局审查入库;按市局要求,开展2次生态保护红线评估调整优化工作,评估结果已报请区政府审定并上报市局审查。

【专业专项规划编制】

完成全区共计180个村(社区)的规划编制工作,正在按程序分批报送区政府审批。完成濯水镇历史文化名镇、金洞乡凤台村历史文化名村、五里乡程家大院历史建筑保护规划的编制工作,成果已提交市局审查,并完成历史文化名镇、名村和历史建筑的挂牌工作。同时,起草黔江区历史文化保护传承规划和实施方案,现正按照区政府意见进行修改完善。

【其他规划编制工作】

编制《黔江区城市更新规划指引》,已获区规委会审议通过并上报区政府审定;编制《村布局规划》,已获市规划自然资源局审查同意和区政府审定;完成5个项目用地土规调整,并取得市规划自然资源局批复;开展国土空间规划一致性处理工作,编制一致性处理工作方案,将40个不符合土规的项目纳入一致性处理,报市规划自然资源局审查;指导乡镇开展城镇总规修改3件;完成新城排水工程专项规划部门和专家审查、规委会审议工作;启动南沟片区控规修改工作。

【土地利用】

完成市政府下达耕地保有量、永久基本农田保护面积任务。年底全区耕地面积6.04万公顷,比市政府下达的4.59万公顷耕地保有量多1.45万公顷;永久基本农田3.21万公顷,完成市政府下达的3.21万公顷永久基本农田保护面积。耕地保护责任落实到位,区政府下发《关于下达各街道、镇乡2019耕地保护目标任务的通知》,层层签订耕地和基本农田保护目标责任书,将耕地保护工作纳入到各乡镇街道年度综合目标考核。严控建设占用永久基本农田,完成过境高速等5个基础设施建设项目占用永久基本农田的踏勘论证和补划工作;完成渝湘高铁项目15块临时用地占用永久基本农田踏勘论证。完成全区永久基本农田储备区划定初步成果并通过市规资局论证审核,划定永久基本农田储备区0.54万公顷,涉及30个街道镇乡194个行政村8442个地块,平均质量等别为10.1等。严格实施农用地备案管理,备案设施农用地13宗3.95公顷。

【土地征收】

全年取得新增建设用地计划指标140.8公顷,办理建设项目用地预审(初审)15宗。

【土地供应与监管】

供应土地276.4公顷,其中:划拨土地231.0667公顷,出让土地45.3333公顷,土地供应收入7.87亿元。完成批而未供建设用地处置101公顷,完成闲置土地处置44公顷,完成2019年度土地供应计划、城区和正阳工业园区集约节约用地评价编制工作。审查并报送区政府审批农村宅基地479宗4.4公顷、临时用地7宗84.52公顷。对已经出让土地三次实地巡查,发现存在涉嫌违约的国有建设用地40宗,约谈企业6次,书面催工通知1次,并向15家涉嫌闲置企业下发调查通知书。

【土地整治】

完成水市乡茶园村等4个区级土地整理项目验收工作，补充耕地105.67公顷。加快推进市级土地整治项目实施工作，2018年规划实施的金溪镇金溪居委等2个村土地整治扶贫项目，规模295公顷，总投资2300.91万元，已完成现场实施并通过区级验收。完成白土乡三塘村1组等2个组两个标段高标准农田建设项目、城东街道高涧居委区级高标准农田建设项目、水市乡关里村区级高标准基本农田建设项目，4个项目投资3249.42万元。

【土地复垦】

实施农村建设用地复垦151.33公顷，完成复垦验收98.2公顷，实现补充耕地95.27公顷。继续在金溪镇规划实施农村建设用地复垦项目3个，竣工面积6.47公顷，预计可获得地票价款1940万元。

【土地储备】

储备土地142.21公顷，争取并使用2019年度黔江区土地储备专项债券9000万元。

【执法监察】

土地矿产卫片执法立案查处31宗全部结案，对9宗没收违法建构筑案件移送区财政局，没收构建筑面积约3万平方米。全面完成“大棚房”整治工作，共清理出违法违规建设项目8个1.57公顷，拆除各类违规建构筑物10509.5平方米，恢复耕地1.38公顷，整改保留0.19公顷。人居环境综合整治清理违法私搭乱建房屋2.9万平方米，拆除8949平方米。办理规划违法案件10件，已办结8件。放线项目51个，建设项目竣工规划核实22个。协助各街道办事处现场拆除违法建筑约5000平方米，下达责令停止建设通知书5件。开展违建别墅问题清查整治，对认定的4个违建别墅项目已完成整改拆除、恢复生态环境条件工作并通过市级验收。

全年共涉及行政诉讼案件108件，行政复议案件2件，民事诉讼13件。行政诉讼审结72件，其中撤诉5件，裁定移送管辖26件，驳回诉讼请求3件，驳回起诉11件，驳回上诉维持原判24，败诉3件，行政复议撤销具体行政行为1件。民事诉讼审结11件均胜诉。

【集体土地征收】

开展集体土地征收项目31个，征收集体土地133.47公顷，拆迁房屋126户，搬迁坟墓440座，安置被征地人员3198人。办理征地人员安置对象参加基本养老保险1847人，支付征地拆迁安置补偿款2.0亿元。

【不动产统一登记】

全年办理各类房屋登记40345件，其中：不动产证书登簿发证总量12701件，不动产证明登簿发证总量12353件，网上签约5718件，预售备案登记5082件，办理法院查封、冻结、限制登记4491件。实现“不动产登记+金融服务”向银行窗口延伸。11月26日，与中国建设银行股份有限公司重庆黔江分行正式启用不动产登记专网抵押登记系统，实现不动产抵押登记服务向银行窗口延伸，解决群众和企业办理抵押贷款分别跑银行和不动产登记中心的问题。

【地质矿产勘查】

根据市委督查办、市政府督查办《关于印发2019年度区县(自治县)经济社会发展考核指标有关实施细则的通知》，完成石家镇二道岩滑坡及10个中小型地质灾害工程治理的市级考核任务。统筹规划,编写《2019年度地质灾害防治方案》。组织驻守地质队配合各乡镇、街道开展2019年地质灾害隐患汛前排查,同时邀请重庆市群测群防项目组专家对30个乡镇、街道、在黔驻守地质队员和群测群防人员开展地质灾害防治知识培训32次。利用"3.15法治宣传月""5.12防灾减灾日"等开展宣传活动,发放《防灾工作明白卡》《防灾避险明白卡》6124份。组织各乡镇、街道会同各在黔驻守地质队、各国土房管所对517处地质灾害隐患点开展单点应急演练工作。组织各乡镇、街道对全区517处地质灾害隐患点、房屋前后、道路沿线、学校周边、旅游景区、高速路弃土场及人口密集区等重点区域开展大排查6次,发布预警信息26次15083条,组织全体四重网格人员开展地灾巡查、排查11792点次。开展地灾防治工作督查、检查共计32次。面对突发性地质灾害,及时开展应急处置24处,撤离人员14户52人。在450处地灾隐患点安装460套自动简易监测预警预报系统。全年向市级部门争取市级地质灾害补助资金2728.35万元。

【矿产资源储量管理】

完成岩柳湾关闭矿山地质环境恢复治理,并通过区检察院、法院的初步验收。完成4个绿色矿山建设。征收采矿权出让收益1189.27万元。配合市规划自然资源局完成蓬东河坝坡水泥用灰岩新设采矿权出让前期工作。完成黄溪、黄山、李良、庞家沟、搅拌站、西沙、大干溪、甘家沟采石场及石会天星桥重晶石矿共9个关闭矿山治理恢复工程,通过区相关部门联合验收,完成市环保督察及区政府工作报告中要求的6个关闭矿山恢复治理任务。

开展对持证矿山、关闭矿山和无证开采的巡查检查,全年累计巡查矿山300余次,对29家矿山进行实地核查,未发现有越层越界开采行为。对全区26个生产(在建)矿山进行扫黑除恶的线索摸排,未发现矿山企业存有涉黑涉恶行为。督促区内29家矿山建立基金,设立矿山地质环境治理恢复基金专户,每季度对矿山企业的基金账户进行检查,并通过矿山实地核查工作对所有矿山的基金进行全面的核查,并结合绿色矿山建设及露采矿山综合整治督促矿山企业"边开采、边修复"。联合区生态环境局、应急管理局制定出台《黔江区露天矿山综合整治专项行动实施方案》,并报区政府审定后印发实施。制定《黔江建筑石料用灰岩资源开发布局管理实施方案》(黔江府办发〔2019〕56号)并下发实施。以区政府名义向市规划自然资源局申报两期采矿权出让计划。编制转堡、李涛、河坝等3个采石场出让前期地质报告,并进行采矿权的延续登记。

【测绘地理信息】

完成全区2018年测绘地理信息统计年报工作。对全区的资质测绘单位进行排查和保密管理检查,全年未发生质量事故及安全事故。完成规划区1:2000地形图外业调绘工作、中心城区1:500地形图更新项目政府采购工作、局内所有存量空间数据向2000国家大地坐标系转换工作以及2019年度地下管线年度更新工作。开展测绘资质单位质量检查4次,开展科普宣传周活动和8.29测绘法宣传活动。加强规划和自然资源领域科技成果管理。邀请南方测绘对区内资质测绘单位进行测绘前沿科技培训;区规划自然资源局与市勘测院签订黔江区实景三维平台应用协议,平台所需设备已到位。

【林业和草原管理】

组织编制《黔江区2019年度国土绿化提升行动实施方案》;全区共新建或巩固义务植树基地31个,累计32万人次参加义务植树活动,共栽植小叶桢楠、桂花、杉木等苗木132万株,义务植树尽责率达到95%。抓好“百日大会战”,召开全区国土绿化提升行动大会,全面完成全年国土绿化提升行动建设任务0.97万公顷,完成市上下达计划任务的102.84%。

发放“森林防火”宣传资料8万余份,预警信息5万余条,电视台宣传10余次;实行全方位、拉网式排查,及时整改隐患60余处;编制《黔江区森林防火规划(2019—2025年)》和《重庆市黔江区森林火灾高风险区综合治理建设项目可行性研究报告》,对基础设施建设进行统一规划,加快重点火险区综合治理工程建设。

与自然保护地整合优化调整专家组衔接沟通,推进建立起分类科学、布局合理、保护有力、管理有效的自然保护地体系开展绿盾专项行动和违建别墅清理整改工作。结合“绿盾2017—2018”专项行动“回头看”,扎实推进“绿盾2019”专项行动集中整治重点区域,协助区生态环境局制定“绿盾2019”专项行动现地核查和整改方案,协助区规划自然资源局开展违建别墅清理整改工作。完成自然保护地整改问题及整改销号49个,实现全面整改销号。增设30块湿地公园宣传牌。

狠抓林业有害生物防控和野生动植物保护。除治濒、病、枯死松树43361株,涉及面积0.65万公顷。清理农户3.1万户,焚烧农户家中松树枝丫185吨;清理涉木企业14家,粉碎疫木6.3吨。完成1348套ZM-80B型松墨天牛诱捕器安装、系统定位工作,诱捕松墨天牛44.8万头。检疫巡查花卉苗木生产企业65家,检疫苗圃面积7816亩,苗木352.9万株,调运检疫木材(木制品)458.78立方米,出具植物产地检疫证书11份,签发植物检疫要求书510份,调运检疫证书38份。打击非法猎捕和经营利用陆生野生动物案件2起,救助受伤野生动物5例。上报市林业局办理永久性使用林地6宗,面积3.54公顷,收缴森林植被恢复费70.56万元;审核上报市林业局办理临时性使用林地8宗,面积44.98公顷,收缴森林植被恢复费1832.50万元;区林业局办理临时性使用用地3宗,面积6.08公顷,收缴森林植被恢复费97.3108万元。办理涉林案件121件,立森林刑事案案件10起,侦破9起,抓获外逃人员16人;立林业行政案件111起,查处111起,共处罚112人次,依法收缴木材61.27立方米,罚款461.97万元。

【领导班子】

党委书记、局长甘启飞,党委副书记、副局长陈柘志,党委委员、副局长刘波、王黔渝,党委委员、纪检监察组长杨集,党委委员、副局长陈林、滕永。

(孙坤)

涪陵区规划和自然资源管理局

【概况】

截至2019年,涪陵区土地面积共29.42万公顷平方千米,其中农用地272547.67公顷,建设用地17622.4公顷,未利用地4066.4公顷。农用地中耕地面积85426.02公顷,园地面积9670.03公顷,林地面积146196.00公顷(以上数据引用自第三次国土调查数据)。区内共发现矿产资源19种,主要包括煤炭、页岩气、地热、硫铁矿、水泥用灰岩、建筑石料用灰岩、砖瓦用页岩、矿泉水等,形成优势矿种可利用的为页岩气、石灰岩、砖瓦用页岩3类。其中:页岩气资源主要集中在焦石片区,中石化在涪陵区累计开钻页岩气井449口,建成产能93.5亿立方米,产气214.52亿立方米;石灰岩资源主要集中在珍溪—百胜—荔枝—大木—焦石——罗云区域,水泥用灰岩资源储量超17亿吨,建筑石料用灰岩保有资源储量超2000万立方米;砖瓦用页岩资源主要集中在珍溪、江东、同乐、龙潭、石沱等区域,保有基础储量500万立方米(以上数据引用自2018年矿产勘查开发年报)。

2月,在机构改革中,将原区国土资源局和原区规划局相关职能整合,组建成立涪陵区规划和自然资源局(以下简称区规划自然资源局),隶属于重庆市规划和自然资源局。机构内设17个行政科室、26个基层规划和自然资源所(派出机构)、9个直属事业单位。2019年末共有在编在岗职工371人,其中局机关50人(包括工勤人员),基层所199人,直属事业单位122人。主要职责:履行全民所有自然资源资产所有者职责和所有国土空间用途管制职责,负责自然资源调查监测评价、统一确权登记、开发利用以及建立国土空间规划体系并监督实施、国土空间生态修复、耕地保护、历史文化挖掘保护、地灾防治、矿产资源管理、测绘地理信息管理等工作。

全年区规划自然资源局共承办市规划自然资源局和区委、区政府交办件425件,办结417件,办结率98%;承办2019年中国名城委西南片区会;睦和村村规划作为全市6个村规划之一报送自然资源部参加优秀村规划展示;办理人大代表、政协委员意见建议32件,办结率和满意度均为100%。

推进第三次国土调查,完成全国五个试点城市之一的"双评价"试点工作,启动涪陵区国土空间总体规划编制工作。全力保障发展用地需求,获批建设用地62宗、480.19公顷,供应土地83宗、510.45公顷,加强国土空间生态保护修复,建成绿色矿山9座,修复关闭矿山6座、43.04公顷。

落实耕地保护和节约用地制度,完成13个土地整治项目、23个复垦项目市级竣工验收,新增耕地299.67公顷。提高土地节约集约利用水平,处置批而未供土地144公顷,收回闲置土地85.62公顷。加强监督执法力度,按时保质完成"大棚房""违建别墅"清查整治任务。

筑牢地灾安全防线,争取地灾防治资金7070万元,完成地灾治理项目20个,地灾避险搬迁51户209人,成功预警和处置江北二蹬坪滑坡险情。深化"放管服"改革,推进工程建设项目审批制度改革,优化不动产登记服务,实现不动产登记24小时自助领证。

全面加强从严治党，完成“不忘初心、牢记使命”主题教育，全面落实监督执纪“四种形态”，开展“六为”乱象集中整治，推动党风廉政教育常态化、规范化。

【国土空间规划】

7月，启动涪陵区国土空间总体规划编制工作。完成李渡组团南区、中心区等7个控规修编，形成城区约90平方千米城市控规整合图。完成村布局规划、145个村规划编制，睦和村村规划作为全市6个村规划之一报送自然资源部参加优秀村规划展示。解决土地利用总体规划和城乡规划一致性处理问题18个、330公顷，获得市政府追加城镇工矿用地空间指标300公顷。开展生态保护红线优化评估。完成资源环境承载力和国土空间开发适宜性评价国家试点工作。11月，区府办印发《涪陵区国土空间总体规划编制工作方案》。

【土地资源管理】

获批用地计划指标20宗、148.44公顷，获市政府农用地转用及征收批复62宗、480.19公顷，供应土地83宗、510.45公顷，处置批而未供土地144公顷，收回闲置土地15宗、85.62公顷。储备土地4宗、26.96公顷，获批储备土地债券项目资金4亿元。

【矿产资源管理】

完成正宇、石从、浩洋、顺志4家已建矿山增划资源的出让工作；开展龙源矿业等11家已建矿山剩余资源出让及价款征收工作，补征采矿权出让收益2989.95万元；办理矿山企业采矿权延续（变更、新立）登记10宗，办理采矿权转让4宗，办理采矿权抵押登记2宗；注销过期失效矿权32宗，废止采矿权许可14宗；办理建设用地项目压覆矿产审批52宗。

【生态保护修复】

投入资金1.38亿元，启动土地整理项目12个，全面完工8个。完成江北街道李寺村等13个土地整治项目市级竣工验收。新增耕地299.67公顷，初步划定永久基本农田储备区4404.95公顷，达成市政府下达的耕地保有量8.43万公顷、永久基本农田面积7.55万公顷的目标任务。建成绿色矿山9座，完成关闭矿山生态修复6处、43.04公顷，完成长江经济带废弃露天矿山生态修复16个、125.06公顷。

【历史文化保护】

完成新妙镇历史文化名镇保护规划，启动青羊镇、蔺市镇、青羊镇安镇村保护规划修编工作。成功申报白涛街道新院子、义和镇大山粮站、蔺市镇五尧村6社大屋基石碉楼等3处重庆市优秀历史建筑。完成历史文化名镇名村、历史建筑挂牌保护工作。承办2019年中国名城委西南片区会。

【审批制度改革】

整合原国土资源、城乡规划审批窗口，分设立项用地规划阶段和工程建设许可阶段两个窗口，实现窗口统一接件、网审平台统一办理。清理行政权力和公共服务事项219项，完善一张表单、服务指南。全面推行并联审批，取消建设项目规划设计方案审查，将绿化审查、消防审查纳入工程建设许可阶段审批，将建设项目竣工规划核实纳入竣工验收阶段管理。核发建设项目选址意见书57件、建设用地规划许可证110件、建设工程规划许可证103件、建设工程竣工规划核实确认书64件，办理老旧住宅增设电梯规划审批99件。

【第三次国土调查和不动产登记】

有序推进全区第三次国土调查。持续压缩不动产抵押登记时限,单件100万元以下抵押登记办结时限缩减至4小时,其余抵押登记缩减至1个工作日。在全市率先使用24小时自助领证系统,实现除大宗件外的不动产登记业务24小时自助领证。发放不动产权证45298本;办理商品房登记15344套、交易金额77.82亿元;存量房交易8022套、交易金额32.84亿元;数字化加工不动产权属档案109480宗。

【地灾防治】

多渠道争取地灾防治资金约7070万元。开展地灾防治应急演练600余次;处置灾险情94起,临时转移群众185户689人,成功预警和处置江北街道二橙坪滑坡险情,获市规划自然资源局通报表扬;完成龙潭镇湾里头滑坡等20处地灾治理项目、江北庙坪滑坡等9处重大地灾隐患点控制性勘察;落实库区专业监测项目7个;完成地灾避险搬迁67户221人;实施地灾搬迁复垦项目13个、惠及农户382户。

【测绘地理信息】

清理整合39个测绘地理信息数据源,实现信息"一张图"运行;完成2019年地理国情监测、城市地下管线系统更新维护、城区建筑物信息更新工作;强化国家版图意识,开展"问题地图"专项检查,检查单位6个,清查地图100余幅;完成房产面积测算成果备案325宗、419.63万平方米;建成涪陵区地理空间信息定位基准体系,全面使用2000国家大地坐标系,实现"涪陵规划应用"移动系统更新升级。

【执法监督】

核查卫片图斑562个、924.6公顷,核实并整改违法用地99宗、28.8公顷;配合农业农村委全面完成37个"大棚房"问题清理整改工作;清查整改违建别墅项目36个(47幢),拆除35个(45幢)、没收1个(2幢),全面完成复耕复绿,并通过市级检查验收;立案查处土地类违法案件26宗、矿山违法案件3宗,结案16宗,没收违法建筑7.54万平方米,罚款188.88万元;依法办理行政诉讼案件47件、民事诉讼案件16件、行政复议案1件、抗诉案件15件。

【林业管理】

组织59.4万人义务植树255万株,完成营造林0.6万公顷。落实572名专兼职人员,对10.92万公顷天然林资源(公益林8.07万公顷、商品林2.85万公顷)开展巡护管理。划定陆生野生动物禁猎区,完成1538株古树名木的挂牌保护,救助野生动物52只。严防严治森林灾害,森林火灾损失率为0.14‰,松材线虫病疫情新增面积不超过3‰。查处整改森林督查发现问题96个,整改率达99.0%。整治自然保护地违建问题78个,拆除违建面积3.72万平方米,问题整改率达到87.6%。加快推进油茶、笋竹、花椒、核桃等林业产业发展,实现林业产业产值37.1亿元,增长11.4%。

【领导班子】

党组书记、局长冯涛,党组副书记、副局长(正处级)晏波,党组成员、副局长符川、毛超、邓小东,原区国土资源局党组成员、区纪委派驻原国资源局纪检组长雷雨(2019年12月离任)。

(朱建川)

渝中区规划和自然资源管理局

【概况】

2月，渝中区政府将原区国土资源管理分局和原规划局渝中区分局合并，组建成立渝中区规划和自然资源局(以下简称区规划自然资源局)，于2月21日正式挂牌，加挂渝中区林业局牌子，隶属于重庆市规划和自然资源局，实行市以下垂直管理，办公地点位于渝中区金汤街74号4、5楼。机构内设办公室、法规督察科(行政审批科)、自然资源调查确权科(测绘信息科)、自然资源权益和利用科、国土空间规划科(区规划与历史文化风貌保护委员会办公室)、市政交通规划科、建筑规划科、文化风貌科、生态修复科、地质矿产科、林业科(区绿化委员会办公室)、财务科等12个科室和机关党委、纪检组。下设渝中规划和自然资源事务中心(副处级)、渝中地质环境监测站2个直属事业单位和基层规划和自然资源所1个派出机构。2019年末，有在职干部职工59人，离退休干部职工37人，聘用人员19人，有在职党员38人。

主要职责：履行全民所有土地、矿产、森林、湿地、水等自然资源资产所有者职责和所有国土空间用途管制职责；负责自然资源调查监测评价、自然资源统一确权登记工作、自然资源资产有偿使用工作、自然资源的合理开发利用；负责建立空间规划体系并监督实施；贯彻执行国土空间用途管制制度和国土空间规划政策并监督实施；负责自然资源文化的挖掘、研究、保护和利用工作；承担国土空间生态修复；管理地质勘查行业和地质工作；负责落实综合防灾减灾规划相关要求，组织编制地质灾害防治规划和防护标准并指导实施；负责矿产资源管理工作、测绘地理信息管理工作；承担空间规划和自然资源管理的督察工作；承担林业管理职责和渝中区规划与历史文化风貌保护委员会的日常工作。

【党建工作】

制定《党建工作要点》《党风廉政和反腐败工作要点》，明确工作任务32项，重要事项12项。出台《“三基”建设工作清单》，细化38大项67小项具体工作，扎实推进“三基”建设。开展宣传教育，邀请市委党校专家、区委宣讲团成员到局开展宣讲活动2次，组织中心组学习9次，组织“两学一做”学习教育11次。围绕“八项规定”加强监督执纪，开展作风建设监督执纪问责专项督查，在重要时间节点发送廉政提醒短信511条，发出“春节廉洁过节提醒卡”50份。严格执行廉政谈话制度，组织开展廉政谈话13次46人次。

【规划管理】

制定《“深耕渝中”发展空间拓展实施方案》。对全区约320万平方米商业商务在建拟建建筑、约130万平方米空置楼宇建筑、约110公顷存量用地、约20公顷非核心产业用地和约65公顷的特殊用地、职业学校等用地进行梳理。推进城市提升行动计划落地，形成实施项目清单120项，区级承接清单24项。从全区整体层面上探索和指导城市有机更新工作，对产业楼宇、老旧住区、公服设施、特色街巷等不同空间载体进行梳理和研究。全面开展综合管网普测和规划工作,针对雨污合流重点区域优先开展综合管网规划。拟定《关于进一步加强规划建设统筹和管理的通知》,设立渝中区规划与历史文化风貌保护委员会(简称区规委会),统一部署和组织全区国土空间规划及建设工作。

制定《2019年渝中区自然资源文化和历史文化名城保护工作实施方案》《重庆市渝中区历史建筑保护利用试点工作方案》,拟定《渝中区历史文化保护传承规划和实施方案》。开展《渝中区眺望系统专项规划》,推动《重庆历史人文核心保护传承专项规划》编制,积极推进中山四路历史文化街、鲁祖庙传统风貌区、燕子岩—飞机码头传统风貌区3个保护规划新编,以及十八梯等9个历史文化街区和传统风貌区保护规划修编。推动鲁祖庙片区、燕子岩—飞机码头片区申报传统风貌区;成功申报重庆文化宫、大剧院等5处老建筑为第三批历史建筑;推动重医子弟小学等8处建筑纳入重庆市第四批历史建筑预备名录。完成16处历史文化街区、传统风貌区和历史建筑的标志牌制作与挂牌。

对在重庆CBD渝中区域已开展的《朝天门片区品质提升城市设计》《解放碑商圈综合环境品质提升城市设计》等9项规划形成项目进行详细梳理。开展解放碑—朝天门步行空间优化及交通组织优化研究,形成《解放碑—朝天门步行空间提升及交通组织优化研究》初步成果。开展重庆市中央艺术区规划,打造兼具“重庆文旅新景区、重庆艺术演义高地、文化艺术消费集聚群”三大功能的中央艺术区。开展《大坪商圈品质提升城市设计》《解放东西路沿街界面城市设计》两项城市设计。

【自然资源管理】

编制年度土地供应计划,保障市、区重点项目落地。完成“解放碑地下停车库及连接通道三期”“重医一院附一院改扩建工程”“体育公园”等8宗划拨地办理,土地面积13.35公顷、土地成本11627.2万元。根据土地开发条件变化,适时为房地产开发企业修订出让合同,共计征缴土地价款4022万元。按照优先服务产业发展、完善公共配套原则,开展全区30处存量用地的细化研究,明确各地块使用功能和3年供应计划。特别是针对于歇台子、海浪厂、大黄路等3宗地块加快推进规划修改论证工作。

开展“第三次全国国土调查”(以下简称“三调”),通过逐级检查、综合审查,细化调查内容,查清文物保护范围、传统风貌片区、历史文化街区、优秀历史建筑范围、长江消落带范围、棚改区域、1:500的街道界线、各类公园用地、教育用地范围,充实和丰富调查成果。5月,渝中区作为全市第一批汇交已完善的“三调”成果,提交国家核查。做好渝中区国有土地上房屋征收后保留建筑产权登记工作,办理确权1116个。深入推进立体空间地籍管理研究,完成立体建模。

【重点项目实施】

全年核发建设项目选址意见书8个、建设用地规划许可证16个、建设工程规划许可证47个,核发竞地花园等24个老旧单元加装电梯建设工程规划许可证,有序推进马家堡后工家属区、科技学院、渝州新都等72个老旧单元加装电梯工作。积极处置开发项目竣工违约,完成2018年底申报12个项目,处理一号桥“合景天銮”项目,共计收取违约金1931.57万元。全年共办理26个规划竣工核实项目,核实总面积98.12万平方米,查处违法建设行为案件3件,罚款金额479.67万余元，办理非住宅产权分割4个，分割总面积10778平方米。配合市规划自然资源局开展重庆站综合交通枢纽片区规划方案研究，轨道9号线、10号线、18号线方案和建设协调工作，推进环道三期、长滨路改造、十八梯基础设施、解放东西路、红云路、石油南路等协调和建设，推动十八梯变电站及其隧道工程建设，提供两路口变电站、大坪至两路口送出工程、人行道部分市政设施迁改等前期咨询服务，推进三层马路、虎歇路等天桥的前期工作。

【地质灾害防治】

编制《2019年全区地灾年度防治方案》，修订《渝中区地灾应急预案》，指导全区地质灾害防治工作。做好地灾治理项目建设，工业校项目已经完工；主园路项目主体工程也已经完成建设，正在进行扫尾和清场工作；两江监测项目设备已经全部安装完毕。全年共组织实施并完成王家坡39号滑坡、李子坝10号滑坡、互助里30号和团市委外侧堡坎等4处应急排危项目，多次督促中建八局处置红岩村大桥隧道出口段险情。全年无因地质灾害造成的人员伤亡和重大财产损失事故。

【林业管理】

依法依规办理行政许可，认领林业行政确认和行政处罚事项共33项，办理野生动物驯养、经营许可初审3件，发放野生动物及制品经营许可证10件。

【执法监察】

加强违法建筑整治，对繁华地区屋顶违法建筑实施拆违，全年共认定违法建筑53处。成立违建别墅清理专项工作领导小组，制定工作方案，全面开展违建别墅清查整治工作，先后两次对全区重点清理整治区域（公园、两江两岸、饮用水水源保护区）进行梳理统计，并建立健全日常监管长效机制，加强常态管理，健全生态环境考核和损害问责工作机制，杜绝违建别墅现象的产生。

【信访和建议提案办理】

全年共接投诉电话45件、市长信箱交办件16件、市规划自然资源局信箱交办件10件，渝中信箱转办16个，共计87件，所有信访案件均现场查勘，按规定进行处理。全年承办第十八届人大四次会议代表建议26件，承办政协十四届三次会议委员提案12件。承办建议提案均按要求将答复函通过代表、委员履职平台上传，确保代表、委员线上线下了解建议办理情况。

【领导班子】

党组书记、局长张锦波，党组成员潘文江，党组成员、副局长余时万、程地友，党组成员、纪检组长肖华毅，党组成员、渝中规划和自然资源事务中心主任潘峰，党组成员、副局长张艳旻、曾祥。

（刘林甫）

大渡口区规划和自然资源管理局

【概况】

截至2019年,大渡口区有耕地938公顷,林地0.34公顷。区境内已查明的矿产资源10多种,有石灰石、白云石、砖瓦用页岩、砂岩、河沙、矿泉水、煤、地热等十余种。

2月,在机构改革中,大渡口区政府将原区国土分局、区规划分局以及区农委关于林业管理的有关职能,主要负责全区国土空间规划和用途管制,自然资源权属调查,自然资源保护和开发利用,自然资源文化的挖掘、研究,耕地保护和国土空间生态修复,矿产资源管理,林业管理,以及地质灾害防治等相关职责整合,组建成立大渡口区规划和自然资源局(以下简称区规划自然资源局),实行市以下垂直管理,并加挂区林业局牌子。机构内设办公室、法规督察科、权益利用科、空间规划科、生态修复科、林业科等14个科室和纪检组,下设大渡口规划和自然资源事务中心、大渡口地质环境监测站、大渡口区林业绿化办公室、大渡口区林场4个直属事业单位,派驻八桥镇、建胜镇、跳磴镇3个基层规划和自然资源所。2019年末实有在编干部职工61人,劳务派遣人员37人,退休职工18人。其中,正式党员62人,预备党员1人,设一个机关党总支,两个党支部。

【党建工作】

组织开展"不忘初心、牢记使命"主题教育活动。机构改革后,成立区局机关党总支,党组书记兼任总支书记,下设2个党支部、7个党小组。落实组织生活制度和"三会一课"制度。运用专题教育、廉政党课、督查提醒、微信微党课等形式,强化作风纪律教育,严明纪律规定,筑牢思想防线;落实意识形态工作责任,发挥群团组织作用、发展吸收新党员,增强党的吸引力、凝聚力,夯实意识形态工作基础。同时通过开展演讲比赛、红色教育活动、文明劝导等党员志愿行动,丰富组织生活形式,发挥党员先锋模范作用。

【土地规划】

配合市规划自然资源局开展长江文化艺术湾区策划研究、城市设计和控规修编,为将钓鱼嘴半岛打造为长江艺术湾区音乐半岛奠定良好的规划基础和招商引资条件。

组织完成大渡口区海绵城市专项规划编制方案初审,协助推进大渡口区海绵城市规划通过区政府审批。推进社区体育文化公园建设、老旧住宅加装电梯等民生工程,配合推进重钢步道规划研究和李雪芮羽毛球学校建设,督促协调在建工程幼儿园无偿移交产权或使用权。完成民乐村三社、民乐村五社、民新村七社、八社及五一互助片区共计480户城中村改造任务。

加强重钢传统风貌区保护,推动重庆工业博物馆顺利建设落地。围绕城乡融合发展,科学编制大渡口区村布局规划,指导跳磴镇加快实施金鳌村、鳌山村的村规编制工作。

【土地利用】

保障老成渝铁路改造、陶家隧道、轨道交通5A线、滨江片区等市区重点工程项目和城市开发用地需求。全年征地报件24宗，面积259.2公顷。其中：已取得征地批文11宗，面积93.13公顷；正在审批1宗，面积7.4公顷；正在组件12宗，面积158.67公顷。全年共出让土地11宗、面积51.56公顷，成交价款共77.5亿元。其中：经营性用地出让10宗、面积51.07公顷，成交价款77.5亿元；工业用地出让1宗、面积0.48公顷，成交价款468万元。办理社区文化体育公园、渝黔铁路大渡口段、滨江路三期等土地划拨项目共17宗，面积71.93公顷。

开展专项清查，推进资源节约集约利用。有序推进第三次全国国土调查、地理国情监测和土地变更调查，切实摸清家底、底数。开展“大棚房”专项整治。按时完成6宗、1.66公顷清理整治工作任务，完善重点休闲农业项目建设用地手续4宗，面积2.23公顷。对大渡口森林公园、长江上游珍稀特有鱼类国家级自然保护区、大渡口区长江丰收坝水厂水源、口袋沟水库管理范围、跳磴河（河道管理范围）、长江（河道管理范围）进行三轮清查，未发现保护区范围内的违建别墅以及保护区外群众反映强烈的违建别墅项目。对全区闲置土地和批而未供土地进行全面清理并进行逐宗分析，处置闲置土地8.02公顷，超额完成市规划自然资源局下达的全年处置4公顷任务。清理2009-2018年批而未供的存量土地约953公顷，目前正会各储备机构积极推进处置工作。

【矿产资源储量管理】

全年开采石灰岩矿251.1万吨，保有2192.8万吨。

【测绘地理信息】

按照全国和重庆市第三次国土调查总体部署，据《第三次全国国土调查工作分类》统计，全区共包括一级地类13个，其中湿地67.63公顷，占总面积的0.66%；耕地1020.92公顷，占总面积的9.33%；种植园用地433.49公顷，占总面积的4.36%；林地2731.29顷，占总面积的25.15%；草地223.93公顷，占总面积的0.9%；商业服务业用地175.2公顷，占总面积的2.81%；工矿用地1242.09公顷，占总面积的12.41%；住宅用地1432.83公顷，占总面积的14.25%；公共管理与公共服务用地363.74公顷，占总面积的5.21%；特殊用地21.52公顷，占总面积的0.18%；交通运输用地1236.37公顷，占总面积的11.98%；水域及水利设施用地1119.54公顷，占总面积的10.94%；其他土地198.46公顷，占总面积的1.82%。

【领导班子】

党组书记、局长卢建，党组成员、规划自然资源事务中心主任刘元涛，党组成员、纪检组长杨华，党组成员、副局长李斌、王俊、田野、周平。

（涂华）

江北区规划和自然资源管理局

【概况】

截至2019年,江北区土地总面积为22080.18公顷,其中林地6842.21公顷,占比30.99%;耕地1865.23公顷,占比8.45%;草地336.37公顷,占比1.52%;湿地292.36公顷,占比1.32%。

2月,组建成立江北区规划和自然资源局(以下简称区规划自然资源局)、江北区林业局正式挂牌成立。内设机构15个科室,下辖4个直属事业单位,1个派出机构,2019年末在编职工92人。

主要职责:履行全民所有土地、矿产、森林、草原、湿地、水等自然资源资产所有者职责和所有国土空间用途管制职责;负责自然资源调查监测评价;负责自然资源统一确权登记工作;负责自然资源资产有偿使用工作;负责自然资源的合理开发利用;负责建立空间规划体系并监督实施;贯彻执行国土空间用途管制制度和国土空间规划政策并监督实施;负责自然资源文化的挖掘、研究、保护和利用工作;承担国土空间生态修复;负责实施最严格的耕地保护制度;管理地质勘查行业和地质工作;负责落实综合防灾减灾规划相关要求,组织编制地质灾害防治规划和防护标准并指导实施;负责矿产资源管理工作;负责测绘地理信息管理工作;承担空间规划和自然资源管理的督察;承担林业管理职责等。

【规划编制】

牵头完成江北区生态保护红线自查评估报告工作。指导五宝片区规划策划工作。组织完成《江北区铁山坪以东地区用地梳理及发展研究》。推动广阳岛长江生态文明创新实验区的规划落地,同步推进广阳岛协调区(望江厂片区)的控制性详细规划编制工作。配合开展《唐家沱—寸滩邮轮母港规划》编制工作,支持寸滩保税港区和东风船厂转型。完成《江北区新增轨道线网及站点控制性详细规划研究》工作。加快推进主城区轨道交通线路建设,加强景观设计指导,做好用地协调工作。对准备开工建设的第三轮建设计划轨道线路,及时研究提出规划解决方案。加强对重大市政项目的预研预控,开展兜子背隧道、三横线扩容等重要项目的研究工作。

【规划管理】

强化对新建建筑体量、高度、色彩、材质、地域文化等全要素引导和管控。牵头启动《主城区“四山”地区(江北区)交通提升规划》,优化“四山”道路交通组织,完善山上山下步行系统。做好两江四岸治理提升相关工作,加快推进盘溪河、相国寺等“两江四岸”治理提升节点工程规划审批。出台《江北区老旧住宅增设电梯工作实施办法》。推进历史文化传统风貌区、历史建筑的普查申报、评价认定工作,完成传统风貌区及第二批历史建筑挂牌保护工作。

【耕地保护和生态修复】

做好山水林田湖草生态保护修复工程试点，落实目标责任，健全工作机制，完善配套制度，全区15个项目计划投资共计7.43亿元，均已开工建设。有序推进全区22.31公顷历史遗留和关闭矿山地质环境治理恢复与土地复垦工作，组织开展长江干流及主要支流两岸各10千米范围内废弃露天矿山生态修复工作。

【自然资源调查登记】

完成江北区第三次国土调查，初步成果已上报至全国三调办。办理各类土地权籍调查229件，涉及土地面积约670.4公顷。对集体土地征收转用、国有农用地转用项目的土地测绘管理加强监督，现场指导协调权属界线划定。继续深化与江北不动产登记中心联系衔接机制，理清内部工作流程，明确工作职责。

【建设用地管理】

全年取得港城园区批次用地、唐桂党校、唐桂片区等批次用地项目新增建设用地计划指标18.49公顷，取得市规划自然资源局下达2019年人地挂钩新增建设用地计划指标42.296公顷。上报农用地转用和土地征收项目12个，面积96.78公顷，完成35.47公顷经营性用地使用地票指标相关申报工作。

【土地利用管理】

全年出让经营性用地3宗，土地面积12.14公顷，出让总价款24.37亿元；审批划拨用地手续20宗，土地面积29.31公顷；收取划拨土地成本4.96亿元；审批已供应地块调规修订合同手续18宗，补缴土地价款59831万元；办理划拨土地预审20宗，用地面积60.44公顷。加大对已出让建设用地开竣工违约项目遗留问题的处置力度，追缴土地违约金161.70万元。利用城市边角地无主地建成3个社区体育文化公园，被中央电视台等媒体多次宣传报道。

【规划和自然资源督察】

通过自主巡查和群众举报等途径，全年全区共发现新增违法建筑63件，拆除面积1521平方米。大力推进存量违法建筑整治工作，全面完成市规划自然资源局下达的存量违法建筑整治目标任务量。处罚没程序违法建筑和进入规划审批程序的违法建设行为104件，罚款约1600万元。

【地质灾害防治】

对全区54处隐患点开展全面排查和专项排查，继续做好对唐郭路沿线97处危岩（孤石）应急专业监测工作，会同区交通局加强唐郭路沿线24处危岩应急治理项目管理工作。协同街镇成功处置了3起险情临时搬迁避让过度群众11户35人，均未造成人员伤亡及财产损失。2019年累计开展单点简易避险演练54次、培训5次、宣传12次。全年累计发送预警信息25次10000余条。

【林业管理】

完成新造林0.06万公顷，完成森林抚育0.1万公顷，明月山湿地修复工程有序推进。完成江北区2019年四旁林木资源监测工作。持续加强林业资源保护、野生动植物保护工作、动植物检疫和病虫害防治工作。协调争取山水林田湖草生态保护修复工程项目中央专项奖补资金3520万元。加快江北区森林防火综合性应急行政管理四级网格体系建设，压实森林防火责任，全年实现森林火灾零发生。

【信访和行政审批工作】

全年共接待群众来信来访133件、依申请信息公开57件,政策咨询120余件,实现上级交办信访件按期办结率100%。认真梳理行政审批事项清单、业务流程,已实现"一家牵头、并联审批、限时办结"的相关要求。全年受理行政许可申请501件。

【党建工作】

坚持以党的政治建设为统领,提升领导班子政治素质和执行能力,切实履行党组主体责任和书记第一责任,班子成员认真履行"一岗双责",教育引导党员干部树牢"四个意识",坚定"四个自信",做到"两个维护"。认真开展支部"三会一课""主题党日"活动,深入推进机关党建工作"四基一化"建设,激发党建活力。坚持"四个贯彻始终"扎实开展好第二批"不忘初心、牢记使命"主题教育活动,不断提升干部队伍思想素质。

【领导班子】

党组书记、副局长倪明,局长黄翠微(女)(兼任林业局局长),党组成员、副局长童建国、张巍然(女)、周维炜、田茂宇(兼任林业局副局长),党组成员、纪检组长郑大东。

(何灵)

沙坪坝区规划和自然资源管理局

【概况】

2月19日,重庆市沙坪坝区规划和自然资源局(以下简称区规划自然资源局)正式挂牌成立,隶属于重庆市规划和自然资源局,实行市以下垂直管理,为正处级。加挂重庆市沙坪坝区林业局牌子。机构内设办公室、法规督察科(行政审批科)、自然资源调查登记科(测绘信息科)、自然资源权益和利用科、国土空间规划科(区规划委员会办公室)、市政交通规划科、建筑规划科、村镇规划科(文化风貌科)、国土空间用途管制科、耕地保护和生态修复科、地质矿产科、林业科(区绿化委员会办公室)、财务科13个职能科室,机关党委和纪检组。派驻辖区5个基层所,下设重庆市沙坪坝规划和自然资源事务中心(副处级)、重庆市沙坪坝地质环境监测站和重庆市沙坪坝区国有林场3个事业单位,2019年末在职职工144人。行政编制44名,机关后勤服务人员编制4名。

【土地资源】

全年全区取得新增建设用地计划指标15宗,84.47公顷(其中地票6宗、41.22公顷);上报农用地转用和土地征收24宗、197.78公顷,获批18宗、155.54公顷。

【矿产资源】

截至年底，沙坪坝区共发现矿产14(含亚矿种，下同)，其中查明资源储量的矿产10种，矿产地21处。观音峡背斜(中梁山)和温塘峡背斜(缙云山)是矿产资源富集区。区内优势矿产资源为石灰岩、砖瓦用页岩和地热水，石英砂岩、耐火黏土等具有较大的资源潜力。全区现有5个采矿权(地热)，探矿权4个(煤炭2个、地热2个)；

2019年在沙坪坝区歌乐山森林公园内发现侏罗纪早期恐龙足迹化石，恐龙足迹为卡岩塔足迹，属中、大型兽脚类恐龙足迹，造迹恐龙为双脊龙。为多只恐龙活动遗留，最小恐龙足迹长13cm、宽12.5cm(推测恐龙体长约为1.4m)，最大恐龙足迹长38cm、宽27cm(推测恐龙体长约4.0m)。歌乐山兽脚类恐龙足迹是重庆境内迄今发现最早的兽脚类恐龙足迹，代表歌乐山地区在侏罗纪早期(距今约2.01—1.9亿年)有恐龙活动，具有重要的科学研究价值。

【林业资源】

全区现有林业用地13869.01公顷，其中有林地12171.21公顷，灌木林地978.31公顷，疏林地90.91公顷，未成造林地161.01公顷，苗圃地163.72公顷，宜林地98.66公顷，无立木林地145.11公顷，辅助生产林地60.08公顷。森林覆盖率为32.6%。

【规划编制】

全年开展规划编制项目有：成渝客专(沙坪坝段)补征地规划修改、大学城复线隧道符合性审查、物流园中干线局部调整土地利用总体规划、物流园居住用地局部修改土地利用总体规划；已获批的项目有：快速路二横线渝西立交至桃家院子立交段工程符合性审查、青凤连接道项目符合性审查、万达配套道路用地局部调整土地利用总体规划、武家变电站项目局部调整土地利用总体规划、沙田污水处理站局部调整土地利用总体规划等。

启动“歌乐山—磁器口”大景区综合提升规划，推动古镇提档升级和空间拓展；启动国土空间生态修复专项规划编制工作；开展沙区自然保护地边界调整工作，为下一步自然保护地优化整合工作提供底图、底数；推进生态保护红线评估工作，重点研判生态保护红线内冲突矛盾情况。

【规划管理】

规划许可手续办理。全年共办理建筑工程项目选址意见书24件次，选址面积46.36公顷；建设用地规划许可证53件次，建设用地面积276.25公顷；建设工程规许可证145件次，总建筑面积1098.07公顷。

配合工程建设项目审批制度改革工作，完成相关审批事项网上配置，工程建设规划许可阶段“进出件”均在行政审批服务大厅办理，由区规划自然资源局牵头、相关协办部门并联审批，线上会商，协同审批；服务全区土地出让，加快办理建设用地规划条件，针对年度供地计划，全年共办理建设用地规条件53件次，用地面积300.73公顷；按照《重庆市老旧住宅增设电梯建设管理行办理》，受理老旧住宅加装电梯项目，办理建设工程规划许可证8件，向社会公示2件

加快推进8个社区体育文化公园建设，促进居住环境提升的建设任务，已有4个完成用地规划手续办理，建成投用。并按照市规划自然资源局要求定期巡查，督促有关单位加强日常管护。配合开展半山崖线步道、歌乐山步道、

沙磁步道等“山城步道”建设。会同有关部门拟定建筑屋顶、立面环境整治提升工作计划表,划定整治范围、明确整治时间,并委托编制《沙坪坝区2019年建筑屋顶、立面环境整治提升规划设计方案》,已经区规委会审议通过。

谋划磁器口古镇的提档升級和空间拓展,开展“歌乐山—磁器口”大景区综合提升规划编制,已形成初步方案。加快重庆西站周边重点地块、东华特钢厂片区、富力城及其周边重点商业商务地块城市设计的收尾工作,已完成5个重点片区的详细城市设计。同时,在金科西永项目、恒大优活城、富力城3A组团等项目审批过程中落实城市设计相关要求。

按照《2019年重庆市自然资源文化和历史文化名城保护工作要点》要求,按已制定的《沙坪坝区自然资源文化和历史文化名城保护工作方案》要求,针对2018年已发出预先保护通知的历史建筑预先保护对象,组织专家,对其历史文化价值进行评价,符合申报条件的组织申报;继续推进《磁器口历史文化街区保护规划》修编,已形成成果,待上报市政府审批。启动《“歌乐山——磁器口”大景区提档升级规划》,多次向市、区领导及市级部门进行汇报;完成第一批历史建筑现状测绘和数据采集、第二批历史建筑挂牌工作。完成两处历史建筑保护修缮方案编制。第三批历史建筑申报,已经市政府公布。新增历史建筑7处。

【规划研究】

完成第一阶段总体综合改造方案研究、首开区规划研究、模具中心片区规划调整,开展小龙坎片区规划修编,实现片区城市有机更新和品质提升;推进“四山”沙区段保护提升规划修编,系统梳理发展本底,突出自然、人文、民生、休闲四类功能,提出片区总体定位和规划愿景;在西部分区,完成片区拓展用地规划研究,并结合高新区、科学城,进一步研究分析城市拓展方向和规模,为西部片区承接高新技术、科学研发、城市服务、国际物流枢纽等功能谋划空间保障。

【土地资源管理】

上报农用地转用和土地征收19宗、面积163.45公顷,已获批16宗、面积146.72公顷;审批农房273宗、面积2.30公顷,助推农村人居环境改善,保障农村住房安全;会同区农业农村委完成中梁镇规模化蓝莓种植项目、莲藕种植项目设施农用地项目备案2宗。

全年完成土地供应69宗、604.82公顷,价款204.07亿元,其中:出让土地45宗、288.28公顷,出让综合价款140.9亿元;划拨供地24宗、316.54公顷,划拨价款63.17亿元,区级土地出让34宗、233.44公顷,出让价款97.66亿元,创历年新高,是去年的约4.3倍;收取补交地价款10133万元;办理整治性储备土地1宗31.77公顷;收储(回)土地2宗22.24公顷。

【生态修复】

建章立制,出台联席会议、项目巡查、档案管理、资金管理等4个制度和1个项目管理文件;实行工作进展“周报告、半月通报、半月调度”;按照区政府要求分配中央基础奖补资金(6345万元),加强资金使用管理;全区24个试点项目,已开工17个(完工7个)。统筹推动关闭矿山生态环境恢复综合治理,召集有关单位共同研究解决问题、难题;建立“一矿一策”,探索引导社会资本参与恢复治理;督促指导治理责任单位组织开展勘查、设计工作,7个恢复治理项目中，目前中梁镇王家沟项目已进场开工，其他6个项目正在开展前期工作。推进长江经济带废弃露天矿山生态修复，完成对自然资源部下发的25个损毁矿山图斑的核查，争取到中央补助资金642万元，报区政府办出台工作方案，明确项目业主和经费来源，年内需完成修复的12个项目现已完成3个，已开工1个，剩余8个仍在开展前期工作。

【地质环境管理】

全区连续十二年实现地质灾害人员零死亡；编制《重庆市沙坪坝区地质灾害防治规划》（2019—2023）；通过搬迁避让和工程治理实现隐患点销号20处；全年开展地质灾害巡排查569人次，处置灾险情37起，开展影响较大灾险情应急排危2处、应急治理2处，开展7处地灾隐患治理和4处重大隐患控制性勘查工作，组织指导开展单点应急演练206次、综合性演练5次。

【矿产资源管理】

按照矿产资源管理的有关法律、法规、规定对矿产资源开发利用进行管理和对关闭矿山进行巡查，全年未发生人员伤亡事故。组织5个采矿权人、4个探矿权人按照有关规定完成信息公示、实地核查工作，无违法违规行为。办理建设项目压覆重要矿产资源审批61件。完成7个片区历史遗留及废弃矿山地质环境综合治理施工的前期工作，其中中梁镇永宁寺王家沟废弃矿山综合治理项目已开工。

【规划和耕地保护】

进一步落实国土空间规划确定的生态保护红线、永久基本农田、城镇开发边界“三条控制线”，开展第一批4个示范村的村规划深化细化与报批工作，目前已获批3个。完成2018年度耕地保护目标责任落实自查并上报市局，完成2019年度耕地保护责任书签订。拟定永久基本农田储备区划定方案，并呈报区政府审定。完成2018年度耕地质量等别年度更新评价并通过市级审查，启动开展2019年耕地质量等别年度更新和监测前期工作。严格落实耕地占补平衡制度，完善耕地占补平衡台账。会同区农业农村委深入开展“大棚房”整治，严肃查处违法违规占用耕地行为。

【执法监察】

全年查处违法用地48宗，下达行政处罚决定20件，责令停止违法建设行为46处；申请人民法院强制执行并受理9宗；提请区政府强制消除在建违法建筑42宗，拆除建构筑物4.1万平方米，收缴罚款56万元。核发《建设工程竣工规划核实确认书》104件、《市政竣工规划核实确认书》39件。对日常巡查和竣工核实发现28件未取得建设工程规划许可和擅自改变建设工程规划许可修建的项目共计面积6.4万平方米违法建设进行了查处，收缴罚款450.6万元。开具企业合规证明35份。

【依法行政】

办理行政诉讼案件110件，其中一审53件，驳回起诉32件、撤诉1件、未结13件、败诉7件；二审29件，驳回上诉27件、未结2件；再审28件，驳回申诉14件、未结14件。办理民事诉讼案件3件，其中，一审、二审、再审各1件，均驳回起诉、上诉、申诉。办理行政复议9件，不予受理2件、维持1件、撤销3件、未结3件。办理重庆铁路运输检察院检察建议1件。

【权属调查】

办理勘界入库111个1361.98公顷，更新土地征供批文数据入库101批次898.46公顷，权属调查148宗537.68公顷，提供各类地籍档案查询1248人次。

【地籍管理】

全年办理首次登记、地房合一、宗地分割、合并、面积变更等土地使用权审核805件。办理拆迁注销、征收注销、收购注销审核709件；对西部原征地拆迁农房登记冻结区域，集中开展规划区内农房办证测量工作，已全部完成8694户，已办理不动产权证书213户；第三次国土调查工作的阶段成果已报国家三调办审核通过，全区768个社的集体土地所有权权属调查成果确认已完成九成以上。

【植树造林】

全区共完成国土绿化提升行动营造林任务1600公顷，其中农村"四旁"植树133公顷，特色经济林改建667公顷，森林抚育800公顷。

【病虫害防治】

全年发生马尾松毛虫200公顷、松墨天牛2300公顷，通过及时防治，均未造成灾害；开展松材线虫病除治工作，除治面积2300公顷，清理枯死松树15万株；开展550套新型诱捕器诱捕松墨天牛工作，全年诱捕天牛3.2万只；加强木材市场监管，全年办理调运检疫证、运输证18110份。

【天然林资源保护】

全区落实森林管护责任制面积7518公顷，其中国有林地3533公顷，集体国家公益林960公顷，集体地方公益林3025公顷。

【退耕还林】

开展2019年度退耕还林镇级自查验收工作，发放退耕还林直补资金25万元。

【集体林权制度改革】

2018年森林综合保险参保6829公顷，保险金额8194.83万元。全区集体林地6572.7公顷，林地流转新增6.7公顷，有林业专业合作社10个，经营林地面积817.4公顷。

【生态效益补偿】

全区天保公益林生态效益补偿国家公益林0.13万公顷，地方公益林0.3万公顷，生态效益补偿使用中央、市级天保资金106万元，区财政自筹资金40万元。

【森林资源管理】

2018年，严格按照林木采伐许可制要求做好采伐管理工作，全年共核发采伐证101张，批准采伐林木3722.64立方米。

【林业产值】

2019年林业总产值46.49亿元，较上年增长3.2%。

【领导班子】

党组书记、局长李青，党组成员、副局长宋立、邓华、许东风、党组成员、纪检组长刘家麟，党组成员李颢、沈艳丽(女)，党员组员、沙坪坝规划和自然资源事务中心主任刘红雨(女)，党员成员、副局长施丽(女)。

(张弛)

九龙坡区规划和自然资源管理局

【概况】

全区土地面积430.78平方千米。其中，耕地面积69.17平方千米，占全区总土地面积的16.06%；园地面积72.16平方千米，占土地总面积的16.75%；林地面积62.09平方千米，占土地总面积的14.41%；草地面积0.80平方千米，占土地总面积的0.19%；城镇村及工矿用地164.77平方千米，占土地总面积38.25%；交通运输用地25.01平方千米，占土地总面积的5.81%；水域及水利设施用地23.47平方千米，占土地总面积的5.45%；其他用地13.32平方千米，占土地总面积的3.09%。

全区主要矿产资源有煤、石灰岩、页岩、砂岩、矿泉水和地热。煤矿探明储量为1.087亿吨，保有储量4762万吨，石灰岩基础储量30.5亿吨，资源量7亿吨。矿泉水1处，即中梁山矿泉水，流量80~100立方米/日。地热采矿权现有5处，其中天赐温泉和贝迪温泉为重庆市打造的五方十泉之二泉。天赐温泉水温52℃，流量800立方米/日，年开采量29.2万立方米，服务年限100年。贝迪温泉水温52℃，流量2000立方米/日，允许年开采量73万立方米。重庆力扬物业发展有限公司海兰云天地热，生产规模21.9万立方米/年，允许开采量600立方米/日。重庆浩然农业发展有限公司九龙坡区磨刀溪地热，生产规模1000立方米/日。重庆腾翔实业有限公司上邦高尔夫地热矿，生产规模800立方米/日。

九龙坡区规划和自然资源局（简称区规划自然资源局）为重庆市规划和自然资源局派出机构。现有内设机构13个，分别为办公室、法规督察科、调查登记科、权益利用科、国土空间规划科、市政交通规划科、建筑规划科、村镇规划科、国土空间用途管制科、耕地保护和生态修复科、地质矿产科、林业科、财务科；派出机构5个，分别为九龙、白市驿、石板、走马、西彭规划和自然资源所；局属事业单位3个，分别为规划和自然资源事务中心、地质环境监测站、九龙坡区林场。全局干部职工共267人，其中在编在岗126人、退休人员62人、非在编人员79人。分局设立机关党委，下设10个党支部，现有党员108人，其中在职党员79人。

【规划实施情况】

全区规划城市建设用地面积156.15平方千米，现状118.50平方千米，其中，中梁山以西规划城市建设用地面积102.35平方千米，现状59.45平方千米；中梁山以东规划城市建设用地面积53.8平方千米，现状59.05平方千米。

【地质灾害】

地质灾害主要沿地质构造线及江河岸坡地段呈条带性分布，特别是沿地质构造线分布的条带性最明显。发育有滑坡、危岩（崩塌）、不稳定斜坡和地面塌陷等类型的地质灾害隐患点64处，其中滑坡52处，危岩8处，不稳定斜坡2处，地面塌陷2处，滑坡均为土质滑坡。地质灾害以小型为主，中型次之，无大型、特大型。中梁山片区为区地质灾害重点防治区。西彭—铜罐驿沿江段片区、华岩片区、黄沙溪—九渡口片区以及缙云山东侧金凤—走马片区为次重点防治区。其余的地质灾害隐患点为一般防治区。地灾隐患点旱季基本稳定,雨季欠稳定或不稳定,长时间降雨或暴雨易诱发地质灾害。

【规划管理】

全方位推动国土空间规划,加快全域三大片区规划研究成果法定化落地,深入推进城市轨道交通、市政基础设施、历史文化名镇等20余项专项规划研究,深化编制多规合一的实用性村规划工作,完成村规划编制覆盖86%,完成市级第二批历史建筑挂牌8个。积极支持项目规划落地,开展九龙半岛规划修编,实现九龙半岛进入"两江四岸"城市发展主轴规划布局;开展中梁山山上山下一体化研究,实现中梁山风景区纳入主城区"四山"保护提升实施方案;推动陶家中心城区文旅功能纳入高新区国土空间规划,编制完成大英雄湾美丽乡村4个村规划,明确坪上天街二期项目建设条件。针对重点项目选址、拟供地项目地块,开展规划"预研究",全年发放选址意见书64件;建设用地规划许可证87件;建设工程规划许可证193件;规划核实确认书130件。

【耕地保护】

完成市与区、区与镇耕地保护目标责任书签订工作,分解落实各镇街耕地保护目标。未突破市政府下达的耕地保有量5620公顷,基本农田3640公顷指标。严格落实耕地保护责任,启动永久基本农田储备区划定工作,划定基本农田储备区287.27公顷。划定基本农田储备区287公顷,落实占补平衡补充耕地数量104.14公顷、补充水田数量39.59公顷,补充粮食产能106.82万公斤,完成全区3个补充耕地项目(均位于高新区范围内)核查工作,共计新增耕地33公顷,节余耕地21公顷。核查成果已通过市级审查。

【建设用地管理】

全年取得新增建设用地计划指标257.53公顷;取得"人地挂钩"新增建设用地计划指标110公顷;取得征收批复33宗,征收土地总面积为369.29公顷,完成2019年既定目标任务266.67公顷的138.48%。完成铜罐驿镇大英雄湾美丽乡村民俗康居村A1、A2区等5项目,涉及农用地转用面积11.8公顷,已上报大英雄湾美丽乡村接待中心、便民中心等4个项目,涉及农用地转用总面积8.43公顷。办理农业农村发展用地农用地转用手续1宗(打捆申报19个项目)10.66公顷。区政府批准临时用地9宗共计46.01公顷。

【土地供应管理】

全年供应土地157.6公顷,其中:出让土地58.93公顷、出让价款70.04亿元;划拨土地98.67公顷,已缴纳划拨成本9.15亿元。认真开展"增存挂钩"批而未供处置工作,完成批而未供土地整改70公顷;全面完成边角地建设社区体育文化公园3个,建成面积2.87公顷;实现2018年度单位国内生产总值建设用地使用面积下降15.65%目标任务;完成全区2019年度建设用地节约集约利用状况整体评价工作,并顺利通过自然资源部验收。处置开竣工违约项目44宗、266.73公顷(收回土地8宗);处置闲置土地5宗、5.33公顷,收取闲置土地费102万元。通过处置工作及督促项目及时开工,全区累计盘活利用土地617公顷。

【地籍权属管理】

初步完成土地利用现状调查，完成辖区范围土地现状调查内业解译图斑88999个，外业调查举证图斑19062个。完成全区土地利用现状13个一级地类全面调查（其中林地12074.99公顷、耕地6939.37公顷、住宅用地4537.93公顷、种植园地3577.22公顷、湿地87.81公顷、草地1.29公顷等）。完成内业问题图斑6517个的整改工作（其中已修改标注错误图斑2454个，修改其他内业问题图斑3005个，剩余1058个图斑经内业核实无误未修改）。开展土地权属调查376宗，面积1064.0702万平方米；对56起征地报件进行了权属和地类分类面积的核查；完成不动产统一登记系统国有宗地信息补录212宗。全面完成土地权属调查成果汇总上图，完成与2018年度土地变更调查对比分析，新增国有土地34.32平方千米。

【矿产资源管理】

编制印发《2019-2021年度九龙坡区矿产资源勘查开采监管执法及打非治违攻坚行动方案》。完成废弃矿山地质环境恢复治理与土地复垦25.81公顷。督导4家矿山企业按照实施方案完成绿色矿山建设。督导中梁山煤电气公司按设计方案完成南矿矸石山整改工程并通过区级竣工验收和第二轮中央环保督查检验。督导中梁山煤电气公司委托有资质单位编制了北矿矸石山整改方案，已通过专家技术审查和区政府批复。

【地质灾害防治】

开展汛前排查、汛中巡查、汛后核查560余点次，督导群测群防员、片区负责人、驻守地质队员利用手持终端进行地灾巡查、监测与信息报送5000余次，上报率100%。组织开展城市建成区、建设工程范围内、“6.17”宜宾地震震后、智博会期间、迎大庆等专项排查7次。成功处置地灾险情20起，无人员伤亡和财产损失。督促各镇街完成全区64处地灾监测点单点应急避险演练。发布预警信息37次8000余条。完成志高花园后方危岩等3处地灾隐患工程治理，完成西彭镇马鞍村15社螺丝沟滑坡专业监测项目并验收，完成华岩洞危岩治理项目前期工作即将启动施工，完成三峡库区老铜罐驿库岸与铜罐驿库岸第二段项目概算报批与施工图审查，完成石板镇观音阁危岩勘查项目，完成库区14处监测点三维地质建模，完成地质灾害搬迁避让3户6人。

【森林资源管理】

在全市率先开展区级“林长制”试点，摸清中梁山自然资源本底及人类活动情况，启动国有森林资源确权划界；探索“智慧林长”，安装自动识别、自动巡航、自动报警的双光谱云台系统4套；探索建立提高森林覆盖率横向生态补偿机制，支付横向生态补偿金3750万元，向城口购买森林面积指标0.1万公顷，完成国土绿化0.44万公顷、森林覆盖率达38%。

【执法监察】

2018年度卫片执法判定违法用地31宗，面积6.12公顷，占耕面积2.3公顷。全年查处土地违法案件119宗，没收28751.5平方米违法建（构）筑物，复耕复绿0.84公顷，全面完成“大棚房”清理整治24宗、违建别墅项目整治整改13个。

建立违法建筑遥感辅助管理系统，完成存量违法建筑整治3212宗、整治面积124万平方米，没收违法建筑业主205户，金额1983万。发现、制止、拆除新增违法建筑41宗，拆除面积1156平方米，整治工作中冻结307户违法搭建业主产权，依法整治后解除产权限制176户。全年查处规划违法建设案件65件，处理违法建设面积99527.71平方米。

【法制建设】

完成“3月法制宣传月”、“4.22”地球日、“6.25”全国土地日、“12.4”全国宪法日等重要时间节点宣传工作，发放宣传资料12000余份，覆盖人员3600余人。全年领取并发布行政权力及公共服务事项321项，实现同一事项名称、编码、依据、类型等基本要素在国家、省、市、县四级统一。依申请办理事项办理时间压缩58.79%。深化工程建设项目审批制度改革。严格实行“一个窗口模式”，通过“一家牵头、并联审批、限时办结”的方式，推行并联并行审查，提升审批效率；压缩审批材料。区规划自然资源局牵头的立项用地许可阶段社会投资类申请材料压减23%，政府投资类申请材料压减21%，工程建设许可阶段申请材料压减21%，区规划自然资源局负责业务指导的5项区域整体评价事项已完成4项（仅地质灾害危险性评价尚未完成）。通过会议、文件、电话等方式多次督促各开发区（园区），并将相关情况书面报告区政府。对已经区域整体评价的工程建设项目，相应的审批事项实行告知承诺，降低企业用地成本，提高审批效率；推行“多审合一、多证合一”。合并建设项目规划选址和用地预审、合并建设用地规划许可和用地批准，合并后精简办理环节，办理时限减少72.5%，申报资料减少41%；优化社会投资小型低风险建设项目审批流程。对已有设计思路或概念设计方案的项目提前介入规划服务工作。在通过“招、拍、挂”方式取得工业或仓储用地土地使用权后，建设单位可在签订土地出让合同时同步领取建设用地规划许可证。工程建设规划许可办理时限压缩61.54%，申报材料减少40%；简化规划核实环节，将基础竣工纳入工程竣工内容一并核实。加强涉法涉诉事务办理，办理行政诉讼案件104件，办理行政复议案件28件；作出行政处理告知书17件，行政处理决定书14件，向法院申请强制执行17件，司法强拆6件。办理及回复信访信件127件。

【队伍建设】

加强机构改革后干部队伍建设，实现机构融合、队伍融合、业务融合，做到人合、心合、力合，统筹规划和规划统筹的能力、保障发展和保护资源的能力得到提升，真正达到“队伍‘1+1=1’、效能‘1+1＞2’”的效果。发挥监督执纪主体责任，持续抓好作风建设，推动“不忘初心、牢记使命”教育成果制度化、长效化，扎实开展“以案四说”教育活动，全局干部职工理论学习达到新高度、思想政治受到再洗礼、干事创业更加有担当、为民服务实现新提升、清正廉洁形成新气象，教育成果得到市局第五巡回指导组高度肯定，并获服务对象广泛好评。

【领导班子】

党组书记、局长蒋峰，党组成员、副局长萧毅、江成云、文贻伦，党组成员、规划和自然资源事务中心主任宋小川，党组成员、纪检组长周琴（女），副局长张燕岭。

（涂椒）

南岸区规划和自然资源管理局

【概况】

1月，南岸区政府将区发展改革部门组织编制主体功能区规划职责，区水利部门的水资源调查和确权登记管理职责，区农业部门的森林、湿地、草原资源调查和确权登记管理职责，以及区农业部门、区城管部门、区城乡建设部门自然保护区、风景名胜区、自然遗产等管理职责整合，组建成立南岸区规划和自然资源局（以下简称区规划自然资源局），并加挂区林业局牌子，2月19日正式挂牌，为市规划自然资源局的派出机构。办公点搬迁至南岸区茶园汇成路24号金隅时代之星A座。

机构内设办公室、纪检组、法规督查科（行政审批科）、自然资源调查登记科、自然资源权益利用科、国土空间规划科（区规划委员会办公室）、市政交通规划科、建筑规划科、文化风貌科（村镇规划科）、国土空间用途管制科、耕地保护和生态修复科、林业科（区绿化委员会办公室、天然林保护中心）、财务科、机关党委、规划监察执法大队、信息档案科等17个科室单位，茶园新城规划和自然资源所、南坪规划和自然资源所、黄桷垭规划和自然资源所等3个基层所，南山林场、明月山林场等2个林场。2019年末有职工228人，其中在编职工145人，

【党建工作】

按部署完成“不忘初心、牢记使命”主题教育目标。完成局机关党委和10个党支部的建立工作，完成机关党委委员、各支委成员的选举工作，建立支部联络员制度，实现党建和业务“一肩挑”，确保基层党组织组织生活规范化开展。全面梳理区委组织部各类文件，明晰党建基础性工作各项要求，制定《党的组织生活规范化开展手册》，明确党建基础性工作责任和任务。层层签订党风廉政建设责任书，明确责任，传导压力，并开展廉政谈话。强化专题党风廉政教育，筑牢拒腐防变的思想道德防线。加强日常提醒，通过微信工作群、短信平台群发廉政提醒短信，定期开展明察暗访，重申纪律规矩，传导执纪压力，让干部职工时刻绷紧纪律之弦。开展“1+3+N”“四风”专项整治，重点对违规使用公务加油卡和私车公养问题、违规发放工会福利、问题开展合规性审查，加强监督区局招投标项目。

【战略任务】

配合参与广阳岛片区总体规划编制工作，组织完成广阳岛片区地质灾害评估和规划方案环境影响评价，有序推动岛周视线可视范围风貌整治，广阳岛片区总体规划先后经市政府常务会、市委常委会、人大常委会审议通过，正式取得市政府批复；配合开展重庆东站片区详细规划设计工作，梳理片区自然、人文、建设本底，协调落实片区周边交通、市政等重要基础设施布局，组织论证片区内行洪通道改造，重庆东站规划方案已通过市规委会第四次专题会审议；配合开展两江交汇核心区整体提升规划工作，深入研究南滨路片区发展优势、定位和融入发

展的思路,全面梳理南岸滨江片区自然、人文、建设本底,落实市规划展览馆迁建,做好开埠文化遗址公园等重点项目落地选址。两江四岸核心区整体提升方案已通过市规委会第四次专题会审议。

【整治任务】

全面排查梳理项目511宗,华城园林、金易等10个项目经研判后确认为"大棚房"问题项目,已全部按照全市统一标准整改到位,并通过市大棚办验收;核查整治8家媒体曝光的网红民宿、国家林草局成都专员办抽查的3家民宿、自查的30家民宿,配合制定"一户一策"整治方案,全部完成11家占林民宿的拆除整改和林地覆绿,基本完成6家占田民宿的拆除清理和土地复耕;牵头制定专项行动方案,根据南岸区24个自然保护区名录范围,逐一核查市推进办下达的450个图斑,结合各属地镇街清查、再清查认定情况,认定11个违建别墅项目,按照"一户一策"整治方案,依法依规完成11个项目的整改拆除,并通过市级、区级自查验收。

【自然资源调查登记】

完成土地利用现状调查及土地利用数据库建设、调查成果整理等工作;基本完成专项用地调查,完成基本农田、耕地细化、批而未建建设用地调查;正在推进耕地分等定级调查评价。"三调"成果已于12月通过市级核查并第二次上报国家进行核查。全年审查核实不动产权属共440件,涉及土地权属调查253宗,共出具土地核实确认书170件,与南岸不动产登记中心联合审查各类土地房屋登记270件。

【重点规划编制】

完成南岸区2035规划大纲编制,启动国土空间分区规划研究,作为主城区国土空间分区规划编制试点区。充实衔接广阳岛、重庆东站、两江四岸等重点片区规划,对经开区用地布局进行优化,对重大基础设施进行完善,对未来发展提出政策建议,规划方案已通过区规委会第二十九次会议审议。组织开展《南山城市山地公园规划》编制工作,对南山自然文化本底进行梳理,对莲花村、石龙村等重点区域进行研究,形成价值文化、提升实施方案、用地、综合交通等研究成果,已报经市规划自然资源局专题研究。编制完成全区26个村规划,双龙村、石牛村2个村规划获市局审查同意,银湖村、新六村等11个村规划已报请市规划自然资源局审查。

【城市风貌】

全力支持南滨路城市地标建筑选址论证工作,全面推进全区建筑屋顶、立面环境整治风貌提升专项工作,制定审批城市阳台、主题公园、主题社区专项规划方案。完成南滨路重要地段约8.4平方千米范围的城市设计工作。重点开展慈米龙历史文化街区文化资源利用研究、长江电工厂职工宿舍区保护利用研究,开展历史文化街区、历史建筑普查和资料建档、保护和利用工作,着力推进黄桷垭—涂山片区、黄山—南山风貌协调区的保护规划评估和修编工作,做好故宫博物院南迁项目的实施指导,提升全区在主城区"两江四岸"文旅走廊的功能定位层级。完善教育、医疗、公园等公共服务设施配套功能,统筹利用城市边角地新建、改建9个社区体育文化公园,办理老旧小区电梯增设项目近30个,切实完善老旧小区基础设施配套,提升老旧片区城市品质。

【生态文明建设】

全年完成治理复垦关闭矿山9家，销号面积115.49公顷，超额完成2019年初市局下达的31公顷目标任务。组织实施长江干流及主要支流沿岸10千米范围内废弃露天矿山调查举证及系统填报，印发工作方案，制定实施计划。2019年完成修复并销号废弃露天矿山8家，销号面积55.76公顷；完成阶段性任务年度修复矿山1家，修复面积13.83公顷。统筹山水林田湖草生态保护修复各项工作，制定实施方案和配套管理制度，完善资金调配，强化联合巡查督办；争取到位中央奖补资金2.41亿元，落地实施20个生态修复项目，其中已完工项目6个，正在实施项目14个。严格履行耕地保护职责，统筹分解保护目标，组织和指导层层签订《耕地保护目标责任书》，压牢压实主体责任，严格执行年度考核。推进日常耕地保护工作，强化永久基本农田用途管制，配合做好铁路东环线、渝万高铁等重大建设项目永久基本农田占用和补划踏勘论证，严格开展临时用地占用永久基本农田论证审查。落实土地复垦有关规定，严格执行土地复垦费用预存监管制度，2019年共建立监管账户11个，监管复垦资金合计500.7万元，有效保障临时用地复垦经费来源。

【土地集约利用】

全年共出让土地8宗、土地面积30.87公顷，成交价款共28.25亿元。办理土地划拨手续共21宗、土地面积40.47公顷，全力保障“522”市级重点项目、10个社区文化体育公园、观景口水厂等重点项目及基础设施用地需求。消化批而未供项目6宗，土地面积158公顷，消化率70%，位列主城区第三位；完成中科诺、国信通2宗11.33公顷以及恒德远景地块破产重整闲置土地处置工作，超额完成市局下达的2公顷的闲置土地处置任务。

【建设用地管理】

完成广阳岛片区“两规”一致性处理，23个项目约465公顷土地征转已经市政府批准，30个项目约767.73公顷用地已上报或完成组件，批准临时用地11个约116.67公顷用地。做好征地拆迁的监管和保障工作，征地完成率67.21%，郭家沱大桥、东环线等市级重点项目约275.13公顷已完成交地，重庆东站用地已完成房屋拆迁进度82%。配合渝湘、渝万高铁开展先行用地和预审工作。对农村村民住宅、乡镇村公共设施和公益事业建设、乡镇企业用地，以及农村集体经济组织以土地使用权入股、联营等方式与社会资本共同举办企业的土地，涉及占用农用地和未利用的，督促用地单位按规定办理农用地转用手续，并加强日常用地监管。

【林业管理】

经市林业局认定下发全区问题清单共31个。其中，已完成整改问题26个，正在整改5个，整改完成率83.9%。全年拟实施国土绿化0.11万公顷，已全部完成工作任务，实施完成率100%。制定《南岸区明月山开展林长制试点方案》，明确林长制试点重点工作任务，建立区、镇街或林场、村（社区）或林区管护站三级林长体系。整合优化南山自然公园、明月山自然公园、迎龙湖自然公园、苦溪河自然公园等4个自然保护地边界范围。

【规划自然资源督察】

按照环保督察要求，立案查处火锅一条街违法用地案件11宗，查处违法占地面积9.87公顷,其中耕地5.02公顷。扎实开展卫片执法,2018年度卫片执法工作共查处整改违法图斑36个,违法占地面积17.13公顷。认真开展耕地非农化图斑清理工作,清理处置成都督察局移交的耕地非农化图斑36个。立案查处各类违法用地案件14宗,按照282号令提请区政府强制消除42宗,区政府均已发布强消公告责令属地单位实施。立案查处违法建设行为案件36件,处罚面积14.65万平方米,处罚金额1497.5万元。共办理建设工程规划核实确认书78件,建筑面积5781777.24平方米。协助区两违办查处在建违法建筑认定83件。处理行政诉讼案件35件(民事诉讼案件2件,行政诉讼案件33件),处理行政复议案件4件,审核12宗涉及没收、拆除的行政处罚案件,参与进行会议审理案件10次。及时办结《司法建议书》《检察建议书》《监察建议书》各1件,获得区法院、区检察院、区监察委员会认可。

【规划自然资源改革】

完成南岸区"一张蓝图"方案报区政府审批,精简办理建筑许可流程,实现行政审批窗口联合办公,实现"三集中、三到位",推进多规合一、多审合一、多评合一和窗口作风建设;全面压缩行政审批办件时间,262件行政审批件减少48.6%的审批办件时间;全面梳理2014年至2018年区局改革工作进展情况,全面完成2019年改革项目和试点工作。完成区局和林业人员转隶工作,实现局机关集中办公;完成干部选任,选齐配强区局干部队伍;完成公务员职级套转和晋升改革工作,符合条件公务员全部套改,完成部分符合条件干部职级晋升工作。按照市局执法改革部署,稳妥推进执法体制改革工作,完成调查摸底等基础性工作。

【安全稳定工作】

成立局安全生产委员会,设立安委会办公会,明确各科室、所、林场安全生产责任,建立每月1次安委会例会的工作机制。做好地质灾害防治"三查"工作,实施工程治理3处、应急处置32次,组织"5·12"防灾减灾宣传周、安全生产月等专题宣传培训活动53次、地质灾害单点演练84次,参加人员3452人。落实森林火灾预防责任到各林区、村社、林区经营单位、巡护人员和林区农户,对重点片区、林区道路增加巡山护林人员,增设检查站和哨卡,严禁火种入山;在入山路口和重点地区、重要路段设置醒目标志,悬挂宣传警示标语,广泛宣传森林火灾预防。接待群众300多人次,来电咨询1000余人次,处置各类信访案件245件、信息公开30余件、网络舆情7件,化解庆隆南山国际社区15组团二期项目、南坪街道阳光社区七一村安居工程等2件信访积案。全年共收到区人大代表建议15件,政协提案9件,全部按时办结,满意率达到100%。成立区局保密委员会,明确各科室保密责任,制定《基础测绘地理信息成果提供使用管理办法》和《涉密计算机管理办法》,邀请市局专家到区局开展全局保密培训1次,做好日常秘密公文、涉密载体、涉密计算机的日常管理。

【领导班子】

党组书记、局长张超林,党组成员、副局长(正处级)宋西平,党组成员、副局长(调研员)张永川,党组成员、副局长杨军,党组成员、事务中心主任寇洪菲,党组成员、副局长吕亮,党组成员、副局长李碧香,党组成员、纪检组长何全祖,党组成员、副局长姜波。

(唐伟杰)

北碚区规划和自然资源管理局

【概况】

2月，按照机构改革部署，将原北碚区国土资源管理分局和原北碚区规划分局整合，组建成立重庆市北碚区规划和自然资源局（以下简称区规划自然资源局），于2月21日正式挂牌。内设机构办公室、法规督察科（行政审批科）、自然资源调查登记科（测绘信息科）、自然资源权益和利用科、国土空间规划科、市政交通规划科、建筑规划科、村镇规划科（文化风貌科）、国土空间用途管制科、耕地保护和生态修复科、地质矿产科、财务科12个科室，另设机关党总支、纪检组；下辖直属事业单位2个：重庆市北碚规划和自然资源事务中心、重庆市北碚地质环境监测站；派出机构8个：北温泉规划和自然资源所、歇马规划和自然资源所、龙凤规划和自然资源所、东阳规划和自然资源所、蔡家规划和自然资源所、静观规划和自然资源所、复兴规划和自然资源所、柳荫规划和自然资源所，其中歇马所和龙凤所合署办公、静观所和复兴所合署办公。截至2019年12月，共有职工204名，其中：在职职工171名（在编在岗职工97名，劳务派遣67名，派驻及借用7名），退休职工33名。

【党建工作】

全年开展中心组学习20次。扎实开展"不忘初心，牢记使命"主题教育。有力推进"三基"建设，根据机构改革方案及时完成党总支和6个支部的调整和支部委员选举。认真落实党风廉政建设责任，强化执纪监督，全年开展明察暗访6次、回访服务对象45人次、政务值班抽查4次，发现问题2个，提醒谈话6人次；主动开展内部巡查，首批巡查的2科室2个基层所发现问题13个全部整改到位。

【城乡规划】

配合编制《重庆市国土空间总体规划》，组织完成《北碚区重点空间发展支撑研究》，总体规划对歇马、澄江、静观、蔡家、东阳等区域的空间拓展以及重大交通设施需求予以部分采纳。同时，将涉及主城西部槽谷的歇马、澄江、东阳片区空间拓展以及新增轨道、延伸轨道等交通方面的需求与重庆高新区规划进行充分衔接。推进蔡家组团P标准分区控规编制工作，启动北碚组团F标准分区（东阳片区）控规编制工作，完成温泉城恒大项目、台农园协信项目、蔡家聚宝项目以及各片区道路等共30余项控规修改工作。组织编制《北碚区村布局规划》，并在此基础上开展柳荫镇东升村、澄江镇北泉村等70个村规划编制工作，实现村规划覆盖率80%的目标。完成区生态红线评估和歇马高新区国土空间规划研究，开展"三区三线"划定工作，开展缙云山国土空间规划研究、渝武高速团山堡下道口周边区域规划研究、重庆市自然博物馆周边配套整体策划专题研究等工作，启动全区高度、密度分区规划编制工作。

【土地管理和利用】

第三次国土调查顺利开展，北碚区成果已作为重庆市第一批县级成果上报国家核查，并顺利通过国家初步核查验收。全年上报征地19宗,面积346.47公顷;取得征地批文15宗,面积38.76公顷。供应土地70宗(数据不含两江新区水复片区),面积383.47公顷,实现土地价款140.28亿元,其中:出让土地21宗,面积178.67公顷,实现土地价款121.47亿元;划拨土地49宗,面积204.8公顷。处置批而未供土地153.73公顷,完成处置任务的106%;处置闲置土地16.47公顷,完成任务量126%。全年审批临时用地19宗,面积42.70公顷;审批宅基地831宗,面积58148.94平方米。推动“4552”渝广高速储备地指标顺利落地。

【生态保护和修复】

牵头制定《北碚区山水林田湖草生态修复工程试点实施方案(2018年—2020年)》,并有序推进各项目实施,完成2019年绩效目标任务。推进历史遗留关闭矿山地质环境治理恢复与土地复垦、长江经济带废弃露天矿山生态修复等工作。制定《北碚区非煤固体矿山退出方案》并报区政府印发,截至2019年底,申请完成11宗采矿权注销工作。按照北碚区绿色矿山建设工作方案和建设规划,完成天府矿业公司三汇二矿、童家溪镇水天花园地热绿色矿山建设,有序推进富皇张家凼水泥用灰岩矿建设工作。

【耕地保护】

确保市政府下达的16627公顷的耕地保有量、8395公顷的永久基本农田红线不突破。落实耕地占补平衡,通过合格证抵充、使用地票等方式对新增建设用地占用的耕地120.86公顷实现耕地占补平衡。加强农村建设用地复垦,完成澄江等8个街镇户改退地项目建设用地复垦1.27公顷,并通过区级验收和市级抽验;开展澄江等5个街镇地灾搬迁复垦项目前期工作。完成金刀峡小华莹土地整治项目,新增耕地26.84公顷。

【规划自然资源执法】

全年城镇规划建设用地范围内立案查处违法建设案件16件,查处违法建筑面积20896.34平方米;立案查处违法建筑59件,没收违法收入47件。城镇规划建设用地范围外立案查处土地违法案件40件,占地面积96992.58平方米、建筑面积90056.99平方米;查处建筑违法案件16件,全部上报区政府下达《强制消除违法建筑公告》,结案率100%。立案查处矿山违法案件4件。完成2018年度卫片执法并顺利通过市级验收,2019年季度卫片执法工作有序开展。在开展“大棚房”整治、违建别墅清查整治等专项行动中,清理出的36个“大棚房”问题项目、8个违建别墅项目全部整改到位。完成缙云山56处国有土地违法建筑的清理和22处国有土地违法建筑的整治工作,起草大体量违法建筑整治方案并对违法建筑进行立案查处。全年办理行政复议答复7件,办理诉讼案件104件,其中我局为被告和与复议机关为共同被告的78件诉讼案件中,已审结60件,败诉率10%。

【地质灾害防治】

组织全区17个街镇开展地灾防治工作,实现“0”伤亡目标。全年群测群防监测数据上报率为100%;处置新增突发险情9起,转移安置群众14户52人;完成地质灾害搬迁避让8户26人,开展区级工程治理9处(其中已完成治理项目3处),完成北温泉危岩带调勘查及专业监测建设,有序推进三峡后续治理项目以及城区综合治理项目。

【城市提升】

全年核发老旧住宅增设电梯工程规划许可77台，规划竣工核实11台。完成第二批3个公园建设，并有序开展第三批3个公园建设。推进金刚碑历史文化街区保护修缮工作；开展澄江历史文化街区保护规划研究并形成初步成果；完成第二、三批（共6处）历史建筑挂牌和西南大学3处历史建筑的修缮工作。有效推进渝武高速扩能一期项目（马鞍山至蔡家段）、快速路一横线歇马隧道东西段、蔡家自贸区主次干道（共约15千米）、蔡家M标准分区路网等重点路网的审批，完成相国寺储气库扩容达产完善项目选址、北碚红工水厂二期厂区及配套管网规划许可、蔡家污水处理厂二期规划用地等手续办理。

【建设项目审批】

全年共办理规划条件函73件，用地面积约229.69万平方米；选址意见书25件，用地面积约53.72万平方米；建设用地规划许可证51件，建设用地面积约284.19万平方米；建设工程规划许可证135件，建筑面积约471.19万平方米；建设项目规划核实76件。办理市政项目选址意见书66件，建设用地规划许可证36件，方案审查意见函5件，建设工程规划许可证40件，办理市政项目规划核实3件。

【领导班子】

党组书记、局长张亮，党组成员，副局长代清明、徐湛、范颖（女）、韩晓嫚（女），党组成员、纪检组长岳斌，党组成员、规划和自然资源事务中心主任蔡丹。

（谢世海）

渝北区规划和自然资源管理局

【概况】

2月21日，渝北区规划和自然资源局（以下简称区规划自然资源局）正式挂牌成立。机构内设办公室、法规督察科、行政审批科、自然资源调查登记科（测绘信息科）、自然资源权益和利用科、国土空间规划科（区规划委员会办公室）、市政交通规划科、建筑规划科（文化风貌科）、村镇规划科、国土空间用途管制科、耕地保护和生态修复科、地质矿产科、财务科等13个科室和机关党委、纪检组，下辖两路规划和自然资源所、回兴规划和自然资源所、双凤规划和自然资源所、龙石规划和自然资源所、王家规划和自然资源所、兴隆规划和自然资源所、统景规划和自然资源所、洛碛规划和自然资源所等8个基层规划自然资源所，另设渝北规划和自然资源事务中心（副处级）、渝北地质环境监测站（正科级）等2个事业单位。设置有党支部委员会6个。2019年末有党员130人（含退休党员17人）。2019年末在职干部职工127人（其中，公务员35人、参公事业人员8人、机关工勤人员2

人、事业人员82人),退休干部职工29人,派遣制员工101人。

【党建工作】

以“不忘初心、牢记使命”主题教育为契机,以全面从严治党为引领,全年召开中心组(扩大)学习会议15次,局班子成员上专题党课12次,开展各类党建活动96次,举办庆祝新中国成立70周年文艺晚会1场,全局上下“四个意识”牢固树立、“四个自信”更加坚定、“两个维护”更加坚决,持续营造风清气正政治生态。全年,获群众送锦旗3面,多名干部荣获各级表彰。

【规划编制】

着眼“三区”布局优化,深入开展城市空间拓展研究,形成49平方千米和32平方千米规划建设用地的两个拓展方案,上报市里统筹纳入全市国土空间规划。完成备选区耕地质量调查和耕地等级评价,进一步优化永久基本农田空间布局。完成全区401平方千米的生态保护红线系统评估,按照“生态优先、绿色发展”理念,形成优化调整方案,向市里提出建立生态保护异地补偿机制,建议对区生态红线保护面积减少100平方千米“缺口”在市级层面总体平衡。推进“多规合一”形成,适时开展综合交通规划研究、都市快轨重大交通设施预研预控等基础性工作,深化全区功能疏解规划,预先落实国土空间规划对专项规划、详细规划的统筹约束。按照建立“多规合一”空间底图要求,积极探索工程建设项目“一张蓝图”生成、“一个平台”审批的机制。着眼村规划编制全覆盖,全区124个村规划编制全面完成,新寨、小五、徐堡等3个村规划在全市率先获批,为乡村产业发展提供充足规划空间。聚焦建设乡村振兴综合试验示范区目标,启动铜锣山国家矿山公园总体规划编制,开展巴渝乡愁、白俄罗斯小镇、西部农谷等重大示范项目差别化用地支持方案论证。

【规划管理】

实施城区规划提档升级,皮鞋城、模具园等低效片区企业加快退出,泰山电缆等重点企业搬迁落地,城区环境不断改善。围绕畅通“主动脉”、打通“断头路”、疏通“微循环”,优化完善城区道路结构,城市功能短板加快补齐。精细实施控规与城市设计“双控”,将城市空间形态管控贯穿于规划管理全过程,有序推进两江国际商务中心、西南国际汽贸城等重点片区建筑屋顶、立面和色彩专项提升,塑造城市之美。落实城乡公交客运一体化规划和用地保障,促进布局合理、衔接高效的城乡公交客运格局加快形成。加强重点建设项目主动对接服务,全年高质量核发建设项目选址意见166公顷,用地规划许可477公顷,竣工核实确认423万平方米。工程规划许可(规划方案)1161万平方米,审批规模创近年来新高,居全市行政区第一,OPPO、传音、深科技、雷克萨斯、龙湖天街、新城吾悦广场等一大批重点项目加速建设,助推“五个千亿级”产业集群加快形成。

【耕地保护】

签订三级耕地目标考核责任书,将耕地保护工作完成情况纳入镇街年度实绩考核。划定永久基本农田保护面积18054.76公顷(划定城市周边永久基本农田面积2041.32公顷),通过土地整理和农村建设用地复垦等多途径补充耕地19.237公顷,严格落实耕地占补平衡制度,实现占补平衡374.77公顷,年末全区耕地保有量

38163.8公顷，完成市对区耕地保护目标考核。坚守耕地保护红线和粮食安全底线，清理“大棚房”问题54个，拆除违法违规建筑14.5万平方米，复耕复绿11.62万平方米，按期完成整治任务。

【自然资源管理利用】

全年累计获批新增建设用地计划指标34宗、400.8公顷，获批土地征收转用56宗、1156.33公顷。加大土地出让调度统筹力度，适时有序供应土地75宗、612公顷(供应工业及仓储用地89.57628公顷、经营性用地129.2285公顷、基础设施及公共管理服务用地393.2842公顷)，空港新城、前沿科技城、航空小镇、西南汽贸城等片区大批重点项目相继落户，实现土地价款155亿元，为高质量发展集聚财力。处置消化批而未供365公顷，组织园区国有公司整治国有建设用地448.33公顷。

【地质灾害防治】

全年分批完成全区600余名四级网格员培训。严格落实“汛前排查、汛中巡查、汛后核查”地质灾害“三查”制度，开展应急调查58次，组织应急会商45次。增加地灾搬迁补助标准，提高受灾群众搬迁避让积极性，全年完成53户116人。实施地灾治理工程68处，已完工39处。建立“局主管人员+专家+基层所安全负责人”现场检查模式，加强地灾治理项目管理。全区地质灾害防治能力和安全水平持续提高，全年未出现因地质灾害导致的群众生命财产损失的情况。清理历史遗留矿山环境治理恢复保证金并及时划转，妥善处置采矿权注销历史遗留问题，完成采煤沉陷区调查，开展铜锣峡背斜东翼地热采矿权出让前期工作。

【生态保护和修复】

完成全区历史遗留和关闭矿山治理复垦173.35公顷，全域性生态保护修复同步推进，生态修复累计完成试点资金投入7.44亿元，中央奖补资金投入2.15亿元，凭借已取得的优良生态效益再次成功争取中央奖补资金1.66亿元。铜锣山生态修复一至四期工程全面完成，五至七期工程有序启动，铜锣山矿山地质环境治理成效明显，全力打造生态保护修复“渝北样板”。中央党校中青班调研组专题调研，自然资源部副部长赵龙、区委书记唐川、区长谭庆等各级领导亲临指导并予以充分肯定，新华社、重庆日报、华龙网、今日头条等多家媒体深度宣传报道，湖北、广东、河南、新疆等省市调研交流。“巴渝乡愁”土地综合整治项目入选国家生态修复典型案例。曹家山煤矿土地复垦项目在全市率先完成生态地票交易。全面完成中央、市级环保督察整改任务牵头制定渝北区“四山”保护提升“1+8”方案。

【群众权益保障】

加大农村人居环境改善支持力度，审批农房建设用地2035宗、15.65万平方米，落实兴隆镇徐堡村、木耳镇垭口村等居民新村项目以及大盛镇东河村水土保持监测站、天险洞村农业技术培训中心等公益项目用地保障。扎实开展规划自然资源领域扫黑除恶专项斗争，加强行业领域舆情监测研判处置，有序开展行业领域重大事项社会稳定风险评估，及时纾解风险点，全年受理政府信息公开65件，受理群众来信来访604件次，有效化解征地拆迁、建筑规划、监察执法等矛盾纠纷，维护群众合法权益，确保新中国成立70周年大庆期间行业安全稳定。全年办理区人大代表建议和区政协委员提案31

件,其中,人大建议22件(主办15件,协办7件),政协提案9件(主办4件,协办5件),办结率、见面率、答复率、满意率均为“100%”。

【法治建设】

优化整合工程建设项目审批流程,完成系统行政权力、公共服务事项网上运行以及209项行政权力清单领取发布,完善机构改革后26项行政许可、7项公共服务事项流程配置,承诺时限比法定时限缩减50%以上,全年高效率办件1505件。完成年度卫片执法、耕地非农化、全天候遥感监测图斑核查整改。推动执法监管关口前移、重心下移,强化日常动态巡查,有效遏制各类违法用地、违章建设行为。全年共完成违法建筑整治49.95万平方米,查处违法用地22宗、74.35公顷,没收建筑面积6343.2平方米,拆除23宗、47009.6平方米,全力维护全区规划自然资源管理良好秩序。全年办理行政复议案件11件,行政诉讼案件61件。结合重要节点、利用多种载体,全面开展普法宣传,营造全社会关注自然资源、严格保护耕地、节约集约用地的良好氛围。

【调查监测】

高质量开展第三次国土调查,成果通过国家级核查,全区0.12%的差错率远远低于国家1%要求和全国县级单位0.75%的平均水平。全面完成2018年变更调查并通过国家核验。完成地理国情调查、信息基础建设及地理国情年度数据动态更新,为自然资源调查监测机制建立打好基础。全面总结国有土地、矿产、森林、湿地、水等资源以及制度管理等自然资源情况,编制年度国有自然资源资产报告。深化探索大数据和“互联网+”在规划自然资源领域运用,完成“雪亮工程”一期建设项目,开展国土空间管理“一张图”数据自动更新,利用大数据平台推动管理科学化、精细化、智能化。

【队伍建设】

加强干部队伍建设,向区委推荐并提拔任用副处级干部1名,选拔科级领导干部6人,完成公务员职级套转及晋升工作,非领导职务及职级晋升10人(其中,调研员4名),岗位交流3人,建立健全人事管理制度,规范管理干部职工。认真开展结对帮扶、后进党组织帮扶、城市党组织共建工作,先后帮扶统景镇长堰村、大盛镇明月村和龙山街道冉家坝社区及城口县周溪乡鹿坪村,通过“一村一案”“一户一策”,因地制宜、精准施策,在政策、资金、项目等方面全方位帮扶支持。

【领导班子】

党组书记、局长胡天才,党组成员、副局长叶栋文(2019年12月离任),党组成员、纪检组长、机关党委书记丁前,党组成员、副局长何先聪、文贻伦(2019年12月任职),党组成员、渝北规划自然资源事务中心主任叶斌,党组成员、副局长陈静、邓伟平、王兵。

(任艳　梁伟恒)

巴南区规划和自然资源管理局

【概况】

至2019年底，巴南区土地总面积1822.85平方千米，其中耕地575.99平方千米。全区土地以丘陵为主，低山次之，平地极少，分别占全区总面积的62.3%、33%和4.7%。土壤类型有水稻土、紫色土、黄壤土、潮土和石灰土等。

巴南区现有林地面积8.84万公顷，森林覆盖率46.6%，森林蓄积370万立方米。境内分布有树种73科227种，其中珍贵稀有树种有红豆树、银杏、穗花杉、红豆杉、桢楠、大叶黄荆等；优势树种有松、柏、杉、竹类等，尤以马尾松分布最广，现有3.15万公顷，主要分布于铜锣山、明月山、桃子荡、鲜家坪4大山脉和云篆山、圣灯山、樵坪山、石滩天台山、安澜龙岗、石龙长岭6大林区。

巴南区已探明矿产19种，主要矿产为煤、天然气、铁矿、砂金、水泥用石灰岩、建筑石料用灰岩、电石用灰岩、熔剂用灰岩、含钾凝灰岩、冶金用白云岩、玻璃用砂、建筑用砂岩、水泥配料用泥岩、砖瓦用页岩、砖瓦用粘土、陶粒页岩、地热、矿泉水等。大型矿床为煤矿和石灰岩两类，小型矿床为砖瓦用页岩、砂岩等。具有现实资源优势的矿产主要是地热、建筑石料用灰岩和砖瓦用页岩。主要分布在区内三大背斜附近，包括南温泉地热成矿带，桃子荡背斜石灰岩、地热、铁矿成矿带，丰盛场背斜石灰岩、煤、地热成矿带等3个成矿区带。

2月，按照机构改革要求，原重庆市规划局巴南区分局和原巴南区国土资源管理分局整合，组建成立重庆市巴南区规划和自然资源局（以下简称区规划自然资源局），是重庆市规划和自然资源局直属派出机构，负责建立空间规划体系并监督实施，负责辖区自然资源资产管理、利用以及生态修复、地质灾害防治工作。机构内设办公室、法规督察科（行政审批科）、自然资源调查登记科（测绘信息科）、自然资源权益和利用科、国土空间规划科（区规划委员会办公室）、市政交通规划科、建筑规划一科、建筑规划二科（文化风貌科）、村镇规划科、国土空间用途管制科、耕地保护和生态修复科、地质矿产科、财务科等12科1室，设机关党委和纪检组。下设鱼洞、花溪、南泉、界石、安澜、惠民、木洞、东泉、接龙等9个规划和自然资源所，下设区规划自然资源事务中心、地环站2个独立法人事业单位。2019年末核定行政编制39人、机关后勤服务人员编制4人，核定全额拨款事业编制68人。

【土地规划】

《巴南区土地利用总体规划（2006-2020年）》实施以来，在耕地保护、建设用地布局引导和规模管控、重点项目用地保障等方面发挥了显著成效。根据重庆市人民政府《关于调整巴南区及22个镇街土地利用总体规划（2006-2020年）的批复》（渝府地〔2017〕1929号）和《关于修改巴南区土地利用总体规划（2006-2020年）的批复》（渝府地〔2019〕1937号），全区土地利用总体规划各类主要控制指标为：耕地保有量指标规划目标为52787公顷;基本农田保护面积指标规划目标为46580公顷;建设用地总规模指标规划目标为23646公顷;城乡建设用地总规模指标规划目标为19646公顷;城镇工矿用地总规模指标规划目标为10875公顷;交通水利及其他建设用地规模指标规划目标为4000公顷。

【矿产资源储量管理】

根据矿山企业编制的《2019年度储量年报》,全区建筑用石料灰岩矿动用储量为1517.86万吨,砖瓦用页岩矿动用储量为29.8万吨,地热水动用储量为1225401.5立方米。

【规划管理工作】

完成界石ST拓展区2平方千米、高职城二期3.3平方千米成果审查公示,推进国际生物城、大江科创城、惠民现代总部新城等片区规划审查,以竞争性比选方式推进南彭概念规划和控规编制工作。完成华陶立交片区等4个重点管控区域城市设计。完成15件控规调整,新增规划建设用地1.62平方千米,指标平移0.74平方千米。完成村布局规划编制及成果上报,开展166个村规划编制,完成村规划区级评审156个,上报市审批41个。牵头制定《重庆市巴南区铜锣山和明月山保护提升实施方案》。推进龙洲湾隧道工程、轨道交通18(5A)号线等一批城市路网、轨道交通互联互通重点工程和观景口水利枢纽工程、新大江水厂等重大市政基础设施建设。对接市局开展预研预控,设计佛耳岩大桥线位纳入市国土空间总体规划。优化完善区域轨道线网,高职城片区新增轨道25号线和城轨快线28号线支线,鹿界南板块规划新增城轨快线20号线,并将轨道8号线延伸至南彭。对接渝昆铁路重庆东站联络线方案,推动佛南路向西延伸过江通道纳入市级层面规划。

【自然资源管理】

申请释放巴南区剩余可用地票空间,新增4.21平方千米土规建设用地指标。申报取得新增建设用地计划指标46宗356.89公顷,取得征地批复39宗325.66公顷,实现各类项目用地应保尽保。统筹土地供应,取得姜家蔡家寺B等8个项目抽查确认书,新增耕地154.75公顷,实现区内占补耕地自行平衡;办理占补平衡项目28个,交易面积88.56公顷,交易价款4983.38万元。完成4家矿山市级第三方评估,姜家绿色矿山建设示范区通过市级第三方评估。全年共开展矿产资源打非治违巡查12次,检查、抽查矿山累计209个,及时发现违法开采行为并查处。牵头制定《巴南区绿色矿山建设整治实施方案》《巴南区露天矿山开采监管制度》。

【地灾防治工作】

完成工程治理10处、实施搬迁避让89户226人、落实502名“四重”网格化管理员对505处已查明地灾隐患点监测预警全覆盖,实现零伤亡目标。实施销号113处(地质灾害隐患点从年初的505处减少至392处)。会同区应急局组织开展全区首次地震和地质灾害应急救援综合演练。处置界石镇华南城小学滑坡险情,紧急撤离33人。

【生态修复试点】

争取市级资金开展洲欣建材公司采石场损毁土地复垦试点项目并通过市级验收,整治24公顷,减少建设用地面积10公顷,新增耕地6.67公顷。争取国家补助资金开展长江经济带废弃露天矿山(53个图斑)生态修复。争取中央奖补资金5836万元成功开展花溪河湿地生态修复工程、拆除“四山”违法违规建筑复绿、望江一社库岸治理工程等试点项目。

【法制监察信访】

中央环保督察6件交办件牵头整改、52宗“大棚房”问题整改以及疑似违建别墅清理排查整治、四山拆违10万平方米、存量拆违35万平方米等一系列专项工作按期完成。2018年度卫片执法整改通过验收。印发《关于开展铜锣山、明月山范围内违法建筑综合整治的通告》(巴南府发〔2019〕26号),在坚决遏制新增违法建筑的同时,自2019年起用4年时间,全面清理核实铜锣山、明月山范围内违法建设情况,分类处置存量违法建筑。收到行政应诉通知书41件,区规划自然资源局行政负责人出庭应诉6件。涉及行政复议案件20件。政府信息公开件件有落实。

【调查监测工作】

巴南区第三次国土调查共完成调查面积182285.46公顷,内业解译图斑约34万个、外业举证图斑约4万个,形成集影像、图件、文字及数据库为一体的初步调查成果并通过市级、国家级核查。出具国有土地权属调查确认书129份,其中:国有土地初始权属调查确认书25份,国有土地变更权属调查确认书27份,竣工后土地使用权变更登记土地权属调查确认书77份。办理农房土地权属调查确认书7153宗。农村产权交易收集各类农村产权流转信息19条,发布意向流转土地93.33公顷,受理开展交易鉴证10宗56.33公顷。

【领导班子】

党组书记、局长张一兵,党组成员、副局长张涛,党组成员、纪检组长李锐,党组成员、副局长何平、林敏(女)、陈培松、王殊伟,党组成员余胜。

(张敏)

长寿区规划和自然资源管理局

【概述】

2月,按照机构改革,长寿区政府将原区规划局职责,以及原区国土资源和房屋管理局的国土资源管理,区发展和改革委员会的组织编制主体功能区规划职责,区水务局的水资源调查和确权登记管理职责,区林业局的森林、湿地等资源调查和确权登记管理职责等整合,组建成立重庆市长寿区规划和自然资源局,于2月19日正式挂牌。不再保留区规划局、区国土资源和房屋管理局。隶属于重庆市规划和自然资源局,实行市以下垂直管理。机构内设科室13个,下辖直属事业单位12个和片区基层规划和自然资源所13个。2019年末职工443人,其中机关职工25人、直属事业单位职工158人、基层规划和自然资源所50人,退休45人。

2019年,区规划自然资源局围绕长寿区融入主城都市圈发展目标,扎实做好“三大攻坚战”“八项行动计划”各项工作任务,扎实推进机构改革、优化国土空间开发保护格局、提高资源配置质量效益、强化生态保护修复和安全防线,强力推动市局和区委、区政府各项决策部署落地,实现长寿区规划自然资源事业全面履职之年的精彩开局。

【调查登记】

通过开展第三次国土调查,完成外业判定、调查和举证图斑近22万个,建立第三次国土调查数据库,形成外业调查成果、内业信息提取数据成果、图件成果、文字成果和数据库成果五大类成果,“三调”成果通过市级审查并上报自然资源部。完成2018年度城镇地籍调查更新,开展不动产登记权籍调查181宗542.79公顷,备案审查房地产开发项目测绘成果87件。完成2019年度城区建筑物信息调查更新工作,调查建筑共计19266栋,地上总建筑量约3548万平方米,较2018年增加111.6万平方米。

推进服务窗口提档升级,推行不动产登记“一窗受理、并行办理”,优化登记流程,实现登记时限“023”目标,所有登记资料和收费依据全部公开透明。推进互联网+不动产登记,开通运行微信公众平台,实现不动产信息自助查询、在线申请勘误,新增不动产登记在线自助缴费、微信等多种缴费模式。有序开展不动产登记+金融服务业务,建立不动产登记信息关联机制。全年完成不动产登记6.4万件,减免不动产登记费189.31万元。开辟绿色通道,完成圣湖锦等5个项目67幢80.03万方保障性房屋初始登记、3552件12.21万方定销商品房转移登记、渝利和渝万铁路31宗及经开区道路6宗用地初始登记,推动解决鼎力时代和长风化工有限公司职工住房遗留问题办证等重点民生工作。协调解决经开区53家企业工业项目历史遗留问题办证。

【国土空间规划编制】

强化国土空间规划指引,长寿区在全市区县中率先确定国土空间总体规划编制单位和经费,印发实施《长寿区国土空间总体规划工作方案》。依托第三次国土调查成果,推进“双评估”及资源环境承载能力和国土空间开发适宜性评价(双评价)、自然资源保护与利用以及产业、空间、交通协同等12项专题研究。完成战略目标定位、“三区三线”划定等阶段性成果。建立完善区、镇两级,总体规划、专项规划、详细规划三类的国土空间规划体系。加快推进全区12个镇国土空间规划编制。

将全区221村分成4类,其中,集聚提升类158个、城郊融合类38个、特色保护类7个、搬迁撤并类18个。在村规划中体现村的不同类型特点,并将4种分类对应的具体措施落实到村规划中,同时在村规划中明确乡村振兴重点实施项目用地规模等要素,预留预控乡村项目配套用地。通过村布局规划编制,将全域乡村分类、乡村产业格局、乡村生态景观格局的管控要求和乡村发展走廊的规划指引落实到镇国土空间规划中。长寿区持续探索实用性村规划编制方法和路径,率先完成全域221个行政村规划编制,实现村规划100%全覆盖,村规划编制及用地保障情况获农业农村部、自然资源部肯定。

【国土空间规划管理】

全年共召开专委会16次，共审议34个规划编制项目。坚持邀请首席规划师全面参与长寿区规划编制项目审议，加强对城乡规划编制和重点建设项目指导。坚持规划方案第三方技术审查、加强与行业主管部门对接和“城乡规划设计编制及测绘战略合作单位库”等机制，提高规划编制水平。

全年共开展控规修改工作10次，完成菩B5-2/03、晏B14-02-1-203等24个地块、三科农商城南部市政道路控规修改并获批。启动菩提组团A4-3-9(小康地块)、菩A13-102等37个地块的控规修改工作。及时将专项专业规划成果、规划研究成果及重大市政基础设施落地等纳入控规维护，完成长寿城区及12个镇区控规整合，完成6个类别59项的维护内容，城区控规整合面积约91平方千米(含新市街道)，12个镇区控规整合面积18平方千米。完成区域交通规划深化研究、重要交通基础设施预研预控，更紧密融入市域交通体系，加强重要交通基础设施实施空间控制。实施城市建筑全要素引导管控，加强天际线、山脊线、水岸线和边坡线保护，运用三维仿真、专家咨询等技术手段，强化重要城市空间节点、重要区域、重要公共建筑规划管控。完成三道拐重庆市历史文化街区、葛兰镇大坝村重庆市历史文化名村、邻封镇重庆市历史文化名镇、狮子滩电厂厂房及办公楼重庆市历史建筑挂牌仪式。

落实镇乡规划“三区三线”及其空间管控要求，统筹资源保护、生态修复、文化传承、经济发展、村庄建设、基础设施和公共服务设施配置、防灾减灾等内容，结合镇区人居环境改善，开展龙河镇控制性详细规划局部修改。完成龙河镇保合村、四坪村村规划修改，保障长寿慢城生态环境项目建设落地。利用“多规合一”平台筛选乡村振兴项目27个纳入村规划保障。加大《全区乡村振兴战略行动计划项目用地的实施意见(试行)》宣传力度，改进农村村民住宅用地、乡(镇)村公共设施和工业用地、乡镇企业建设用地审批工作，对符合申请条件的，尽最大努力压缩办理时限，提高工作效率。发布集体建设用地行政审批流程，优化乡村振兴项目建设行政审批服务。

推广联合审图，探索试行建设项目行政许可告知承诺制，完善行政许可标准化材料，完善行政许可标准化材料，加强与建设业主、设计单位的沟通联系，行政许可时限缩短至法定时限的25%-30%，完成各类审批手续办理639件。(建设工程许可总用地面积51.91万平方米、建设工程许可总建筑面积337.02万平方米、建设工程竣工规划核实总建筑面积209.54万平方米。市政工程许可总用地面积49.55万平方米、市政工程许可总建筑面积7.4万平方米、许可管线39.5千米、许可道路27.21千米、许可电力线8.9千米、市政工程竣工该规划核实总建筑面积4.65万平方米、核实道路1.32千米。)

【测绘地理信息】

全面完成年度地理国情数据动态更新、建设用地遥感解译等重点工作。实施2019年度测绘地理信息成果更新及维护，完成长寿区交通深化研究1:500地形图修测27.43平方千米、滨江品质提升区域1:500地形图修测9.3平方千米、中心城区及场镇规划区1:2000线划地形图(DLG)更新431.44平方千米。全年提供地形图面积3733.4平方千米、影像图29平方千米、管线长度1622千米。全面完成“智慧长寿”(一期)建设，数据体系包括基础数据库(地理空间数据、重大项目数据、法人数据、自然人数据）、主题信息数据库、整合信息数据库，一个时空信息云平台，综合区情系统、智慧古镇运营平台应用示范、乡村振兴智慧名片三大智慧应用。整合国土资源“一张图”、城乡规划综合数据库、地理空间数据库、交通综合信息库等数据资源，启动长寿区规划和自然资源“一张图”系统建设，构建覆盖长寿区域、多维度、空间化、开放型的自然资源和空间地理数据库。

【土地供应】

完成建设项目用地预审11宗73公顷、获批新增建设用地计划21宗319公顷、获批农用地转用和土地征收项目51宗636公顷。全年供应土地90宗，面积718.3321公顷（其中国有建设用地89宗，面积635.2221公顷；国有农用地1宗，面积83.11公顷），探索农村新产业新业态、旅游发展用地新模式，完成乡村振兴综合试验示范区新增500亩专项用地指标使用方案。实施村域建设用地增减挂钩项目试点，为盘活利用村域存量建设用地提供借鉴经验。

全年完成已征未供土地处置消化165.43公顷。建立全程跟踪管理机制，启动14宗疑似闲置土地调查程序。建立土地价款催缴常态机制，实现追缴滞纳金222.99万元。分类推进自然资源评价评估工作，加快建立政府公示自然资源价格体系，完善自然资源分等定级价格评估与监测。

【土地储备】

全年新增储备土地11宗，面积约61.33公顷；已取得储备批复，正在推进储备土地11宗，约77.84公顷。全年为经开区年产2万吨草铵膦项目及年产1万吨咪鲜胺项目、老年大学、桃花溪幼儿园及初级中学等重点项目提供储备土地5宗面积26.62公顷。开展对重庆化医集团及其子公司、重庆小康集团、重庆潽康实业有限公司等企业12宗约88.18公顷闲置土地的收储工作。

长寿区分两期发行2019年土地储备专项债券，用于收储6家平台公司14宗58.47公顷国有建设用地，支持重大项目建设。根据经费和资产划转工作要求，对截至2018年12月31日的资产情况进行全面清查核实，对2016年至2018年部门决算和相关经费使用情况进行统计，并按要求完成经费和资产划转前期工作。根据预决算相关要求，完成2018年部门决算编制和2019年部门预算公开。

【耕地保护和生态修复】

全区全面落实最严格耕地保护制度，层层签订耕地目标责任书，分解落实耕地保护责任，对各街镇经济社会实绩考核中严格考核耕地保护工作。年底全区耕地保有量55815.55公顷，基本农田保有量37657.6公顷。按照“占一补一、占优补优、占水田补水田”的要求，完成建设项目耕地占补平衡任务，全年办理占补平衡40宗，耕地305.30公顷，其中水田169.66公顷。完成储备补充耕地核查工作及耕地质量等别年度更新与监测工作。划定永久基本农田储备区，划定永久基本农田储备区耕地面积3353.46公顷，其中水田面积为1054.69公顷，划定永久基本农田储备区的耕地平均等别为9.1等。印发《关于进一步规范设施农用地管理的实施意见（试行）的通知》（长寿规资发〔2019〕62号），进一步规范设施农业用地管理，全年完成设施农业用地备案22宗，面积9.799公顷。

完成《长寿区山水林田湖草生态保护修复

工程实施方案》编制，开展2019年度长江及主要支流10千米范围内废弃露天矿山14个图斑，27.25公顷生态修复治理。按照《重庆市人民政府办公厅关于印发重庆市历史遗留和关闭矿山地质环境治理恢复与土地复垦工作方案的通知》(渝府办发〔2018〕55号)规定，持续推进全区26宗历史遗留和关闭矿山33.86公顷生态修复治理，已完成修复治理面积27.4653公顷，占总量81%。29宗明月山禁建区关闭退出非煤矿山已累计完成生态恢复治理约60公顷。

【土地整治】

全年实施土地整理项目24个，实施规模5606公顷。通过市级验收项目7个，规模1696公顷，实现补充耕地169.47公顷。实施农村建设用地复垦项目38个，完成2018年已验收13个项目24.47公顷合格证办理、资金支付及审计工作。新入库备案项目18个，规模37.87公顷。正在办理入库备案项目7个，规模6.87公顷。已竣工项目5个，规模9公顷。

加快推进复垦项目实施，优先保障建卡贫困户、农村危旧住房、地灾搬迁避让、户改退地遗留等民生复垦项目，完成历史遗留矿山生态修复治理项目8个，实现新增建设用地2.74公顷。实施八颗街道高新村殡仪馆项目征地红线外废弃建设用地复垦2.4公顷，可实现增减挂钩指标收益720余万。实施洪湖镇等2个镇长生村等10个村灾毁地复垦，实现新增耕地12公顷。

【地灾防治】

开展地灾隐患点排查核查，群测群防监测手机上报率达到99%以上，全年组织巡查检查98次。建立完善区镇两级地质灾害应急救援队，加强地质灾害宣传培训和应急演练工作，提高受威胁群众防灾意识和自救互救能力，全年处置地质灾害险情21起，无人员伤亡，成功处置“5.20”江南会馆湾滑坡和“6.27”重庆化工职业学院(长寿校区)滑坡险情。全年实施地质灾害治理项目14个。完成胡家咀危岩、吕家祠堂危岩2个重点防范地灾隐患点和花生基下湾滑坡、次力湾危岩等6个中小型地灾治理工作。完成三峡库区后续规划地灾治理项目太平沟危岩初步设计方案编制，大力推进市级补助地质灾害治理项目万顺镇罗家岩危岩、区级地质灾害治理项目新市街道和尚坪危岩和云台镇上余家湾滑坡治理工程。全年实施小微地质灾害治理项目11个。全年完成隐患点销号11个，全区地灾隐患点由2018年的256处减少到245处。结合建设用地复垦，实施“金土工程”搬迁避让项目4个，撤离受威胁群众56户141人。

【矿产资源管理】

全面完成明月山长寿段禁建区内29家矿山企业关闭退出，兑付关闭退出奖扶资金，持续推进29宗明月山禁建区关闭退出非煤矿山和26宗历史遗留和关闭矿山生态修复。按照渝国土房管〔2018〕383号要求全面开展“三项整治工作”推进及矿容矿貌改善情况，全区矿山企业累计投入经费约1025万元，实施企业矿区工业广场及道路硬化、采选加工车间密闭、采剥工作面终极边坡复垦复绿。完成中盐双龙、高龙盐矿2家绿色矿山建设任务。完成市关闭煤矿专项督察反馈问题整改，按永久性关闭煤矿井口密闭规范重新封闭洪湖镇寨湾煤矿老井口。严格落实《重庆市规划和自然资源局关于加强历史遗留和关闭矿山安全隐患排查整治工作的通知》(渝规资〔2019〕122号)精神，完成全区46处历史遗留和关闭矿山安全隐患排查。成立矿产资源领域“打非治违”工作领导小组，统筹安排、组织开展打非治违工作,建立完善违法采矿举报制度,强化矿产资源勘查开采监督管理,全年立案查处矿产资源违法案件7件。

【监察执法】

利用法制宣传月、6.25土地宣传日、8.29测绘法宣传日、12.4宪法宣传日,发放宣传资料5000余份。全年开展动态巡查322次、村(居)巡查272次。"12336"国土资源举报电话值守专班受理违法占地、违章搭建等举报共904件。2018年度及2019年一至三季度共计92个545.28亩(耕地271.93亩)违法图斑查处整改工作,消除2018年度违法卫片图斑27个11.11公顷(耕地3.87公顷),完成耕地非农化图斑整改24个,全年立案查处土地违法案件61件。全年累计查处违法建筑案件432件约7300平方米。完成19个"大棚房"清理整治工作,长寿区违建别墅清查整治专项工作认定上报5个违建别墅项目已全部整改完毕。

【领导班子】

党组书记、局长殷湖北(12月离任),党组书记、副局长张伟(12月任职),局长戚谊熙(12月任职),党组成员、副局长吴从波、宣念、舒建平、车文利,纪检组长杨权,党组成员、副局长余上云、何扬。

(宋国民)

江津区规划和自然资源管理局

【概况】

截至2019年底,江津区行政区面积3217.80平方千米。农用地2657.57平方千米,建设用地383.42平方千米,其他土地176.81平方千米。新增城镇建设用地空间规模5平方千米,取得征地批文1260公顷,供应国有建设用地813.33公顷,征收土地价款62亿元;全年共办理农村产权流转交易鉴证39宗面积256.53公顷;实现全区耕地总量11.28公顷,基本农田保有量8.66万公顷,完成市级验收、新增耕地300.07公顷,农村建设用地复垦新增面积19.33公顷,储备农村建设用地复垦备案入库166.67公顷;全年共核发选址意见书75件;核发建设用地规划许可100件,面积723.55万平方米;核发建设工程规划许可293件,面积849.90万平方米;核发竣工核实101件,面积447.86万平方米;全区800多处地灾隐患点监测预警实现全覆盖;新增档案用房2500平方米,全年办理不动产登记17.45万件;成功申报重庆市首个市级历史文化名城。

全区主要矿产资源保有储量有煤211万吨,铁143万吨,水泥用灰岩10900万吨,建筑石料用灰岩65.2万吨,建筑用砂岩1553万吨,砂岩265.7万吨,水泥配料用砂岩919.5万吨,砖瓦用页岩1068.6万吨,地热54.68万立方米。

2月21日,重庆市江津区规划和自然资源局(以下简称区规划自然局)正式挂牌成立,完成原国土房管局、原规划局等业务职能划转，顺利实现97个编制90名转隶人员的人事关系转接，“三定”后优化调整干部92名，其中科级干部71人。机构内设办公室、法规督察科（行政审批科）、自然资源调查登记科、自然资源权益和利用科、国土空间规划科、市政交通规划科、建筑规划科、村镇规划科（文化风貌科）、国土空间用途管制科、耕地保护和生态修复科、地质矿产科、测绘信息科、财务科等13个科室以及机关党委、纪检组。局属事业单位9个：土地整治中心、不动产登记中心、土地储备中心、档案中心、地矿监测站、规划执法大队、国土资源和房屋管理执法大队、规划展览馆、规划管理中心。分局1个（白沙分局）、基层规划和自然资源所29个。2019年共有编制285名，在编人员252名。

职能职责为：落实关于统一行使全民所有自然资源资产所有者职责，统一行使所有国土空间用途管制和生态保护修复职责的要求，建立空间规划体系并监督实施，发挥国土空间规划管控作用，为保护和合理开发利用自然资源提供科学指引。进一步加强自然资源的保护和合理开发利用，建立健全源头保护和全过程修复治理相结合的工作机制实现整体保护、系统修复、综合治理。推进自然资源节约集约利用。进一步强化监管力度，充分发挥市场对资源配置的决定性作用，更好发挥政府作用，强化自然资源管理规则、标准、制度的约束性作用，促进空间规划和自然资源领域科技发展、推进空间规划和自然资源信息化及信息资料的公共服务，推进自然资源确权登记和评估的便民高效。

【国土空间规划】

完成江津2035全域和“一轴两翼”空间发展战略规划。优化城市发展定位和空间布局，对接重庆市以及高新区（科学城）国土空间规划，力争按照180-200平方千米总规模规划江津区国土空间，完成全区生态红线的评估工作，全面梳理全区城镇工矿建设用地剩余空间，认真研究融城交通体系规划，为2020年完成江津国土空间规划打下基础。

【第三次国土调查】

借助高分辨率卫星影像图，严格对照操作规范开展第三次国土调查，接受自然资源督察成都局督察并将整改情况报送市三调办，中期数据成果已顺利上交国家审查，2020年形成江津国土最终数据成果，为区委区政府决策部署提供本底数据参考。

【要素保障】

按照市规划自然资源局以规划引领土地出让和区委、区政府把控土地市场供给节奏的要求，合理配置土地资源，优化供地规模、结构、时序。全年新增城镇建设用地空间规模5平方千米，取得征地批文1260公顷，供应国有建设用地813.33公顷，征收土地价款62亿元，确保江津综保区及各大平台建设项目落实落地。以先锋镇保坪村作为全市地票点状试点助推乡村振兴试点村。

【“三清”工作】

认真落实区委区政府以清土地、清资产、清协议为主的“三清”专项工作，特别是针对“一轴”城市开发建设主战场的国土空间等情况进行分类盘点，按“空间剩余、批而未征、征而未供、供而未用、用而不好”五种类别进行全面清理。出台《关于优化国土空间配置实现城市两高建设目标的实施意见》及《实施办法》等。

【历史文化名城申报】

在市局的支持下,牵头推进江津区市级历史文化名城申报,经市规划委员会2019年第四次会议审议通过,市政府批准同意设立江津区市级历史文化名城(2020年2月13日)。

【地灾防治】

对全区800多处地灾隐患点实行全覆盖监测预警,落实770名地质灾害群测群防员、30名片区负责人、16名驻守地质队员和10名专职工作人员,确保已发现的隐患点有专人巡查、高风险地区有专人指导,实现对隐患点的实时监测、及时预警和高效处置,连续保持地质灾害"零死亡"。

【行政审批】

印发《主线建设项目审批程序及要件流程》,涵盖10大环节,梳理147项服务对象办件资料清单。简化行政审批流程,取消《建设工程竣工核实备案书》,在工程建设许可阶段取消方案预审,规划设计方案审查通过后即办理建设工程规划许可证;建设用地使用权证和建设用地规划许可证合并办理;建立"多测合一"工作机制,实行"一次委托、统一测绘、成果共享";充分发挥审批大厅窗口作用,新编权力清单,制定授权清单,建立政务服务容缺受理机制。

【不动产登记】

优化不动产登记办理场所,新增2500平方米档案用房,完成不动产登记大厅的搬迁调整。简化不动产登记程序,启动存量房买卖+土地房屋抵押权登记等10种业务并案办理,实施"一窗受理、即办即取";延伸抵押登记业务至银行,实现专网"不见面"办理抵押登记;开通自助邮寄业务,初步实现让群众"只跑一次路"的工作目标。全年办理不动产登记17.45万件,创历史新高,居全市前列,无一例信访投诉。

【机关建设】

局机关于2019年12月25日正式搬迁至鼎山街道元帅大道36号。按局党组提出的"平安、和谐、幸福"的机关建设要求,举办庆祝新中国成立70周年才艺展示大赛和系统职工运动会,并建成职工书屋。

【队伍建设】

机构改革以来,共计优化调整干部92名,涉及科级干部71人。结合"不忘初心、牢记使命"主题教育,连续开展规划自然资源微讲堂13期,局干部职工、各平台、镇街相关负责人累计参与学习2100余人次,并组织了讨论交流,形成了讨论成果;印发《关于发扬"四种精神"、争做"四个表率"进一步加强干部队伍建设的通知》。

【领导班子】

党组书记、局长夏昭禄,党组成员、副局长苏承益、刘荣臻、范恒(12月离任)、王小燕(女)。

(陈庆)

合川区规划和自然资源管理局

【概况】

截至2019年底，合川区实有耕地104450.06公顷，农用地2797500公顷，建设用地4268公顷，未利用地2918公顷。

合川区矿种有铁、锶、耐火粘土、硅石、煤、煤层气、硫铁矿、岩盐(卤水)、含钾岩石、重晶石、石膏、各种用途的石灰岩、水泥用粘土、水泥用硅质原料、砖瓦用粘土、建筑石材、建筑用砂等26种，主要矿种有砂岩199.71亿吨、石灰岩54.2亿吨、煤6.72亿吨、岩盐6.5亿吨、石英砂4.96亿吨、耐火粘土1.17亿吨、页岩4239万吨、砚石138.69万吨、锶5.32万吨。主要分布于盐井、草街、双凤、狮滩、清平、小沔、三汇、土场等华蓥山脉沿线区域。截至2019年底，合川区持证矿山44宗，持证矿山44个，其中：煤矿2个、非煤矿山42个，主要开采的矿种有煤、岩盐、石灰石、建筑石材、页岩、矿泉水等7种。42个非煤矿山中，建筑石料用灰岩矿山17个(开采规模1010万吨/年)，水泥用石灰岩8个(开采规模2031万吨/年，主要为金九、台泥、拉法基、冀东、太富5个大型水泥厂配套服务)，制灰用石灰岩矿山2个(开采规模151万吨/年)，页岩矿山8个(开采规模36万吨/年)，水泥配料用砂岩4个(开采规模60万吨/年)，地热1个，岩盐1个，矿泉水1个。

2月19日，重庆市合川区规划和自然资源局(以下简称区规划自然资源局)正式挂牌成立。机构内设13个科室，下辖9个局属事业单位和12个基层所。核定编制272个，其中行政编制37个，机关工勤2个，参照公务员管理人员编制24个，事业编制209个。截至2019年12月，在编在岗干部职工251人，离退休干部79人。

主要职责：履行全民所有土地、矿产、森林、草原、湿地、水等自然资源资产所有者职责和所有国土空间用途管制职责；负责自然资源调查监测评价；负责自然资源统一确权登记工作；负责自然资源资产有偿使用工作；负责自然资源的合理开发利用；负责建立空间规划体系并监督实施；贯彻执行国土空间用途管制制度和国土空间规划政策并监督实施；负责自然资源文化的挖掘、研究、保护和利用工作；承担国土空间生态修复；负责实施最严格的耕地保护制度；管理地质勘查行业和地质工作；负责落实综合防灾减灾规划相关要求，组织编制地质灾害防治规划和防护标准并指导实施；负责矿产资源管理工作；负责测绘地理信息管理工作；承担空间规划和自然资源管理的督察工作；归口管理重庆市合川区林业局；承担重庆市合川区规划委员会的日常工作；管理基层规划和自然资源所；完成重庆市合川区委、区政府和重庆市规划和自然资源局交办的其他任务。

【城市规划】

启动合川国土空间总体规划编制的前期工作，并出台编制工作方案。开展合川区规划大纲(2018-2035)和总规实施评估、“三区三线”划定研究、全域资源环境承载力评价与国土空间开发适宜性评价划定研究等工作。形成合川区控规“一张图”初步成果。完成合川区生态红线的重新划示,并形成合川区生态保护红线自查报告。指导完成《草街信息安全产业城城市设计》,并形成设计初步成果。推进《重庆市合川区文化教育发展片区控制性详细规划》(2018年)的编制工作。推进沙溪片区控规的编制。完成合川城区养老设施布点概念规划的编制工作。

【村镇规划】

按照乡村振兴要求,确定细化“三线”和各类空间实体边界,推进9个镇级国土空间规划编制前期工作;学习浙江实施“千村示范、万村整治”工程规划先行的经验,统筹推进村庄规划工作,编制完成《重庆市合川区村布局规划》,分类推进乡村规划发展;在上位规划和村布局规划的指引下,推进全区200余个村规划编制工作,划定“三区三线”,落实规划管控要求。

【规划管理】

优化规划管理运行机制,召开规划委员会4次,部门专家咨询会21次。深化工程建设项目审批制度改革,建设项目审批工作顺利开展。全年办理《选址意见书》50件,总用地面积73.246万平方米;《用地规划许可证》82件,总用地面积264.098万平方米;《建设工程规划许可证》134件,建筑面积448.148万平方米;《规划核实》74件,面积201.64万平方米;《乡村建设许可》9件,面积2.74万平方米。完成办理世纪花园、法院小区家属院、卫生局家属院等38个老旧住宅增设电梯项目。

【耕地保护】

根据第三次国土调查上报数据,全区实有耕地104450.06公顷,划定永久基本农田85543.95公顷,土地整治新增耕地355.27公顷,均完成市级下达任务。划定永久基本农田储备区6548公顷(其中城市周边划定永久基本农田储备区361公顷)。

【土地利用】

全区审批建设项目用地预审4个8.0876公顷,获批新增建设用地计划指标项目22个92.74公顷,获批征转用项目42个300.87公顷,办理临时用地18宗142.33公顷,有效保障恒芯天际、巨梁沱立交、疏港大道、高阳铁路货运站、第二水源水厂、利泽航电枢纽等项目用地。全区供应各类国有建设用地124宗598公顷,土地成交价款67.31亿元,征收入库土地价款75.49亿元,创近五年新高。分类处置全区批而未供土地213公顷和闲置土地17.17公顷。

【土地整治】

完成市级土地整理项目续建项目5个,整治规模1260.32公顷,总投资9093万元,已通过市级行政抽查取得合格证,建成高标准农田1260.32公顷,新增耕地82.62公顷。完成区级土地整理项目续建项目13个,实施规模3409.83公顷,总投资9335万元,建成高标准农田3409.83公顷,新增耕地394.59公顷。新开工区级土地整理项目8个,实施规模2063.13公顷,预计投资5184万元,新增耕地206.43公顷。实施农村建设用地复垦7个项目(户改退地),减少农村建设用地11.41公顷,新增耕地11.30公顷。全年地票交易11.41万平方米,成交单价334.11元/平方米,成交金额3812.59万元,拨付补偿价款3179.26万元。增减挂钩节余指标转地票交易88.35万平方米，成交均价307.37元/平方米，成交金额27155.95万元，拨付补偿价款25698.17万元。

【不动产统一登记】

全年共办理土地房屋各类登记12.34万件，发放不动产权证书3.88万本，出具不动产登记证明2.84万份。稳步推进农村土地承包经营权流转交易鉴证，全年共流转交易鉴证4宗62.87万平方米，惠及群众182户。着力解决全区办证遗留问题，化解社会矛盾，解决201户1.51万平方米场镇建设领域和4家工业企业14.2万平方米权证遗留问题。

【矿产资源管理】

通过公开招拍挂方式，出让矿业权10宗，本年度出让矿产资源出让收益为历史之最。2019年度，完成冀东水泥重庆合川有限责任公司大庙石灰岩矿通过绿色矿山建设第三方评估，建成重庆市级绿色矿山，并代表重庆市成功创建国家级绿色矿山；全区共分三批22个矿山申报市级绿色矿山建设第三方评估，截至12月21日全部通过绿色矿山第三方评估，通过率为100%，超额完成并居重庆市级建成绿色矿山数量之首。查处无证、越界开采及非法销售矿产资源等违法行为共11件。

【地质灾害防治】

实现合川区内538处地灾隐患点监测预警“全天候、全覆盖”，深入开展巡查排查，落实汛前（雨前）排查、汛中（雨中）巡查、汛后（雨后）核查“三查”制度。发布预警信息14期，批量发送预警短信50余条。组织开展地质灾害防治知识集中培训30次，单点培训500余次，单点演练500余次，培训演练率均达100%。中央补助资金项目南津街街道鹞鹰嘴危岩带治理项目进入施工阶段。6处重点隐患专业监测项目正式运行。投入区级专项资金500余万元，开展10处中小型地质灾害工程治理，达到销号条件。对区内地质灾害隐患点进行工程治理（6处）和搬迁避让（25处），共计70户226人受益。

【测绘地理信息】

完成土地测绘639宗，房屋测量520余万平方米。全年累计完成房地产测绘成果备案1337件，办结率达100%。编制完成主城三个街道办事处所辖49个社区地图。组织开展“8.29测绘法宣传日暨国家版图意识宣传周”活动，加大“问题地图”检查力度，发现“问题地图”1起，已督促整改到位。

【乡村振兴】

启动合川区国家农村产业融合发展示范园创建工作。完成三汇、清平、土场等14个镇总规的修编工作，完成全域行政村村域现状分析及规划指引。完成三庙仁和、大石竹山等65个村规划编制，启动200余个村规划编制工作。开展集体建设用地基准地地价制订工作，完成千瑞食品、齐格食品、醉之福酒业等三个企业5.67万平方米以地入股用地审批，打通了以地入股政策落地“最后一公里”。办理农村社员建房22批次5.73万平方米，重点解决钱塘镇长安村集中居民点57户农村社员建房、云门棕林村集中居民点115户农村社员建房用地及524户农村社员散户建房用地审批。

【历史文化名城】

完成合川区申报市级历史文化名城初步成果;完成《瑞映山—纯阳山历史文化街区》保护规划;完成市级历史文化名村隆兴镇永兴村的保护规划编制工作。

【矿山修复治理】

完成历史遗留和关闭矿山地质环境治理恢复与土地复垦面积50.15公顷,全区241.35公顷历史遗留和关闭矿山已经累计完成治理78.17公顷;全区20个生产矿山结合绿色矿山建设投入资金2600余万元,对退采区、临时堆场、工业广场周边等区域实施地质环境治理恢复面积122公顷。

【行政执法】

立案查处"四山"管制区禁建区内违法建筑15处,建筑面积约48817平方米。立案查处违法建筑569件,其中,在建违法建筑257件,已建违法建筑312件,面积约1.5万平方米;整治违法建筑579件,其中,消除在建违法建筑8处,面积约0.1万平方米,拆除存量违法建筑571件,面积约7.4万平方米;立案查处违法建设行为15件,行政处罚7件。查处土地及矿产资源违法案件110件。开展季度、年度土地矿产卫片执法监督检查工作。

【领导班子】

党组书记、局长邹开勇,副局长陈颖,党组成员、副局长廖加新、刘海波、袁奇林、左丽、高慧,党组成员、纪检组长黄海波。

(左羽平)

永川区规划和自然资源管理局

【概况】

2月21日,由原区国土房管局和区规划局整合,组建成立永川区规划和自然资源局(以下简称区规划自然资源局)正式挂牌,系重庆市规划和自然资源局垂直管理部门。机构内设办公室、法规督察科、调查登记科、权益利用科、国土空间规划科、市政交通规划科、建筑规划科、村镇规划科、国土空间用途管制科、耕保和生态修复科、地质矿产科、财务科等12个科室机关党委和纪检组。派出机构16个规划自然资源所。下属事业单位土储中心、地监站、不动产登记事务中心、执法队、房地产档案馆、规划信息中心等6个。

【党建工作】

推进"不忘初心、牢记使命"主题教育。期间,局党组召开专题会6次,组织集中学习12次。9月23日至9月27日开展为期一周的集中学习研讨,原原本本学习了《习近平关于"不忘初心、牢记使命"重要论述选编》等规定内容。

班子成员从10个方面突出问题着手深入调研，找准查实问题66个，形成报告10篇，并结合予以解决。其中，解决国有土地房屋办证遗留问题30余宗、面积2万余平方米，农房证300余宗、面积3万余平方米，更是得到群众和企业的认可。

完成局机关党委换届选举工作，对各党支部、党员进行重新划定和届内调整，撤销党组织9个，新成立党支部3个，党组织更名4个、届内调整10个。认真执党费管理规定，重新核定党员党费基数并按时收缴。按程序发展党员，7名预备党员转正，7名发展对象转预备党员，培养积极分子1名。开展市规划自然资源局第一巡回组巡察"回头看"，积极整改存在的问题。

全年开展纪检监督专项检查26次，对两起违反工作纪律的人和事进行通报批评，并约谈单位负责人。强化督查，对效率低下的1个科室进行通报。精准运用四种对4名职工进行组织处理，对发现的17件信访问题线索及时调查处理并结案。开展系列活动促进廉洁，推动党风廉政建设责任制落到实处。

【城乡规划管理】

对中山路等8个镇(街道)土地利用总体规划进行局部调整、对卫星湖等10个镇(街道)土地利用总体规划进行局部修改，调规面积191.73公顷。

截至年底，开展的《山水城市·永川蓝绿空间导控》、《永川区中心城区慢行系统规划》、《永川区城市建筑色彩专项规划》等规划成果资料均通过区规委会审议。严格执行《建筑外装饰建设管理细则》、《工业建设形象导则》，坚持按《外立面装饰细化设计图案例汇编》精选外墙、栏杆、玻璃、窗框、坡屋顶、空调百叶等外装材质并现场审定。实行规划跟踪巡查，重点将"未批先建"、"少批多建"，不按图施工等建法建设制止在萌芽状态。推动老旧住宅增设电梯工作，争取财政资金按5万元/台进行补助，全年审批办理39件。制定《中心城区住宅配建停车位执行标准》，将中心城区停车位配建标准100平方米分段节点由建筑面积调整为套内面积。制定《提高高层居住建筑公共架空空间执行标准》，优化商品住宅入口层公共架空空间。

全年完成171个行政村规划编制工作。推进新农宅图集修编工作，初步成果已征求相关单位并修改完善。

全年核发建设项目选址意见书、建设用地规划许可证、建设用地规划条件函、临时建设工程规划审批意见、建设工程规划许可证、建设用地规划许可证等共计400余件。牵头召开规委会及办公会、服务项目建设联席会、专家咨询会等20余场，审查项目方案设计36个。完成北大桥加油站、大南门人行天桥等项目交影响评价工作，对渝西水资源配置工程、集媛医院老院区与新人民医院间建设人行边廊进行可行性论证。

开展松溉古镇保护规划编修，规划期限至2035年，完成第二批历史建筑保护规划编制和挂牌保护工作，对大安街道供销社等4外历史建筑进行挂牌保护。

【土地资源管理】

签订耕地保护目标责任书，层层分解落实耕地保护目标责任，年底实际保有耕地6.22万公顷，超过市政府目标任务0.46万公顷。划定永久基本农田5.22万公顷，完成市政府下达的划定任务。永泸高速占用永久基本农田及补划工作通过自然资源部审批。渝昆高铁、渝西水资源配置、江津至泸州线调整公路等项目已编制占用耕地踏勘论证。编制土地复垦方案20个57.8公顷,通过专家组验收。完成临时用地复垦验收6宗,修复损毁土地12.15公顷。推进长江经济带裸露废弃地治理,完成2个图斑22公顷植被恢复并销号。推进历史遗留及关闭矿山恢复治理,治理面积0.2公顷,超过市政府下达的目标任务2.33公顷。组织全区矿山企业在永川区龙田联办白石厂开展"3.16"集中植树活动,植树1000余株,治理恢复面积0.67余公顷。常态化地开展矿山企业地质环境治理恢复及复绿情况巡查,对两起破坏复绿情况的行为进行约谈。

建立土地供应联席审查会议工作规划,重点审议土地标定地价准确性、工作用地规模、投入产出强度、税收强度、出让建议起始价、土地供应时序等,全年召开土地联席会12次,审议地块出让建议起始价72宗。牵头制定并印发《永川区进一步加强土地储备管理工作暂行办法》,对土地储备的职责、增值收益分配进行明确。

全年取得建设用地指标50宗,上报征地61宗,规模约593.33公顷。出让土地92宗,面积466.6公顷,价款78亿元,其中,房地产经营性用地15宗,面积91公顷,价款40亿元;工业用地43宗,面积230.73公顷,价款4亿元;其他用地34宗,面积144.87公顷。

编制2019年土地储备整治计划,全年储备土地10宗,面积113.87公顷,其中,征收储备9宗33.53公顷,收回储备1宗80.33公顷。

全年实施土地整治及低效林园地整治项目24个,其中,临江天星等11个项目已验收发证,规模0.29万公顷,补充耕地463.81公顷;松溉新街子等7个项目已完成区级验收,规模1478.67公顷,补充耕地面积152.67公顷。持续加大高标准基本农田建设,全年完成11个项目高标准认定,建成高标准基本农田2900公顷。全年17.17公顷农村建设用地复垦通过验收,备案18.87公顷,均超额完成市政府下达的目标任务。落实耕地占补平衡指标,全年落实耕地占补平衡指标279.6公顷,水田指标164.8公顷,保障了长城汽车、永泸高速等47宗建设项目用地占补平衡。推进占补平衡指标交易,向两江新区交易水田指标56.67公顷。

依法依规对172宗247.73公顷违法用地进行地类调整,按时保质保量提交阶段成果,"三调"成果顺利通过市级验收并上报国家核查组。完成2018年土地变更外业调查、内业统计汇总、国家下发监测图斑复核、变更调查成果整改等工作,依法依规对133宗16.07公顷违法违规用地相关手续进行完善,土地变更调查工作顺利通过国家级验收。完善港桥园区1:500数字化地形图约32.75平方千米补测工作,启动城区1:500数字化地形图约30平方千米补测工作,完成"一镇一街图"公益地图更新并通过审核,将现有1:500、1:2000地形图和规划编制图形资料转换为2000国家大地坐标系,其中,城区1:500地形图约2500幅,永川全域1:2000地形图约1700幅,完成城区建设用地遥感解译和2019年度建筑物信息年度更新。

【矿产资源管理】

启动永川区第四轮矿产资源总体规划编制及数据库建设工作,编制完成《永川区矿产资源总体规划(2021－2025年)环境影响评价》。全区现有矿山企业43个,其中,非煤矿山35个,煤炭矿山8个。碎石矿山企业年产量880万吨,产销比1.1:1。

完成非煤采矿权延续登记25宗，变更6宗，办理建设项目压覆矿产资源初审3宗，建设项目压覆矿产资源审批20宗，注销采矿权4宗，下达责令停止采矿活动通知15份。通过公开摇号选择评估单位方式完成7家非煤矿山采矿权评估工作。

制定《矿产资源打违治违专项行动方案》，开展矿山巡查和实地核查，持续开展矿产资源打非治违工作。全年对巡查发现的25个采矿权标识牌内容过期、不完整和尺寸不合规的问题，督促企业立即进行了整改。对涉嫌违法的17个矿山进行调查处理。分组分片对全区43家矿山进行了逐一排查，发现的10个问题已责令矿山企业整改到位。

会同区应急管理局、区生态环境局、区林业局等成员单位召开联席会，通过现场指导、检查等方式，督促矿山企业加快绿色矿山建设。全年14家企业绿色矿山建设通过市级验收，完成率100%。

【地质灾害治理】

召开年度地灾防治工作会、汛期地质灾害驻守工作会，强化宣传培训，全年开展培训24次，参训380余人，发放宣传手册2万余份。在红炉镇开展2019年地灾演练，参练达200余人。指导镇街开展地质灾害单点演练70余人次，参加人数850余人。

加强与气象、水利、应急管理等部门信息共享，及进发布预警信息20条。按“定人定责、一点一人”的要求，为全区70处地质灾害隐患点配置群测群防员70人，适时观察隐患点变化情况，群测群防管理系统监测信息上报率达到100%。扎实落实汛前排查、汛中巡查、汛后核查“三查”制度，成功预警陈食街道朱龙花村老永津路930m处崩塌，及时撤离群众，避免一户5伤亡，获自然资源部肯定，保障全区连续19年实现地质灾害“零伤亡”。

全年投入资金40.8万元(市级、区级资金各20.4万元)对8个地灾隐患点实施金土搬迁避让工程，涉及15户51人。投入财政资金1080.92万元，对已发现的稳定性差、危险性大的地质灾害隐患点开展全面治理。其中，大安喻家坡滑坡、临江大水沟危岩、陈食唐昌利屋后危岩等项目已治理完毕。

【执法监察】

全年发现和制止土地矿产违法行为70宗，立案查处70宗，立案查处率100%，对自然资源部下发的727个图斑逐一进行核实，2018年度土地矿产卫片执法顺利通过市级验收。拆除违章建筑16万余平方米。“大棚房”清理整治顺利通过市推进办验收。分阶段完成市推进办下发自然保护区、森林公园及饮用水水源保护区、重要河道、水库范围红线违建别墅问题项目清查整治工作，拆除及复耕复绿金盆湖揽月楼、玫瑰园两处违建，并通过市推进办验收。收回闲置工业用地13宗58.6公顷，对一年以上未两年的5宗26.47公顷闲置土地下达认定书，对两年以上的4宗9.67公顷闲置土地下达收回决定书。全年督促动工建设10宗127.73公顷，收缴闲置土地费7万元。

【法治建设工作】

全年办理行政诉讼74件、行政复议22件、行政协调12件，受理依申请公开政府信息71件，启动责令交地程序1件，完成法院强制执行1件。积极开展法治宣传月活动，扎实推进扫黑除恶专项斗争，按要求对规范性文件进行集中清理。

【信访维稳工作】

将安全维稳纳入"一岗双责",层层签订目标责任书,层层分解落实责任。严格落实24小时值班值守制度,全年召开培训3次、专题会4次,无一例安全事故发生。成立局信访稳定工作领导小组,加强信访法规宣传,规范信访应急处置和来人接访,坚持领导下访接访制度,全年办结各类信访969件,办结率和回复率100%。

【不动产统一登记】

制定深化行政审批制度改革实施方案,将不动产登记涉及的税务办理、房地产测绘、水、电、气等窗口引入不动产登记办事大厅,打造"一厅式"服务,二手房交易实现60分钟办结。"颗粒化"分解行政审批服务事项,落实行政审批A B角和当日签发制度,全年受理行政审批业务3243件,办理各类登记业务10.45万件,颁发不动产权证书3.92件,不动产权证证明3.29万本。商品房成交19791套、167.52万平方米,金额95.55亿元。

【内部管理工作】

对全局管理制度进行重新梳理,制定《保密工作制度》、《公文办理工作制度》、《公务用车管理制》等14项制度,重新修订完善"不"字管理办法和"五项公开承诺"。

【领导班子】

党组书记、局长蒋勇,局党组成员、副局长、区土地储备整治中心主任李勇,局党组成员、副局长罗江燕,局党组成员、局纪检组长李远春,局党组成员、副局长裴渝川,局党组成员、副局长陶薇。

(田国江)

南川区规划和自然资源管理局

【概况】

2月19日,南川区规划和自然资源局(以下简称区规划自然资源局)正式挂牌成立,内设科室11个,单独设立机关党委、纪检组,下设事业单位9个,规划自然资源所10个。局机关委员会下设7个党支部,局班子成员共9人,全局在职职工220人,中共党员129人。

2019年,区规划自然资源局在全国创新性开展景城乡一体化规划编制,将土地利用、景区开发、城市提升和乡村振兴通盘考虑、一体规划,已形成成果。高标准开展农村人居环境整治,大观镇金龙村、中江村、木凉镇汉场坝村成为2019年中国城市规划年会山地乡村人居环境改善专题调研点,获考察团一致好评,获市局书面肯定。完成"大棚房"专项整治,纠正并恢复农业用途耕地面积7.04公顷(其中基本农田0.39公顷),国家第二十二督导组来南川现场督导,对南川区整治工作给予肯定。应急处置灾

(险)情39起,紧急撤离85户235人,无人员伤亡,实现地灾防治连续15年"零伤亡",自然资源部副部长库热西来南川区调研地灾防治工作,予以充分肯定。首次成功发行南川区土地储备专项债券3.6亿元,充实土地储备资金,降低土地开发成本,有效降低地方政府债务和财政风险。

【土地规划】

完成14个项目的土规调整和80.65公顷地票入库,城镇工矿用地规划目标增加100公顷,将南川区城镇工矿用地总规划调增至3806公顷,编制《南川区国土空间规划一致性处理方案》,落实建设用地261公顷。完成东部新城、龙岩组团、高架桥北侧区域城市设计,统筹空间布局,协调景观风貌,探索"控规+城市设计"双控管理机制。新编村规划91个,深化完善村规划67个,覆盖全区184个村的85%,超额完成全年目标任务。

【清查自然资源家底】

全面启动第三次全国国土调查,对全区土地资源进行摸底调查,对已有内容进行细化、对变化内容进行更新、对新增内容进行补充,2602平方千米"三调"数据库已形成初步成果。完成全区475个遥感监测图斑的外业举证工作,完成2018年度变更调查数据库更新,并通过国家核查验收。完成地下管线数据动态更新,完成全区30条道路,长度约为130千米的地下管线入库工作。

【土地供应】

获市政府批准用地90宗,总面积358.67公顷,全年共办理各类建设用地104宗,面积457.87公顷。新增储备土地250.87公顷,完成全年任务的125%;整治土地143公顷,完成全年任务的107%;征收土地403.33公顷,完成全年任务的121%;出让土地31宗174.93公顷16.58亿元,完成全年任务的131%,实际入库22.31亿元,完成全年目标的112%,比上年同期入库增长21%。全年处置批而未供土地94公顷,闲置土地9公顷,完成全年"增存挂钩"处置任务。完成《土地出让合同》修订12宗,收取地价款8145.7万元;办理个人划拨转出让786宗,收取地价款538.6万元;追缴地价欠款3.99亿元。

【土地整治】

实施农村建设用地复垦项目43个,实施规模76.6公顷,通过市级验收38.87公顷,完成全年任务的105%。实施区级投资土地整理项目12个,总规模0.37万公顷,实现新增耕地占补平衡指标241.33公顷,完成全年任务的103%。全面开工建设市级投资德隆镇银杏等(2)个村"山水林田湖草"国土综合整治项目,建设规模373.33公顷。

【矿产资源管理】

组织实施矿山复垦17个(其中中央环保督查11个矿山、自然保护区及生态红线内矿山6个),已复垦复绿353亩,完成全年任务的102%。完成采矿权出让计划报批20宗,办理采矿登记25宗,建成绿色矿山5家。开展矿山巡查86次,核实违法线索22件,查处违法采矿17件。

【违建整治】

分类处置耕地非农化图斑35个,梳理出神龙峡木屋酒店、芸意旅游接待设施项目等6个项目认定为违建别墅。开展巡视巡查900余次,查处违法用地62件,面积9万平方米,实施集中强拆80次,整治违法建筑21.3万平方米。助推全区房屋拆迁4594户,面积70.4万平方米。

【行政审批】

开展"两证"遗留问题集中办理,办理各类不动产登记5.6万件,办结率与办件准确率均为100%,无一例超时办件和错案。推进"互联网+政务服务",对工程建设项目规划、用地审批,简化程序要件、提高审批效率。开展"一对一、点对点"全程跟踪服务,主动上门服务30余次,助推26个重点项目顺利落地实施。筹办规委会5次,审议东街项目设计方案、景城乡一体化规划方案等22个议题;召开行政评审、专家评审20次,审议方案设计42个;核发"两书两证"164个,面积417平方米,完成泽京第三大道、金科世界城等55个项目的建设工程规划核实。

【领导班子】

党组书记、副局长李波,局长李玉梅,党组成员、副局长(正处级)耿立建,党组成员、土地和房租征收中心主任(正处级)张忠,党组成员、土地储备中心主任(正处级)王学全,党组成员、副局长陈春平、唐科勤、王江海、吴卫国、王爱国(1—9月挂职)。

(李豪桀)

綦江区规划和自然资源管理局

【概况】

綦江区土地面积218566.7公顷,其中耕地面积91035.53公顷,园地面积3470.09公顷,林地面积80312.66公顷,草地面积5285.97公顷,城镇村及工矿用地14384.5公顷,交通运输用地3130.61公顷,水域及水利设施用地4057.8公顷,其他土地16889.53公顷。

全区共发现矿产资源19种,分别为煤、煤层气、天然气、页岩气、铁矿、砂岩铜矿、硫铁矿、水泥用灰岩、建筑石料用灰岩、饰面用灰岩、建筑用砂岩、石英砂岩、砖瓦用页(泥)岩、方解石、石膏、萤石、耐火粘土、含钾绿豆岩和地热水。优势矿产为煤、煤层气和水泥用灰岩等。设立安稳石灰岩资源保障基地7个,储量共计约13亿吨。已勘查评价矿床46处,其中大型矿床9处,中型矿床11处,小型矿床26处。查明资源储量煤炭16.75亿吨、铁矿9037.5万吨、石灰岩19.48亿吨、煤层气242.3亿立方米。

綦江区政府将原区国土房管局国土资源管理职能和原区规划局职责,整合组织编制主体功能区规划职责和水、草原、森林、湿地等资源调查确权登记管理职责整合,组建成立綦江区规划和自然资源局(以下简称区规划自然资源局),于2月21日正式挂牌。内设行政科室12个:办公室、法规督察科(挂行政审批科牌子)、自然资源调查登记科(挂测绘信息科牌子)、自然资源权益和利用科、国土空间规划科(挂区规划委员会办公室牌子)、市政交通规划科、建筑规划科、村镇规划科(挂文化风貌科牌子)、国土空间用途管制科、耕地保护和生态修复科、地质矿产科、财务科,设机关党委和纪检组。局直属事业单位8个:重庆市綦江区土地整治中心(副处级)、重庆市綦江区土地房屋执法监察大队、重庆市綦江区土地房屋测绘队、重庆市綦江区矿产资源管理所、重庆市綦江区地质环境监测站、重庆市綦江区不动产登记中心、重庆市綦江区规划展览馆、重庆市綦江区土地储备中心。派驻镇街的规划和自然资源所20个。2019年末有职工158人,其中公务员(含参公)42人,机关工人2人,事业人员114人。

【规划编制】

全年推进"双评估"、"双评价"等16个专题研究,区国土空间总体规划编制成果于9月初上报市规划自然资源局。编制完成綦江城区控规整合成果。中峰镇被新评定为市级历史文化名镇,保护规划编制成果已顺利通过市级评审。全面推进村规划编制工作,启动规划编制266个村,占比88%,超全年目标任务8个百分点。永城镇中华村村规划已被作为优秀编制成果报送自然资源部。

【规划行政审批】

全年共召开12次业务办公会、21次专家咨询会、2次规委会,对69个项目进行审查。共核发选址意见书30件,选址面积约64万平方米;用地规划许可47件,用地面积约80万平方米,同比减少50%;工程规划许可141件,建筑面积约256万平方米;同比减少30%;竣工规划核实64件,建筑面积约150万平方米,同比减少26%。

【测绘工作】

8月29至9月5日在"8.29"测绘法宣传日期间,采取分发张贴宣传海报、进社区播放公益宣传片、进学校上国家版图知识普及课、邀请媒体报道等多种形式开展宣传工作。完成商品房预测绘电子楼盘审查,共审查电子预测绘楼盘137件。认真执行《重庆市工程建设项目竣工验收多测合一实施办法(试行)》,推进全区"多测合一"改革。

【耕地保护与土地整治复垦】

全年全区耕地保有量未低于106.77万亩,永久基本农田保护面积未低于6.19万公顷。取得丁山镇秋发等(4)个村等5个土地整理项目抽查确认书,补充耕地92.13公顷,完成农村建设用地复垦验收任务补充耕地2.87公顷,共计完成补充耕地95公顷,超额完成市级下达补充耕地83.33公顷任务目标。全区44个建设项目占用耕地212.87公顷、水田79公顷、粮食产能218.39万公斤均严格落实占补平衡。备案设施农用地50宗,总面积8.27公顷,收取复垦费用144万元。与农业部门协同推进"大棚房"整治行动,严肃查处违法违规占用耕地行为,已通过国家验收。完成对10个历史遗留及关闭矿山片块的工程恢复治理或自然认定,共计29.04公顷。申报并启动[石壕镇万隆等2个村和石角镇千秋村2个市级土地整治项目],总投资共计5500余万元,实施规模近500公顷,预计新增耕地35公顷。

【建设用地】

落实各片区、各行业、各类型新增建设用地指标20件165.87公顷,取得征(转)用批文56件429.2公顷,累计办理用地预审60件288.73公顷,审批临时用地34宗133.53公顷。出让土地24宗53.93公顷，划拨土地16宗150.6公顷，实现土地收入15亿元，有效保障綦江北互通及其连接线等基础设施项目以及横山岭南、高庙康养小镇等重大招商引资项目顺利落地。通过约谈企业、发送催款通知、采取行政限制、提起司法诉讼等措施，追收历年欠款。对未按合同约定开发建设宗地发送开工通知，督促企业开发建设，共收回土地使用权12宗29.8公顷。

【矿产资源】

完成采矿权延续登记等各类矿业权审批49件，收取出让收益金5465.6万元，征收植被恢复治理保证金等各类费用963.8万元。全区已启动建设绿色矿山35个，通过第三方评估矿山15个，建成国家级绿色矿山3个。全区非煤矿山绿色矿山建设已累计投入资金5400余万元。

【执法监察】

查处规划审批程序违法建设项目共18宗，处罚面积2.95万平方米。立案查处土地矿产违法案件214宗，没收建(构)筑物面积11.9万平方米，拆除建(构)筑物面积6.9万平方米。通过开展2018年度土地卫片执法检查，立案查处违法案件77宗，非立案查处83宗，消除违法占用耕地29.99公顷。清查认定并整改完成18宗违建别墅问题，已通过市级验收。

【地灾防治】

落实354名地质灾害防治“四重”网格人员，157名村社负责人全面负责地质灾害隐患点监测工作。召开地质灾害防治预警会商会议共计6次；发布预警信息47条，接收对象达2.6万人次。全年开展各类宣传培训120余次，应急演练331次。开展巡查排查600余次(两会、春节期间重点巡排查7次)。全区发生地质灾害灾险情16起，临时紧急撤离受威胁群众共57户131人。成功预警文龙街道三桥村滑坡等3起灾险情，未造成人员伤亡。

【不动产统一登记】

通过上门服务、企业绿色通道等方式，办理各类不动产登记业务78692件，其中：国有土地不动产登记73759件、集体土地不动产登记4806件、林权登记127件。办理7个遗留项目不动产登记问题，面积达5.8万平方米。办理产权流转交易鉴证业务24个，交易面积235.17公顷。

【法治建设】

全年信访总量361件，接待来访200余人，其中来信188件，来访173件。全年接待群众集访4次，接待集访群众40余人，化解信访积案5件。办理行政复议案件19件、行政诉讼案件106件、征地行政协调案件12件，组织行政处罚听证会7次，涉及35个行政处罚案件。承办区二届人大二次会议和区政协二届二次会议交办的区人大代表、政协委员建议、提案共51件，代表(委员)满意率100%。

【领导班子】

党组书记、局长陈晓军，党组成员、副局长王丰平、李伟、魏华伟、毛兵、金奇彬、周瑜。

(余欧阳)

大足区规划和自然资源管理局

【概述】

截至2019年，大足区土地总面积14.3万公顷，其中：农用地12.4万公顷、建设用地1.8万公顷、未利用地0.1万公顷。全区基本农田保护任务6万公顷，规划基本农田保护面积占耕地保有量89.1%，全区林地面积总量为5.8万公顷，占辖区面积的40%，森林面积5.5万公顷，覆盖率为47%，全区活立木总蓄积量131万立方米。境内已发现矿产19种，统计矿产地、矿化点共44处，矿山企业23个。

2月，在机构改革中，大足区政府将原区国土房管局承担的监督防止地下水污染职责划转至区生态环境局，将原区国土房管局承担的地质灾害抢险救援职责划转至区应急局，将原区国土房管局承担的房屋管理、征地拆迁职责划转至区住建委，将原区国土房管局承担的农田整治项目管理职责划转至区农业农村委，将区规划监察执法支队承担的依法对违法建设行为进行调查取证及执法监督、承担对违法建筑核实处理及实施强制拆除（回填）工作的相关职责划转至区城管局。将大足区城镇房屋管理中心和大足区公租房建设中心两个承担房屋管理相关职责的事业单位整体划转至区住建委。大足区土地房屋征收中心整体划转至区住建委。

2月25日，大足区规划和自然资源局（以下简称区规划自然资源局）正式挂牌成立。内设机构13+1个，即：办公室、法规科（信访与政务公开科）、督察科（行政审批科）、自然资源调查登记科（测绘信息科）、自然资源权益和利用科、国土空间规划科、市政规划科、建筑规划科（区规划委员会办公室）、村镇规划科（文化风貌科）、国土空间用途管制科、耕地保护和生态修复科、地质矿产科、财务科及机关党委。设立局纪检组、局纪检监察室。设立双桥经开区分局，受区局委托负责双桥经开区辖区内的规划和自然资源管理工作，为区规划自然资源局派出机构。2019年末有在职职工420名（在编职工306名，劳务派遣114名），退休职工82名。

区规划自然资源局职能职责：要落实关于统一行使全民所有自然资源资产所有者职责，统一行使所有国土空间用途管制和生态保护修复职责的要求，建立空间规划体系并监督实施，发挥国土空间规划管控作用，为保护和合理开发利用自然资源提供科学指引。进一步加强自然资源的保护和合理开发利用，建立健全源头保护和全过程修复治理相结合的工作机制，实现整体保护、系统修复、综合治理。推进自然资源节约集约利用。进一步强化监管力度，充分发挥市场对资源配置的决定性作用，更好发挥政府作用，强化自然资源管理规则、标准、制度的约束性作用，促进空间规划和自然资源领域科技发展、推进空间规划和自然资源信息化及信息资料的公共服务，推进自然资源确权登记和评估的便民高效。

【城乡规划】

完成2035规划大纲编制，开展“三区三线”划定、“双评价”及专题研究工作。规划大纲构建"两轴三区、三心三极"的城镇空间结构,"两轴"即沿宝邮路的城市综合发展轴、沿渝蓉高速的区域经济联动轴;"三区"即东北资源型产业+现代农业发展区、南部现代产业+现代农业发展片区、西北石刻旅游+特色农业发展片区,通过差异化功能布局,促进区域协调发展。"三心"即龙岗—棠香文化休闲核心、龙水智慧新城服务核心、双桥邮亭智能产业核心;"三极"即万古镇、三驱镇、中敖镇,通过加强旅游产业和城镇建设,建成大足区城乡发展增长极,辐射周边乡镇,带动区域协调发展。

完成《大足区村布局规划》,形成大足区村布局规划特征分析报告。完成207个行政村的村规划深化编制,"棠香人家"、"五彩稻田"、"原乡•荷花村"、"老家•观音岩"等一二三产业融合发展示范村已初具规模。启动铁山、雍溪镇2个历史文化名镇保护规划修编工作,启动玉龙镇玉峰历史文化名村保护规划编制工作。

修改完成《大足区中心城区控制性详细规划整合》《大足区邮亭镇等10个镇控规整合》和《大足区万古镇等11个镇(街)控规整合》上报审查备案并实施。组织编制万古镇等12个镇街国土空间规划一致性处理方案。完成《大足区国家现代农业园区核心区建设规划》《中国大足石刻文化创意产业园建设规划(2019—2035年)》专项规划编制。完成石刻公园项目选址及其土地入市等前期相关工作。全年完成控规调整和动态维护29件,完成全区土规调整12件、217公顷。完成永久基本农田储备区划定及上报。配合区林业局完成大足石刻风景名胜区矢量范围划定。

坚持规委会和专家咨询会审议制度,全年筹备规委会和专家咨询会4场次,规委会通过龙水新城详细城市设计、香国公园方案、海棠中学(初中部)、海棠二小、海棠幼儿园等一批优质项目的规划、方案落实。在实施成渝地区双城经济圈建设过程中,高起点、高水平严格项目建设规划管理,确保项目规划设计有前瞻性、科学性、创新性、生态性,美誉度不断提升。按照区人大关于提升城市品质的决议和区规委会要求,新建建筑高度控制在60m以内,同时满足大足区机场飞行净空限高要求;建设项目容积率不超过2.5(商务、商业设施除外),一般控制在2.0以内;建筑色彩以咖啡色、灰色色系为主,禁用白色、大红大紫等明度和彩度较高的颜色;严格道路两侧建筑退让。新建建筑控制线按照路幅宽度大于或等于32米道路的,沿车行道有效路面边缘退让30米;路幅宽度小于32米、大于或等于25米的道路,沿车行道有效路面边缘退让20米;路幅宽度小于25米的道路,沿车行道有效路面边缘退让8—10米进行控制;停车位:60平方千米主城范围严格按照2018版《重庆市城市规划管理技术规定》执行,其他乡镇按照区政府有关规定执行;商住比例:居住用地按照商业建筑面积不大于总计容面积的7%控制。

全面清理并公布权力事项共224项,编制行政权力运行流程图,对权力事项实时动态更新到位,并及时对外公布做到清单之外无权力,实现"法无授权不可为"。以"互联网+政务服务"为重点,推动政府投资公益类建设项目实行"以函代证"承诺制,将园区工业建设项目手续办理服务授权给园区管委会。全年核发建设用地规划许可证36件,建设工程规划许可证71件,审批建筑面积249.57万平方米,竣工规划核实确认书45件,竣工面积140.27万平方米,办理规划监察案件4件。

【测绘地理信息】

累计整治城区拆违3049件、25.49万平方米,超额完成区委区政府下达的24.9万平方米,年度计划的2.4%。

完成大足区测绘行业资质的管理。开展"测绘法"宣传、问题地图的排查和便民地图进学校、进社区的宣传,开展大足区测量标志的保护工作。完成2019年建筑物信息更新资料。完成建设项目规划测绘服务工作,提供用地红线图81件274.7万平方米,规划放线85件,项目基础竣工测绘40件,项目竣工核实测量26件,建筑面积48.44万平方米,市政工程竣工核实测量1968米。支持配合龙水工业园区、万古高新区、龙水湖国际旅游度假区管委会的项目建设测绘工作。

【土地利用】

完成农村土地制度改革三项试点各项目标。累计入市土地89宗、192公顷,成交总价10.07亿元,通过使用权融资2宗、1348万元。完成试点项目4个、57.87公顷、安置人员787人。宅基地改革方面:完成宅基地现状调查2.99万宗,收取宅基地有偿使用费4579户、147万元,拆除复垦"阴阳房"172.07公顷,自愿有偿退出复垦宅基地182.26公顷。在全国率先建立城乡统一的建设用地使用权基准地价体系,集体经营性建设用地入市出让合同示范文本在全国推广,在征地制度试点改革中试行增加每人1.05万元医疗保障的措施被中央深改委采纳。大足区的试点做法得到广泛关注,新华社、半月谈、重庆日报、新浪网等进行了专题报道。

争取用地规模指标3平方千米,全年获批用地729.27公顷,保障双桥经开区、工业园区、高新区等重点区域和交通、水库等重点项目用地。累计供应土地(出让、划拨)387.67公顷,土地收入财政入库38亿元。

【土地整治】

全年实现农田建设整治0.32万公顷,新增耕地271.4公顷,分别超目标任务20.5%、1.8%;实施复垦并新增地票11.62公顷,超目标任务16.2%;完成复垦入库14.32公顷,超目标任务7.4%;全年提供耕地占补平衡指标442.78公顷,(其中:市交易106.86公顷),比上年分别增加81.5%;全年修建山坪塘20口,囤水田219口,生产路、田间道235.2千米;土地测绘、入库1044宗、1962.55万平方米;完成自然资源部对2008年以来土地整理、复垦项目储备补充耕地的核查、地票清理等工作。

【不动产统一登记】

预售合同备案登记3638套,总销售面积41.03万平方米,总销售金额19.96亿元,销售均价4864.81元/平方米。存量房交易4593套,总销售面积46.38万平方米,总销售金额12.32亿元,销售均价2656.72元/平方米。办理房地产权属登记发证29495宗,涉及面积583.43万平方米,办理农村房地产权属登记发证2172宗,涉及面积37.63万平方米。办理抵押登记12462宗,涉及面积1376.98万平方米,贷款金额252.21亿元。

12月25日,完成区级重大民生工程香国公园的建设并投入使用。完成进士家园、水峰社区等7个征地拆迁安置还房项目权证总登记8031户,完成农民新村、新型社区69个项目权证总登记6402户。办理区人大代表建议31件、区政协委员提案14件,办理满意率达到100%。

【矿产管理】

全区现存矿山企业23个（其中：非煤矿山企业22个、煤矿企业1个）。全年办理采矿许可证9个。投入资金1530万元完成古龙镇兴隆矿区锶矿深部详查项目第二阶段勘查。通过开展“打非治违”专项行动，全年组织各类巡查150次，实地核查矿山23个。绿色矿山建设达标8个。

【地质灾害防治】

健全完善“四重”网格化防范机制，全面排查建立地灾隐患点动态台账，分类做好玉龙镇狮子岩危岩带、中敖镇上游水库管理所不稳定斜坡、北山不稳定斜坡带、宝顶镇观景台危岩等现有212处地灾隐患点的专业监测预警、群测群防、搬迁避让和治理工作。完成玉龙镇老街（燕子岩）危岩带市级特大型地灾治理项目工程总量的85%，全年搬迁避让群众64人。地灾防治工作连续14年为“零伤亡”。

【执法监察】

完成“大棚房”问题专项清理整治，清理整治“大棚房”问题共14个、占用耕地3.3公顷，于3月底全部拆除通过验收并整改销号；完成第二轮中央环保督察反馈问题整改，办结交办的群众投诉举报案件共2起，完成市集中环保督察及督导组交办2个问题整改任务，完成72处生态环境损害点地质环境治理生态修复，完成自然保护地问题整改3个，立案查处非法采矿案件8起；完成违建别墅问题专项清查整治，清查整治违建别墅5宗（拆除总建面9154平方米，完成复绿4宗和1宗占用水资源）；高度重视国务院第六轮大督查整改，不再开展外立面样墙现场确认，不再将现场确认单作为建设项目竣工规划核实的依据。

【林业管理】

开展森林资源督查、“绿盾2019”、私挖乱采矿产资源百日治理9项专项行动，清理自然保护地6处，排查梳理各类问题45个，整改问题43个，办理各类涉林业行政案件58件，查处率100%，行政罚款90万元。抢救修复宝顶圣寿寺古树1株、移植4株。

【领导班子】

党组书记、局长童强，党组成员、副局长伍照辉、李健，党组成员、区土地储备整治中心主任王亚波，党组成员、副局长陈忠亮、罗晓宏、宋明霞，党组成员、局纪检组组长罗燕，党组成员、副局长李跃华、李长富。

（蒲克建）

璧山区规划和自然资源管理局

【概况】

截至2019年，璧山区辖区面积为91442.48公顷。耕地面积41704.30公顷，其中水田22781.84公顷，水浇地75.5公顷，旱地4948.84公顷；园地面积为4998.68公顷，其中果园4054.94公顷，茶园312.14公顷，其他园地581.76公顷；林地面积为19700.72公顷，有林地19123.87公顷，灌木林地185.65公顷，其他领地391.20公顷；草地面积为267.71公顷；城镇村及工矿用地面积为13811.39公顷，其中建制镇5763.30公顷，村庄7594.49公顷；交通运输用地面积为2138.20公顷；水域及水利设施用地面积为3484.47公顷，其中河流886.21公顷；其他土地面积为5386.85公顷。璧山区主要矿种是水泥用石灰岩矿、建筑石料用灰岩矿、建筑用砂岩矿、砖瓦用页岩矿、地热水，其中：水泥用石灰岩矿1个，动用储量240万吨，保有储量3167万吨，剩余已出让可采储量2791万吨；建筑石料用灰岩矿5个，动用储量115.9万吨，保有储量1181.5万吨，剩余已出让可采储量331万吨；建筑用砂岩矿6个，动用储量1.676万吨，保有储量58.099万吨，剩余已出让可采储量42.724万吨；砖瓦用页岩矿9个，动用储量0.79万吨，保有储量316.39万吨，剩余已出让可采储量240.3万吨；地热水1个。

1月17日，璧山区机构改革中，将原区国土房管局农田整治项目划归区农业农村委、房屋管理职责划归区住房和城乡建委、地质灾害防治职责划归区应急管理局。撤销璧山区规划局、区国土房管局，将原区规划局的职责，以及原区国土房管局的国土资源管理，区发改委的组织编制并实施主体功能区规划，区水务局的水资源调查和确权登记管理，区农业农村委的草原资源调查和确权登记管理，区林业局的森林、湿地等资源调查和确权登记管理等职责整合，组建成立璧山区规划和自然资源局（以下简称区规划自然资源局），2月19日正式挂牌，为市规划自然资源局的派出机构。

7月2日，明确机构职能职责，核定行政编制25名，机关后勤服务人员编制2名。设局长1名，副局长3名。纪检组长按有关规定配备。核定科级领导职数14正6副（含1名纪检组副组长，1名机关党委专职副书记）。内设科室12个：办公室、法规督察科（行政审批科）、自然资源调查登记科（测绘信息科）、自然资源权益和利用科、国土空间规划科、市政交通规划科、建筑规划科、村镇规划科（文化风貌科）、国土空间用途管制科、耕地保护和生态修复科、地质矿产科、财务科。设立重庆市璧山区规划和自然资源局璧城、青杠、丁家、大路、大兴等5个基层规划和自然资源所，级别为正科级，重庆市璧山区规划和自然资源局派出机构，核定全额拨款事业编制68名，核定科级领导职数5正7副。

1月24日，设立中共重庆市璧山区规划和自然资源局党组。撤销中共重庆市璧山区规划局党组。

【土地规划】

完成新编修编御湖新区、重庆(西部)科技创新小镇、枫香湖南部片区、高新区拓展区南部组团(比亚迪片区)等4个控规编制工作。完成25宗控规局部修改,完成金凤隧道、古道湾公园、姊妹桥水库、比亚迪片区、太阳能空间电站的土规调整工作,完成地票入库并增加空间330公顷。

【控规及专项规划编制】

完成生态红线评估前期工作,评估后生态红线范围调整至142.79平方千米,评估成果已提交市规划自然资源局。指导绿岛新区、高新区完成调整要件准备,保障340公顷用地指标。完成控规一张图编制,整合璧山区已批控规成果,形成动态数据库,为规划一体化管理提供基础支撑,编制成果已提交市规划自然资源局待审。形成四山地区交通提升规划初步成果,得到市规划自然资源局认可。完成六旗乐园TOD片区一体化设计,研究轨道1号线站周边的开发模式,打造城市交通枢纽。完成《璧山区大路重点片区控制性详细规划(2019年修编)》,并获区政府批准,为大健康产业和大路街道发展提供规划支撑。完成《璧山区正兴镇总体规划(2015年编制)2018年修改》,并获区政府批准,解决黄岭鹭类自然保护区与总体规划布局的矛盾及满足近期重大建设项目落地的需求。

【村规划编制】

全年完成实用性村规划编制量为72个行政村,累计编制村规划行政村个数为120个,村规划编制覆盖率达到85%以上。《璧山区大路街道团坝村村规划》《璧山区大路街道阳河村村规划》《璧山区丁家街道石垭村、莲花坝村村规划》《璧山区正兴镇沙塝村村规划》获2019年度重庆市区县优秀规划设计及实施项目村规划编制类三等奖。

【历史文化】

完成八塘镇高梯子院子、高石坎小学、郭家村碉楼、健龙镇画眉村引水渠等4处历史建筑的挂牌保护工作,开展了八塘镇蹬子坪桥、大路街道三台村板壁渡槽等2处历史建筑的预保护工作。12月23日,重庆市历史文化名村《璧山区广普镇大石塔村保护规划》经市政府审批通过。

【建设项目管理】

全年办理建设项目行政许可482件,其中选址意见书6件,用地面积17.05万平方米;用地规划许可67件,用地面积461.45万平方米;工程规划许可证282件,建筑面积682.86万平方米;竣工规划核实确认书66件,建筑面积283.96万平方米;临时建设工程2件,建筑面积374.28平方米;市政选址意见书19件;市政用地规划许可14件;市政工程规划许可25件,乡村建设规划许可1件。

【土地计划】

完成新增建设用地计划21宗、面积288公顷。

【土地征收】

取得市政府征地批复36宗543.93公顷,实施完成轻轨车场、六旗乐园、黛山大道南延线等10个项目征地拆迁工作,面积378公顷(含往年征收),拆除房屋1660户,拆迁房屋面积18.04万平方米,人员安置4491人,住房安置3160人,发放拆迁安置补偿费10.06亿元。

【土地供应与监管】

全年供应土地78宗，面积405.17公顷，其中划拨土地16宗，面积66.69公顷，出让土地62宗，面积338.48公顷，入库土地价款91.115亿元（含历年欠收）。完成批而未供土地处置180公顷，处置闲置土地10宗86.22公顷。确保轨道一号线延伸段、比亚迪、康佳、绿岛丽景一二三期等重点项目用地需求。

【不动产登记】

颁发不动产权证书31885个，不动产权证明40129个。业务办理103528件，其中转移登记30346件，转移面积293.33万平方米；抵押登记30931件，抵押面积973.18万平方米，抵押金额273.21亿元。处理遗留问题41件，涉及2487户5736人，房屋办证面积51.77万平方米。

【耕地保护】

市政府下达璧山区耕地保有量3.434万公顷，实际保有量4.17万公顷；下达基本农田保护面积2.98万公顷，基本农田实际保护面积2.98万公顷；下达补充耕地133.33公顷，实际补充耕地155.87公顷；下达农村建设用地复垦验收20公顷，备案18.6公顷，实际完成农村建设用地复垦验收22.87公顷，备案36.27公顷。完成历史遗留和关闭矿山土地复垦2.8公顷。

【土地整治】

实施区级土地整治项目6个，建设规模1625.88公顷，预算总投资3489.35万元，实现新增耕地132.96公顷。实施璧山县来凤街道魁塘村等(6)个村等18农村建设用地复垦项目，入库备案规模46.92公顷，竣工规模约22.92公顷，项目已完成验收并领取建设用地整理合格证。在健龙、广普、正兴、七塘、福禄、来凤等街镇新规划包装20个后备项目，已完成15个项目入库备案，规模41.75公顷。

完成针对三合镇二郎村开展的扶贫整治项目，该项目实施规模141.19公顷。

【专项行动】

6月4日，中共重庆市璧山区委办公室、重庆市璧山区人民政府办公室下发《关于成立璧山区违建别墅问题清查整治专项行动领导机构的通知》(璧山委办〔2019〕54号)，全面启动违建别墅问题清查整治专项行动。清理范围主要涉及缙云山国家自然保护区、青龙湖风景名胜区（市级）、青龙湖国家森林公园、黄岭鹭类自然保护区（县级）、27个水源保护地和91个重要水库以及璧南河等3条重要河道。

【矿产资源管理】

全年办理18个矿产资源登记行政审批项目，处理市规划自然资源局交办疑似违法线索5宗。8家矿山企业通过市级绿色矿山建设验收。通过开展露天矿山综合整治，7家矿山企业确定停产整顿，2家矿山企业确定提档升级，12家矿山企业确定为合格。

【测绘地理信息】

完成璧山区地下管线数据动态更新和数据库维护，更新入库地下管线数据82.57千米；完成地理国情数据动态更新。推广应用璧山区规划和自然资源移动GIS系统，动态集成全区规划数据、基本农田数据、生态红线、建设用地现状、土地利用现状等数据。

【领导班子】

党组书记、局长郭逢义，党组成员、副局长周善平、左斌、梁安华，副局长杨雪。

（江红英）

铜梁区规划和自然资源管理局

【概况】

铜梁区规划和自然资源局(以下简称区规划自然资源局)由原区规划局和区国土房管局合并组建成立,于2月正式挂牌,隶属于重庆市规划和自然资源局,主要行使全民所有自然资源资产所有者职责、国土空间规划和用途管制及生态修复职责,自然资源资产有偿使用和合理开发利用等相关职能职责。机构内设10个科室,下属5个局属事业单位及11个规划和自然资源所(派出机构),2019年末系统有在职在编干部职工166人,退休人员64人,其中在职职工中党员110名,退休职工中党员34名。

2019年,铜梁区按照“串点连线、成片扩面”思路,规划建成60千米绿道、120平方千米乡村振兴西郊示范片,获评“2019年重庆十大最美乡村”,获得市级奖励乡村振兴专项用地指标13.33公顷。

【党建工作】

深入开展“不忘初心、牢记使命”主题教育,扎实推进“四治四提”专项行动,组织开展集中理论学习12次,局领导带头讲党课4次,开展专题调研课题8个,局领导班子和班子成员共检视出问题107条,全年完成整改59条。就“四治四提”专项行动重点工作农房办证问题进行专题调研,提出分类处置意见。进一步加大对维新沿河市级贫困村的对口帮扶力度。

【规划管理】

空间规划。坚持“多规合一”和产城融合,兼顾开发建设、生态保护、粮食安全等长远发展需要,加快推进铜梁区国土空间规划编制,按照100平方千米面积控制城市开发边界,科学划定“三区三线”,规划“中心城区—重点镇——一般镇”的高品质城乡融合发展三级城镇体系,谋划好全区至2035年及2050年发展蓝图。

“多规合一”。按照一张蓝图统筹项目实施要求,开展完善和动态更新“多规合一”一张蓝图工作,重点对中心城区40平方千米控规进行优化完善,并对各类专业专项规划内容及控制要求进行整合,制定最新的城镇控规整合图,开展国土空间“一张图”实施监督信息系统构建,运行三维仿真系统和地下管线系统,形成国土空间“一张图”。

城市提升。秉持“山头不推、稻田不填、推窗见田”的规划理念,开展淮远新区城市设计和控规编制,高起点规划建设8平方千米淮远新区,科学布局学校、医院、市场、公园等公共服务设施,推进“山、水、田、园、城”融合发展,打造“产城景”一体的生态新区和海绵城市示范区。加强淮远新区城市设计规划方案的跟踪落实,进一步完善淮远新区东西向路网及相关配套基础设施,形成以白龙大道、原乡大道、少云大道、佳胤大道为纵向,以铜合路、乡恋路、乡逢路、书香路为横向的“四纵四横”道路框架结构。启动了书香路、乡逢路、乡恋路等道路的规划设计,构建淮远新区互联互通的绿廊绿道慢行系统,打造高品质生态新区。全年筹备召开规委会5次,审查项目选址、规划、建筑等方案约50个,高水平规划设计白龙广场等重要城市节点,融媒体中心、文化艺术中心、铜梁中学淮远校区等城市"大件",做好铜梁二中扩建等项目规划设计,持续实施中心城区"五横五纵"骨干道路景观提升,原乡中央公园、望山公园、见水公园、玄天湖生态画廊成为领略原乡风情、品味乡愁情怀的网红公园,龙城天街商圈展现现代化新城风貌,形成多元化、多层次商贸业态。铜梁区城市规划展览馆于2019年年底正式开馆。

村镇规划。牵头完成西郊示范片总体规划、绿道经济示范片概念规划、60千米绿道环线基础设施规划、环境综合整治方案、农房外立面整治规划等10余项专项规划,开展西郊片区14个村村规划编制工作。以行政村为单位,按区位条件、自然资源禀赋、经济社会、历史人文"四本底"和生态保护、地质安全"两底线"开展了特征分析,为全区266个行政村建立"4+2"资源本底台账,并在此基础上将266个村划分为聚集提升、城郊融合、特色保护、搬迁拆并4种类型,落实不同的规划指引及发展策略,差异化配置规划建设用地指标,因村施策引导村庄规划建设。制定印发《重庆市铜梁区民居建设指引》,以图文并茂的形式对农村居民住宅选址、建筑布局、建筑风貌、建筑立面、废污处理、绿化树种栽植等提出指引要求,并按照3人/户、4人/户、5人/户等不同户型及单栋、拼接等不同样式提供参考效果图、平立剖面图,切实满足农村不同类型建房需求。

【自然资源管理】

土地资源。截至年末,全区耕地面积64792.03公顷,园地面积6303.09公顷,林地面积29297.44公顷,草地面积676.95公顷,城镇村及工矿用地面积15378.89公顷,交通运输用地面积2688.96公顷,水域水利设施面积5553.92公顷,其他用地面积9355.69公顷。

耕地保护。2019补划永久基本农田78.89公顷,其中水田65.20公顷、旱地13.69公顷;划定永久基本农田储备区3315.04公顷,年末全区实际耕地面积64792.03公顷。

土地复垦。实施农村建设用地复垦项目24个,完成补充耕地任务25.8公顷。完成42个农村建设用地复垦项目的储备补充耕地内外业核查和市级抽查工作,农村建设用地复垦入库备案7个项目3.6公顷。完成14个农村建设用地复垦约6.66公顷的竣工测绘工作,13个复垦项目完成16公顷地票交易,获得地票价款5254万元。

土地整理。全年实施储备补充耕地核查项目51个,完成补充耕地253.26公顷。维新营基村等14个土地整理项目总工程量完成85%,累计完成投资7392万元。完成2020年区级土地整理项目选址及耕地开垦费调标工作。

土地供应。供应国有建设用地61宗、面积247.98公顷,土地价款579426.43万元,其中:划拨土地22宗、面积33.71公顷、划拨土地权益价款35066.56万元;出让土地39宗、面积214.26公顷、土地出让成交价款544359.87万元;完成新增建设用地指标报批240公顷,落实农转用集体建设用地8.26公顷、设施农用地3.13公顷、临时建设用地18.8公顷。

供后监管。持续开展"五清"(清地)行动,狠抓存量土地、涉嫌闲置土地、欠缴土地价款及其滞纳金和房地产开发项目遗留问题的清理处置,提请区政府对全区土地利用问题进行专题研究,督促5宗涉嫌闲置土地开工建设。

【地质矿产管理】

地质矿产勘查。矿产资源全区有煤炭、锶

矿、石灰岩、砂岩、砖瓦用页岩、矿泉水和地热、页岩气8种(不含亚矿种),主要矿种为石灰岩、砂岩、页岩,产能分别为石灰岩505万吨/年、砂岩5万吨/年、页岩13万吨/年。

矿产资源管理。提请区政府出台《重庆市铜梁区碎石矿山分类处置方案》《重庆市铜梁区露天矿山综合整治专项行动实施方案》,通过开展区内碎石矿山分类处置,整顿碎石矿山小、散、乱现象,完成全区2宗新设采矿权出让计划的报批,做好重点项目的建筑用碎石材料保供。全年累计开采矿产资源776万吨,其中石灰石资源741.9万吨,砂岩资源15.4万吨,页岩资源18.7万吨;收取采矿权出让收益14134.67万元、资金占用费261.7052万元。

地质灾害防治。全年开展地灾隐患现场查勘120余次,落实资金682.19万元,实施地灾工程治理项目41个、地灾搬迁32户,发布地灾预警信息38次、8000余条,选聘重庆一三六地质矿产有限责任公司对云雾山岩溶塌陷区415个点位开展地质监测服务工作,对提出重建申请的唐大春等4户开展房屋重建地勘工作,全年无地质灾害导致人员伤亡情况发生。

地质环境保护。深入实地对全区历史遗留和关闭矿山情况进行再次调查摸排,全面掌握各矿山生态恢复治理现状,完成18个废弃或关闭矿山生态恢复治理工作,恢复治理面积15.81公顷。完成1处长江及主要支流10千米范围内废弃露天矿山生态恢复治理工作,恢复治理面积1.11公顷。全面启动绿色矿山建设,要求全区所有生产矿山企业全部编制绿色矿山实施方案,2019年成功创建市级绿色矿山3家。

【测绘地理信息】

地理信息更新。充分利用大数据的功能价值和社会效益,建成包括全区1340平方千米、分辨率0.4米的实景三维数据及覆盖面积约36平方千米、分辨率为0.05米的实景三维数据。对中心城区2017、2018年新建的约56千米市政道路地下管线进行系统维护,并对中心城区约12平方千米、镇街约3平方千米地形图进行更新测量。

土地房屋测绘。整合原铜梁区城乡规划设计室与原铜梁区土地房屋勘测所,基本完成"多测合一",完成铜安乐高速、都市快轨璧铜线和国道319线西泉段改造等重要交通项目的勘界测绘工作。全年完成房屋建面测绘238.9万平方米,土地面积测绘92.8公顷,完成地形图测绘59件、约3平方千米。

【不动产统一登记】

全年申请不动产登记数据清理整合建库项目资金570万元、农村集体土地房屋测绘建库项目资金250万元,为推进"互联网+不动产登记"提供数据支撑。进一步优化办理流程,压缩办理时限,全面实现抵押注销登记、查封及解除查封登记、异议及注销异议登记立等可取,抵押登记压缩至2个工作日内,不动产一般登记时间压缩至3个工作日内,扎实开展自助服务、上门服务、预约服务、延时服务等各类特色服务,累计开展上门服务48次,办理各类登记63442件,发放不动产权证书30442件、证明26957件;完成档案信息查询34100余件,土地房屋制图11362件。

【执法监察】

开展"大棚房"问题清理整治专项行动,清理"大棚房"及耕地非农化问题25个,查处违规占用耕地3.62公顷。整治中心城区存量违法建筑4.2万平方米,组织回填"水岸国际南区"违规开挖地下空间1.4万立方米。扎实推进违建别墅清查整治专项行动,拆除整改违建别墅问题项目3个,拆除建筑66幢,拆除面积约10349平方米。全年立案查处土地违法案件18宗,没收地上违法建构筑物2.251万平方米,处拆除地上违法建构筑物3.26万平方米。

【队伍建设】

认真落实新时代党的建设总要求,完成局机关党委和5个基层党支部的组建工作,选举改选各基层党支部书记及支部委员,扎实开展支部"三会一课"、主题党日等各项活动,全面推动基层党建工作。深入推进党风廉政建设,持续开展违规公款吃喝、违规收送红包礼金、违规发放津补贴或福利专项整治,通过学习强国、铜梁APP等各类平台,加强干部职工革命传统教育和警示教育,筑牢干部职工拒腐防变思想底线。组织开展"我与祖国共成长"等庆祝新中国成立70周年系列活动,举办系统内部业务知识专题培训5次,不断提高工作效能和服务质量,全力打造高素质专业化干部队伍。

【林业和草原管理】

全力推进国土绿化提升行动。年末全区有林地总面积6.09万公顷,森林覆盖率41.1%。

【国土绿化提升】

全面督促指导镇街造林绿化工作。完成营造林任务5600公顷,占市级下达任务的100%。

【森林资源保护】

加快推进安居国家湿地公园建设,成功通过国家林业和草原局验收。全年办理林木采伐许可216件、采伐蓄积1440立方米;审核审批林地占用16宗、面积41.86公顷、征收植被恢复费1386.43万元;落实森林资源管护面积15200公顷,落实管护人员336人,签订管护合同336份。按照"五落实、七到位"工作要求,抓好松材线虫病除治和疫木清理工作,清理枯病死松树15万余株,清理面积7700公顷。

【执法监察】

全面加强自然保护地违法违规问题整改,已整治131宗,完成率95.62%。清理"林地非农"问题10宗、面积20338平方米。严厉打击非法占地、非法买卖野生动植物等违法行为,查处各类林业行政案件6件,配合公安机关查处刑事案件6件。

【森林火灾预防】

编制完成《铜梁区森林防火规划(2016—2025年)》,发放森林防火扑救手册、森林防火十不准宣传单、森林防火《告全民书》等资料5万余份,制发森林防火检查记录47份,责令立即整改落实隐患33起,运用互联网+林业进行巡山护林智能化管理,形成人防和技防相结合模式。全年未发生森林火灾和人员伤亡事故。

【创建国家森林城市】

全区组织开展义务植树30多万人次,种植苗木128万多株,国家森林城市创建区树、区花评选、森林城区、森林乡村、生态廊道等七大建设工程整体推进较快,累计完成投资19.26亿元,投资完成率92.2%。

【领导班子】

党组书记、局长欧朝刚,党组成员、副局长胡培宽,徐世忠,周安宏,纪检组长王志诚。

(陈季忠)

潼南区规划和自然资源管理局

【概况】

由原国土房管局国土板块和原规划局整合,组建成立潼南区规划和自然资源局(以下简称区规划自然资源局),于2月22日正式挂牌。内设办公室、法规督查科、自然资源调查登记科、自然资源权益和利用科、国土空间规划科、建设工程规划科、村镇规划科、国土空间用途管制科、耕地保护和生态修复科、地质矿产科10个科室和纪检组、机关党委。下设高新区、梓潼、桂林、双江、柏梓、崇龛、古溪、玉溪、上和、小渡、塘坝、卧佛、田家13个规划和自然资源所。原潼南区征地中心、潼南区国有土地房屋征收中心2个下属事业单位整体划转区住建委,原规划执法大队部分划转区住建委。现有土地储备整治中心(正处级)、规划信息中心、不动产登记中心、地产管理所、档案室、地质环境监测站和执法大队7个下属事业单位,现有干部职工213人。

【国土空间规划编制】

先后启动现行城乡总体规划实施评估和潼南总体规划大纲编制,主动推进生态保护红线评估,启动“双评价”“三线划定与空间管制”“人口、城镇化与城乡统筹”“产业、空间、交通协同发展与布局”“历史文化保护”“综合交通规划”“乡村分类发展引导”等七项专题研究和国土空间规划一致性处理方案专项工作。目前,已编制完成潼南高铁站选址及站前区域研究、千亿级化工园区研究、老城涪江大桥南桥头至盐关垭口片区交通组织方案、潼南区中心城区风貌管理意见、潼南村布局规划、控规整合一张图、大佛寺片区控规修编、琼江小学等18个地块规划修改,初步完成潼南国土空间规划一致性处理方案等专项工作。2019年,潼南通用机场正式获批,潼荣高速建成通车,双江航电枢纽启动建设,“四高三铁一江一机场”立体化交通格局基本形成。滨江湿地公园二期、蔬菜公园、莲花公园等6个城市公园竣工开园,人民生态公园荣获联合国可持续城市与人居环境奖。

【村规划编制】

编制潼南国家农业科技园区核心区相关地块用地规划,完成全区113个村规划编制和备案。编制并上报土地利用总体规划局部调整方案7个,涉及面积274.82公顷,现已获取市局批准3个。完成双江大礼堂、中正室等历史建筑保护修缮方案编制,并通过潼南区第五次规委会审定。启动上和镇历史文化名镇保护规划编制,并通过市级部门审查、市专委会审查、区级部门审查。完成上和镇历史文化名镇,中正室、大礼堂、彭氏酒厂、太安罐头厂水塔等历史建筑挂牌工作。

【耕地保护目标任务】

根据重庆市政府与潼南区政府签订的《2019年度耕地保护目标责任书》,潼南区政府已将潼南7.27万公顷耕地保有量目标任务和6.2万公顷基本农田保有量目标任务全面分解下达到各镇街，各镇街与村、村与社、社与村民层层签订《耕地保护目标责任书》，真正把2019年度耕地及基本农田保有量目标责任层层压实。到2019年末，全区实有耕地9.31万公顷、基本农田保护面积6.2万公顷。

【"三调"成果数据库建设】

重点从地类边界、地类性质、种植属性标注、外业举证等方面及时调整"三调"数据。共调整图斑地类边界、地类性质、种植属性标注等约4万余个，完成外业举证图斑约3万个。9月初，潼南区"三调"成果顺利通过市三调办核查。10月初，潼南区"三调"初步成果通过国务院"三调"办审查，图斑总体错误率为0.13%。

【重点建设项目用地需求】

全年共取得市政府征地批复26宗，面积367.26公顷。上报土地征收待批1宗，面积17.4公顷。办理用地预审32宗，总面积133.04公顷。受理农房审批1887户6518人，面积19.86公顷。受理临时用地2宗，面积3.13公顷。持续推进"增存挂钩"专项工作，开展疑似虚假处置批而未供土地和闲置土地清理，并进行整改。全年已消化2009-2016年期间批而未供土地61.4公顷、处置闲置土地0.86公顷。

【土地供应】

依法依规有序实施土地供应，招拍挂率达100%。全年供应土地90.96公顷，成交价款16.71亿元(其中：商住用地67.8公顷，成交价款16.17亿元。工业用地12.7公顷，成交价款0.16亿元。其他土地10.45公顷，成交价款0.38亿元)。缴入财政专户土地价款16.9亿元(其中：往年欠缴价款2.9亿元，2019年新供应土地价款12.8亿元，教育部门等单位划拨土地价款1.2亿元)。

【执法监察】

2018年9月，启动"大棚房"清理工作，共排查清理设施农业21783个，总面积1278.92公顷(其中：塑料大棚18991个，面积1051.3公顷；连栋温室71个，面积23.02公顷；其他类设施2721个，面积204.58公顷；无日光温室)。核查发现违规项目30个，违规占用耕地8.27公顷(其中：I类违规项目5个，违规占用耕地0.88公顷；Ⅲ类违规项目25个，违规占用耕地7.39公顷)。2019年3月，30个违规项目已全部完成整治整改并通过验收，整改完成率100%。5月，按照全市统一安排和区委区政府部署，成立违建别墅整治班子，对12个疑似图斑，94个清查整治重点区域进行全面清理排查。经排查，确认清查整治范围不存在违建别墅问题。8月15日，按时上报排查结果和清查认定意见。

【农村土地整治】

全区共推进土地整治项目32个，实施规模8600公顷，预计新增耕地900公顷，投资3.37亿元(其中，市级投资项目7个，实施规模1900公顷，预计新增耕地180.26公顷，投资1.76亿元。区级投资项目25个，实施规模6740公顷，预计新增耕地813.33公顷，投资1.61亿元)。截至年底，已通过市级验收项目10个，新增耕地369公顷。示范推进太安镇蛇形村国土综合整治大项目，该项目建设规模257公顷，预算投资4580万元，已完成总工程进度61%，投资2300万元。

【建设用地复垦】

实施农村建设复垦项目19个，新增耕地

25.74公顷。2019年底,19个项目全部完工并通过市级核查,新增耕地25.74公顷,完成率达137.88%。完成26个项目入库备案,预计新增耕地36.1公顷,完成率176.42%。

【建设项目规划设计】

完成18个项目地块规划修改,用地面积65.1万平方米。全年共办理选址意见书12件,用地面积19.36万平方米。办理建设工程用地规划许可证26件,用地面积93.45万平方米。办理工程规划许可证113件,总建筑面积198.5万平方米。强化对中心城区建设项目建筑设计方案把关审查,新推出恒大绿洲、和喜•御澜府、与时花园等高品质住宅小区。

【不动产登记】

全年共办理业务42239件。其中,首次登记391件,转移登记18127件,变更登记2077件,注销登记16件,抵押登记7693件,预告登记12966件,其他登记969件。颁发不动产权证书19773本,不动产登记证明15117页。审核并颁发农村不动产权证书5640本。组织农村产权流转交易鉴证共3宗,面积65.06公顷,涉及农户237户。

【地质灾害防治】

编制《潼南区2019年度地质灾害防治方案》,安排部署2019年地质灾害防治工作的重点、难点,明确镇街和相关部门地质灾害防治职能职责。加强地质灾害防治“四重”网格人员管理,确定“四重网格”人员共149名,对全区115处隐患点拉开汛前、汛中、汛后排查。坚持“宜搬则搬,宜治则治”原则,2019年,全区共投资1000余万元,对15处小型地灾隐患进行应急治理,对隐患区4户10人进行搬迁避让,确保隐患区群众生命财产安全。连续10余年,潼南区实现地质灾害“零伤亡”目标。

【矿产资源管理】

集中打击、整治一批无证开采、超层越界开采等非法违法行为。组织指导各矿山企业认真填报信息公示系统,委托208地质队对全区15个矿山企业开展实地核查工作,并通过专家评审。对全区矿山企业进行全覆盖巡查检查,保证矿业开采零事故。全面推进绿色矿山建设工作。大桥建筑建材有限公司、丽景建材有限公司、焯鑫建材有限公司已通过第三方评估,达到绿色矿山标准。

【领导班子】

党组书记、局长刘志勇,党组成员、副局长:邱全能、唐朝勇、刘强军、杨敏、周详、杨小林。

(向富能)

荣昌区规划和自然资源管理局

【概况】

荣昌区内地势起伏变化不大，除螺观山、古佛山外，整个地势北高南低，由东北向西南倾斜。按构造分区，西北部属川中平缓褶皱区；中部和南部为川东条形折皱区永川帚状褶皱带。以低丘宽谷地貌面积最大，占幅员面积的40.6%。区内有水稻土、紫色土、冲积土、黄壤土4个土类。其中水稻土占耕地面积的52.4%，紫色土面积占耕地面积45.7%，黄壤土占耕地面积的1.4%，冲积土占耕地面积的0.5%。

区内发现矿产资源10多种，主要是煤炭、天然气、页岩气、陶土、页岩、石灰岩、建材砂岩、粘土（陶粒用、砖瓦用）和矿泉水等。已开发利用的矿产主要有煤炭、天然气、陶土、石灰岩和建筑砂岩。煤炭主要分布于华蓥山帚状结构带上，可采煤层主要为须家河组第三段和第五段，煤层可采总厚0.87米~1.89米，全区探明资源储量16689万吨，已经开发煤矿2个，涉及生产能力42万吨/年。石灰岩矿体呈似层状，矿石呈致密块状，以方解石为主，含生物碎屑，总储量1300万吨，已开发石灰岩矿山10个，年生产能力136万吨。粘土主要为陶瓷粘土，储量丰富，探明地质储量为3亿吨。新建陶瓷土矿山5个，年生产能力40万吨。建筑用砂岩境内分布广，资源量丰富，总储量438万吨，年产量36万吨以上。天然气产于二叠系、三叠系，分布于河包场地区，主要成分为CH4，含量在96%以上。探明地质储量222.37亿立方米，河包场气场日产气达15—30万立方米。

2月，荣昌区规划和自然资源局（以下简称区规划自然资源局）正式成立，由重庆市规划和自然资源局垂直管理，机构内设9个科室和机关党委、局纪检组，下设7个事业单位和21个镇街规划和自然资源所。2019年末实有在编职工152人，其中公务员11人、参公人员16人、事业单位人员125人。

【城市规划编制】

《黄金坡组团控制性详细规划及城市设计》通过区规委会审议并报经区政府审批，城市设计通过区规委会审议。

【工程建设审批】

全年共办理建设项目选址意见书65件，建设用地规划许可80件，建筑面积145.5547万平方米。乡村建设规划许可1件，面积0.0562万平方米。建设工程规划许可143件，建筑面积270.9816万平方米。建设工程竣工规划核实111件，建筑面积149.5235万平方米。

【违法建筑整治】

平稳推进违法建筑整治工作，完成对恒荣半岛等9个小区违法建筑全面清理核实工作，全年共计立案查处违法建设案件180件，面积35795.72平方米。实施行政处罚41件，面积11297.87平方米，没收实物4544.01平方米。有序开展违法建筑集中成片整治，共计拆除违法建筑661件，面积17493.27平方米。配合各镇街、部门开展“三无”小区、背街小巷、城区农贸市场及城乡结合部违法建筑专项清理整治工作。

【用地测绘管理】

全年绘制各类建设项目用地红线图、农民征地拆迁安置房建设红线图共计70件;编制规划用地条件函9宗地,建设用地面积35.1万平方米;办理选址20件,用地面积107.7万平方米;办理用地规划许可50件,用地面积217.8万平方米;办理市政工程规划许可证14件,市政工程规划核实确认书3件;放线测量74宗,放线面积182.68万平方米;竣工测量60宗,测绘面积106.88万平方米;1:500地形图测绘65宗,测绘面积399.54公顷;道路管线测量5宗,测量长度24.79千米。

【耕地和基本农田保护】

截至年末,全区实有耕地52099.40公顷,实有基本农田面积43482.67公顷。2019年补充耕地任务200公顷,实际完成225.61公顷(包括复垦新增耕地48.32公顷),占任务数的113%。补充耕地面积253.15公顷,其中水田指标150.7184公顷。成立荣昌区耕地保护责任目标考核领导小组,与各镇街签订耕地保护责任书。全面完成大棚房专项清理整治,共清理锁定我区"大棚房"问题27个,其中全部拆除复垦的14个,拆除非农设施恢复的13个(含补办设施农用地手续的11个),均已整改到位并通过市级验收。2019年8月,与区农业农村委联合出台《关于进一步规范设施农用地管理的实施意见(试行)》。扎实开展违建别墅问题清查整治专项行动,代区委区政府拟定并出台《荣昌区违建别墅问题清查整治专项行动工作方案》。对岚峰森林公园、濑溪河湿地公园、32个饮用水水源保护区、14条重要河道及49个水库进行拉网式排查清理,核查认定1处违建别墅项目,督促违建当事人于10月12日顺利拆除违建房屋并复耕复绿,顺利通过验收。

【重点项目用地保障】

全区2020年规划城镇建设用地空间由最初的34.5平方千米拓展到今年的45.3平方千米。完成国家级项目高升桥水库扩建工程占用基本农田调整方案编制及用地预审上报工作,并获得自然资源部用地预审批复。获取征地计划419.2公顷(其中已获批文275.8公顷,因涉及林业和生态红线项目需相关部门审批后再报批的面积143.4公顷),有效保障了全区工业、道路、教育及环保等重点项目用地。

【土地供应】

完成土地招拍挂61宗,面积213.54公顷,累计供应土地99宗,面积339.73公顷,收取综合价款31亿元(其中房地产开发综合收入15.1亿元)。消化存量土地152.97公顷,超额完成77公顷的既定任务。

【土地市场管理】

全年共销售商品房面积96.54万平方米,其中住宅80.84万平方米,非住宅15.71万平方米。

【国土调查监测】

通过国土调查成果市级集中核查确认并上报全国三调办。全面完成国土调查"回头看"整改内容和数据库修改工作,城镇边界划定工作和"批而未用"建设用地数据核实报送工作。全面完成土地年度变更调查,完成年度土地变更调查内外业核查工作并上报调查成果,通过国家和市级质量检查,并及时启用新的数据库。

【土地综合整治】

全年完成14个区级土地整理项目备案，面积3175.52公顷。完成7个项目竣工验收，面积1817.62公顷。新增补充耕地226.99公顷。稳步推进清升镇古佛山社区山水林田湖草综合整治项目，项目实施规模194公顷，总投资5115万元，目前已完成土地整治140公顷，建成石板生产路、排洪沟、排水沟、囤水田。累计完成投资约3700万元，占总投资的72%，农旅结合的综合示范效应已初步显现。

【土地储备管理】

完成重庆宏烨实业集团有限公司（电镀园）地块收储工作，储备面积3614平方米。正在实施三峡担保江津分公司等3宗地块收储工作，预计储备面积43008平方米。通过发包土地整治服务，实施黄金坡新区高中及初中土地整治项目，整治面积237297.62平方米。

【农村建设用地复垦】

全年完成84个复垦项目备案，面积92.66公顷；完成36个复垦项目市级验收，面积61.2公顷，有效促进全区耕地占补平衡，提升耕地质量。

【不动产统一登记】

为群众开通“急事急办、主动帮办、特事特办、延时服务、加班服务”，为企业推行“预约服务、错时服务、延时服务、上门服务”多项绿色通道。全年共计办理业务58242件，服务办事群众20000余人次。12月初运行“不动产登记+金融服务”。

【农村产权交易流转】

全年共完成农村产权流转交易鉴证162宗，涉及农户10323户，面积1885.92公顷，交易金额11951.33万元。在渝西片区率先开展农村土地承包经营权抵押融资交易鉴证，已办理抵押融资交易鉴证7宗，抵押物面积274.45公顷。

【矿山治理】

关闭小型矿山4个，全区大中型矿山占比提高到27%，代区政府拟定并出台《荣昌区陶瓷土资源交易市场建设实施方案（试行）》和《荣昌区陶瓷土资源管控工作方案》。监督4个新关闭矿山切实履行矿山治理恢复与土地复垦义务。

【执法监察】

对2018年度卫片核查出的29宗违法用地依法查处到位，拆除违法建筑400平方米，没收建（构）筑物22982平方米。结合自然资源领域安全大检查和矿产资源储量动态监测数据，对涉嫌越界开采和无证开采的5宗案件进行立案查处。并聘请专业机构每月实施监控。

【地质灾害防治】

组织开展全区地质灾害应急抢险救援单点演练41次，成功对吴家镇政府食堂后坡、铜鼓镇王家院子危岩、直升镇道观村危岩实施应急处置3次。先后组织盘龙镇等受威胁农户8户实施搬迁避让，对市级重点隐患点观胜镇银界河危岩实施完成工程治理，全年投入财政专项资金80万元，年底成功对铜鼓镇杨柳沟危岩、观胜镇何家坡危岩等5处隐患点实施完成销点程序。

【档案信息化建设】

全年共受理查询服务8.2万人次，打印证明3.3万页。整理档案信息12.5万卷，录入建档信息18万条,扫描档案370.5万页。设置规范化服务窗口6个,设置排队叫号服务器及等候座椅、爱心座椅,提供自助饮水,并实行身份证读卡及时办理服务。

【信访稳定】

针对具体信访问题落实稳定责任清单,制定维稳工作预案。全年共受理群众来信来访案件290件,已处理290件,处理率100%。

【领导班子】

党组书记、局长张凯(2月离任),袁家荣(2月任职);党组成员、副局长陈颖(女,2月离任),李成(2月任职)、唐开元(2月任职),区纪委驻局纪检组组长陈越(2月免去党组成员),党组成员、副局长刘骑康(2月任职),党组成员、区土地储备整治中心主任程超(女,2月任党组成员)、党组成员、副局长赵耀(2月任职)。

(唐锦明)

开州区规划和自然资源管理局

【概况】

根据《重庆市开州区机构改革实施方案》,将原区规划局的职责,原区国土资源和房屋管理局的国土资源管理职责,区发展和改革委员会的组织编制主体功能区规划职责,区水务局的水资源调查和确权登记管理职责,区农业委员会的草原资源调查和确权登记管理职责,区林业局的森林、湿地等资源调查和确权登记管理职责进行整合,组建成立重庆市开州区规划和自然资源局(以下简称区规划自然资源局),1月14日正式挂牌。机构内设办公室、财务审计科、党建科、干部人事科、法规信访科、资源保护科、资源利用科、调查登记科、地质矿产科、空间规划科、建设规划科、镇乡规划科、地理信息科、行政审批科、安全监管科15个科室,下设土地和矿业权交易中心、农村土地整治中心、地质环境监测站、土地房屋征收中心、地籍服务中心、不动产登记中心、土地储备整治中心、规划执法监察支队、规划信息服务中心、村镇规划建筑设计室、国土房管监察支队11个直属事业单位和汉丰、镇东、丰乐、赵家、温泉、郭家、大进、敦好、九龙山、中和、临江、铁桥、岳溪、长沙14个规划和自然资源片区管理所。截至2019年底,全局职工总人数338名,其中在职职工277名,退休职工61名。

2019年,区规划自然资源局始终坚持以习近平新时代中国特色社会主义思想为指导,以“两统一职责”为核心,以服务于“三大攻坚战”“九项行动”为首要任务,全面做好“六项重点工作”,深化“三项活动”,积极开展“不忘初心、牢记使命”主题教育,狠抓各项工作落实,服务区域经济发展取得新成效。

【党建工作】

举办为期一周的区管领导班子成员“不忘初心、牢记使命”主题教育集中学习研讨读书班，开展集中研讨4次，5名区管领导干部带头给局属各支部上专题党课6次，进行主题教育分类指导督导4次，撰写调研材料6篇，查摆班子问题39个，成员问题35个。全年召开党组会25次，研究党建工作16次，制定并印发《深入学习贯彻习近平总书记视察重庆重要讲话精神的实施方案》等文件，健全完善15个内部管理制度。运用“学习强国”“干部网络学院”等学习平台，开展“线上+线下”学习教育模式，组织理论中心组学习22次，职工夜校学习14次，开展“以案四说”警示教育，特别是对科室调整任用的32名中层干部进行集中任前约谈，对26名有子女参加中高考的职工开展警示提醒，在重点时间节点发出短信警示提醒3000余条。

【国土空间规划编制】

推进城区井泉片区、厚坝组团、竹溪组团控制性详细规划编制。完成国土空间一致性处理方案和全区生态红线评估工作。完成生态空间管控专项规划、城区公共服务设施规划。推进城区综合交通规划、城区地下综合管网及地下综合管廊试点规划和浦里新区长沙组团的城市设计。引导和配合全区各镇乡开展修编工作，紫水、大进等6个镇总(控)规编制获得批复，铁桥、九龙山等5个镇总规编制有序推进。全面完成村布局规划，协调指导镇乡街道完成编制村规划228个，村规划覆盖率达81.5%。

【征地报批】

全年获征地批文48件，批准建设用地617.87公顷。完成集体项目征收19个148.33公顷，征地人员安置4919人，住房货币安置126户，支付征地补偿安置费用15111.73万元。老城城中村改造项目盛山片区完成99%，镇东片区完成70%。初步完成《土地储备实施方案》送审；完成4宗土地收购，推进3宗国有土地征收，完成48宗157.7公顷国有土地整治，加快城区28宗零星地块分类处置利用；使用专项债券7亿元，已拨付6.9亿元，全年划拨供地24宗57.84公顷，保障丰乐幼儿园等9个教育用地项目、北部新区(大丘片区)自建安置房项目顺利开工建设。公开出让土地19宗78.74公顷，新增土地出让合同价款20.9亿元。环湖区域出让土地7宗，面积28.83公顷。获得采矿权出让批复9宗，完成采矿权招拍挂出让6宗，完成采矿权登记28宗。

【第三次国土调查】

完成全区3963.52平方千米信息采集、外业实地调查举证以及数据库建设工作，成果顺利通过区级自检，市级复检，自然资源部的首轮抽检。年度实现耕地保有量9.2万公顷、基本农田保护面积达6.52万公顷，推进土地整治项目41个，完成补充耕地279公顷，完成比例104.6%；推进14个历史遗留关闭矿点复垦项目申报及包装工作，完成复垦13.2公顷。完成中源煤业笔山煤矿等5个绿色矿山建设任务；督促合法矿山企业23家建立基金账户，完成了郭家镇白银观修缮保护方案。启动杨老爷寨子、临江大桥2处新增历史建筑保护标志牌设置和保护规划编制工作。

【不动产登记】

全年办理各类不动产登记65948件，颁发不动产权证书23473本。通过深化“互联网+不动产登记”，实现不动产交易、登记、纳税“一窗受理、并行办理”以及银行专网办理抵押登记。存量房转移登记实现1个工作时办结，抵押权首次、变更登记实现6个工作时办结。全年共办理各类不动产登记880件,涉及土地面积279.51万平方米,房屋建筑面积189.93万平方米,融资102.39亿元。优化"两违处置后登记""解决群众房屋办证遗留问题""移民划地建房办证"业务流程,全年办理上述类别土地房屋登记1575件,完成汉丰街道永兴社区试点工作并全面推开,办理"移民办证"1200件。办结行政审批类事项1257件,完成重庆市网上行政审批平台上线116项权力事项,31项平均压缩时限已高达50%。发放电梯建设工程规划许可证198件。

【脱贫攻坚】

全局169名干部帮扶大进镇196户建卡贫困户654人,派驻帮扶干部3名,兑付帮扶资金45万元(含双龙桥村油茶基地管护费15万元),助销双龙桥村滞销野生猕猴桃220箱。争取精准扶贫新增建设用地指标180公顷,深度贫困乡镇专项指标13.33公顷。全年办理备案8宗1.81公顷,落实复垦资金3145.35万元。推进复垦项目154个313.33公顷,交易地票指标222.87公顷,交易地票价款6.69亿元,拨付到位地票价款2.97亿元。收集发布农村产权交易信息42宗,完成交易38宗,交易额3031万元,惠及农户3031户。完成中央第四巡视组脱贫攻坚专项巡视反馈的176户671人大额负债问题整改。完成5146户"十三五"异地扶贫搬迁农房外业测绘,完成25个易地扶贫搬迁安置点规划选址、地灾评估,完成超面积不动产权证办理1497件。牵头推进易地搬迁旧宅基地处置,完成率86%。全年收储"十三五"易地扶贫搬迁建卡贫困户1126户,兑付资金2314万元。

【安全稳定】

完成10个地灾治理项目。对9个镇乡街道10处地灾隐患点的78户267人实施避险移民搬迁避让,全年开展应急调查处置112起。出台《扫黑除恶专项斗争实施方案》等4个方案。受理宅基地复垦、土地房屋征收、房产登记等信访案件121件,接待上访人员238人次。参加区长接待日48次98人次,组织干部接访下访群众24件次52人次。行政应诉72件,同比增加14件,行政复议1件。

【执法监察】

拆除新增违建拆除73件,拆除面积2.1万平方米;整治存量违建434件,整治面积28.6万平方米。查处违法案件57件,收缴罚金295.99万元。其中查处违法占地案件49件,查处违法建设案件8件。立案调查矿产资源违法案件11件,没收矿产品的违法所得12.25万元,罚款31.12万元。立案查处违法图斑6个,收缴罚金9.16万元。核查2019年前三季度图斑173个,立案查处违法图斑1个。全区17宗大棚房整改取得较好成效。澎溪河16个砂石堆场完成建筑物拆除并复耕复绿。核查发现的铁峰山国家森林公园内的违建别墅完成拆除并复耕复绿。牵头处置富余纸厂的拆除,与区级其他部门完成3.2万平方米的铁峰山森林公园内的拆除任务,以及后期22个项目的整改方案的制定。

【队伍建设】

全年举办14期干部教育培训,培训干部职工1500余人次。新提拔任用年轻优秀干部5名,任命正科级领导干部6名,片区所长2名。积极开展职级晋升。5名同志晋升为一级主任科员,5名同志晋升为三级主任科员,12名同志参加了专业技术资格职称评审，29名同志职务得以晋升。

【领导班子】

党组书记、局长郑清术，党组成员、副局长向世权，副局长刘勇，党组成员、副局长谭永胜，党组成员、区纪委驻局纪检组组长魏功龙，党组成员谭均(挂职)

(朱宏祥)

梁平区规划和自然资源管理局

【概况】

梁平区土地资源总量188877.29公顷，其中耕地面积84043.25公顷，占比44.50%，人均耕地面积0.09公顷；园地面积3183.81公顷，占比为1.69%；林地面积64902.09公顷，占比为34.36%，草地面积2028.80公顷，占比为1.07%；城镇村及工矿用地面积16478.16公顷，占比为8.72%；交通运输用地面积2841.36公顷，占比为1.50%；水域及水利设施用地面积为4151.22公顷，占比为2.20%；其他土地面积为11248.60公顷，占比为5.96%。

梁平区矿产资源主要有煤层气、页岩气、天然气、煤、水泥用灰岩、石膏、建筑用灰岩、建筑用砂岩、砖瓦用页岩、陶瓷土矿、矿泉水、地热等。从总体上看，呈现出“中小型矿床多，大型矿产少；能源矿产较多(煤、天然气)，金属矿产少”的特点。非金属矿产中，低风险建筑材料类矿产多。全区已发现各类矿产地24处，其中煤炭8处，石膏矿、石灰岩(水泥用灰岩、建筑石料用灰岩)、石英砂岩(建筑用)、砖瓦页岩、陶瓷土矿等其他矿产地16处；大型矿床1处，其余均为小型矿床。全区查明矿产资源储量13种，占全市(查明矿产资源储量60种)的15%，其中天然气、煤炭、石膏、石灰岩为我区优势矿种，天然气达4000多亿立方米，煤炭5112万吨，石膏2709.4万吨，石灰岩3.6亿吨。

2018年12月，梁平区规划和自然资源局(以下简称区规划自然资源局)正式批准成立，由原梁平区国土资源和房屋管理局和原梁平区规划局整合相关职能职责组成。内设机构：办公室、党建科、空间用途管制科、耕保生态修复科、自然资源调查确权科、自然资源利用科、空间规划编制科、城区规划管理科、乡镇规划管理科、地质矿产管理科、信息管理科、行政审批科、财务审计科、政策法规科、信访科。局属单位包括：综合行政执法支队、区土地储备中心、不动产登记中心、区农村土地整治中心、区测绘地理信息管理中心、区城市规划服务中心、区规划与地理信息服务所、区国土资源监测所、区国土房管档案室、区规划勘测设计院、及12个国土房管局基层管理所。2019年机关行政编制26名，实有18人，机关后勤服务人员事业编制1名，实有1人；局属单位10个，参公编制30名，实有26人，事业编制141名，实有128人；基层管理所12

个，事业编制89名，实有73人。

【党建工作】

全年共检查指导分管科室、单位全面从严治党工作40余次，开展主体责任谈话、履职谈话、提醒谈话、廉政谈话40余次，讲党课5次。局党组和局属各党支部共开展集中学习30余次，结合局党组中心组理论学习，围绕党的政治建设、全面从严治党、理想信念、宗旨性质、担当作为、政治纪律和政治规矩、党性修养、廉洁自律8个专题开展集中学习研讨，局领导班子共开展研讨6次。组织党员干部前往邓平寿党性教育基地积极开展党性教育。县处级以上干部个人事项报告率达100%，各级党组织落实重大事项请示报告制度100%，党员干部持有出国（境）证件上交率100%。

【土地规划】

落实梁平区“乡村振兴行动计划”，开展全区292个村（涉农社区）的村规划编制工作，将龙印村、猎神村、八角村等市级、区级示范村村规划方案报专家委员会审查，并完成成果入库。完成梁平区村庄布局规划编制；完成梁平区历史文化名村—聚奎镇席帽村（观音寨）保护利用规划并通过市级部门专家咨询和行政审查。

【土地利用】

全年共出让土地20宗，面积54.63公顷，出让综合价金57162.65万元。其中：工业用地13宗，面积35.84公顷，成交价款5794.65万元；商业及停车用地7宗，面积18.80公顷，成交价款51368万元。划拨土地供应18宗，面积36.17公顷。全年获得新增建设用地计划86.50公顷，包含2018年下半年使用地票配给计划指标3.32公顷，乡村振兴专项计划指标33.33公顷，共获用地批文40个，182.85公顷。新增储备土地54.47公顷，成功申报2019年度土地储备专项债券4亿元发行。

【不动产统一登记】

全年办理不动产首次登记286宗、转移登记12521宗、变更登记701宗、预售合同登记备案4803宗、房屋抵押权登记3564宗（抵押建筑面积129.03万平方米，抵押金额76.42亿元）、房屋抵押权注销登记2791宗、土地抵押权登记27宗（抵押土地面积116.88万平方米，抵押金额26.97亿元）、预告登记10124宗（其中抵押权预告登记4439宗，抵押土地面积46.39万平方米，抵押金额18.11亿元）、查封和行政限制等限制登记459宗、注销登记6宗，办理农房登记2541件，其中农房所有权、使用权登记2451件，农房抵押登记90件。核发预售合同备案登记证明4795件，不动产登记证明12448件，不动产权证书13508本。接待查档咨询人员30000余人次，出具无房证明近27000份。

【地质矿产勘查与管理】

对双桂街道吉义建材、七星镇双河煤矿以及屏锦镇鸿发石料等关闭矿山开展治理修复，修复面积6.22公顷。

督促矿山企业设立基金账户，退还保证金转存基金，全区19家矿山企业设立基金账户，累计缴存基金855万元。办理采矿权登记6宗，完成改扩建（新建）矿山选址2家，征收采矿权出让收益2022万元。

【测绘地理信息】

完成测绘基准体系升级，推进智慧城市自

然资源空间数据库和三维仿真系统更新。完成2019年地理国情基本要素采集更新和数据库入库工作。完成2019年度地下管线年度更新，将35千米地下管线数据进行质检和入库。推进全域空间三维数字基础平台建设。

【领导班子】

党组书记、局长杨西，党组成员、副局长唐胜利、王久新、周红兵，副局长杨代斌。

（徐睿）

武隆区规划和自然资源管理局

【概况】

武隆区现有湿地417.06公顷、耕地49471.21公顷、种植园地2080.23公顷、林地212207.37公顷、草地1029.63公顷、水域4217.99公顷。武隆区有建筑石料用灰岩（采石场）28个，砖瓦用页岩矿山7个，大理石矿山1个，石英砂岩1个，饰面用灰岩1个，水泥配料用砂岩1个，铝土矿1个。保障项目用地259.73公顷，供应土地273.33公顷，成交土地总价10.24亿元，实际入库8.6亿元。完成集体土地征收项目37个，完成4729.67公顷永久基本农田储备区划定。实施土地整治项目6个补充耕地173.33公顷；实施农村建设用地复垦项目90个，新增耕地129.33公顷。完成3个绿色矿山建设，征收采矿权出让收益4758万元；完成21.33公顷废弃露天矿山治理。

1月，武隆区政府将原武隆区城乡建设委员会的规划管理职责，以及区国土资源和房屋管理局的国土资源管理职责，区发展和改革委员会的组织编制主体功能区规划职责，区水务局的水资源调查和确权登记管理职责，区农业委员会的草原资源调查和确权登记管理职责，区林业局的森林、湿地等资源调查和确权登记管理职责等整合，组建成立武隆区规划和自然资源局（以下简称区规划自然资源局），作为区政府工作部门。机构内设办公室、财务科、行政许可科、规划编制科、城乡规划管理科、国土空间用途管制科（督察科）、自然资源开发利用科、耕地保护和生态修复科、自然资源调查确权科、安全矿产科（信访法规科）等10个科室。下设直属事业单位7个，区规划自然资源综合行政执法支队（参公事业单位）、区城乡规划管理中心、区土地储备中心、区土地征收中心、区国土土地整治中心、区地质环境监测站、区不动产登记中心。派驻机构10个，芙蓉、江口、火炉、仙女山、白马、桐梓、鸭江、羊角、长坝、平桥10个基层所。2019年职工227人，其中正式在职职工159人（公务员34人、事业人员122人、工勤人员3人）、借调16人、借用6人、临时工42人，公益性岗位4个，退休职工19人，其中在职党员83名。

【土地规划】

开展资源环境承载力和国土空间适宜性双评价论证工作。完成《武隆区村布局规划》编制工作。完成鸭江镇、白马工业组团、火炉镇、后坪乡等6个街镇规划编制工作。完成后坪乡白石村、白鹤村等96个村规划编制。完成土地例行督察项目调规31宗。对原区规委会、区规划初审会两个议事机构的机构设置、工作职责、议事规则等事项进行了调整优化。实行区规划初审会(行政初审)和区专家组意见咨询(技术审查)"两会"合一。全年召开规划初审会14次、审查议题165个,筹备召开规委会5次、审议议题37个。全年核发用地规划许可证13件,用地面积47.5万平方米;核发工程规划许可证37件141.3万平方米;核发乡村建设规划许可证12件,建筑面积3.8万平方米;核发选址意见书12件。

【土地利用】

完成永久基本农田储备区划定4729.67公顷。全年共实施土地整治项目6个,补充耕地173.33公顷。实施农村建设用地复垦项目90个,新增耕地129.33公顷。完成市级抽查复核34个,新增耕地49.4公顷,入库备案130公顷,兑现农户地票价款7663万元。全年共保障项目用地259.73公顷。其中已取得农用地转用批复项目53个,新增建设用地185.15公顷;上报待批项目7个,面积27.85公顷;另争取了用地计划指标46.76公顷。全年供地273.33公顷,成交土地总价约10.24亿元(其中经营性土地出让86.13公顷,成交价款约9.55亿元),实际入库约8.6亿元。全年共整改批而未供土地24.87公顷;开工建设闲置土地7宗,面积25.73公顷。启动集体土地征收项目67个;其中已完成37个项目,征收土地面积274.87公顷,安置642人;其余30个项目正在依法推进,面积153.53公顷。老车站、瓦厂坝、复烤厂、铁厂坡、长途河西岸等5个棚户区改造项目已签订协议521户,兑现房屋补偿款6.8亿元。成功申报土地储备专项债券1.9亿元。

【地质矿产勘查】

全区70%的矿山已完成整治工作。编制完成26个绿色矿山实施方案,签订补充协议26个。完成3个绿色矿山建设任务,并已通过市级验收。新发采矿许可证4个,变更延续18个。全年完成矿山复绿11.63公顷,耕地复垦3.19公顷,道路硬化6505米,工业广场硬化11440平方米,修建排水沟5114米,加工厂房密闭82580平方米,企业累计投入资金2164.万元。征收采矿权出让收益4758万元。完成21.33公顷废弃露天矿山治理任务。开展53个100.66公顷疑似弃矿问题图斑实地核实举证工作。完成印家湾煤矿矿山地质环境治理与土地复垦工作,治理恢复面积1公顷。成功申报嘉丰建材厂采石场地质环境治理和土地复垦试点项目,治理恢复面积5.2公顷,争取市级资金278.67万元。

【地质灾害防治】

开展全区首届群测群防员技能大赛,开展全区地灾防治知识走进51所中小学活动,建成70处地灾告知系统,成功处置地灾灾险情69起。完成仰天窝滑坡等7处隐患工程治理,完成投资1亿元。全面启动松树坡滑坡等8处隐患工程治理,完成投资1.2亿元。平桥集镇、文复集镇等5处工程治理成功挤入全市项目库,预计总投资5000万元。全面完成21处地灾隐患点控制性勘察、3个集镇调勘察和28处区级地灾治理工程。完成15处隐患涉及68户208人的搬迁避让任务。鸭江四合头滑坡等6处重大隐患点专业监测全面启动。

【不动产统一登记】

不动产登记提质增效。国有土地使用权和房屋所有权初始登记、变更登记压缩至3个工作日办结。国有土地使用权和房屋所有权转移登记、注销登记、抵押权登记压缩至2个工作日办结。为区外因病、因残特困人群提供上门办证服务30余次。全年累计发放不动产权证8110本,不动产登记证明4434份;办理商品房登记2731套、存量房交易2421套;办理农村产权流转交易鉴证项目6宗,面积143.72公顷;办理农村产权抵押融资鉴证业务4宗,面积118.05公顷,涉及金额270万元。提供档案查询4万余件。

行政审批便捷高效。共办理农村宅基地审批846宗。为渝怀铁路二线、页岩气钻井平台等重大项目办理临时用地审批36件。实现24小时内为中铭地产开发建设项目办结建设工程规划许可证。周末加班为阳光童年项目办理网审许可。实施容缺受理178人次,电话预约办理72人次。建立审批业务管理台账,行政许可事项全部纳入网审平台办理,实现窗口受理率达100%、审查率达80%、签批率达60%以上。

【测绘地理信息】

推进“第三次国土调查”工作,国家初核图斑判读准确率优于99%,现已提交国家复核,将新增的1500宗图纸一律纳入国家大地2000坐标系。将地理国情监测数据、地下管线更新维护数据、“三调”数据、永久基本农田数据等纳入一个软件运行。

【执法监察】

核查卫片图斑85个、面积379.56公顷,违法图斑17个、面积7.81公顷,其中非立案查处8个图斑面积1.86公顷,立案查处9个图斑面积5.95公顷。全面完成4310个设施农业项目和5582个疑似图斑全面核查工作。完成“大棚房”问题清理整改项目7个,面积3.91公顷,目前已经通过市级初步验收。清查确定违建别墅项目9宗,其中拆除3宗,拆除建筑面积3870.14平方米,复耕土地面积0.79公顷,完善手续保留建筑物类违建别墅项目6宗。根据《国家自然资源督察例行督察意见书》(蓉〔2018〕2号)反馈我区耕地保护、农用地转用和土地征收、土地供应与利用、土地登记及抵押融资、土地执法五大方面14类问题(涉及552个子问题),面积993.33公顷,金额44.55亿元,目前已完成整改460个子问题。开展规划、土地、矿产巡查500余次,出动执法人员710余人次。全区存量16万平方米的在建房屋整治任务已全部处置完毕,处置率100%,全区五年整治计划总处置率达到80.3%。区规划自然资源局行政执法案卷被评为全市优秀案卷,并代表重庆市参加全国土地违法案卷的评比。共受理国家系统信访案件101件,办结98件,办结率97%。承办公开信箱、群工系统以及群众来信来访30件次,接访群众178人次,局领导接访下访群众40余人次。解决王长素门面办证等长达十几年久拖未决的历史遗留问题。

【改革创新】

办理用地规划许可、方案审查意见、选址意见、工程规划许可、竣工规划核实业务99宗,用地面积355.94万平方米,建筑面积161.79万平方米。

【领导班子】

党组书记、局长王加红,党组成员、副局长王其铭、黄明鱼、李伟,党组成员、驻局纪检书记王建波。

(代贵军)

城口县规划和自然资源管理局

【概况】

截至2019年,城口县辖区面积为3289.088平方千米,全县土地利用现状面积为耕地16747.82公顷占比5.09%,林地292986.49公顷占比89.08%,湿地54.75公顷占比0.02%,草地2258.89公顷占比0.69%,种植园用地4993.73公顷占比1.52%,商业服务业用地77.42公顷占比0.02%,工矿用地316.04公顷占比0.10%,住宅用地2247.73公顷占比0.68%,公共管理与公共服务用地181.16公顷占比0.06%,特殊用地31.43公顷占比0.01%,交通运输用地2241.14公顷占比0.68%,水域及水利设施用地3352.08公顷占比1.02%,其他土地3420.12公顷占比1.04%。全县已发现煤、油页岩、页岩气、锰、铁、钒、钡、白云岩、大理石、饰面石材、富硒矿泉水等36种矿种,90个矿产地(不含未上图的矿化点),主要矿种是钡矿、锰矿,随着城口县锰矿整装勘查项目的全面实施,城口县锰矿整装勘查预获资源量11775万吨(其中大渡溪锰矿区2025万吨;修齐锰矿区6750万吨;高燕锰矿区3000万吨),远景资源量将突破3亿吨;共探矿钡(毒重石)矿资源量(332+333+334?)共计14153.8万吨,其中332资源量4336.5万吨,333资源量4424.6万吨,334? 资源量5392.7万吨。

1月,按照县委县政府机构改革统一部署,将县城乡建设委员会的城乡规划编制管理职责,以及县国土资源和房屋管理局的国土资源管理职责,县发展和改革委员会的组织编制并实施主体功能区规划职责,县水务局的水资源调查和确权登记管理职责,县农业委员会的草原资源调查和确权登记管理职责,县林业局的森林、湿地等资源调查和确权登记管理职责等整合,组建成立城口县规划和自然资源局(以下简称县规划自然资源局),于1月31日正式挂牌。内设7个行政科室,下属事业单位8个。截至2019年12月底,共有在编人员131人。

2019年,完成第三次国土调查,摸清全县资源底数;取得市政府用地批复174.82公顷,同比增长542%,征收(收购)规划区内房屋3.29万㎡、征收集体土地27.97公顷、审批临时用地1.32公顷、备案设施农用地8.94公顷,有效保障脱贫攻坚、交通旅游、城市建设等各类用地需求;大力推进锰钡地质找矿,实现锰、钡资源储量突破“双亿”;启动全县国土空间规划(2020-2035)编制工作,深入推进“多规合一”,“一张图”建设县、乡、村三级规划体系初步建立;深化“放管服”改革,推行“一窗受理”“互联网+不动产登记”,优化营商环境。提升政治站位,深入学习,将脱贫攻坚与“不忘初心、牢记使命”主题教育深度融合,做实党建促脱贫;发挥行业优势,大力开展贫困乡土地整治和建设用地复垦等,整合政策资源,切实解决地灾隐患点住房安全问题;落细落实帮扶责任人规范化、制度化开展帮扶工作,切实提升脱贫攻坚成效。

【党建工作】

高度重视党建工作,一是严格落实全面从严治党主体责任,通过“五级抓党建”责任体系,压紧压实党建责任，制定党建工作“三张清单”，开展党建工作落实专项检查3次；二是强化理论武装，落实意识形态工作责任制，强化党员干部学习制度，全年开展形式多样的学习教育活动70余次，夯实党员干部的思想基础；三是加强干部队伍建设，以机构改革为契机，盘活人力资源，强化培训学习，内强素质，外树形象，忠诚干净担当的干部队伍已经建成，风清气正的政治生态已经形成；四是加强作风建设，持续开展“形式主义、官僚主义”突出问题专项整治、扶贫领域腐败和作风问题专项整治等专项整治活动，主动接受各方面监督；五是深化党建促脱贫攻坚工作，局党组与帮扶责任人签订脱贫攻坚帮扶责任书80份，印发《关于进一步压实责任强化脱贫攻坚帮扶效果的通知》《关于做好脱贫攻坚帮扶工作的具体规定》《关于进一步压实驻村工作队和帮扶责任人帮扶责任的通知》等文件，建立健全“月走访、月述职、月考核、月部署”工作制度，确保脱贫攻坚工作取得实效；六是扎实开展“不忘初心、牢记使命”主题教育，形成“1+3+4”的主题教育施工图，在做“深”、做“真”、做“准”、做“实”、做“牢”上下足功夫，确保主题教育成果落地见效。

【土地规划】

以全县资源环境承载能力和国土空间开发适宜性双评价为基础，启动全县国土空间规划(2020-2035年)编制工作。深入推进“多规合一”，整合相关专业专项规划，建成空间规划“一张图”，规划管控精准落地。在完成16个镇乡规划评估工作基础上，加快镇乡国土空间规划修编，23个乡镇规划编制实现总规全覆盖，启动两个乡镇国土空间规划编制试点。有序引导村规划编制工作，编制完成《城口县村布局规划(2019-2035)》，实现全县173个行政村村域现状分析和指引规划全覆盖，县、乡、村三级规划体系初步建立。

【土地利用】

按照市县深化改革工作部署，巴渝民宿示范点探索、县城规划区土地规划利用、生态保护修复等5项改革任务稳步推进。立足系统实际，统筹考虑全县经济社会情况，在集体土地利用方面重点破题，学习贯彻新《土地管理法》，在岚天乡开展利用改革试点，并在总结试点经验的基础上，形成《城口县建设用地收储和挂钩方案》，明确各改革类型的操作路径以及实施步骤，为后期全面推广画好“路线图”，助力乡村振兴。

为进一步激活农村土地资源，破解乡村旅游集群片区发展用地，结合项目实际情况，对县域内旅游发展用地分类进行全方位保障。一是采取“以房联营、以地入股”模式，保障东安亢谷巴渝民宿项目；二是在借鉴亢谷方式的基础上，集体经济组织以有偿收回的村民闲置宅基地以及流转的部分承包地和林地等自然资源要素为股本，与金科公司、巴渝民宿公司、国聚公司共同成立新的企业并预定好股权占比模式，保障沿河迎红村巴渝民宿项目；三是厚坪乡龙盘村集群片区建设项目，在符合“两规”的前提下，分类保障用地。

通过乡村旅游集群片区用地保障方式：一是，盘活乡村旅游发展关键的“人、地、钱”三要素，促进要素流动，吸引社会资本、国有资本投资发展乡村旅游；二是激活土地资源，整合分散的用地政策，打捆实施用地保障，充分发挥政策效益，形成多方式、多渠道、低成本、快节奏、可复制的乡村旅游用地保障体系；三是促进城乡要素流动,分类采取供应方式,分类完善投资产权登记手续,确保乡村旅游市场主体投资安全,收益稳定有保障,形成安全、放心、可持续的投资模式;四是带动形成若干乡村旅游集群示范片区,助推我县特色乡村旅游产业发展,全面实现乡村旅游兴旺发展、集体经济发育壮大、广大农民增收致富的改革成效,切实助推全县脱贫攻坚和旅游产业发展。

【不动产统一登记】

城口县规划和自然资源局根据党中央、国务院关于深化"放管服"改革、深入推进审批服务便民化等决策部署要求,坚持为企业和群众"办好一件事",通过加强部门协作,精简办理流程,压缩办理时间,优化窗口服务的措施,实现一般登记3个工作日、抵押登记2个工作日内办结,抵押注销登记、查封及解除查封登记、异议登记及注销异议登记做到立等可取,提前实现国家要求在2020年底前登记业务全部压缩到5个工作日内办结的目标;着力推进"一窗受理,并行审核"窗口模式,办事群众只需在一个窗口一次性提交材料,办理时间缩短2/3以上,半小时左右全部办结;严格执行"凡没有法律法规依据的证明和盖章环节,原则上一律取消"的规定,在不动产登记中按照规定收取登记要件、审批资料,严禁收取"奇葩"证明、循环证明、重复证明等要件;不动产证书遗失的,在办理转移、变更、注销登记业务时,可不再补发新的不动产权属证书,待遗失申明公告期满后,直接办理相关业务。在办理不动产证书遗失补发时,申请人当日申请,次日就可取得权属证书。实现了个人住房信息在全市范围内查询,自然人可以通过"渝快办"平台,经人脸识别后自助查询自己名下在全市范围内的所有登记房产信息。同时,权利人本人持有效身份证件可在我中心查询其在全市范围内的登记房产信息。

【地质矿产勘查】

完成《城口县矿产资源总体规划(2016-2020年)》和《城口县矿业权设置区划》调整与评审工作,完成《矿产资源总体规划》规划环评工作;推进全县7个绿色矿山的建设工作任务。积极开展中央、市委环境保护督察反馈意见整改落实工作,持续加强在建矿山生态环境恢复治理,完成5个政策性关闭煤矿的地质环境恢复治理,顺利完成全县重金属高背景土壤区划定工作,结合前期土地质量调查成果,对全县土壤生态健康风险进行客观评估。申报重庆双河口幅(H49E001002)等8幅1:5万土地质量地质调查项目,城口县修齐锰矿深部扩大详查,重庆市镇坪街幅等重庆部分1:5万区域地质调查项目。全年共开展锰矿企业生产经营及资源保障专题调研6次;钡矿企业生产经营及资源保障专题调研3次;全县砂石保障供应专题调研2次,并提出相应工作保障方案。4月获得市规划自然资源局《采矿权出让计划批复》9宗,全年共审批办理锰矿延续11宗,钡矿新立采矿权登记1宗、延续4宗,完成建筑用灰岩采矿设挂牌2宗。

【矿产资源储量管理】

按照相关法律法规及自然资源部、市规划自然资源局规定,城口县作为重庆市矿产资源大县,严格执行矿产资源储量管理,围绕"掌控家底、保障发展、维护权益、稳定秩序、做好服务"工作思路,对全县所有有效持证矿山企业实施储量动态监管,实际核查矿山总数43个,已核查矿山共收集整理储量报告超过100份,绘制各类电子图件400份，编制矿山核查报告43份，并将核查成果运用于采矿权探矿权信息公示，城口县矿产资源储量管理运行良好。

【测绘地理信息】

开展易地扶贫搬迁面积测绘，地理国情监测等测绘地理信息项目，完成第三次国土调查、农村土地承包经营权登记颁证等阶段性任务；强化测绘机构管理，严格规范房产测绘作业流程；开展测绘法宣传日、国家版图意识宣传教育活动，问题地图专项检查。一是完成第三次国土调查，城口县第三次国土调查工作完成国家下发控制面积3289.09平方千米的工作区域调查任务。调查成果经县级自查，报送市三调办并通过市级核查，目前城口县第三次国土调查初始数据库成果报全国三调办确认。二是规范房产面积测算成果备案，严格按照新出台的《房产面积测算成果备案审核管理办法》开展房产面积测算成果备案工作，强化测绘机构管理，规范房产测绘作业流程，实行房产面积测算成果的二级检查一级验收制，确保房产面积测算成果质量。三是开展易地扶贫搬迁住房面积测绘，按照县发展改革委提供的全县易地扶贫搬迁名单，委托测绘单位分两批完成住房面积外业测绘工作，共计测绘3467户。测绘报告提交至各乡镇，以“分组包片，逐乡镇核定测绘数据”的方式，及时解决各乡镇反馈的问题，完成全县25个乡镇(街道)的数据核定工作。四是强化国家版图意识宣传教育和地图市场监管，开展测绘法宣传日、国家版图意识宣传活动，向群众宣讲测绘法、国家版图有关知识，接待群众咨询，引导社会公众正确登载使用地图，同时在全县各学校、出版物市场开展“问题地图”专项检查。

【领导班子】

党组书记、局长李元华，党组成员、副局长师仲超、张一勤、王世东，党组成员、驻局纪检组组长魏勇，党组成员(挂职)、县土地整治储备流转中心主任刘磊。

（徐杰）

丰都县规划和自然资源管理局

【概况】

3月，丰都县规划和自然资源局(以下简称县规划自然资源局)正式挂牌成立。内设办公室、政策法规科(行政审批服务科)、自然资源调查登记科、地质矿产科、自然资源开发利用科、国土空间规划科、工程规划管理科、自然资源保护科、征地拆迁科8科1室，下设丰都县土地储备整治中心(正科级)、不动产登记中心(副科级)、国土资源和房屋执法监察队(副科级)、规划执法大队(副科级)、地质环境监测所(股级)、国土资源和房地产信息中心(股级)、规划展览馆(股级)7个局属事业单位，以及三合、名山、高家镇、社坛、龙河、树人、许明寺、三元、三建、包鸾、武平11个基层国土资源管理所。全系统机构编制人员139人,其中公务员19人,参公管理人员26人,全额事业94人。

【规划编制】

编制完成《丰都县国土空间总体规划工作方案》。正在开展国土空间开发保护现状和未来风险评估专题研究、资源环境承载力和国土空间开发适宜性评价专题研究、三条控制线划定专题研究、自然资源保护与利用专题研究、生态修复和国土整治专题研究等5个专题研究的编制。完成190个村的村规划编制工作,56个村规划通过县政府审批。

【耕地保护】

市政府下达全县耕地保有量目标为68746.66公顷、永久基本农田保护面积59680公顷。印发《关于下达2019年度耕地保护责任目标的通知》(工作通知〔2019〕4号),印发《2019年耕地保护工作目标考核办法》(工作通知〔2019〕19号),县政府与乡镇人民政府,乡镇人民政府与村社层层签订了目标责任书。2019年,全县实有耕地面积77695公顷,为市政府下达目标的113%;全县实有永久基本农田59680.4公顷,占市政府目标任务的100%;补充耕地244.46公顷,占目标任务的104.77%。

【地质灾害防治】

以"4·22"地球日、"5·12"防灾减灾日、安全生产月、"6·25"全国土地日等为契机,在县城、乡镇场(集)镇、居民点广泛开展地质灾害防治知识宣传工作,全年组织开展宣传活动40余次,发放宣传资料9000余份。实施并完成董家镇石尖山滑坡、三合街道大山沟边坡治理等10个中小型地灾治理工程。紫光化工库岸治理、白水滩滑坡、白沙沱酒厂滑坡、三建乡韩家沱滑坡及排危处置工程,董家镇黑崖口滑坡治理工程均已完工;河面完小、丰一中危岩治理工程已进场,正在施工;兴义镇白果树脚滑坡、高家镇新高路2号滑坡、暨龙镇石兑窝滑坡正在进行施工图设计工作。

【用地保障】

全年出让土地16宗,成交面积55.29公顷,成交价款103635.3万元。2019年共计上报农转用项目49宗、面积77.73公顷,共取得批文12宗、总面积54.8公顷。下达县规划自然资源局脱贫攻坚专项计划指标40公顷。

【土地复垦】

目标任务入库备案139.33公顷,验收123.33公顷;县级下达目标任务为复垦200公顷,实现地票交易5亿元。全年实施农村建设用地复垦项目190个,涉及农户13102户340.73公顷。全年实际实施复垦项目148个、面积366.66公顷,完工复垦项目104个、完成市级验收面积173.33公顷,完成地票交易面积213.46公顷、实现地票交易金额6.42亿元,新申报入库备案8000户、面积约166.66公顷。完成年度考核目标竣工面积123.33公顷的173%、地票交易200公顷的107%、交易价款5亿元的128%。同时,大力推进历史遗留和废弃矿山生态修复工作,市政府下达我县历史遗留及关闭矿山土地复垦任务6.66公顷,实际完成历史遗留及关闭矿山土地复垦项目1个、复垦面积7.98公顷、占任务的119.7%。

【矿产资源】

完成8宗采矿权合同签订,合同金额

23151.91万元，实际缴纳入库出让金6677.273万元。延续矿山9家，注销矿山3家。全年启动14家绿色矿山建设，7家必须通过今年验收的目标任务，目前验收过关8个，超额完成任务。完成地质灾害危险性评估备案登记92件，完成46宗矿山压覆报告。完成全县矿山每月矿产品统计上报工作。开展中央环保督查整改矿山的牵头整改工作，目前已经完成销号4个。启动全县露天矿山整治工作。完成对矿山日常性监管工作。

【卫片执法】

2018年度共下发矿产卫片图斑1个、土地卫片图斑285个，经拆分合并后上报卫片系统的共计339个，面积208.03公顷，耕地面积105.71公顷(基本农田8.47公顷)。其中合法图斑26个25.76公顷(耕地面积15.68公顷)；违法图斑101个33.7公顷(耕地27.21公顷，基本农田0.45公顷)；其他图斑212个148.57公顷，其中耕地62.81公顷。截至2019年7月5日市级验收时，在101个违法图斑中，全县已整改消除违法状态共计29个图斑27.56公顷，耕地面积23.09公顷(基本农田0.1公顷)。

【不动产登记】

全年共受理不动产土地房屋权属登记54950件，办结54950件，办结率达到100%，未发生登记错案，办证准确率达100 %。其中，城镇不动产登记43025件，含首次登记215件，转移登记11830件，变更登记1099件，注销登记179件，预告登记8726件，合同备案4738件，抵押登记6438件(抵押面积78.07万平方米，抵押金额44.08亿元。其他类登记9800件；办理农房登记办证11925件。其中：首次登记3859件、转移登记1829件、变更登记1089件、抵押登记114件、注销登记4844件、其他登记190件。累计核发《不动产权证书》10346份，核发《不动产登记证明》11891份。

【放管服改革】

一是在立项用地许可阶段制定《丰都县建设项目立项用地规划许可阶段实施细则》(丰都规资发〔2019〕328号)，立项用地规划许可阶段并联审批建立和完善制度。在工程建设许可阶段制定《关于工程建设项目审批制度改革实施方案的通知》(丰规资发〔2019〕329号)，实现流程再造；二是对222项行政审批事项清单进行动态调整，根据最新事项清单目录修订完善县规划自然资源局行政许可服务指南，进一步规范审批行为；三是优化立项用地阶段、工程规划许可阶段“一张表单”。理顺逻辑关系，精简申报材料。实现“一份办事指南、一张申请表单、一套申报材料”申报一个阶段事项；四是按照市规划自然资源局工作部署，提交相关规划编制成果，整合形成“一张蓝图”纳入“多规合一”平台。完成“多规合一”平台的配置和使用，利用“多规合一”平台策划生成项目5个。

【第三次全国土地调查】

一是全面完成全县290088.86公顷(国家下发控制面积)工作底图制作和内业解译工作；二是完成外业调查图斑29939个。其中：地类样本图斑1354个，初次举证图斑25096个，国家核查实地补充举证3479个，新增初次举证10个；三是全面完成国家核查下发县疑问图斑14922个整改任务；四是完成全县13个一级地类40个二级地类333262个图斑全部上图入库工作，初步建成土地调查数据库，并按照国家要求将调查数据更新至2019年12月31日全国统一标准时点,第三次全国土地调查取得阶段性成效。

【领导班子】

党组书记、局长毛国红,纪检组长周小兵,党组成员、副局长梁斌、彭三卒、李仁成、冉林江。

(谭真红)

忠县规划和自然资源管理局

【概况】

截至2019年,忠县土地总面积218280.30公顷,其中耕地87799.45公顷、园地17531.53公顷、林地62193.53公顷、草地2865.02公顷、城镇村及工矿用地13963.45公顷、交通运输用地5069.06公顷、水域及水利设施用地13379.02公顷、其他土地15479.24公顷。

全县已探明矿产资源有天然气、煤炭、石膏、滑石、岩盐、青矾、磷矿、石灰岩、砂岩、页岩、高岭土、耐火粘土、钾长石、硫磺、铁矿、铜矿、沙金、重晶石、地热水等23种,其中已开发利用矿产资源12种,分别为天然气、煤炭、石灰岩、页岩、砂岩等。天然气探明储量278亿立方米,煤炭探明储量880.3万吨,岩盐探明储量23.79亿吨,石膏探明储量545.27万吨,石灰岩探明储量12.26亿吨,水泥配料用砂泥岩探明储量1.04亿吨。

3月,县委、县政府将县规划局的职责、以及县国土资源和房屋管理局的国土资源管理职责、县发展和改革委员会的组织编制并实施主体功能区规划职责、县水务局的水资源调查和确权登记管理职责、原县畜牧兽医局的草原资源调查和确权登记管理职责、县林业局的森林、湿地等资源调查和确权登记管理职责以及县综合行政执法局的城乡规划执法职责等整合,组建成立忠县规划和自然资源局(以下简称县规划自然资源局),作为县政府工作部门。内设办公室(信访科)、法规督察科、自然资源调查登记科、自然资源权益利用科、村镇规划科、城市规划科(忠县规划委员会办公室)、耕地保护和生态修复科、地质矿产科、行政审批科、财务科、组织人事科(挂审计科)等11个职能科室,下设忠县规划和自然资源综合行政执法支队、忠县土地征收中心、忠县农村土地整治中心、忠县土地储备整治中心、忠县不动产登记中心、忠县地质环境监测站、忠县规划和自然资源局档案信息中心、忠县城乡规划设计院等8个事业单位,以及忠州、白公、新生、乌杨、东溪、石宝、汝溪、官坝、白石、新立、拔山、马灌等12个规划和自然资源管理所,2019年末在编在岗职工199人。

【党建工作】

制定党的十九大和习近平新时代中国特色社会主义思想、十九届四中全会精神以及习近平系列重要讲话精神的系统学习计划，制定《"三基"建设工作方案》，组织党员干部创建节约型机关、建设智能机关和规范化机关，制定具体工作方案，全面展开绿色机关实施。印发《2019年党建工作要点》，指导5个党组织开展换届选举工作，扎实开展"不忘初心、牢记使命"主题教育，统筹推进机构改革后支部调整和换届工作，调整后局党委下辖6个党支部（含1个退休支部），指导全局各党支部认真抓好全面从严治工作的落实，组织传达学习上级部署18次，落实主要领导批示意见17次，落实重庆干部网络学院学习任务，大力推进在全局形成风清气正的良好政治生态。严格落实主题党日、"三会一课"、民主评议党员、民主生活会等党内基本政治制度，党建督查2次，听取党组织书记书面述职2次，加强党建联建工作，结合建党98周年，与双桂镇党委联合举办"不忘初心使命，助推乡村振兴"建党98周年党建联谊活动，表彰19名优秀党员、6名优秀党务工作者，强化组织领导，夯实根基助推城市基层党建，开展"大党委"轮值活动11次。通过主题教育、专题教育等形式，组织全局党员干部系统学习理论和业务，参学人员800余人次。做好党建宣传报道工作，向各级信息平台报送信息30余篇。

【城乡规划】

完成《忠县生态保护红线评估优化报告》《全县国土空间规划编制初步方案》《重庆市忠县村布局规划(2019—2035)》《三峡库心跨区域发展规划》《忠县忠州镇等28个乡镇国土空间规划一致性处理方案》、全县284个村规划等国土空间规划编制工作；完成县城规划区控规整合、多规合一一张图工作；推进忠县电竞小镇配套用地规划研究、县城旧城区和新区城市排水专项规划（2019—2035年）、县城规划区涉及175米以下及175米～182米（吴淞高程）区域规划用地研究、银山片区用地规划研究、胥家垭口九年一贯制学校拓展用地规划研究等专业规划，全面完成县级工作目标任务。2019年，累计办理选址意见书35件（村规科17件、城规科18件）、办理用地规划许可证36件（村规科15件、城规科21件）、办理工程规划许可71件（村规科22件、城规科49件）、竣工规划核实确认书30件（村规科12件、城规科18件）。

【土地管理】

全年共取得土地利用总体规划调整批复38宗130.2公顷，取得用地批文54宗376.32公顷；完成征地补偿安置项目36个463.84公顷，安置人员5478人，兑现各类补偿费10亿元。共实施五洲国际二期等项目用地收储49宗132.77公顷，出让土地27宗139.73公顷，实现土地出让总收入16.5亿元，划拨土地共19宗69.31公顷。

全年实现耕地保有量8.78万公顷，基本农田保护6.28万公顷。推进农村土地整治及农村建设用地复垦，实施农村土地整治项目15个，实施规模2800公顷，总投资8500万元，其中竣工验收项目7个，实施规模1160公顷，新增耕地113.33公顷。实施农村建设用地复垦项目180个，其中竣工验收项目57个，生产地票106.66公顷，获取地票交易收益3.2亿元。完成122个农村建设用地复垦项目入库备案，备案规模320.66公顷。全年通过农村土地整治及农村建设用地复垦新增耕地226.66公顷，完成市政府下达我县补充耕地200公顷、复垦备案144.66公顷的目标考核任务。

【不动产统一登记】

全年累计办理各类不动产登记业务5.645万件,占行政服务大厅办件总量的43%,其中颁发《不动产权证书》《不动产权证明》和《合同备案证明》2.32万本,办理查封及解除查封登记1509件,协助司法查询档案775次,出具无房及各类查档证明3075份。

【矿产资源管理】

完成忠县1:5万土地质量地质调查、金鸡镇饰面用石材详查、三汇镇饰面用石材详查等3个市级地质矿产勘(调)查项目,完成投资1200万元。开展重庆三一绿色智能建筑产业项目石灰岩矿采矿权出让前期工作和海螺水泥石灰岩矿增资扩界项目论证工作。强化地质矿产行政审批服务工作,审批出让采矿权7宗、矿区面积0.16平方千米、资源量266.7万吨,完成全县工业园区区域性地质灾害危险性评估和压覆矿产资源评估工作。完成全县自然保护区、风景名胜区内4个矿山企业的关闭和整改退出工作,及时进行矿山地质环境治理恢复与土地复垦。加快绿色矿山建设工作,海螺水泥、皇华矿业等4个大中型绿色矿山建设并通过第三方评估,按期完成了市里下达的年度目标任务。扎实开展矿产资源打非治违工作,实地核查矿山企业18个,随机抽查7个采矿权人年度开采信息公示情况,发现和移交违法采矿线索2起,关闭非煤矿山3个。

【执法监察】

核查各类疑似违法线索389宗,下达责令停止(改正)违法行为通知书110份,新增立案查处27宗,下达《行政处罚(处理)决定书》29份,没收建构筑物面积2.68万平方米,拆除或复垦面积1.48万平方米,收取罚没款105.39万元;核查土地矿产卫片图斑262个,总面积358.38公顷,查处违法图斑32个,顺利通过市级初步验收实现"零约谈";牵头推进国家土地例行督察2019年整改工作,目前已完成33宗165.56公顷(含批而未供),共计13.305亿元463户,基本完成2019年整改任务。

【信访安全】

共受理来信来访258件,其中市信访信息系统98件,市政府公开信箱83件,市群工系统33件,上级交办21件,来信来访33件。其中涉及土地房屋征收方面112件,土地权属登记方面33件,土地整治复垦45件,土地房屋违法23件,城市规划类22件,其他23件。按要求完成来访及上级交办案件的办理,及时受理率达100%、办结率达99.9%。

组织开展安全生产工作会议12次,组织开展相关科室开展安全生产检查224家次,发现安全生产隐患156个,督促整改156个,开展安全生产行政执法36家次,警告8家次,责令停工整改3家次,处罚款近6万余元。

【扶贫增收】

启动10个贫困村土地整治项目规划设计工作,纳入2020年实施计划。22个建卡贫困户项目完成地票交易,1194户建卡贫困户获得收益8865万元。加快"十三五"易地扶贫搬迁农房整宗地收益权收储,116个建卡贫困户获取收益408.21万元。全面启动第二批建卡贫困户复垦包装和第三批农房整宗地收益权收储工作。

推动农村产权流转交易工作,完成农村产权流转交易鉴证共计118宗,流转面积1798.42公顷,交易金额11386.1万元、惠及农户8661

户，其中，承包地经营权1709.74公顷、交易金额9629.39万元，林地经营权88.67公顷、交易金额1756.71万元。

【震灾预防】

利用“5•12”防震减灾日、“6•25”土地宣传日活动，将防震减灾、抗震设防、地灾防治等知识送进家、送进企业、送进社区、送进校园、送进机关，送到老百姓手中，多措施提高全民防震减灾意识。建立完善“四重”网格地质灾害防治体系，落实“四重”网格人员1000余人。开展宣传培训385次培训人数26458人，组织应急疏散演练900余次，参演人数2万余人。全县突发地质灾害灾(险)情21起，应急撤离89户326人，挽回经济损失0.5亿元处置科学及时，无一人伤亡。

【地灾治理】

全年争取地质灾害工程治理项目32个，搬迁避让项目3个，监测项目1个，争取防治资金1亿余元。全县共计实施地质灾害工程治理项目5个，累计完成投资0.44亿元，其中野鹤镇集镇地质灾害治理工程完成总工程量的100%，白石镇集镇地质灾害治理工程已完成总工程量的90%，忠县老屋院子滑坡治理工程已经完成总工程量的52%，崔家岩滑坡治理工程已经完成总工程量的55%，新生镇新集镇库岸治理工程已全部完成。

【廉政建设】

围绕党风廉政建设和反腐败工作，制定党风廉政建设“两个责任”清单，落实责任235项，梳理廉政风险点417项，健全完善制度规定6项，开展警示教育3次，对新任中层干部、新进工作人员、重要科室重点岗位开展任职谈话和廉政谈话5次，诫勉谈话2人。组织专题学习习近平总书记关于集中整治形式主义官僚主义工作意见，制定集中整治工作方案，印发《深入贯彻落实中央八项规定精神实施办法》建立党员干部小微苗头性问题的长效工作机制，加强重要时间节点的作风建设，及时发布廉政提醒短信，切实抓好整治“四风”问题和群众身边的不正之风问题。负责统筹落实市委第三巡视组和市局巡察反馈意见的整改落实工作。制定整改落实方案，强化整改责任，将75个问题一对一落实到责任领导和责任科室，做到整改落实情况定时报告做好。

【领导班子】

党委书记、局长李心国，党委委员、纪检组长闫辙，党委委员、副局长周阳、伯平，副局长周厚军，党委委员、副局长刘艳权，党委委员、储备中心主任张春成。党委委员、登记中心主任吴海明，副局长黄列花(2019年3月调离)。

(冯智峰)

垫江县规划和自然资源管理局

【概况】

垫江县辖区面积151631.4公顷,湿地面积10.3公顷、农用地面积139702.6公顷(其中:耕地75010.99公顷、种植园用地3494.57公顷、林地46748.38公顷、交通运输用地2640.72公顷、水域及水利设施用地4487.68公顷、其他土地7320.26公顷)、建设用地10638.13公顷、未利用地1280.37公顷,分别占全县面积的0.01%、92.12%、7.03%、0.85%。垫江县已发现矿产12种,有:天然气、煤、水泥用石灰岩、建筑石料用灰岩、铁、硫铁矿、含钾岩石、建筑用砂岩、砖瓦用页岩、地热、矿泉水及岩盐等。探明有一定储量的矿产资源8种:煤、水泥用石灰岩、建筑石料用灰岩、建筑用砂岩、砖瓦用页岩、地热、矿泉水。矿产资源储量:煤40万吨、地热1500立方米/日、水泥用石灰岩4584万吨、建筑石料用灰岩1404.9万吨、建筑用砂岩791.9万吨、砖瓦用页岩384.4万吨、矿泉水1000立方米/日、垫江县卧龙河构造中段东翼岩盐矿储量1153.2万吨。

2月,在机构改革中,垫江县政府将县规划局的职责,以及县国土资源和房屋管理局的国土资源管理职责,县发展和改革委员会的组织编制并实施主体功能区规划职责,县水务局的水资源调查和确权登记管理职责,县农业委员会的草原资源调查和确权登记管理职责,县林业局的森林、湿地等资源调查和确权登记管理职责等整合,组建成立垫江县规划和自然资源局(以下简称县规划自然资源局),作为县政府工作部门。内设11个行政科室:办公室、组织人事科、政策法规科、自然资源调查登记科、国土空间规划科、国土空间管制和开发利用科、耕地保护和生态修复科、建设工程规划科、规划管理和测绘信息科、地质矿产科、行政许可服务科;下辖8个直属事业单位:统一征地事务中心、矿产资源事务中心、土地整治中心、地产服务中心、不动产登记中心、规划服务中心、土地整治储备中心、国土资源和房地产信息中心;9个基层管理所:桂溪、新民、周嘉、高安、杠家、澄溪、高峰、坪山、鹤游。2019年末编制194个,其中行政编制20个,事业编制173个,机关工勤编1名;现有职工181人,其中行政人员22人,事业单位工作人员158人,机关工勤人员1人。

【规划编制】

按照新时代全面深化改革的要求,启动全县国土空间总体规划编制工作,完成《垫江县国土空间总体规划大纲》的编制。完成东部新区优质教育基地、三合湖公园等县内重大项目国土空间规划一致性处理方案。编制东部新区重要地段详细城市设计、高铁片区详细城市设计暨控制性详细规划修改、南阳大道以北片区工业用地调整技术方案论证,以提升东部新区和工业园区城市形象,有效改善人居环境。完成全县301个村(社区)分类型村布局规划编制。修改完善15个城镇控规。累计编制完成180个村规划,村规划编制覆盖率达80%。完成第二批、第三批共8处历史建筑的保护挂牌工作,并启动保护修缮规划的编制。完成《高安镇历史文化名镇保护规划》的编制。

【规划审查】

全年审查选址意见书45份。审查建设用地规划许可52份，建设用地面积230.71万平方米。审查建设工程规划许可146份，建筑面积193.68万平方米。审查规划核实确31份，建筑面积121.1万平方米。审查乡村规划许可4份，建筑面积2.65万平方米。审查规划设计方案及调整171份。审查老旧住宅增设电梯申请事项260件。

【用地报批】

全年共计批准建设用地295.73公顷，其中：征转用批文31个，面积268.43公顷，农转用批文22个，面积27.30公顷。

【征地拆迁】

应完成集中攻坚尾欠项目16个，共253户，实际完成251户，完成率99.21%，实际清零项目15个，清零率93.75%；应完成新启动项目44个，共2960户，实际完成2865户，完成率96.79%，实际清零项目35个，清零率79.55%；累计拆除房屋面积32.58万平方米，货币安置3681人，发放货币安置款71251.44万元。完成征地补偿43宗共400.78公顷，征地人员安置5432人，放弃安置37人。对其中符合参加基本养老保险条件的4037人“应保尽保，应保即保”，参保率为100%，政府补贴参保人员参加基本养老保险费8534.01万元，共发放代扣参保人员参加基本养老保险后的安置补助费10966.67万元。

【土地供应】

全年供应土地面积目标66.67公顷，实际供应土地43宗、面积122.26公顷，完成率达183.4%；供应土地收益目标为16亿元，实际收取价款16.8亿元，完成率为105%。其中，出让土地26宗，总面积达87.64公顷，收取出让价款10.96亿元；划拨土地17宗，面积34.62公顷，收取划拨价款5.84亿元。

【不动产登记】

全年新建商品房销售6939套，面积61.94万平方米，同比上涨5%。其中住宅销售4868套，面积53.14万平方米，同比增长4%，销售均价5825元/平方米，同比上涨14%；非住宅销售2071套，面积8.8万平方米，同比上涨13%，销售均价9793元/平方米（纯商业），同比无增长。二手房销售4363套，面积42.77万平方米、金额15.13亿元，同比分别上涨6%。房屋产权登记发证15337件、面积285.91万平方米。房地产抵押登记4689件、面积86.05万平方米，贷款金额101.16亿元。抵押注销登记5596件。

【测绘信息管理】

完成2019年度县城建筑物更新工作和地下管线综合管理系统的维护及更新工作，完成垫江高程地图制作和垫江地图更新、测绘地理信息成果保密专项整治工作。全年办理涉密测绘地理信息成果审批2份，办理测绘地理信息成果分发利用16份，为县城老旧住宅加装电梯免费提供地形图服务65份。开展“国家版图意识教育进校园活动”和问题地图大检查活动。

【耕地保护】

全年全县补充耕地任务为133.33公顷（其中含复垦补充耕地任务13.33公顷）；农村建设用地复垦验收13.33公顷；复垦备案任务13.33公顷。完成补充耕地154.77公顷，完成率为

116.08%,其中农村建设用地复垦15.14公顷,完成率为113.54%;完成复垦备案18.67公顷,完成率为140%。

【生态修复】

完成13家历史遗留关闭矿山整治复绿工作,复绿面积达50.78公顷。实施历史遗留及关闭煤矿复垦项目7个,新增耕地4公顷。完成15家生产矿山企业地质环境治理恢复基金的建立和缴存工作,缴存基金250.996万元。全年建成5家绿色矿山,并通过市第三方评估。

【地质灾害防治】

完成地质灾害达标率考核任务。开展大排查9次,针对极端天气开展重点隐患专项排查44次,防灾巡查督查70余次,发放督办建议函43份,处置汛期灾险情30起。发布预警信息42次13000余条,监测信息上报率达100%,抽查四重网格员30次600余人。完成145个隐患点避险演练、宣传工作和标识牌更新工作,灾险情成功预警和处置率达100%;全年无人为工程活动诱发地质灾害导致人员伤亡事故未发生。开展地质灾害综合治理及避险搬迁,争取市级资金2000万元,组织实施新民镇双河村危岩治理工程等5个地灾治理工程,解决上万名学生和群众的生命财产安全问题。完成市级挂牌督办重大隐患点防治工程任务3处;完成中小型地质灾害排危、治理工程24处,县财政补助370万元。实施永平镇双堡村门口山危岩等7个隐患点,搬迁避让受灾群众14户56人。实施2019"金土工程"搬迁避让7个项目,涉及14户56人,投入补助资金33.6万元;完成17个地质灾害隐患点销号工作。

【行政许可服务】

全年共受理行政许可事项2186件,办结2186件。其中:商品房预售许可12件、采矿权许可5件、建设项目压覆重要矿产资源审批12件、国有划拨建设用地按原用途补办出让手续966件、国有建设用地使用权出让审批18件、国有建设用地使用权划拨审批15宗、建设项目用地预审85件、农村居民宅基地审批791户、临时用地审批4件。建设项目选址意见书45份,建设用地规划许可证52份,建设工程规划许可证146份,建设工程规划核实确认书31份,乡村建设规划许可证4件。

【历史文化建筑】

垫江县砚台翠屏湾老屋、沙坪熊孝能碉楼、澄溪镇座坪碉楼、杠家镇徐生云碉楼、沙河乡南山碉楼、永安镇高宗友古碉楼共6处古建筑于2019年8月被评为重庆市第三批历史建筑。

【领导班子】

党组书记、局长夏育林,党组成员、副局长熊宜伟,党组成员、驻局纪检监察组组长贺松涛,党组成员、副局长龚江涛,党组成员、副局长易茂,副局长、县统一征地事务中心主任王欣,党组成员、县矿产资源事务中心主任谭强。

(丁雪芹)

云阳县规划和自然资源管理局

【概况】

4月，云阳县规划和自然资源局（以下简称县规划自然资源局）正式挂牌成立。内设办公室（党建办）、政策法规科、调查登记科、空间规划科、用途管制科、权益利用科、耕保修复科、地质矿产科（安全监管科）、测绘信息科、行政审批科、财务管理科、监察审计科12个科室。下设规划和自然资源综合行政执法大队、农村土地整治中心、不动产登记中心、规划和自然资源信息中心（云阳县规划和自然资源档案馆、云阳县规划馆）、土地统征所、地质环境监测站（地质灾害防治中心）、土地整治储备中心7个直属事业单位。其中规划和自然资源综合行政执法支队、农村土地整治中心、不动产登记中心、规划和自然资源信息中心（ 云阳县规划和自然资源档案馆、云阳县规划馆 ）4个单位为副科级事业单位；辖双江、栖霞、凤鸣、龙角、故陵、红狮、南溪、江口、高阳、平安、沙市11个片区规划自然资源所。人员编制241人，其中：机关行政编制23名。设局长1名，副局长4名；正副科长（主任）职数14名；机关后勤服务人员事业编制2名。参公编制32人，事业编制184人。实有221人，其中机关行政21人（含机关工勤2人）、参公31人、直属单位事业人员76人、基层所93人。

【国土空间规划】

完成第三次国土调查，成果一次通过核查，数据整体错误率0.03%。完成全县村布局规划编制，启动全县80%的村规划深化工作。完成黄石高铁新城控规修编、水口控规、杨沙组团和张家湾组团控规编制，城区控规覆盖率达到91%。完成生态红线评估和调整优化、永久基本农田储备区划定，建设项目占用补划永久基本农田52公顷。启动渝东北城镇群云阳建设用地研究；开展县域旅游度假区规划和松树包组团高速公路下道口城市设计。

【重点项目】

用地报批统筹协调机制全面建立，以“两环两高两大片”为重点，提前介入，主动服务，办理项目规划符合性审查及规划调整16个，按程序修改控规18个，开展国土空间规划一致性处理195.13公顷，争取新增建设用地指标118.66公顷。全年申报征转用地36宗264.8公顷，获批30宗205.8公顷，为前两年年均报批量的3倍。发布征收土地补偿安置方案公告37个215.46公顷，审核征地安置人员3633人，审核被征地群众参保2795名。提前介入指导普安化石园区、江龙高速公路、向阳水库用地报批。

【经济民生工作】

获批土地储备专项债券7.8亿元，新增土地收储7宗146.66公顷。圆满实现土地价金等非税收入12.94亿元，办理土地房屋抵押融资79.56亿元，完成固定投资19亿元，落地招商引资投资6亿元。紧扣难点热点堵点，开展老旧电梯加装踏勘172处，核发许可38个；研究制定《青龙、双江街道群众房屋产权证办理问题化解处置工作方案》，积极化解群众办证难题。目前，已有12栋房屋进入联合会审程序。

【生态修复整治】

统筹山水林田湖草系统治理。核查处置中央环保督查交办案4件；新增石灰岩矿业权布局3处，开展露天矿山整治10处，建成绿色矿山1处，完成历史遗留关闭矿山环境恢复治理认定18处恢复面积11.6公顷；投资5488万元，完成农村土地整治2873公顷，实现新增耕地269.53公顷，交易价款8500万元；农村建设用地复垦完工并通过市级验收111.53公顷，交易地票162.93公顷，实现地票价款4.7亿元。目前我县地票生产量、验收量、交易量1533.33公顷，交易地票价款44亿元。

【地灾灾害防控】

健全完善"四重网格化"管理，派驻22名地质队员驻守乡镇开展技术支撑，积极应对5次区域性暴雨天气，处置突发地质灾害灾险情22处，成功预警避险3次，紧急避险转移16户69人，降险处置16处。地质灾害风险防控到位，实现"零伤亡"目标。安排60万元完成全县地质灾害专业大排查工作。完成投资1200万元实施群测群防智能化监测预警项目。推进县域地质灾害详细调查及重点区域地质灾害精细化调查，梳理34处重大地灾隐患点实行风险管控和控制性勘查。投资9100万元，实施地灾治理项目8个。

【执法督察】

清理整治"大棚房"问题6个，卫片执法检查立案查处案件9件，完成超五鑫违建别墅整改1件。日常巡查查处土地违法案件28件，拆除违法建筑15461平方米，没收违法建筑120442平方米，收缴罚款200余万元。现场制止违法用地行为6起，依法取缔非法采石场10处。卫片执法获得市级验收并通报表扬；违建别墅整治通过市级验收。持续整治城镇新增违法建筑，处置新增11417平方米，存量89672平方米，发出《限期拆除违法建筑决定书》351份，罚款8万元，没收违法收入74万元，没收建筑2682平方米。

【行政审批服务】

聚焦工程建设项目审批难点堵点痛点，取消规划方案预审，将建设项目选址意见书、建设项目用地预审意见合并办理，建设工程规划许可由原16项申报材料精减到10项，选址意见书、用地规划许可证由原10项申报材料精减到5项，建设工程竣工核实确认由原11项精减到7项。六大类规划许可环节法定审批时间压缩至197个工作日内办结，累计缩减审批时间65%。推进"互联网+不动产登记"改革，建立不动产抵押远程申报系统，将不动产抵押登记以及与抵押登记有关的转移登记、变更登记服务延伸到金融机构。推行税务、银行、住建、登记窗口"一窗受理"，设立"爱心服务热线"，组建上门服务队伍开展上门服务30次，实现"干部多跑腿，群众不跑路"。

【党建工作】

以党建示范点建设、主题党日、"两学一做"、城市基层党建为抓手，抓学习、强教育，深学笃用党的十九大精神和习近平新时代中国特色社会主义思想；以落实市局党组巡察整改、接受县委巡察为契机，建机制、强管理，落实党内政治生活制度，健全完善"三重一大"集体决策制度，完善财务管理、"三公"经费、二级单位监督管理、项目招投标管理、政府投资中介机构服务、行政审批、执法与确权登记联动监管等系列制度，扎紧制度笼子，规范权力运行；以“责任落实年”活动为抓手，明责任、强督查，全系统每名干部职工编制“我的责任清单”，每季度列出重点工作清单，实行“挂单销号”，层层明责压责，强化评责督责，有效提升行政效能；以落实党风廉政建设责任制为抓手，抓监督，严问责，深入开展扶贫领域突出问题专项治理、集中整饬“四风”和发生在群众身边的腐败问题，推进全面从严治党向基层延伸。

全年开展中心组学习8次，干部大讲坛7次，支部按月开展“主题党日活动”，举办全系统党建专题培训统3次。下发《2019年党建工作要点》，以“支部主题党日”为抓手，落实“三会一课”制度、党员领导干部双重组织生活制度、谈心谈话、城市基层党建“六个一”活动、“社区一家亲”、党员奉献日、党员过“政治生日”等党内生活制度。召开专题民主生活会4次，对学习内容进行统筹，对档案标准、阵地建设等提出明确要求，增强党建工作的可操作性、针对性和有效性。完成党组织名称更换、党员转隶、党费收缴、档案完善、党组织换届、选举等工作，以党建带群团，厘清组织关系、压实管理责任、壮大党务干部队伍，各支部配备1名专兼职党务干部。新发展党员5名，预备党员按时转正2人。召开局系统党员大会2次，开展局系统入党积极分子培训1次，举办全系统支部书记、党务干部专题培训3次。

通过举办集体廉政谈话，开展“以案四说”“以案四改”警示教育活动，全覆盖开展廉政风险点排查，制定防控措施300余条，全年开展会风督查3次，突击检查出勤3次，发布廉政提醒短信600余条。配合县纪委监委开展调查，监督处分执行。据统计全年受处分共8人，其中诫勉1人、政务警告4人、党内警告2人、党内严重警告1人。

【行业宣传】

多形式宣传规划自然资源法律法规政策，持续加强行业新闻宣传、政务信息报送和政务公开。报送新闻被县属媒体采用57条，在重庆日报、重庆晨报、华龙网等市级主流媒体正面宣传单条报道信息9条，其中《“三线”齐发力 群众少跑腿》被重庆日报采用，中国自然资源报先后以《“三线齐发力”跑出“加速度”》《重庆云阳局“四减三增”优化营商环境》为题，两次刊发了县局主题教育经验做法。在云阳县人民政府门户网站公开政府信息294条，在云阳县规划和自然资源局微信公众号推送图文信息110篇，全方位宣传本系统工作动态、亮点、热点，解读政策法规，将我局“不忘初心、牢记使命”主题教育、“干部大讲坛”、各版块动态信息、“城乡规划公示”等内容通过公众号推送，其中“云阳县农村建设用地复垦及地票交易政策问答”文章点击量超过10000人次。

组织开展“4.22世界地球日”、“5.12防灾减灾日”、“6.25全国土地日”“8.29测绘法宣传日”等系列宣传活动。

【扶贫攻坚】

派出4名局领导班子成员到桑坪镇、宝坪镇联系扶贫工作。为巩固脱贫成果，助推乡村振兴战略，派出22名同志到桑坪镇和南溪、江口、农坝、南溪、沙市、石门镇等驻村扶贫。投入21万帮助大树、江南、兴梨、木楠、泰合等5个贫困村进行阵地建设和添置办公设备，其他扶贫支出投入上百万元。定点帮扶桑坪镇大树村、兴梨村、泰合村、木楠村和宝坪镇江南村5个贫困村590户贫困户2194名贫困人口，实行“1+3、1+4”帮扶责任制。定期开展走访和帮扶，驻村工作队每月为每户贫困户至少办1件实事并在村劳动至少1次，结对帮扶干部每月为帮扶对象至少办1件实事并在村劳动至少1次。引导镇、村、组用好扶贫政策，紧紧围绕县委、县政府制订的“1+28”扶贫政策，从增强基层战斗堡垒作用入手，开展“固根本、强堡垒”活动，改造村委会办公室，建设便民服务中心，满足正常办公需要，促进规范化建设，从加强基础设施建设和群众最期盼的实事入手，大力实施农村公路、水利、环保等基础设施，全面落实产业覆盖、教育资助、就业扶持、搬迁安置、社会保障兜底“五个一批”针对性扶持措施。

【领导班子】

党组书记、局长李珉卿，党组成员、副局长凌昌勇，党组成员、驻局纪检监察组组长余洋，党组成员、副局长陈志、贺群英，副局长阳恒，党组成员、副局长谢益洪。

（李坤）

奉节县规划和自然资源管理局

【概况】

2月，奉节县规划和自然资源局（以下简称县规划自然资源局）正式挂牌成立，内设10个行政科室，下辖12个直属事业单位和10个基层规划自然资源管理所，在编在岗职工211人。

县规划自然资源局党组以“五合”为抓手，深入推进职能整合优化，班子团结务实、队伍奋发有为，仅合并后半年，在全县双向评价中取得窗口评价部门第一、社会评价部门第二。2019年获重庆市防震减灾先进单位、奉节县脱贫攻坚先进单位、奉节县政协提案办理先进单位、年度综合考核一等奖。

【土地管理】

审批农用征转用新增建设用地35宗146公顷、重点项目用地获批113.33公顷，充分保障三峡之巅、环草堂湖等重点旅游项目，油橄榄和魔芋加工、隐形眼镜等重点产业项目，寂静互通建设等重点交通项目的实施，铺平城市发展的“快车道”。

完成30个征迁项目的结算，累计完成土地征收173.06公顷，房屋征收8.8万方；针对征迁难点区域重点突破，有力化解多户持续时间长达七、八年的征迁难题，群众权益和经济发展得到有效统一，有力提升。

全年供应土地84.93公顷（其中出让土地66.06公顷，划拨土地面积18.86公顷），完成政府性基金收入20亿元，在充分助推全县经济发展的同时，供应住宅用地26.66公顷，全县房地场市场健康发展、房价总体平稳；完成三江中学、三峡卫校等教育医疗项目及功能性项目土地供应。

【地质矿产管理】

参加并获第七届重庆市防震减灾知识竞赛第一名，获得第七届中学生防灾减灾知识竞赛全市第二名(渝东北片区第一名)。

启动1420处地灾隐患点的群测群防智能化监测，资金投入量全市第一，多项专业技术在区县首次应用。实施地质灾害治理工程18个，累计总投资1.61亿元，保护受威胁群众2056人，避免经济损失3.2亿元。全县5起地灾险情均处置有效，无一人员伤亡，实现连续十六年零伤亡。

完成矿山复垦复绿48.8公顷，连续2年超额完成市级目标任务。

【执法监察】

加大执法监察工作力度，核查土地矿山卫片1330宗。查处土地、矿产、规划违法案件578宗收缴罚没款581万元；依法征迁强制交地267宗。“大棚房”问题专项清查整治和违建别墅专项清查整治均顺利通过市级验收。2019年自然资源部下发县2018年卫片执法图斑同比下降18%，立案查处案件同比下降37.14%，违法占用耕地比例下降9%。

【队伍建设】

党组中心组以及各支部共开展集中学习研讨43次，检视整改问题37个，完成《机关党建工作》《600万方陶瓷项目》等调研报告7个。

对涉及“三重一大”事项坚持中层列席广泛听取意见，党组会集体研究决定。开展廉政警示教育3次，廉政谈话113人次，同时把廉洁自律作为基本要求在各项工作考核和干部任用中全部纳入“一票否决”项，严控廉政事故的发生。

健全党组会、局长办公会议事规则，坚持民主集中制和主要领导末尾发言制，局内决策程序进一步规范。健全机关内部管理体系，完成财务、中介机构、办公用品、车辆等14项管理制度的修订，继续坚持“涉及采购必须比选”的原则，全局日常管理费用同比下降，其中电梯维护、文印等节约资金30余万元。

采用突击检查和随机抽查的方式开展上下班纪律和请销假纪律检查14次，其中问题零通报12次，占比较去年再次下降，绝大部分干部职工做到了严守工作纪律和各项工作制度。局办公室配合征收中心凌晨送法律文书、行政审批科通宵服务山东奶牛场办理设施农用地、规划编制科主动到企业解决问题、规划自然资源所背着复印机上门办证等事例越来越多，为民服务的作风得到显著提升。

【脱贫攻坚】

2017年至2019年底，累计完成农房收储3741户，占全市的1/4，兑现资金1.55亿元。共形成地票685.70公顷，兑现资金约13亿元。

【规划编制】

启动国土空间规划编制工作，由中国城市规划设计研究院承担编制。

完成高铁站核心区的规划设计，实现站城一体、零换乘目标，同时启动朱衣河生态景观打造规划设计。完成环草堂湖片区规划、白帝镇实施规划和建筑风貌改造初步设计方案。

整合教育、卫生、民政、文化体育、生态环保等相关专项规划，实现西部新区行业规划全覆盖，充分保证老百姓对各类公共服务设施的需求。对现有规划不合理的高容积率地块进行优化，今后城区居住用地最大容积率将不超过2.5，滨江滨河地块容积率将不超过1.8。推进老城区改造,对中小学幼儿园、医院、文化体育设施、社区服务设施等布局进行优化,增加中小学4所、幼儿园15所、医院2处、文化体育设施12处、社区便民服务中心10处。

全面启动“多规合一”实用性村规划编制251个,覆盖率80%,统筹村建设规划、村土地利用规划等相关规划,助力乡村振兴。启动生态红线评估工作。

【领导班子】

党组书记、局长杨前禄,副局长陈湿,党组成员、副局长潘建华,党组成员、纪检组长谭圣,党组成员、副局长邵光平、黄冲、郭兵,党组成员、执法监察大队队长赵运松。

(王洪坤)

巫山县规划和自然资源管理局

【概况】

至2019年底,巫山县行政区域总面积295388.29公顷,其中耕地46004.91公顷,其中人均0.07公顷,园地7951.96公顷,林地185723.85公顷,草地24142.51公顷,城镇村及工矿用地10823.04公顷,交通运输用地3347.37公顷,水域及水利设施用地10066.37公顷,其他土地7328.28公顷。矿产资源以能源、建材、黑色金属和冶金辅助原料矿产为主,优势矿种有煤炭、铁矿、石灰石资源。累计查明煤炭资源储量226230千吨,保有资源储量193799千吨;累计查明铁矿资源储量87755千吨,保有资源储量87755千吨;累计查明水泥用灰岩资源储量59147千吨,保有资源储量58871千吨。全县石灰石、页岩资源分布广泛,储量丰富,因地质工作程度有限,暂无法统计储量。

2月2日,巫山县规划和自然资源局(以下简称县规划自然资源局)正式挂牌成立,为县政府组成部门,主要承担保护与合理利用土地资源、矿产资源、不动产确权发证、地质灾害防治等职责。内设办公室、规划科、耕保科、开发利用科、矿产资源管理科、调查确权科、行政审批科7个行政科室,下设综合行政执法支队(正科级参公单位)、地灾整治中心(监测站)、土地储备整治中心(副科级单位)、土地征收中心、不动产登记中心(农村产权流转交易所)、规划事务中心、国土事务所(自收自支)7个事业单位和巫峡、庙宇、官渡、抱龙、骡坪、福田、大昌等24个乡镇管理所。全系统在编职工166人,其中公务员12人,参公管理的事业单位人员16人,公益一类事业单位人员118人,公益二类事业单位人员20人。县管领导干部10人,其中副处级4人,正科级6人(2人为实改非)。

【党建工作】

认真落实“守初心、担使命、找差距、抓落实”总要求,深入落实全面从严治党责任,牢固树立“四个意识”、增强“四个自信”,用实际行动践行“两个维护”。召开党建工作专题会，研究布置全面从严治党和基层党建工作，落实党组成员全面从严治党分工责任和基层党建责任，制定全面从严治党分工、党风廉政建设和反腐败工作、党建工作等要点及清单。及时传达学习上级党建精神，召开意识形态专题会，召开党建工作领导小组会并听取基层党建工作汇报，及时研究解决基层党建存在的困难和问题。深入下属单位调研指导基层党建工作，开展检查督导，进一步夯实党建组织领导。严格执行民主集中制、领导班子议事规则和决策制度，“三重一大”事项全部集体研究决策，实行重大问题票决制和主要负责人末位表态发言等制度，落实主要负责人不分管人事、财务、公共资源管理等工作制度，规范干部选用。严格落实“三会一课”、组织生活会、民主评议党员等党的组织生活基本制度，抓实支部党日主题活动，积极参加支部组织生活。扎实抓好“组织共建、活动共联、文化共享”工作，群团组织和群团工作实现全覆盖。

【生态修复】

完成两坪乡向鸭村采石场、庙宇镇庆上村四组采石场、骡坪镇大埡村二组采石场3家大中型绿色矿山建设，并通过市级验收。累计完成77个关闭矿山生态修复方案编制工作，及时启动文峰采石场、兴民采石场、安山采石场等县城周边长江可视范围内关闭矿山地质环境治理恢复与土地复垦，累计完成67个历史遗留关闭矿山地质环境治理恢复与生态复绿，生态修复面积133.33公顷。完成永年采石场生态修复提档升级工程。

【保护利用】

组织土地利用总体规划局部修改（调整）166.46公顷，完成永久基本农田储备区划定成果编制市级审查。完成扶贫用地计划项目、例行督察整改项目和重点项目、民生项目的用地手续报批100余公顷。新增城镇工矿用地空间100公顷。完成官渡镇水库村市级土地整治、官渡镇7个县级土地整治项目市级复核验收工作，新增耕地166.66公顷。全年有序供应土地44.93公顷，收取土地价款约10亿元。完成全县城镇规划项目、绕城路等45个项目征地拆迁补偿安置工作，有序推进高铁建设、巫大高速等重点项目征地拆迁补偿安置工作，保障了江东组团、早阳组团、摩天岭森林小镇、旅游、交通基础设施和重点民生项目用地。

【空间规划】

启动全县国土空间规划，完成189个村规划编制、《巫山县村布局规划》编制、全县“多规合一”一张蓝图动态更新方案和生态保护红线评估优化工作。牵头完成高唐组团控制性详细规划调整；配合完成江东组团、早阳组团、巫峡镇、楚阳工业园、摩天岭森林小镇5个控制性详细规划调整。指导完成全县交通、文化、旅游、教育、林业等专项规划修编。完成城区规划选址15件，用地规划许可18件74.28万平方米，建筑方案审查11件79.65万平方米。完成工程规划许可32件98.19万平方米，竣工规划核实11件54.83万平方米。突出摩天岭森林小镇、江东新区、重点景区、工业园区及边贸中心等重点区域服务保障，高质量承办项目单位规划方案设计审查及报县规委会审定工作。

【不动产登记】

完成第三次国土调查及地理国情监测。大力推进宅基地使用权及房屋所有权登记，累计办理城区遗留问题房屋不动产权证148幢。实行“一窗办理，即办即取”，完善不动产登记信息平台，分类优化不动产登记办理流程，开启“不动产登记+金融服务”抵押登记业务，2日内即可办结抵押登记，实现了“只跑一次腿，只交一套资料”的一站式服务。

【地灾防治】

全面完成939处地质灾害隐患点巡排查，落实新增11处地灾隐患点群测群防，委派25名地质队员驻守各乡镇(街道)指导防灾减灾工作，选优配强群测群防员765名，全面做好群测群防和专业监测，加强地质灾害防治宣传培训和应急避险演练，发放防灾减灾宣传资料、海报、手提袋10000余份，巫山日报和手机报全篇宣传《地质灾害防治条例》和地灾防治工作，提高社会各界防灾避险意识。开展地质灾害防治宣传培训70次9000余人次，开展单点地灾应急避险演练955次73000余人。成功处置了西坪村六社白杨湾滑坡等17处险情，紧急避让417户1873人，未出现人员伤亡。完成抱龙镇场镇滑坡群等治理项目18个。

【执法监察】

突出“土地矿产卫片执法、规划执法”工作重点，坚持“动态巡查”，强化生态保护红线、永久基本农田、城镇开发边界“三线”管理，严厉打击违法违规占地、建设、开矿行为，深入开展扫黑除恶专项斗争和违建别墅专项整治工作。办结土地案件58件，处罚没款260余万元。立案查处矿产案件8件，处罚没款9万元。下发停工通知书约50份，拆除通知书约30余份，拆除复耕复绿13000余平方米。完成“大棚房”清查整治，开展违建别墅清查整治专项行动，共清理各类保护区内疑似图斑5158个，拆除春晓度假山庄违建别墅880.33平方米，完成非法占地复绿3320.57平方米。

【扶贫攻坚】

通过宅基地复垦和收储完成139户建卡贫困户大额负债整改。11个“十三五”易地扶贫搬迁集中安置点取得市政府农用地转用批复，完成“十三五”易地扶贫搬迁房屋测绘6000余户，办理产权证600余户。对所有易地扶贫搬迁集中安置点开展地质排查，对存在安全隐患的91处开展地质灾害危险性评估，完成治理44处。宅基地复垦生产地票168.53公顷，“十三五”易地扶贫搬迁建新拆旧农房1907户。

【改革创新】

以智能融合、审批合并为重点，严格执行规划自然资源领域法规政策，深化“互联网+不动产登记”，实行“一窗办理，即办即取”，整合优化办事流程，精简登记申请材料，优化测绘成果获取方式。办理立项用地规划许可阶段事项200余件，工程建设许可阶段事项40件，并行推进受理事项10件。领取本层级事项清单223项并发布，完善事项实施清单及办理类事项流程，主动接受社会及群众监督。

【领导班子】

党组书记、局长汪忠来，党组成员、副局长雷瑞新，党组成员、综合行政执法支队支队长田远海，党组成员、副局长周军，副局长杨永波，党组成员、地灾整治中心(地环站)主任(站长)龚道杰。

(曹让奎)

巫溪县规划和自然资源管理局

【概况】

2月26日，巫溪县规划和自然资源局(以下简称县规划自然资源局)正式挂牌成立。将县城乡建设委员会的城乡规划编制管理职责，县国土资源和房屋管理局的国土资源管理职责，县发展和改革委员会的组织编制并实施主体功能区规划职责，县水务局的水资源调查和确权登记管理职责，县农业委员会的草原资源调查和确权登记管理职责，以及县林业局的森林、湿地等资源调查和确权登记管理职责等整合，组建县规划和自然资源局，作为县政府工作部门。

巫溪县规划和自然资源局是县政府工作部门，正科级。行政编制12名，设局长1名，副局长3名，内设机构领导职数按1名配备，核定编制156人，内设科室6个、片区规划和自然资源所9个。

2019年，县规划自然资源局完成283个村的村规划编制工作，其余6个乡村振兴示范村将在2020年开展村规划编制，完成历史建筑保护规划，全年组织召开规委会2次，审议建设项目设计方案9项。成立巫溪县规划测绘地理信息中心，稳步推进“多测合一”，完成城市规划区和全县30个乡镇1:500实测地形图，全年加强国家控制点，水准点，RTK基准站运行维护巡查监管工作，编制完成巫溪县标准地图和交通旅游图。全年共计征收土地综合价款46607.45万元入库，完成2009-2016年度批而未供销号面积37.9公顷，完成2宗10.91公顷闲置土地处置工作。强化耕地保护责任机制，层层签订责任书，压实保护责任，引导农民自觉履行耕地保护主体责任，完成1586.67公顷永久基本农田储备区划定，为永久基本农田提供后续补划资源，全县耕地保有量达34186.67公顷、永久基本农田保护面积达22620公顷，完成14个建设项目用地报批工作，全年完成16个设施农业项目用地备案工作。实行矿业权人勘查开采信息公示制，启动《巫溪县第四轮矿产资源总体规划》编制工作，推进绿色矿山建设，启动露天矿山综合整治工作。开展违法巡查365人次，扎实开展土地矿产卫片执法监督检查、“大棚房”问题整改，违建别墅整治整改、例行督察后续整改等工作。全县共排查出440处地质灾害隐患点，落实群测群防人员440名，组织开展地质灾害“汛前、汛中、汛后”三查工作以及学校周边地质灾害隐患点调查，加强与气象部门协作，全年处置灾险情37起，紧急转移避险人员500余人，加强地质灾害工程管理。开展第三次国土调查，完成全县2018年土地利用现状变更调查工作，摸清土地变化情况，完成土地权属纠纷案件调处，不动产登记工作政策业务指导。全年共办理国有土地房屋确权登记4252宗，转移登记3647件，抵押登记2091件，预告登记4533件，农村土地房屋登记3076宗，确权登记面积428217.36平方米，共颁发不动产登记证明5894份，共查询不动产档案6250人次。扎实开展土地整理征收征地拆迁安置、土地开发整理、规划设计、储备整治等工作。

【城乡规划】

启动国土空间总体规划编制工作,制定工作方案并完成双评价(资源环境承载能力和国土空间开发适宜性评价)专题研究初稿,完成村布局规划,村布局规划是国土空间规划的专项规划,是指导编制村规划的重要依据。以行政村为单位,按区位条件、自然资源禀赋、经济社会、历史人文"四本底"和生态保护、地质安全"两底线",开展特征分析,建立台账,梳理乡村振兴重点项目,建库管理。

以特色保护、城郊融合、搬迁撤并、集聚提升的发展思路对村进行分类,推进乡村规划发展。按照村布局规划分类,完成283个村的村规划编制工作,其余6个乡村振兴示范村将在2020年开展村规划编制。红池坝镇九坪村村规划作为重庆市优秀村规划案例之一,12月受邀到自然资源部做该规划方案的汇报交流。红池坝镇茶山村入选为点上探索助推乡村振兴试点村,开展试点前期工作。

对重庆第二批、第三批历史建筑宁厂镇大河运输社大楼、白鹿镇檀木煤矿综合楼、檀木煤矿航运社大楼,上磺镇蔡家湾煤场职工楼进行挂牌,完成历史建筑保护规划。

坚持县规委会集体决策制度,加强规划管理,全年组织召开规委会2次,审议建设项目设计方案9项。严格执行《重庆市城乡规划条例》和《重庆市城市规划管理技术规定》,对项目进行方案审查,控制建筑密度及高度、外墙色彩和材质,保护城市天际轮廓线,突出城市独特性格,逐步规范村镇规划管理。开展国土空间规划一致性处理,对城区33处地块,乡镇8处地块,总面积为93.14公顷用地进行城规土规一致性处理,解决过渡时期部分项目无法定规划依据的问题。完成生态保护红线评估工作,核实生态保护红线区域永久基本农田、城乡建设用地、耕地、人工商品林、合法矿业权等情况,通过清理矛盾冲突,按照"1:2"补划原则把未纳入现行生态保护红线的国家公益林优先调入生态保护红线。开展易地扶贫搬迁安置点调规工作,分类上报市规划自然资源局进行土地利用规划调整,强力助推全县脱贫攻坚工作。

【测绘地理信息】

整合测绘队伍,成立巫溪县规划测绘地理信息中心,稳步推进"多测合一",开始由专门机构收集整理规划测绘档案,实施全县基础地理信息系统数据库建库、更新、维护、管理、数据发布、数据交换等业务。全年完成县地理国情数据库、地下管线综合信息管理系统建设,可基本满足城市规划建设、管理、应急及规范地理国情监测、统筹城乡经济社会发展需要,保障城市安全运行。建立长效运行机制,出台《巫溪县地理国情数据动态更新管理办法》《巫溪县地下管线数据动态更新管理办法》。完成县综合数据库建设,整合各行业部门及乡镇相关基础数据,推进县社会公共信息资源"一张图"制作,为规划编制、规划管理以及规划决策提供依据。完成城市规划区和全县30个乡镇1:500实测地形图。全年加强国家控制点、水准点、RTK基准站运行维护巡查监管工作。编制完成巫溪县标准地图和交通旅游图。开展排查整治"问题地图"专项行动,销毁、下架、铲除问题地图,制定"问题地图"监管措施,建立"问题地图"监管联动长效机制。完成年度县城建筑物信息更新和县地理国情数据、地下管线数据动态更新及系统维护,为经济社会发展提供测绘地理信息服务。

【资源利用】

共计征收土地综合价款46607.45万元入库，足额完成年初的目标任务。其中新增供应宗地12宗，19.89公顷，征收价款36122.52万元；追收欠款12209.78万元入库，移送司法机关处置案件5起。为切实推进供后监管工作，有效遏制批而不供、供而未用等浪费土地资源现象发生，全年共计完成2009—2016年度批而未供销号面积37.9公顷，完成2宗10.91公顷闲置土地处置工作。

【资源保护】

强化耕地保护责任机制，层层签订《耕地保护目标责任书》，压实保护责任，引导农民自觉履行耕地保护主体责任。完成1586.67公顷永久基本农田储备区划定，为永久基本农田提供后续补划资源。严格落实关于加强永久基本农田保护要求，完成巫开高速拟占用的69.62公顷永久基本农田补划工作，启动了两巫高速、“十三五”易地扶贫搬迁集中安置点等项目占用永久基本农田核实补划工作。严格落实建设项目占用耕地“占优补优，占水田补水田”的规定，全年各类建设项目占用耕地1.47公顷，均在用地报批前落实占补平衡。全县耕地保有量达34186.67公顷、永久基本农田保护面积达22620公顷。

加大力度全年围绕全县重点项目建设，加强建设用地报批，完成巫镇高速入城连接道等14个建设项目用地报批工作，共办理用地报批36.83公顷完成16个设施农业项目用地备案工作，总用地2.13公顷，为农业产业发展提供保障。

【矿产资源管理】

实行矿业权人勘查开采信息公示制，完成13个采矿权人、1个探矿权人勘查、开采信息公示工作。对13家矿业权人勘查、开采信息公示并开展实地核查，无超层越界现象。

启动《巫溪县第四轮矿产资源总体规划》编制工作。推进绿色矿山建设，11月县第一家绿色矿山顺利通过市规划自然资源局验收，余下矿山将按照市规划自然资源局要求逐步建成绿色矿山。年底启动露天矿山综合整治工作，开展矿区工业广场和道路硬化绿化、采选加工车间密闭美化、采剥工作面规范等专项整治，计划2020年完成露天矿山综合整治。

【执法监察】

全年开展违法巡查365人次，发现新增土地违法案件15起，矿产违法20起，下发《责令停止违法行为通知书》137份；共立案查处21宗，收取罚没款8.45万元，没收违法建(构)筑物2790平方米。

土地矿产卫片执法监督检查，土地变更调查下发遥感监测图斑111个，下发图斑面积241.85公顷。其中违法图斑11个，整改后违法占用耕地比例降至2.89%；矿产资源遥感监测疑似违法图斑共20个，其中立案查处11个，非立案查处7个，正在查处2个。

“大棚房”问题整改，全县32个乡镇(街道)排查农业设施1616个，占地面积125.76公顷。清理后发现三个违法违规项目，其中耕地0.3公顷，基本农田0.07公顷。通过拆除、办理转用手续等方式积极查处整改，已通过市“大棚房”清理工作领导小组验收。

违建别墅整治整改，按照县上违建别墅整改方案要求，依法对巫溪县红池坝林场花影映月酒店项目等2宗23栋违建别墅立案查处。

例行督察后续整改，全年后续整改5大类8分类102个子项问题，其中整改完成43个，剩余59个仍在进一步整改中，整改到位率42.2%。

【地质灾害防治】

全县共排查出440处地质灾害隐患点，落实群测群防人员440名，发放防灾明白卡440份、避险明白卡8000余份。全年组织开展县级地质灾害防治公共宣传2次，发放资料5000份，开展地质灾害培训27次，培训748余人次。组织开展地质灾害“汛前、汛中、汛后”三查工作以及学校周边地质灾害隐患点调查。组织开展县级地灾综合应急演练1次、单点疏散演练440次，参演人员达13662余人；加强与气象部门协作，及时发布短信预警信息100条，遍及全县地灾防治工作各层级人员。全年处置灾险情37起，紧急转移避险人员500余人。

加强地质灾害工程管理，开工建设凤凰山危岩带应急抢险段、大河乡李家坡滑坡、天元乡八角庙危岩、红池坝镇钓鱼洞危岩、胜利乡叶桑坪滑坡、塘坊镇双柏村阴坡滑坡、徐家镇安阳村余家老屋滑坡、宁河街道巫中后山滑坡、上磺镇大包滑坡、花台乡后龙滑坡等地灾治理工程，完成大河乡李家坡滑坡、宁河街道龙头山危岩、红池坝镇钓鱼洞危岩、胜利乡叶桑坪滑坡、塘坊镇双柏村阴坡滑坡、徐家镇安阳村余家老屋滑坡等6个地灾治理项目，向市上争取支持地灾项目有宁河街道南山坡危岩、宁河街道北门沟危岩、下堡镇马儿岩危岩等3个地灾治理项目。

【资源调查确权】

完成第三次国土调查，包括农村、城镇村庄土地利用现状调查，集体土地所有权、国家土地使用权调查核实，耕地细化、批准未建设的建设用地、永久基本农田、耕地质量等级和耕地分等定级等专项用地的调查评价，建立土地利用数据库，成果初步汇总。

完成2018年县土地利用现状变更调查工作，摸清全县土地的变化情况。各类用地具体为：国有土地40440.76公顷，集体土地361470.46公顷(其中耕地49675.88公顷、园地1028.31公顷、林地307512.49公顷、草地20023.61公顷、水利及水域设施用地4077.81公顷、城镇工矿用地8519.10公顷、交通运输用地2671.67公顷、其他土地8402.3 5公顷)。

完成土地权属纠纷案件调处，其中土地权属纠纷报县人民政府下处理决定3件，确定土地权属报县人民政府下处理决定2件，调解个人之间土地权属争议、接待群众来信来访50余人次。

不动产登记工作政策业务指导，完成全县2014年以前遗留问题办证报县政府会审，解决20个单位、22个项目的产权证办理。

【不动产登记】

全年共办理国有土地房屋确权登记4252宗，其中房屋首次登记79件，登记面积41.95万平方米，土地首次登记28件，登记面积46.96万平方米。转移登记3647件，登记面积38.3万平方米。抵押登记2091件，登记面积35.63万平方米，抵押金额93.93亿元。预告登记4533件，登记面积56.38万平方米。农村土地房屋登记3076宗，确权登记面积428217.361平方米，共颁发不动产登记证明5894份，共查询不动产档案6250人次。

【脱贫攻坚】

推进全县集中居住点选址手续办理工作；完成两批“十三五”易地扶贫搬迁建卡贫困户农房收储工作，惠及建卡贫困户1877户，兑付资金8109.52万元；实施复垦项目35个，总规模68.13公顷，涉及资金1.9亿元。

【征地拆迁安置】

服务城区及重点项目建设，负责征地拆迁具体事务。全年依照法定程序出示《征地公告》20份、出示《补偿安置方案》13份，完成征地人员安置241人。

【土地开发整理】

完成县级土地开发整理项目12个，土地开发整理规模达1650.3公顷，全年增加耕地154.43公顷，共计投入资金3488.71万元，产生新增耕地占补平衡指标交易金额6272.62万元。

实施红池坝镇、天元乡等2个市级深度扶贫项目，建设规模760.31公顷，新增耕地31.99公顷，总投资5162.6万元。

【规划设计】

完成复垦项目35个，实施总规模74.2公顷，新增耕地68.13公顷，产生地票价款2.7亿元。其中农户12890.67万元，集体经济组织2350.23万元，为政府争取跨省调剂剩余资金8265万元，复垦成本3765.92万元。

【储备整治】

完成30个乡镇1877户的农房收储首付工作，兑付资金8109.52万元；积极落实土地储备专项债券资金3亿元，收储刘家花园、先锋大院、水城静苑地块等3宗地25.8公顷。投资1020万元，完成上磺镇上磺村一组2.7公顷土地的收储和土地整治。

【领导班子】

党组书记、局长李勇，党组成员、副局长张培林，党组成员、土地整理征收中心主任贺德林，党组成员、副局长杨风华、向洋、钟大兵，地理信息测绘中心主任陈邦能，综合执法支队副队长张少俊，土地整理征收中心副主任杨光健。

（马超）

石柱土家族自治县规划和自然资源管理局

【概况】

2月20日，石柱土家族自治县规划和自然资源局（以下简称县规划自然资源局）正式挂牌成立。内设办公室（含档案室）、财务审计科、政策法规科、规划编制科、用途管制科、开发利用科、行政许可服务科、调查登记科、生态修复科、地质矿产科等10个科室，下设不动产登记中心、土地整治储备中心、规划信息服务中心、地质环境监测站、精绘勘测有限公司、房产物业公司、房地产开发总公司等7个企事业单位，下设南宾、下路、西沱、黄水、悦崃、临溪、沙子、马武8个片区基层所。2019年末在编人员235人，其中：行政58人，事业77人，企业54人，临聘人员45人，机关工勤1人。

【规划编制】

启动《石柱县国土空间总体规划（2020—2035）》编制工作；完成70个村（社区）村规划新编，112个村（社区）村规划修编，村规划覆盖率达75%；完成石家乡黄龙村历史文化名村保护规划编制；完成县城控规及乡镇控规地块修编21个；开展黎场村集体土地入市试点村规划编制工作；开展石柱县2019年地理国情普查；开展生态红线评估工作，对生态红线内的重大项目进行清理优化；石柱县联合忠县编制完成《“三峡库心”（西沱古镇—石宝寨—皇华岛）跨区域发展规划》。

县规划自然资源局编制的《石柱县中益乡坪坝村村规划》《石柱县三河镇大林村村规划》，荣获重庆市区县优秀乡村规划编制二等奖、三等奖。其中，市级深度贫困乡之一的石柱县中益乡坪坝村列入“中国传统村落”，由重庆石柱农旅集团打造的乡村振兴样板“大湾民宿”开门迎客，采取“企业投资+农户入股”的合作经营模式，以土家吊脚楼为基本元素，将村民的闲置房改造而成。

【规划管理】

根据标准化建设要求，按照市级确定的事项目录，结合县审批实际清理形成新的行政权力和公共服务事项清单并向社会进行公布；按照“三集中、三到位”要求，根据机构改革后科室职能及人员设置，进一步完善县规划自然资源局立项用地和规划许可阶段的窗口设置。全年办理《建设项目用地预单与选址意见书》36件，审批用地面积95.72万平方米；办理《建设用地规划条件函》29件，审批用地面积79.73万平方米；办理《建设用地规划许可证》27件，审批用地面积117.27万平方米；办理《建设工程规划许可证》82件，审批建筑面积103.74万平方米；办理《建设工程竣工规划核实确认书》33件，验收建筑面积77.96万平方米。

【土地管理】

通过土地整理、复垦等措施保证耕地数量、提升耕地质量，完成村建设用地复垦入库备案54.6公顷，完成目标任务100%；完成县级土地整理储备项目12个，实施规模约2500公顷，总投资约7100万元，新增耕地53.33公顷，完成目标任务100%。全年全县耕地保有量达50387.2公顷，永久基本农田保有量达38223公顷，超额完成市政府下达石柱县45066.66公顷耕地保有量和38187公顷基本农田保护面积的目标任务；经依法批准的新增建设用地项目，分别用新增耕地合格证进行抵冲建设项目占用耕地数量，实现耕地保有量目标和耕地总量动态平衡，占补平衡率100%；完成9个地块生态恢复治理工作，面积24.46公顷。

全年取得用地批文65宗新增建设用地146.66公顷，完成计划的110%。供应土地26宗58.57公顷成交价款56906.10万元，其中出让土地21宗38.76公顷，成交价款53602.83万元；划拨土地5宗19.8公顷，划拨价款3303.27万元（其中2016年入库2328.97万元）。补缴出让价款1宗，补缴金额54.89万元。划转出补缴价款2宗，补缴金额288.91万元。

【矿产资源管理】

编制全县石灰石布局方案和龙潭乡废弃矿井封填实施方案；开展了全县优质矿泉水调查及大歇、三星、三河等乡镇优质板材点调查，评价报告均通过专家审查；依法颁发采矿许可17个，收取采矿权出让收益973.99万元、采矿权使用费4.72万元、资金占用35.01万元；办理建设项目压覆重要矿产资源审查42宗，移交超规模矿山生产企业4家；完成3家绿色矿山建设任务，全面推进矿山"三项整治"工作，提升矿区绿化洁化美化水平，推动矿容矿貌大改观大提升。

【不动产登记】

发放不动产权证10889件，登记土地面积189.81万平方米，建筑面积118.53万平方米(二手房交易登记1509宗，登记建筑面积15.93万平方米，交易金额5.13亿元)；发放不动产登记证明9548件、登记抵押金额38.32亿元；办理遗失公告391件，办理房屋查封登记306宗，解除查封85宗，办理土地房屋解押登记2546宗；办理首套房证明、廉租房查询3658份；完成林权抵押登记1件，抵押登记金额60万元；完成农村产权交易鉴证1宗，涉及面积14公顷，惠及农户62户，流转成交金额221.76万元。

【地质灾害防治】

全县落实413名"四重"网格人员，开展地质灾害巡查排查和群测群防监测预警工作，启动并扎实推进4个地灾治理工程，完成3个重大地质灾害隐患点控制性勘查和3个重点城集镇地质灾害调(勘)查，有效处置29起地质灾害，撤离受威胁群众406户1583人，无人员伤亡，严格建设用地地质灾害危险性评估制度，完成22个建设项目地质灾害危险性评估报告审查认定。

【执法监察】

全年共发现违法建设行为126起，其中进入规划审批程序的18起、自然资源立案查处16起、强制拆除26起、制止违法行为66起，收缴罚没款139万元，拆除建筑面积3813.8平方米，没收住宅479.16平方米，没收营业房1811.62平方米。

【脱贫攻坚】

4月15日，习近平总书记亲临重庆市石柱土家族自治县中益乡视察，看望华溪村贫困户谭登周和老党员、已脱贫户马培清一家。在中益乡小学，同师生亲切交谈，了解义务教育保障情况。深入田间，了解中药材黄精等特色经济作物种植带动村民脱贫的情况，并同村民代表、基层干部、扶贫干部、乡村医生等围坐在一起，共话脱贫攻坚。

为认真贯彻习总书记视察重庆重要讲话和亲临石柱视察调研重要指示精神，落实"两不愁三保障"，把习总书记的殷殷嘱托，全面落实在石柱大地上。县规划自然资源局对照脱贫攻坚政策要求，完成1854户易地扶贫搬迁户发证，累计发证3075宗(含首次登记)，累计土地登记面积11.34万平方米，房屋面积39.69万平方米；完成"十三五"易地扶贫搬迁户整宗地收益权收储市级扶贫搬迁名单173户，收储面积3.93公顷，收储金额708.17万元；积极开展十三五"易地扶贫搬迁户建新拆旧整改工作，组织了前期测绘小组对全县33个镇街进场测绘，涉及易地扶贫搬迁户2469户，占总户数3052户的81%。积极开展结对帮扶，抽调25名精干力量到帮扶乡镇驻乡、驻村(六塘乡驻村7人，万朝镇驻村5人,冷水镇驻乡3人、驻村5人,中益乡驻乡1人,龙潭乡驻村2人,石家乡驻村1人,新乐乡驻村1人),另选68名机关干部结对帮扶143户贫困户。

【领导班子】

党组书记、局长周康忠,党组成员、副局长唐世龙,党组成员、县纪委派驻纪检组组长秦中厚,党组成员、副局长高绪林、秦河龙、方兵、周中明。

(黄玉才　曾思崎)

秀山土家族苗族自治县规划和自然资源管理局

【概况】

截至2019年,全县调查控制面积245339.62公顷,其中湿地303.5公顷,耕地59686.48公顷,种植园地6682.69公顷,林地152071.94公顷,草地400.56公顷,商业服务用地224.59公顷,工矿用地1125.19公顷,住宅用地6853.09公顷,公共管理与公共服务用地477.57公顷,特殊用地338.16公顷,交通运输用地3582.73公顷,水域及水利设施用地3760.24公顷,其他土地9832.88公顷。全县发现矿种共17种,主要矿种是锰矿和碎石,产量分别为130万吨和650万吨。

3月4日,秀山土家族苗族自治县规划和自然资源局(以下简称县规划自然资源局)正式挂牌成立,系秀山县政府的工作部门,内设10个行政职能科室,下属7个事业单位和27个乡镇(街道)国土所,总编制161名(其中:行政编制17名,工勤编制2名,事业单位编制153名)。全局在编在岗职工153人,离退休职工21人。

【总体规划】

《秀山县国土空间规划编制方案》已经县人民政府第61次常务委员会通过并印发,按程序启动公开招投标工作。

《秀山总体规划大纲(2018—2035)》和《秀山"三区三县"划定方案》编制完成,成果已通过县政府审议,并已提交市局审查。

开展秀山县生态保护红线评估工作,形成《秀山生态保护红线评估自查报告》,报告经县政府同意后已提交市局审查。

开展《秀山自治县国土空间规划一致性处理方案》(以下简称《处理方案》)编制,作为国土空间规划编制过渡时期国土空间用途管制的依据。清理实际用地情况,共调出城市规划区外原有布局但未征地使用的城镇建设用地61.93公顷,加上原有建设用地指标72.45公顷,共计134.38公顷。全年新增用地项目8个,涉及中和、乌杨、平凯街道及溪口镇,用地规模共计124.37公顷,剩余10.01公顷。

【重点规划】

完成《秀山自治县城镇控规整合》编制，成果已获得县政府审定意见并批复同意，现已提交市局审核。

完成《重庆市秀山自治县村布局规划》编制，成果已获县政府批复同意。经划定，秀山自治县202个行政村中：集聚提升类112个，占比55.45%；城郊融合类村15个，占比7.43%；特色保护类村75个，占比37.12%；搬迁撤并类村0个，占比0%。

【交通规划】

开展《秀山高速路下道口社区公园方案》编制工作，现已与中国建筑设计研究院有限公司签订设计合同，方案初稿正在修改完善。

【历史文化名城(街、村)】

根据重庆市政府发布的重庆市第二批历史文化名村目录，县清溪场镇司城村入选。《司城村历史文化名村保护规划》编制完成，成果已通过市规划自然资源局组织的行政部门及专家评审会，正在报市人民政府批复。同时，已完成秀山县历史文化名镇、名村、历史建筑挂牌工作。

【城市规划】

完成平凯南部片区、七星片区城市设计编制，涉及范围约2平方千米，成果已获县政府批复同意。通过城市设计对空间结构、景观体系等城市设计要素提出控制要求，严格临山、临河及城市主干道建筑退让标准，管控好城市天际线、水际线和建筑红线，让城市“显山露水”，提升城市品质。

【村镇规划】

完成2019年度村镇综合信息数据库更新工作。按照市规划自然资源局的工作要求，填报2018年村镇规划编制相关信息，并指导各乡镇(街道)完成行政区域内的人口、经济、土地利用、基础设施等信息的填报更新。

指导清溪场镇、洪安镇、梅江镇等14个乡镇完成乡镇总体规划修编。同时，按市局要求对14个乡镇总体规划成果进一步深化完善，编制形成乡镇国土空间规划。同步启动14个乡镇控制性详细规划编制，规划成果现已通过专家及行政部门评审。

按照市规划自然资源局“2019年村规划编制覆盖率达80%，2020年村规划编制全覆盖”的要求，全年开展官庄街道观音村、梅江镇兴隆坳村等162个行政村实用性村规划编制，已形成初步成果。

推进规划业务人员下乡工作制度。要求规划业务人员根据乡村振兴及农村环境整治战略任务，认真考察、完整收集当地相关资料，保证乡镇规划编制成果的科学性。并对各乡镇重大项目从选址到工程规划许可进行实地勘察、业务指导，确保乡镇规划编制成果和乡村振兴战略实施的一致性。

【土地利用】

全年全县供应土地总面积133.77公顷，收取土地价款64032.48元。其中划拨供地面积67.03公顷，收取划拨土地成本8459.5万元；出让供地面积66.74公顷，收取土地出让价款55572.98万元；办理国有建设用地使用权划拨转出让、土地用途变更手续补缴土地出让价款1239.28万元；追缴土地出让价款7626.2万元。累计收取土地价款72897.96万元，超额完成秀山县政府7亿元土地价款收缴任务。

2009年—2016年，全县批而未供土地面积为282.39公顷。年初,下达秀山县2019年批而未供需处置任务为60公顷,按照市规划自然资源局要求,清理2009-2016年批文,明确工作任务,细化工作措施,制定工作计划表,逐一实施供应并完成系统录入。处置消化面积83.08公顷。2009年-2016年,秀山山县闲置土地总面积为115公顷,下达秀山县2019年闲置土地处置任务为23公顷,占总面积的20%。9月底完成闲置土地处置111.95公顷,处置率为486.74%,超额完成任务。

【不动产登记】

一是办结不动产登记业务26276件,较去年增长38.3%。核发《不动产权证书》10343本;核发《不动产权证明》9346份;商品住房成交面积41.32万平方米,均价5034元/平方米;办理二手房转移登记2284件,成交均价3233元/平方米;办理不动产抵押登记融资69.7亿元。

二是扎实推进易地扶贫搬迁超面积房屋整改办证工作。共办结各乡镇街道提交的易地扶贫搬迁整改办证703件,登记面积15.31万平方米。

三是按时完成年度土地变更调查任务。抽调专人组成工作队伍,对2018年度土地变更情况进行外业实地调查,由重庆宝图科技有限公司负责内业处理,按时报送调查成果。2018年度土地变更调查成果已一次性通过国家质检并投入日常使用。

四是努力推动农村产权流转交易工作。向各乡镇印发《关于收集待流转农村产权流转交易项目的通知》,收集4个约66.67公顷拟流转项目,在市土交所网站进行了挂网公告,撮合成交土地1宗27.73公顷。

五是妥善解决历史遗留办证问题。解决博恒房地产已预售房屋被查封问题;解决烟草公司办公用房及职工宿舍产权登记遗留问题;妥善处理县供销社宿舍楼办证遗留问题,已为其颁发总证,并逐步为其办理分证。

六是积极推行"不动产+金融服务"工作。组织全县金融机构参加市局召开的"不动产+金融服务"业务培训会议,于2019年11月底正式开展"不动产+金融服务"工作,实现不动产抵押登记专网申报办理,改善群众办理抵押登记多头跑路状况。

七是扎实推进"一窗受理、即办即取"登记改革。对历史业务数据进行清理补录,逐渐完善两个数据库;协调相关部门,完善收税、收费系统;设立2个综合窗口,12月24日成功试运行一窗受理业务,并于2020年1月1日起,正式推行"一窗受理、即办即取"登记模式,基本做到存量房转移登记1小时办结。

【测绘地理信息】

一是强化基础测绘管理,推进信息系统建设。完成7.3平方千米、6千米地下管线基础测绘;完成全县"问题地图"巡查;完成十三五期间异地扶贫搬迁1083户地籍测绘和1111户房屋测绘;完成全县综合数据库、地下管线数据库、一张图系统的建设和更新维护工作;完成秀山县总体规划现势图制作,确定城市建成区面积20.2平方千米。

二是严格规划竣工核实,化解历史建设矛盾。完成16个开发项目共计25.8万平方米的竣工核实确认工作;完成7个市政建设项目4.3千米城市道路竣工核实确认工作。

【土地房屋征收】

土地房屋征收成效显著。完成土地丈量

218.69公顷,完成土地补偿120.47公顷,搬迁坟墓1638座,丈量房屋2944幢,签订房屋补偿协议1719幢,拆除房屋529幢,面积139873平方米,支付补偿安置资金15.13亿元。川河盖景区项目重点区域内,全年拆除任务70户,8月份开始实施测算补偿,完成签订协议158户,拆除房屋面积29000平方米,完成拆迁总量的225%。洪安景区项目丈量房屋141户,8月开始实施测算补偿,完成签订协议125户,拆除房屋29000平方米,完成拆迁总量的88.7%。

工业园区项目拆迁量巨大,整体工作开展顺利,基本完成上年度丈量房屋的测算补偿,签订协议1038户,拆除房屋69549.1平方米。

【国土空间用途管制】

全年围绕全县重点工作,保障民生基础设施用地,支持扶贫产业发展,为城市建设、园区发展、交通、旅游、民生、深度扶贫乡镇建设等提供用地保障181公顷。

农村集体土地用途管制。一是规范设施农用地管理,促进设施农业健康发展。按市规划自然资源局有关规定,进一步明确设施农用地范围,将设施农用地协议和土地复垦方案一并审查、核实,提高设施农用地备案效率,强化对设施农用地的监管措施,结合实际,探索为业主单位减轻负担,减少设施农用地成本,使全县设施农用地的管理更加规范化,全年共计办理设施农用地备案26宗。

二是做好休闲农业、乡村公益设施、乡村旅游的用地保障。支持公共设施、公益事业和乡镇企业、休闲农业、乡村旅游发展,盘活存量建设用地,对用地需求为集体建设用地的,集体经济组织可以入股、联营等方式,与投资建设主体组建项目公司申请办理用地审批手续。

【耕地保护督察】

一是耕地目标考核。全面落实耕地保护责任制,将保护目标任务分解下达到了27个乡镇(街道),签订27份《秀山土家族苗族自治县耕地保护目标责任书》。根据市人民政府与秀山县签订的《2019年耕地保护目标责任书》,下达耕地保有量4.63万公顷,2018年度变更调查结果显示,秀山县实际耕地保有量为6.52万公顷

二是高标准农田建设和永久基本农田保护。2019年市政府下达永久性基本农田保有量为4.21万公顷,实际划定的永久基本农田保护面积为4.21万公顷。为贯彻落实《自然资源部农业农村部关于加强和改进永久基本农田保护工作的通知》(自然资规〔2019〕1号)、《自然资源部办公厅关于划定永久基本农田储备区有关问题的通知》(自然资办函〔2019〕343号)、《重庆市规划和自然资源局关于划定永久基本农田储备区的通知》(渝规资〔2019〕573号)文件有关要求,及时启动永久基本农田储备区划定工作,市规划自然资源局下达秀山县永久基本农田储备区划定目标任为4040.16公顷,全县永久基本农田储备区实际划定成果为4140.03公顷,为重点建设项目占用的永久基本农田提供补划来源及空间。

三是耕地占补平衡管理。全年完成石堤猫岩等12个土地整理项目验收工作,确认新增耕地212.47公顷,完成市政府下达的206.67公顷补充耕地目标任务,不仅实现占补平衡,而且质量有所提高数量有所增加。

【地质矿产管理】

全年共办理采矿权登记15宗,收取采矿权出让收益3000余万元;办理采矿权调查意见书26份;完成1宗采矿权公开出让相关资料;完成

51家矿业权人公示信息填报工作,协调县级财政出资92.46万元,完成实地核查工作;建立矿山地质环境治理恢复基金45个,预存金额460余万元;完成7家矿山企业绿色矿山建设,其中5家纳入重庆市绿色矿山名录;完成9家历史遗留矿山和废弃矿山生态修复,共4.23公顷。

【地质灾害防治】

全年全县共有威胁人民生命财产安全及重要工程基础设施的地质灾害隐患点189处,共计威胁群众1559户6969人。为进一步做好地质灾害防治工作,落实地质灾害防治目标责任制,保护人民群众生命财产安全,印发《2019年秀山县地质灾害防治工作方案》;全年坚持执行地质灾害24小时值班、领导带班制度,保证县内地质灾害防治信息畅通。及时按程序上报灾、险情日(专)报,未出现错报、漏报、瞒报和乱报。有效应对强降雨8次,成功分析研判地灾隐患点变形发展趋势6次,没有因地灾造成人员伤亡和重大财产损失。落实地质灾害防治汛前排查、汛中巡查和汛后核查,坚持雨前排查、雨中巡查和雨后复查,特别是对集中居民区、学校、旅游景区、交通沿线、尾矿库和近3年来新建农房周边等重点区域进行地质灾害隐患排查,加强调查排查精度和力度,尽最大努力发现潜在的地质灾害隐患,研判发展趋势,落实防灾责任单位和责任人,对发现的地质灾害隐患点,及时落实防治措施;共完成单点应急避险演练195次3213人(演练达标率100%),防灾知识培训76次7825人,发放防灾避险宣传资料3万余份,不断提高广大人民群众的防灾意识、防灾避险水平和自救互救能力;自筹财政资金约551.9万元投入地质灾害防治工作,认真开展新生突发隐患点分类处置和威胁学校隐患点综合治理,完成2019年市级挂牌督办的石堤镇董家坡不稳定斜坡和官庄街道的蒿菜坪滑坡项目治理工作。

【执法监察】

一是完成卫片执法。全县2018年度变更调查遥感检测图斑共计161个,拆分合并后为178个。经判定:合法类图斑27个,违法类图斑55个,其他类图斑96个。为进一步加强领导,落实责任,有序推进2019年卫片执法工作,印发《2019年卫片执法工作方案》,成立领导小组,明确整改责任、工作要求和工作步骤等。印发《2018年度卫片执法整改专项督查工作方案》,对卫片执法工作开展专项督查。做好县2018年度卫片执法整改工作,强力推进约谈问责工作,追究相关单位党纪政纪责任。卫片执法工作通过部、市级验收。

二是打非治违。制定《秀山自治县2019年度矿产资源勘查开采打非治违工作方案》,成立领导小组。下设办公室在县规划自然资源局,负责日常工作的开展。各乡镇(街道)按照属地管理原则,开展辖区内矿产资源勘查开采情况的日常监管。坚持全面巡查,对重点区域采用日常巡、夜间巡、周末巡等方式,将违法行为扼杀在萌芽状态。多次会同相关单位开展矿产资源勘查开采打非治违联合执法行动。坚持以“铁的决心、铁的手腕、铁的措施”深入开展“打非治违”工作。本年来共对23个非法开点进行强制整治,共下发责令停止违法行为通知书25份,暂扣(证据保存)挖掘机9台、装载机3台,立案查处矿产资源违法案件8宗,结案8宗,处罚没款28.2万元,移交公安司法机关4宗。

【领导班子】

党组书记、局长曾静，党组成员、副局长龚萍、何胜国、安洪，党组成员刘胜文，党组成员、副局长吴再江，党组成员、纪检组长陈林，党组成员、副局长易茂松

（陈玮）

酉阳土家族苗族自治县规划和自然资源管理局

【概况】

根据酉阳自治县委、县政府《关于印发酉阳土家族苗族自治县机构改革方案的通知》（酉阳委发〔2019〕4号）文件精神，将原县规划局以及原县国土资源和房屋管理局的国土资源管理职责整合，组建成立酉阳县规划和自然资源局（以下简称县规划自然资源局），于2月26日正式挂牌，系县政府的工作部门。内设办公室、行政审批科、地理信息测绘管理科、空间用途管制科、法规监察科、规划编制科、确权登记科、开发利用科、生态修复耕地保护科、地质和矿产资源科、计划财务科等11个行政科室，有国土资源执法监察大队、规划监察执法大队、地质环境监测站、征地拆迁办、土地储备中心和16个片区国土房管所等21个直属事业单位，管理县不动产登记中心、县土地整治中心、县矿产资源开发办公室等3个正科级事业单位。年末有职工158人，其中正式在职职工105人（公务员37人、事业人员65人、工勤人员3人）、借调26人、借用10人、临时工17人，退休职工13人。

【主题教育】

结合工作实际，制定印发"不忘初心、牢记使命"主题教育方案和学习计划，组建主题教育领导小组。9月16日，邀请县第七巡回指导组帮助指导，启动"不忘初心、牢记使命"主题教育，开展班子成员集中学习6次，开展调研7人次、撰写调研报告7篇，检视问题15个，专项整治发现问题2个、整改到位2个。通过开展学习教育，切实提高政治站位，牢固树立"四个意识"，坚定"四个自信"，坚决做到"两个维护"。

【耕地保护】

制定《耕地保护责任目标考核办法》和对乡镇、街道的《耕地保护责任目标考核细则》，完善相关制度和措施。完成121个宅基地复垦项目入库备案403.87公顷，已通过市级验收合格面积113.07公顷；另有100公顷，正在申请市级验收，预计12月底前完成验收；剩余42个项目133.33公顷正有序推进，预计2020年1月底全面竣工。今年已实施土地整治项目0.49万公顷，7个项目已取得合格证，规模433.33公顷；11个项目正在市级验收阶段，规模1953.33公顷；6

个项目正在竣工测绘阶段,规模813.33公顷;7个项目正在实施阶段,规模1666.67公顷。

【地灾防治】

对全县地质灾害隐患点建立到点到户的灾害隐患资料档案292册,发布雨情信息65条,组织防灾培训158场次,发放宣传资料1万余份,开展地质灾害应急演练28次,开展风险研判5次,组织四重网格人员开展巡查排查40余次。完成酉阳县老水井滑坡专业监测建设和5个中小型地质治理项目。全年全县未发生地质灾害致人员伤亡。

【重点工作】

严格抓好“大棚房”问题整改,涉及耕地面积4.73公顷;已整改到位6个、4.73公顷。认真落实违建别墅清理整治要求,已将四幢违建别墅全部拆除到位,场地复土复绿工作即将完成。积极推进重点项目建设。鸿福公寓项目已开展基础钻探工作,并完善了项目用地规划许可证、工程规划许可证等报建手续;兰花山汽车城项目已完成1号楼外墙装饰工程和3号楼基础关模已完成,落实房屋征收1户,并已完善工程规划许可证等报建手续。

【专项整改】

严格落实中央环保督查整改任务,全部完成环保督查和河长制审计发现的5个矿山项目整改,已全部销号。按照河长制审计整改要求,推进龙潭官偿采石场的生态修复。认真贯彻落实2018年国家脱贫攻坚成效考核反馈问题整改要求和市、县深化脱贫攻坚工作部署,切实抓好涉及我局2大类问题的整改。已完成整改任务1项,正在推进整改1项。积极落实易地搬迁办证任务,按照易地扶贫搬迁办证要求,将立即整改的易地扶贫搬迁户办证全部办理完毕,共计1005户,另对不需整改的办理1441户,累计办理易地扶贫搬迁户办证2446户。

【规划引领】

实施原城乡总体规划和土地利用总体规划的整合,启动新的国土空间规划编制,选定规划编制实施单位,通过加强与城乡规划和土地规划甲级资质单位联系,明确工作思路和方法。贯彻落实市委“促改督战”时交办事项,完成车田乡总体规划修订和车田乡4个村规划编制,牵头完成全县民房设计导则编制和2019年212个村规划编制,落实龙潭镇等4个历史文化名镇、花田乡何家岩等7个历史文化名村保护规划前期工作。筹备组织召开县规委会第67次会议,分别审定《酉阳县火车站站前广场》《酉阳板溪钢结构厂房》等8个重点项目方案设计。召开12次行政部门及规划专家评审会,对《酉阳桃源世家建筑及景观调整》《“快益纱”大中华区销售中心及国产化制造项目》等重点项目方案设计进行评审。

【保障服务】

取得新增建设用地计划指标9宗,面积63.97公顷,办理农用地转用征收批复23宗,面积112.52公顷,土地利用总体规划调整批复6宗,涉及用地60公顷,为脱贫攻坚、乡村振兴和重点项目建设用地提供保障。进一步优化审批流程、精简审批手续、压缩审批时限,依法快速办理建设项目选址意见书、建设用地规划许可、建设工程规划设计方案审查意见函、工程规划许可等122件。

【土地供应】

进一步改进工作方法，转变工作作风，主动对接各园区、有关部门，征求重点项目用地需求，并纳入年度土地供应计划优先保障。一是提高“土地供应率”。全年供应小坝新宸一期、小坝组团学校项目、小坝武陵人家（檀湾一期）、城南公交总站片区、小坝医院、老交通局片区等各类建设用地13宗，收缴到位土地出让综合价款70054.28万元。二是提高“征地完成率”。针对新近取得和往年取得的用地批复，完成小坝新城、小坝学校、医院、农场大道、城南汽车站和阳光小学等项目征地48.51公顷、拆迁房屋15000余平方米，兑付补偿资金5600余万元，完成大泉水库（二期）、李溪镇中心幼儿园、中医院、小坝新城等项目征地人员社保参保安置555人。

【扶贫攻坚】

一是农房收储助力脱贫。自2018年8月，全县“十三五”易地扶贫搬迁建卡贫困户农房整宗地收益权收储工作启动以来，坚持“应收尽收、愿收尽收”原则，紧紧锁定各乡镇街道最终审核上报对象户，快速开展面积测绘、合同签订和房屋收储工作，项目已覆盖全县39个乡镇（街道），涉及278个行政村，惠及贫困户2227户，实现收储收益1.14亿元。通过大力实施农房收储项目，既解决了贫困户“十三五”异地搬迁贫困户建房负债问题，又改善人居环境。二是政务改革持续深化。对涉及的行政审批和公共服务事项，全部纳入全市一体化网上政务服务平台，工程建设领域行政审批事项实现90%进驻政务服务中心，基本实现“一窗”分类受理。同时，创新服务，在全县实现个人划拨土地补办出让事项由基层所办理。三是矛盾纠纷有效化解。全年处理行政诉讼案件26件，行政复议案件1件，调处土地权属纠纷5件，办理回复信访案件80件。上级转办和群众投诉的涉法涉诉涉访案件全部得到有效处理，办理率达100%。

【资源保护】

一是严肃查处违法用地。4月，自然资源部下发酉阳县2018年度土地卫片图斑393个，监测面积229.2公顷，拆分合并后共有495个图斑，经合法性判定后，涉及合法图斑197个，监测面积62.32公顷，其中耕地面积41.49公顷；其他类图斑283个，监测面积162.91公顷，其中耕地74.23公顷；违法图斑15个，监测面积3.97公顷，其中耕地面积2.9公顷。15个违法图斑已全部立案查处，立案率为100%，目前查处到位图斑6个，正在查处整改的图斑9个。二是严格矿产资源管理。强化矿产资源前期联合踏勘选址，确保新设矿权不与基本农田、生态红线、国家公益林、各类自然保护地重叠。今年来，办理新设矿权登记3宗、延续登记5宗、变更登记3宗、注销登记4宗，收取矿业权出让收益1685万元，组织实施废弃矿洞清理整治183个，关停无证采矿点24个，责令合法矿山企业完善界桩、标识牌矿山11个。三是加强矿山地质环境保护。全面建立矿山地质环境恢复基金制度，累计收取基金700余万元；积极推进双银公司银岭汞矿和官偿采石场的生态修复；完成长江及主要支流10千米范围内8个废弃矿山现状调查；在市级支持资金516万元情况下，实施龚滩团结煤矿生态修复试点；完成龙潭林家山石灰岩矿山和毛坝大理石矿山绿色矿山建设试点工作。

【基础工作】

一是高质量完成年度土地变更调查任务，上报调查成果。认真组织开展第三次全国土地调查工作，顺利完成内业、外业核查工作，落实数据库建设和成果汇交。二是不动产权籍管理能力进一步提高。全年办理国有不动产权证书2618件，农村农房不动产登记2985件，不动产抵押登记1685件，抵押注销登记1646件，商品房备案登记212件，提供土地房屋查询16500人次、3852件。三是县城“两违”建设惩治持续开展。始终保持对“两违”的严厉打击态势，深入开展扫黑除恶专项斗争，依法整治“两违”乱象。共拆除违法建筑679余处，拆除面积约5.39万余平方米。

【营商环境】

一是“一窗受理、集成服务”全面实现。企业、群众办理不动产登记只需一次取号，即可办结不动产交易、税收和登记所有业务。二是申请材料大幅精简。取消了复印件收取，可以通过信息共享获取的证明材料不再收取，压缩申请材料达53.3%，抵押登记从15个工作日缩短为3-5个工作日；土地房屋登记从15个工作日缩短为7个工作日左右等。三是全力推动“最多跑一次”。积极开展“减证便民”专项行动，精简材料比例达50.34%，实现不动产交易、登记、税务、公积金等跨部门数据共享。

【领导班子】

党组书记、局长石化军，党组成员、副局长冉拥军、黄晓东、吴轩洪、张宗银、舒京华，党组成员、纪检组长尹嫦娟。

（吴雁）

彭水土家族苗族自治县规划和自然资源局

【概况】

截止2019年，2月，在机构改革中，彭水县政府将原县城乡建设委员会的城乡规划编制管理职责，县国土资源和房屋管理局的国土资源管理职责，县发展和改革委员会的组织编制并实施主体功能区规划职责，县水务局的水资源调查和确权登记管理职责，县农业委员会的草原资源调查和确权登记管理职责，县林业局的森林、湿地等资源调查和确权登记管理等职能职责整合，组建成立彭水苗族土家族自治县规划和自然资源局（以下简称县规划自然资源局），于2月18日正式挂牌。机构内设办公室、财务科、法规督察和行政审批科、自然资源利用科、国土空间规划科、建筑工程规划科、用途管制和保护修复科、地质矿产和安全监督科等8个内设机构，汉葭、保家等10个片区派出机构。下属1个行政执法机构（县规划自然资源综合行政执法支队）；2个公益一类正科级事业单位（县规划服务中心、县土地征收储备中心），3个公益一类副科级事业单位（县不动产登记中心、县国土整治和生态修复中心、县地质灾害防治中心）。

全局共核定编制194名，其中行政编制14名、机关后勤服务人员事业编制2名、事业编制178名。截至2019年12月，在编在岗职工149人，其中行政11人、机关工勤6人、参公管理事业人员19人，事业人员113人。另非在编职工75人，其中借用借调8人，公益性岗位（退役军人）3人，临聘劳务64人。

彭水自治县国土调查总面积3895.37平方千米，其中：耕地87384.58公顷，园地3087.01公顷，林地263890.19公顷，草地1558.07公顷，湿地417.34公顷，商业服务业用地135.22公顷，工矿用地711.52公顷，住宅用地6998.03公顷，公共管理与公共服务用地438.80公顷，特殊用地99.97公顷，交通运输用地5417.16公顷，水域及水利设施用地5293.60公顷，其他土地14105.62公顷（来源第三次国土调查初步数据）。

彭水县矿产资源丰富，资源潜力较大。全县已发现的矿种有页岩气、煤层气、煤炭、铁矿、铜矿、铝土矿、铅矿、锌矿、硫铁矿、萤石、重晶石、方解石、水泥用灰岩、饰面用大理岩、建筑用灰岩、炼镁用白云岩、玻璃用砂岩、砖瓦用页岩、耐火粘土、高岭土、钾盐、石膏、盐卤、地热、矿泉水等25种，查明储量的有12种，已发现矿产地104处，其中大型1处、中型9处，小型94处。全县现设置有矿业权54个，其中探矿权3个（市级发证1个，县级发证2个），采矿权51个（市级发证11个，县级发证40个）。主要开采矿种是煤、重晶石、萤石、方解石、建筑石料用灰岩，设计产量分别为21万吨/年，28.5万吨/年，40万吨/年，33万吨/年，457万吨/年。

【党建工作】

严肃党内政治生活，从严落实“三会一课”、组织生活会、谈心谈话、主题党日、民主评议党员等制度，发展积极健康的党内政治文化，增强党员的文化自觉和文化自信；推进支部标准化建设，推动基层党组织全面进步全面过硬。重新组建局机关党委、局机关纪委、局属5个支部以及局机关工会、局机关妇委会和共青团，全面推进党支部建设标准化，增强政治功能、提升组织力、抓实抓牢党支部工作；加强党员教育管理，严格组织关系排查与转接，备案登记入党积极分子2名，发展预备党员3名，按期转正2名。创新活动载体，积极推新主题教育工作模式，把“主题党日”与精准扶贫、放管服改革等党性实践活动相结合；聚焦转作风强服务，推进机关党的建设提质增效。持续推进机关工作作风转变，扎实推进8项专项整治行动。“不忘初心、牢记使命”主题教育取得阶段性成效，主题教育期间开展集中学习14次，讲授专题党课10余堂；检视问题45个，整改落实32个；形成调研报告9份，制度成果12个。

【脱贫攻坚】

实施建卡贫困户宅基地复垦3873户147.73公顷，完成复垦验收134.2公顷，实现地票交易124.07公顷，获得交易价款3.63亿元。完成易地扶贫搬迁农房收储571户，兑付收储资金2716万元。完成城乡建设用地增减挂钩节余指标跨省调剂55公顷，到位中央专项补助资金3.6159亿元。复垦收储处置易地扶贫搬迁旧房2990户，兑现资金9962万元；联合会审办理搬迁户新建宅基地1896宗，房屋产权证2024本；完成12个易地扶贫搬迁安置点选址踏勘和地灾评估。投入专项资金6942万元，实施脱贫攻坚类土地整治项目8个;落实46.4公顷专项建设用地新增计划指标,保障扶贫民生项目顺利落地。布局设置4个采石场和20个重点建设项目临时取料场,解决脱贫攻贫项目石料供应问题。精准派出13名驻村工作队员,其中4人任第一书记;72名干部职工帮扶龙射、高谷、大垭122户贫困户。

【规划管理】

编制完成《彭水县2035规划大纲》《彭水新城控制性详细规划维护》《长滩片区控制性详细规划维护》《老城人行步道整治专项规划》,以及全县行政村布局规划、190个行政村规划。完成生态保护红线评估和国土空间总体规划一致性处理。召开县规划委员会全体会议3次,县规划委员会办公会议1次,审定《新城控制性详细规划修编》等重大规划方案设计36个。高质量核发建设项目选址意见36件,用地规划许可37件,工程规划许可68件,竣工规划核实确认35件。润溪乡樱桃村黄帝峡民俗村规划等5个专项规划获区县优秀规划设计及实施项目表彰。

【城市提升】

围绕"老城提质",推动世贸两江城、乌江门项目和豆芽湾、十字街、南门洞等重要节点改造工程动工建设,推动郁江大厦、劳动局等5栋老旧住宅增设电梯。加强违法建筑管控,全年查处城区新增违法案件208件,整治存量违法建筑213件2.6116万平方米。围绕"新城提速",推动交建凤凰台、交建凤凰湾、鑫沃恒阳府等项目动工建设,推进摩围中学、靛水中学及青少年活动中心等项目前期相关工作。围绕"九黎城提韵",推进九黎城游客集散中心和九黎宫苗族文化陈列馆方案优化设计,提升九黎城综合布局和文化内涵。

【耕地保护】

实施土地整治项目23个0.57万公顷,复垦项目90个186.67公顷,完成补充耕地任务437.2公顷(其中整治新增303公顷,复垦新增134.2公顷);验收复垦项目134.2公顷,备案复垦项目333.27公顷。顺利迎接国家耕地保护专项督察,我县未被认定为土地违法违规典型地区,未出现重大违法违规典型问题,成都督察局未移交"既处理事又处理人"和"按照15号令追究有关人员责任"的追责问责清单。

【生态修复】

统筹山水林田湖草系统治理和生态保护修复,以点带面推进历史遗留和关闭矿山地质环境治理恢复与土地复垦。投入生态修复资金900万元,实施核桃坪采石场等42个39.33公顷历史遗留关闭矿山和乌江沿岸露天矿山损毁土地生态修复治理与土地复垦,新增优质耕地20.67公顷,废弃矿山变身绿水青山。

【地灾防治】

落实573名"四重"网格人员,全方位、全覆盖监测534处地灾隐患点。投入专项资金7000万元,实施县城、重点集镇等地灾治理项目17个,实施"金土工程"搬迁避让受威胁群众67户306人,有效保护1万余名群众生命财产安全。全年成功处置灾险情32起,紧急撤离群众134人,灾险情处置率达100%,未出现因地质灾害致人员伤亡情况。

【国土调查】

高质量高标准完成第三次国土调查各项任务,形成地类图斑387341个,全面查清我县

38.93万公顷土地利用现状，调查成果质量排在全市前列，获得市三调办通报表扬。

【矿产资源管理】

登记采矿权15宗，其中新立4宗、变更3宗、延续6宗、注销2宗，征收采矿权出让收益506.35万元。缴存矿山地质环境治理恢复基金418.42万元，建成芦塘煤矿等绿色矿山3个。

【执法监察】

开展违法用地用矿动态巡查350余次，立案查处土地违法案件54件，申请法院强制执行3件，移交公安部门违法用地线索2条。顺利完成2018年度土地矿产卫片执法工作，没收违法建构筑物3.83万㎡，拆除违法建构筑物4561㎡，移交财政20宗、移交法院3宗。

【用地保障】

取得新增建设用地计划指标236.13公顷，获批征收(转用)集体土地243.73公顷。实施土地征收项目12个，征收土地167.47公顷，落实征地人员安置503人，签订协议28户11250平方米，搬迁房屋23户，搬迁坟墓88座，兑现征收补偿安置资金3.65亿元。供应土地102.87公顷，实现土地收入13.24亿元，其中出让收入12.33亿元，划拨收入0.91亿元。

【不动产统一登记】

国有土地上不动产登记15770件，发放不动产产权证书4432本。集体土地上不动产登记3886件，办理易地扶贫搬迁办证2051户，办理农村产权流转交易鉴权书7份，出租方式流转土地5宗，合同总金额884万元，1099户农户享受改革红利。

【测绘地理信息】

争取到位基础测绘专项资金1189万，实施中心城区、三义、大垭1:2000航空数字正射影像和保家、高谷场镇1:500数字化地形图等基础测绘项目7个。完成地理国情年度数据、地下管线和中心城区建筑物信息数据动态更新，成功部署彭水县全域多尺度实景三维系统。编制完成2019年版彭水自治县行政区划地图。严格承印、进出口经营单位地图管理，严肃查处并整改“问题地图”1幅。

【传统建筑保护】

黔彭军民厅、黄家镇黄学珍三合院、太原镇班竹园新房子冉家院落、彭水高桥村新房子、靛水李氏民居、廖家村传统建筑群、太原镇冉氏祖宅(太原老粮仓)列入重庆市历史建筑保护名单。完成黄家镇黄学珍三合院、太原镇班竹园新房子冉家院落的保护挂牌和规划编制。

【全面深化改革】

用地预审和抵押登记成功实现“不见面审批”。派驻行政服务大厅设立4个综合服务窗口，推行“前台综合受理、后台分类审批、统一窗口出件”和“一枚印章管审批”，群众企业办事全面实现“只进一扇门、只找一个人”。推行精简审批环节、再造审批流程，工程建设项目审批时限压缩50%以上。

【依法行政】

强化法治教育和普法宣传，相继开展“4.22世界地球日”“6.25全国土地日”“8.29全国测绘日”“12.4国家宪法日”主题宣传活动。坚持行政负责人出庭应诉，全年共参加行政应诉36件次(其中林业局6件)，审结25件，胜诉19件。

自觉接受人大政协监督,主办人大建议、政协提案12件,协办9件。受理并办结群众来信来访政策咨询132件,化解信访积案4件,全年无进京上访和集访事件发生。

【领导班子】

党组书记、局长严海林,党组成员罗登连,党组成员、驻局纪检组长王国江,党组成员、副局长黄恩、张玲,党组成员王国华。

(赵佑东)

万盛经开区国土资源和房屋管理局

【概况】

截至2019年,万盛经开区耕地12655.26公顷,林地30701.66公顷,农用地48016.88公顷。全区已发现矿种共21种,分别是煤、水泥用石灰岩、建筑石料用灰岩、冶金用白云岩、水泥配料用砂岩、煤层气、天然气、耐火粘土、砖瓦用页岩、萤石(普通)、硫铁矿、铝土矿、高岭土、滑石、饰面大理石、地热、矿泉水、含钾岩石、石膏、铁矿、铅锌矿。

2019年,万盛经开区国土资源和房屋管理局(以下简称区国土房管局)突出重点工作,力求打造特色,在“大棚房”清理整治,违建别墅清理整治、第三次全国国土调查、行政审批改革,做好“放管服”、实施采煤沉陷区受损农房复垦、实施行业扶贫等六项工作中取得较好成绩。

【土地规划】

全年全区7个镇土地利用总体规划已获市政府批复,调规项目12个,面积100.89公顷。

【土地利用】

全年共完成北大未名、小坡脚、北威科技等13个项目42.66公顷土地出让工作,出让金44023.413万元,3宗4.03公顷土地使用权转让工作,涉及金额2669万元。通过收回土地使用权,业主方实缴价款等方式追收往年土地出让欠款5366.51万元。

【耕地保护】

完成全区永久基本农田储备区划定工作。市政府2019年下达万盛经开区耕地保有量为11293.33公顷,永久基本农田保护面积9360公顷,土地开发整理补充耕地66.67公顷。实际耕地面积为12655.26公顷(2018年变更调查数据),永久基本农田为9360公顷,完成新增耕地66.78公顷。

【土地征收】

完成青山湖供水工程、石桥加油加气站、松涛湾水库、渝南循环经济建设等项目集体土地征收工作,征收面积25.20公顷;拆迁农房207户,面积45730平方米;安置人员3042人,参保1813人。

【土地整治复垦】

完成关坝镇田坝等(3)个村、青年镇燕石村、金桥镇青山村等3个土整项目工程建设,新增耕地面积66.78公顷。完成2个户改复垦项目验收,面积3.35公顷。完成8个农村建设用地复垦项目新增耕地核查举证工作,核查面积13.2公顷。配合推进采煤沉陷区复垦项目工程施工建设工作,已开工建设6.07公顷。

【地籍管理】

完成全区第三次全国土地调查工作完成阶段性工作。初步审查:耕地10088.13公顷,林地3622.6公顷,城镇建设用地1840.53公顷,初步成果已通过市三调办审查,并报国家三调办终审。对国家自然资源部下达97个土地变更图斑进行调查举证,一次性通过国家验收。协调处理区公园所与城投公司就万盛公园部分土地使用权交叉重叠权属核实工作。

【不动产统一登记】

在不动产登记大厅设立税务、登记共同受理窗口,缴税、交易与登记同时办理,真正实现“一窗受理、即办即取”。

全年完成土地房屋初始登记146件,转移登记11636件,变更登记584件,抵押登记3303件,解除抵押登记2806件,商品房备案登记1347件,集体土地房屋登记856件,不动产登记共26176件。发放不动产权利证书12966本、不动产登记证明7084份。档案查询6202余次,出具档案查询证明4987余份。

【地质矿产勘查】

查明境内矿产资源分布情况,以煤炭资源的勘探程度最高,其他矿种地质工作程度相对较低。煤炭58811.30万吨、建筑石料用灰岩5426.69立方米、冶金用白云岩5637.22万吨、化工用白云岩284.70万吨、萤石(普通)10.54万吨、硫铁矿13.86万吨、铁矿255.60万吨、耐火粘土31.00万吨、镁矿3202.70万吨。

【矿产资源储量管理】

完成关坝镇兴隆井田深部煤炭资源勘探、重钢景星白云石矿区白云石矿生产勘探,新增煤炭资源10081万吨、煤层气26.80亿立方米、白云岩矿石1275.62万吨。

【测绘地理信息】

完成约291平方千米1:2000地形图测绘,有序开展平山、矿山公园等重点建设区域约15平方千米1:500地形图补测、修测工作。开展以“规范使用地图,一点都不能错”为主题的“8.29测绘法宣传日”活动,当日接待群众咨询100余次,发放传单300余张。开展测绘行业监管,全区共有丙丁级测绘资质各两家,通过定期、不定期对测绘单位测绘管理、测绘成果保管等工作进行自查、现场督查,以确保测绘市场有序发展。

【房地产市场】

认真抓好房地产市场监督,对全区23家房地产中介机构开展备案登记。联合区打非办、市场监管和物价等部门对全区物流园、滨江壹号、黑山漫谷和瑞午上谷院等项目开展非法集资风险、房地产市场秩序等专项整治排查工作,发布并在全区各在售楼盘张贴购房温馨提示,方便群众了解。

全年商品房预售许可13宗,总套数2246套、面积203702.89平方米;其中:住宅

170780.15平方米，商业门面32922.74平方米。二手房住宅成交3565件，比上年减少16.92%；成交面积262291.51平方米，比上年减少13.6%；成交金额79740.96万元，比上年减少20.03%。二手房非住宅成交129件，比2018年增长7.5%；成交面积8105.49平方米，比2018年减少80.35%；成交金额3056.84万元，比2018年减少71.21%。

全年上市商品房2496套，上市面积203700平方米，成交商品房2097套、成交面积168900平方米，同比减少49.19%。其中旅游地产销售了503套、27300平方米，城区地产销售了1594套、141600平方米。库存商品房5676套，库存面积254900平方米，库存量比上年同期减少27.05%。库存商业用房436700平方米。

【房屋安全】

完成全区房屋住用安全的大排查大整治工作，检查CD级危房109栋，33400平方米，物业小区隐患整改156处。

【房屋征收】

完成渝黔高速扩能项目11户企业7563平方米厂房征收。推进小坡脚城市道路、农贸市场和建设段工程公司片区排危搬迁3个项目补偿安置工作。做好重庆市第四十九中学扩建等4个项目的产权调换房接房工作。完成万盛、东林片区城市棚改等项目房屋拆除工作，共拆除房屋约35000平方米。

【物业管理】

大力推进智慧小区建设，开展垃圾分类试点。指导32个企业64个小区开展消防应急逃生示范演练。协调处理物业矛盾纠纷73件，排查整改安全隐患173处，责令整改53起，处罚企业1家。追收物业专项维修资金欠款3000余万元，归集资金33857.7万元，列支专项维修资金127.86万元。

【住房保障】

完成万盛老街项目六、七标段结算审计工作，协调处理老街以北17户商业门面历史遗留问题。清退公共租赁住房56套，追收42户历年欠租金25.2万元。完成公共租赁住房以及盘活用于拆迁安置、棚改、采沉区受损农房安置的5200套房屋的信息贯标工作。完成2018年住房租金补贴工作，发放金额18.8万元，惠及170户243人，清理核实廉租房1636套68324.7平方米。

【公房管理】

“一业移交”整治见成效，完成2个驻区央企和3个市属企业职工住房分离移交工作，物业移交维护整治23846户，物业服务面积1409193.81平方米，目前已全面完成整治任务。开展房屋安全巡查43次，检查场所43个，157人次，排查出安全隐患191处。签订白蚁防治合同23份，白蚁防治投入72.88万元，治理面积327000平方米。对18个项目实施白蚁现场施药防治，全年无白蚁事故发生。

【地质灾害防治】

投入资金700万余元开展抢险救灾工作，133人搬迁避让。全力做好120个地质灾害隐患点监测工作，确定120名群测群防员，制定单点防灾预案120个，组织指导各镇对每个地灾点开展地质灾害简易应急演练，参演人数约3300人次，提高基层对突发地质灾害的应急处置能力。

【矿产资源管理】

全年立案查处土地矿产案件18宗，公示采矿权信息20家，收取采矿权使用费1.1万元，采矿权出让收益（价款）1263.65万元，办理变更登记1个，延续登记6个，开展矿山安全生产巡查67次，整改隐患10起。全区6家大中型矿山企业已通过市级第三方评估，达到绿色矿山标准。

【民心工程】

完成地方小煤矿采煤损害农房治理808户，国有煤矿损害农房治理112户，完成A、B级维修加固377户64000平方米，C、D级货币补偿431户83000平方米。配合采沉公司和各镇实施植被恢复、宅基地复耕等推进采煤沉陷区综合治理工程实施。

【执法监察】

全年立案查处土地矿产案件18宗，移交财政没收建构筑物14746.71平方米，拆除5736平方米，收缴罚没款671.95万元。销号土地例行督察挂账问题整改29个，核查卫片监测图斑167个。

【信访和提案办理】

共接待群众来访247批次，366人次，受理信访73件，办结69件，到期办结率100%。办理区级人大代表建议10件、政协委员提案6件，办结率100%，回执满意率100%。

【领导班子】

党组书记、局长覃政权，党组成员、副局长肖富全、徐峰、王雷。

（梅兵）

重庆两江新区规划和自然资源管理局

【概况】

重庆两江新区规划和自然资源局（以下简称两江新区规划自然资源局）于8月13日挂牌成立，12月31日，完成房管职责及人员划转。

2019年，两江新区规划自然资源局以习近平新时代中国特色社会主义思想为指引，落实生态优先、以人为本理念，全年供应土地1000公顷，实现土地收入294亿元，完成不动产登记25万件，协征税费17.84亿元，开展专项规划以及专项研究18项，实施控规优化47项，为新区高质量发展、高品质建设提供有力保障。

【用地保障】

全力保障重点产业项目用地，提前梳理招商项目的用地需求，及时研究用地问题，专人跟踪办理用地手续，供应工业及物流仓储用地271.53公顷，推动中新多式联运、东湖高新、忠旺铝模、西南药业等重大项目顺利落地，为提升工业投资奠定基础。坚持以生态、文化、公共交通、公共服务设施、市政设施、产业6个方面为导向的“熟地”、“净地”出让标准,加强经营性用地统筹调度,出让经营性用地268.93公顷,为新区房地产市场供需平衡提供有力保障。

【规划引领】

聚焦“国际化、绿色化、智能化、人文化”,高起点谋划新区未来发展,启动国土空间规划编制,开展“两江中心”、“智博村”等专项规划研究18项,实施控规优化47项,点、线、面结合,深化片区路网规划和城市设计,建立两江新区规划成片建设项目库。

【营商环境】

推行地质灾害危险评估告知承诺制,将项目用地预审由5个工作日压缩至3个工作日;集成不动产登记的信息、流程及岗位,落实登记、交易和缴税“一窗受理、并行办理”,完成不动产登记25万件,协征税费17.84亿元;持续支持实体经济,帮助3家企业运用土地二级市场改革政策盘活资产6.8亿元。

【改革创新】

探索“TOD”一体化规划设计和综合性小街区开发模式,塑造城市特色;优化工作机制,提升道路研究及审查的科学性,极大减少新修道路的开挖量,累计减少挖方约1000万余方、填方约670万余方,落实生态优先理念。

【执法监管】

完成新区2018年度838个卫片图斑的核查举证、判定以及违法地块查处;开展“大棚房”、耕地保护、自然保护地违法用地专项清理整治;及时依法查处融创玫瑰园、三圣搅拌站、黑石子采石场等违法用地行为,营造良好的土地管理秩序。聚焦“违建”和“位置”两个要害,开展违建别墅清理整治专项行动,成功啃掉了碧湖山庄”违建别墅硬骨头。

【安全稳定】

坚持把安全责任“扛在肩上、抓在手上”,全年开展地灾隐患巡排查4000余人次,完成地灾隐患治理工程4处,处置地灾险情4起,实现了零责任事故目标;积极开展“4+N”信访突出问题专项治理,全年化解物业矛盾400余件、房地产市场纠纷500余件、规划类信访426件,解决征地遗留问题101件,维护新区稳定。

【党建工作】

加强政治建设,深入学习贯彻习近平总书记系列重要讲话精神,认真落实党工委、管委会相关工作安排,用实际行动践行“四个意识”、“两个维护”,兑现市委“三个确保”政治承诺;认真贯彻守初心、担使命、找差距、抓落实的总要求,通过扎实开展学习教育、调查研究、检视问题、整改落实,激励干部职工“悟初心、守初心、践初心”,进一步增强责任担当意识。持续开展正风肃纪,通过常态化制度化开展“以案四说”警示教育、作风纪律教育和思想道德教育,坚持半月编发一期《党风廉政教育半月谈》,每月开展一次事后监督检查,重大节假日专项检查,引导干部职工警惕腐败、尊崇法纪、敬畏权力,形成持续整治“四风”高压态势。

【领导班子】

党组书记、局长孙阳,党组成员、事务中心主任张正才,党组成员、副局长张伟、肖智,事务中心副主任张艳敏,事务中心副主任赖传芳。

(李寿远)

重庆高新区规划和自然资源管理局

【概况】

9月10日，经中共重庆市委机构编制委员会印发的《中共重庆高新技术产业开发区工作委员会重庆高新区技术产业开发区管理委员会机构编制方案》（渝委编委〔2019〕64号）批准，成立重庆高新区技术产业开发区管理委员会规划和自然资源局（以下简称高新区规划自然资源局）。

9月12日，重庆高新区党工委管委会印发的《关于印发重庆高新区党工委管委会内设机构和直属事业单位职能配置规定的通知》（渝高新委发〔2019〕11号），明确主要职责：负责规划和自然资源工作，承担自然资源统一确权登记、自然资源有偿使用和合理开发利用、建立空间规划体系并监督实施、国土空间用途管制、生态修复、耕地保护、地质勘查管理、矿产资源、林业管理保护等工作；负责农业农村工作中的耕地质量监管、农田建设等工作；负责森林防火、地质灾害、不动产登记等工作；完成高新区党工委、管委会交办的其他任务。设局长1名、副局长3名，工作组负责人9名。

【机构改革】

全面完成机构、编制、人员转隶工作，转隶人员全员到岗，机构日常运行良好。拟定高新区规划自然资源局"三定"方案，获党工委、管委会批复。推动高新区土地储备整治中心、高新区不动产登记中心成立，设置方案报市委编办待审批。加强与九龙坡区、沙坪坝区有关部门对接，基本完成工作事项移交。

【空间规划】

坚持从全局谋划一域，以一域服务全局，对接全市国土空间总体规划，立足重庆未来30—50年城市空间拓展方向，高水平编制科学城国土空间规划，以高新区直管园为核心，引领北碚、沙坪坝、九龙坡、江津四大片区协同发展，构建形成"一核四片"的空间格局，有关规划成果已报市领导多次审议。同步开展科学大道城市设计，从价值定位、功能形象、设计策略等方面研判科学大道内涵，完成专家评审并多次向市领导汇报。启动科学城水系保护和利用规划编制，从保护水生态、治理水环境、保障水安全、塑造水景观四个方面理清工作思路并形成规划大纲。开展生态保护红线评估、永久基本农田储备区划定和自然保护地范围线优化调整工作，做好规划衔接。参与科学公园策划研究，配合成渝中线高铁科学城站、科学会堂等科学城重大项目选址论证工作。

【用地保障】

坚持定专人、定目标、定措施、定时限，建立重点项目、重点任务、重点工作清单，配合开展标准厂房产业楼宇、商业楼宇选址和调研，全面保障重大产业技术研究院、盒马鲜生重庆营运中心、光大新科技城等项目用地。全年完成278公顷土地征收报批，14公顷临时用地审批，供应土地228公顷、出让价款34亿元。统筹协调各区各部门，争取上级同意2020年包装土地储备债券项目519公顷、涉及资金49亿元。全力配合开展重庆肿瘤医院、三一重工等重点项目选址,助力项目快速落地。

【营商环境】

实施高新区规划自然资源业务审批平台建设,推动规划、土地、林业、不动产、矿产、政务6个板块业务集成办公。率先在建设项目立项用地和工程建设许可阶段开展审批改革,精简办事环节、合并办理流程,对5类项目实行告知承诺,减少报件资料60%以上,压缩办理时限49%。

【生态保护】

出台《重庆高新区林长制试点工作方案》,在高新区缙云山、中梁山范围内全面推行林长制。启动高新区直管园1:500地形图测量工作,配合开展生态保护红线评估、永久基本农田储备区划定、自然保护地范围调整优化工作以及第三次国土调查、违建别墅整治等专项工作。

【党的建设】

始终把政治建设放在首位,深学笃用习近平新时代中国特色社会主义思想,推进"两学一做"常态化制度化。坚持党管意识形态,出台《加强全局意识形态工作实施方案》,把握正确政治方向。旗帜鲜明讲政治,坚决肃清孙政才恶劣影响和薄熙来、王立军流毒,全局政治生态良好。

坚持不懈用理论武装头脑,依托"不忘初心、牢记使命"主题教育的开展,完成《习近平关于"不忘初心、牢记使命"重要论述选编》《习近平新时代中国特色社会主义思想学习纲要》等规定书目的集中学习,不断增强干部职工"四个自信"。

12月24日,重庆高新区管委会机关党委下达《关于同意成立规划和自然资源局党支部及有关事项的批复》(渝高新机关党委〔2019〕16号),同意成立中国共产党重庆高新区技术产业开发区管理委员会规划和自然资源局支部委员会,支部委员会由5人组成,其中书记1名,副书记1名,委员3名。建议王兵、刘明权、严加川、吴鸿、杨林、黄薇等6位同志为支部委员会候选人,严加川为支部书记候选人,刘明权为支部副书记候选人。

【领导班子】

局长严加川,副局长贺军、杨林。

(徐贤铭)

附录

中华人民共和国土地管理法

（1986年6月25日第六届全国人民代表大会常务委员会第十六次会议通过　根据1988年12月29日第七届全国人民代表大会常务委员会第五次会议《关于修改〈中华人民共和国土地管理法〉的决定》第一次修正　1998年8月29日第九届全国人民代表大会常务委员会第四次会议修订　根据2004年8月28日第十届全国人民代表大会常务委员会第十一次会议《关于修改〈中华人民共和国土地管理法〉的决定》第二次修正　根据2019年8月26日第十三届全国人民代表大会常务委员会第十二次会议《关于修改〈中华人民共和国土地管理法〉、〈中华人民共和国城市房地产管理法〉的决定》第三次修正）

目录

第一章　总则

第一条　为了加强土地管理，维护土地的社会主义公有制，保护、开发土地资源，合理利用土地，切实保护耕地，促进社会经济的可持续发展，根据宪法，制定本法。

第二条　中华人民共和国实行土地的社会主义公有制，即全民所有制和劳动群众集体所有制。

全民所有，即国家所有土地的所有权由国务院代表国家行使。

任何单位和个人不得侵占、买卖或者以其他形式非法转让土地。土地使用权可以依法转让。

国家为了公共利益的需要，可以依法对土地实行征收或者征用并给予补偿。

国家依法实行国有土地有偿使用制度。但是，国家在法律规定的范围内划拨国有土地使用权的除外。

第三条　十分珍惜、合理利用土地和切实保护耕地是我国的基本国策。各级人民政府应当采取措施，全面规划，严格管理，保护、开发土地资源，制止非法占用土地的行为。

第四条　国家实行土地用途管制制度。

国家编制土地利用总体规划,规定土地用途,将土地分为农用地、建设用地和未利用地。严格限制农用地转为建设用地,控制建设用地总量,对耕地实行特殊保护。

前款所称农用地是指直接用于农业生产的土地,包括耕地、林地、草地、农田水利用地、养殖水面等;建设用地是指建造建筑物、构筑物的土地,包括城乡住宅和公共设施用地、工矿用地、交通水利设施用地、旅游用地、军事设施用地等;未利用地是指农用地和建设用地以外的土地。

使用土地的单位和个人必须严格按照土地利用总体规划确定的用途使用土地。

第五条　国务院自然资源主管部门统一负责全国土地的管理和监督工作。

县级以上地方人民政府自然资源主管部门的设置及其职责,由省、自治区、直辖市人民政府根据国务院有关规定确定。

第六条　国务院授权的机构对省、自治区、直辖市人民政府以及国务院确定的城市人民政府土地利用和土地管理情况进行督察。

第七条　任何单位和个人都有遵守土地管理法律、法规的义务,并有权对违反土地管理法律、法规的行为提出检举和控告。

第八条　在保护和开发土地资源、合理利用土地以及进行有关的科学研究等方面成绩显著的单位和个人,由人民政府给予奖励。

第二章　土地的所有权和使用权

第九条　城市市区的土地属于国家所有。

农村和城市郊区的土地,除由法律规定属于国家所有的以外,属于农民集体所有;宅基地和自留地、自留山,属于农民集体所有。

第十条　国有土地和农民集体所有的土地,可以依法确定给单位或者个人使用。使用土地的单位和个人,有保护、管理和合理利用土地的义务。

第十一条　农民集体所有的土地依法属于村农民集体所有的,由村集体经济组织或者村民委员会经营、管理;已经分别属于村内两个以上农村集体经济组织的农民集体所有的,由村内各该农村集体经济组织或者村民小组经营、管理;已经属于乡(镇)农民集体所有的,由乡(镇)农村集体经济组织经营、管理。

第十二条　土地的所有权和使用权的登记,依照有关不动产登记的法律、行政法规执行。

依法登记的土地的所有权和使用权受法律保护,任何单位和个人不得侵犯。

第十三条　农民集体所有和国家所有依法由农民集体使用的耕地、林地、草地,以及其他依法用于农业的土地,采取农村集体经济组织内部的家庭承包方式承包,不宜采取家庭承包方式的荒山、荒沟、荒丘、荒滩等,可以采取招标、拍卖、公开协商等方式承包,从事种植业、林业、畜牧业、渔业生产。家庭承包的耕地的承包期为三十年,草地的承包期为三十年至五十年,林地的承包期为三十年至七十年;耕地承包期届满后再延长三十年,草地、林地承包期届满后依法相应延长。

国家所有依法用于农业的土地可以由单位或者个人承包经营,从事种植业、林业、畜牧业、渔业生产。

发包方和承包方应当依法订立承包合同,约定双方的权利和义务。承包经营土地的单位和个人,有保护和按照承包合同约定的用途合理利用土地的义务。

第十四条　土地所有权和使用权争议,由当事人协商解决;协商不成的,由人民政府处理。

单位之间的争议,由县级以上人民政府处理;个人之间、个人与单位之间的争议,由乡级人民政府或者县级以上人民政府处理。

当事人对有关人民政府的处理决定不服的,可以自接到处理决定通知之日起三十日内,向人民法院起诉。

在土地所有权和使用权争议解决前,任何一方不得改变土地利用现状。

第三章　土地利用总体规划

第十五条　各级人民政府应当依据国民经济和社会发展规划、国土整治和资源环境保护的要求、土地供给能力以及各项建设对土地的需求,组织编制土地利用总体规划。

土地利用总体规划的规划期限由国务院规定。

第十六条　下级土地利用总体规划应当依据上一级土地利用总体规划编制。

地方各级人民政府编制的土地利用总体规划中的建设用地总量不得超过上一级土地利用总体规划确定的控制指标,耕地保有量不得低于上一级土地利用总体规划确定的控制指标。

省、自治区、直辖市人民政府编制的土地利用总体规划,应当确保本行政区域内耕地总量不减少。

第十七条　土地利用总体规划按照下列原则编制:

(一)落实国土空间开发保护要求,严格土地用途管制;

(二)严格保护永久基本农田,严格控制非农业建设占用农用地;

(三)提高土地节约集约利用水平;

(四)统筹安排城乡生产、生活、生态用地,满足乡村产业和基础设施用地合理需求,促进城乡融合发展;

(五)保护和改善生态环境,保障土地的可持续利用;

(六)占用耕地与开发复垦耕地数量平衡、质量相当。

第十八条　国家建立国土空间规划体系。编制国土空间规划应当坚持生态优先,绿色、可持续发展,科学有序统筹安排生态、农业、城镇等功能空间,优化国土空间结构和布局,提升国土空间开发、保护的质量和效率。

经依法批准的国土空间规划是各类开发、保护、建设活动的基本依据。已经编制国土空间规划的,不再编制土地利用总体规划和城乡规划。

第十九条　县级土地利用总体规划应当划分土地利用区,明确土地用途。

乡(镇)土地利用总体规划应当划分土地利用区,根据土地使用条件,确定每一块土地的用途,并予以公告。

第二十条　土地利用总体规划实行分级审批。

省、自治区、直辖市的土地利用总体规划，报国务院批准。

省、自治区人民政府所在地的市、人口在一百万以上的城市以及国务院指定的城市的土地利用总体规划，经省、自治区人民政府审查同意后，报国务院批准。

本条第二款、第三款规定以外的土地利用总体规划，逐级上报省、自治区、直辖市人民政府批准；其中，乡(镇)土地利用总体规划可以由省级人民政府授权的设区的市、自治州人民政府批准。

土地利用总体规划一经批准，必须严格执行。

第二十一条　城市建设用地规模应当符合国家规定的标准，充分利用现有建设用地，不占或者尽量少占农用地。

城市总体规划、村庄和集镇规划，应当与土地利用总体规划相衔接，城市总体规划、村庄和集镇规划中建设用地规模不得超过土地利用总体规划确定的城市和村庄、集镇建设用地规模。

在城市规划区内、村庄和集镇规划区内，城市和村庄、集镇建设用地应当符合城市规划、村庄和集镇规划。

第二十二条　江河、湖泊综合治理和开发利用规划，应当与土地利用总体规划相衔接。在江河、湖泊、水库的管理和保护范围以及蓄洪滞洪区内，土地利用应当符合江河、湖泊综合治理和开发利用规划，符合河道、湖泊行洪、蓄洪和输水的要求。

第二十三条　各级人民政府应当加强土地利用计划管理，实行建设用地总量控制。

土地利用年度计划，根据国民经济和社会发展计划、国家产业政策、土地利用总体规划以及建设用地和土地利用的实际状况编制。土地利用年度计划应当对本法第六十三条规定的集体经营性建设用地作出合理安排。土地利用年度计划的编制审批程序与土地利用总体规划的编制审批程序相同，一经审批下达，必须严格执行。

第二十四条　省、自治区、直辖市人民政府应当将土地利用年度计划的执行情况列为国民经济和社会发展计划执行情况的内容，向同级人民代表大会报告。

第二十五条　经批准的土地利用总体规划的修改，须经原批准机关批准；未经批准，不得改变土地利用总体规划确定的土地用途。

经国务院批准的大型能源、交通、水利等基础设施建设用地，需要改变土地利用总体规划的，根据国务院的批准文件修改土地利用总体规划。

经省、自治区、直辖市人民政府批准的能源、交通、水利等基础设施建设用地，需要改变土地利用总体规划的，属于省级人民政府土地利用总体规划批准权限内的，根据省级人民政府的批准文件修改土地利用总体规划。

第二十六条　国家建立土地调查制度。

县级以上人民政府自然资源主管部门会同同级有关部门进行土地调查。土地所有者或者使用者应当配合调查，并提供有关资料。

第二十七条　县级以上人民政府自然资源主管部门会同同级有关部门根据土地调查成果、规划土地用途和国家制定的统一标准，评定土地等级。

第二十八条　国家建立土地统计制度。

县级以上人民政府统计机构和自然资源主管部门依法进行土地统计调查，定期发布土地统计资料。土地所有者或者使用者应当提供有关资料，不得拒报、迟报，不得提供不真实、不完整的资料。

统计机构和自然资源主管部门共同发布的土地面积统计资料是各级人民政府编制土地利用总体规划的依据。

第二十九条　国家建立全国土地管理信息系统，对土地利用状况进行动态监测。

第四章　耕 地 保 护

第三十条　国家保护耕地，严格控制耕地转为非耕地。

国家实行占用耕地补偿制度。非农业建设经批准占用耕地的，按照“占多少，垦多少”的原则，由占用耕地的单位负责开垦与所占用耕地的数量和质量相当的耕地；没有条件开垦或者开垦的耕地不符合要求的，应当按照省、自治区、直辖市的规定缴纳耕地开垦费，专款用于开垦新的耕地。

省、自治区、直辖市人民政府应当制定开垦耕地计划，监督占用耕地的单位按照计划开垦耕地或者按照计划组织开垦耕地，并进行验收。

第三十一条　县级以上地方人民政府可以要求占用耕地的单位将所占用耕地耕作层的土壤用于新开垦耕地、劣质地或者其他耕地的土壤改良。

第三十二条　省、自治区、直辖市人民政府应当严格执行土地利用总体规划和土地利用年度计划，采取措施，确保本行政区域内耕地总量不减少、质量不降低。耕地总量减少的，由国务院责令在规定期限内组织开垦与所减少耕地的数量与质量相当的耕地；耕地质量降低的，由国务院责令在规定期限内组织整治。新开垦和整治的耕地由国务院自然资源主管部门会同农业农村主管部门验收。

个别省、直辖市确因土地后备资源匮乏，新增建设用地后，新开垦耕地的数量不足以补偿所占用耕地的数量的，必须报经国务院批准减免本行政区域内开垦耕地的数量，易地开垦数量和质量相当的耕地。

第三十三条　国家实行永久基本农田保护制度。下列耕地应当根据土地利用总体规划划为永久基本农田，实行严格保护：

（一）经国务院农业农村主管部门或者县级以上地方人民政府批准确定的粮、棉、油、糖等重要农产品生产基地内的耕地；

（二）有良好的水利与水土保持设施的耕地，正在实施改造计划以及可以改造的中、低产田和已建成的高标准农田；

（三）蔬菜生产基地；

（四）农业科研、教学试验田；

（五）国务院规定应当划为永久基本农田的其他耕地。

各省、自治区、直辖市划定的永久基本农田一般应当占本行政区域内耕地的百分之八十以上，具体比例由国务院根据各省、自治区、直辖市耕地实际情况规定。

第三十四条　永久基本农田划定以乡(镇)为单位进行,由县级人民政府自然资源主管部门会同同级农业农村主管部门组织实施。永久基本农田应当落实到地块,纳入国家永久基本农田数据库严格管理。

乡(镇)人民政府应当将永久基本农田的位置、范围向社会公告,并设立保护标志。

第三十五条　永久基本农田经依法划定后,任何单位和个人不得擅自占用或者改变其用途。国家能源、交通、水利、军事设施等重点建设项目选址确实难以避让永久基本农田,涉及农用地转用或者土地征收的,必须经国务院批准。

禁止通过擅自调整县级土地利用总体规划、乡(镇)土地利用总体规划等方式规避永久基本农田农用地转用或者土地征收的审批。

第三十六条　各级人民政府应当采取措施,引导因地制宜轮作休耕,改良土壤,提高地力,维护排灌工程设施,防止土地荒漠化、盐渍化、水土流失和土壤污染。

第三十七条　非农业建设必须节约使用土地,可以利用荒地的,不得占用耕地;可以利用劣地的,不得占用好地。

禁止占用耕地建窑、建坟或者擅自在耕地上建房、挖砂、采石、采矿、取土等。

禁止占用永久基本农田发展林果业和挖塘养鱼。

第三十八条　禁止任何单位和个人闲置、荒芜耕地。已经办理审批手续的非农业建设占用耕地,一年内不用而又可以耕种并收获的,应当由原耕种该幅耕地的集体或者个人恢复耕种,也可以由用地单位组织耕种;一年以上未动工建设的,应当按照省、自治区、直辖市的规定缴纳闲置费;连续二年未使用的,经原批准机关批准,由县级以上人民政府无偿收回用地单位的土地使用权;该幅土地原为农民集体所有的,应当交由原农村集体经济组织恢复耕种。

在城市规划区范围内,以出让方式取得土地使用权进行房地产开发的闲置土地,依照《中华人民共和国城市房地产管理法》的有关规定办理。

第三十九条　国家鼓励单位和个人按照土地利用总体规划,在保护和改善生态环境、防止水土流失和土地荒漠化的前提下,开发未利用的土地;适宜开发为农用地的,应当优先开发成农用地。

国家依法保护开发者的合法权益。

第四十条　开垦未利用的土地,必须经过科学论证和评估,在土地利用总体规划划定的可开垦的区域内,经依法批准后进行。禁止毁坏森林、草原开垦耕地,禁止围湖造田和侵占江河滩地。

根据土地利用总体规划,对破坏生态环境开垦、围垦的土地,有计划有步骤地退耕还林、还牧、还湖。

第四十一条　开发未确定使用权的国有荒山、荒地、荒滩从事种植业、林业、畜牧业、渔业生产的,经县级以上人民政府依法批准,可以确定给开发单位或者个人长期使用。

第四十二条　国家鼓励土地整理。县、乡(镇)人民政府应当组织农村集体经济组织,按照土地利用总体规划,对田、水、路、林、村综合整治,提高耕地质量,增加有效耕地面积,改善农业生产条件和生态环境。

地方各级人民政府应当采取措施，改造中、低产田，整治闲散地和废弃地。

第四十三条　因挖损、塌陷、压占等造成土地破坏，用地单位和个人应当按照国家有关规定负责复垦；没有条件复垦或者复垦不符合要求的，应当缴纳土地复垦费，专项用于土地复垦。复垦的土地应当优先用于农业。

第五章　建设用地

第四十四条　建设占用土地，涉及农用地转为建设用地的，应当办理农用地转用审批手续。

永久基本农田转为建设用地的，由国务院批准。

在土地利用总体规划确定的城市和村庄、集镇建设用地规模范围内，为实施该规划而将永久基本农田以外的农用地转为建设用地的，按土地利用年度计划分批次按照国务院规定由原批准土地利用总体规划的机关或者其授权的机关批准。在已批准的农用地转用范围内，具体建设项目用地可以由市、县人民政府批准。

在土地利用总体规划确定的城市和村庄、集镇建设用地规模范围外，将永久基本农田以外的农用地转为建设用地的，由国务院或者国务院授权的省、自治区、直辖市人民政府批准。

第四十五条　为了公共利益的需要，有下列情形之一，确需征收农民集体所有的土地的，可以依法实施征收：

（一）军事和外交需要用地的；

（二）由政府组织实施的能源、交通、水利、通信、邮政等基础设施建设需要用地的；

（三）由政府组织实施的科技、教育、文化、卫生、体育、生态环境和资源保护、防灾减灾、文物保护、社区综合服务、社会福利、市政公用、优抚安置、英烈保护等公共事业需要用地的；

（四）由政府组织实施的扶贫搬迁、保障性安居工程建设需要用地的；

（五）在土地利用总体规划确定的城镇建设用地范围内，经省级以上人民政府批准由县级以上地方人民政府组织实施的成片开发建设需要用地的；

（六）法律规定为公共利益需要可以征收农民集体所有的土地的其他情形。

前款规定的建设活动，应当符合国民经济和社会发展规划、土地利用总体规划、城乡规划和专项规划；第（四）项、第（五）项规定的建设活动，还应当纳入国民经济和社会发展年度计划；第（五）项规定的成片开发并应当符合国务院自然资源主管部门规定的标准。

第四十六条　征收下列土地的，由国务院批准：

（一）永久基本农田；

（二）永久基本农田以外的耕地超过三十五公顷的；

（三）其他土地超过七十公顷的。

征收前款规定以外的土地的，由省、自治区、直辖市人民政府批准。

征收农用地的，应当依照本法第四十四条的规定先行办理农用地转用审批。其中，经国务院批准农用地转用的,同时办理征地审批手续,不再另行办理征地审批;经省、自治区、直辖市人民政府在征地批准权限内批准农用地转用的,同时办理征地审批手续,不再另行办理征地审批,超过征地批准权限的,应当依照本条第一款的规定另行办理征地审批。

第四十七条　国家征收土地的,依照法定程序批准后,由县级以上地方人民政府予以公告并组织实施。

县级以上地方人民政府拟申请征收土地的,应当开展拟征收土地现状调查和社会稳定风险评估,并将征收范围、土地现状、征收目的、补偿标准、安置方式和社会保障等在拟征收土地所在的乡(镇)和村、村民小组范围内公告至少三十日,听取被征地的农村集体经济组织及其成员、村民委员会和其他利害关系人的意见。

多数被征地的农村集体经济组织成员认为征地补偿安置方案不符合法律、法规规定的,县级以上地方人民政府应当组织召开听证会,并根据法律、法规的规定和听证会情况修改方案。

拟征收土地的所有权人、使用权人应当在公告规定期限内,持不动产权属证明材料办理补偿登记。县级以上地方人民政府应当组织有关部门测算并落实有关费用,保证足额到位,与拟征收土地的所有权人、使用权人就补偿、安置等签订协议;个别确实难以达成协议的,应当在申请征收土地时如实说明。

相关前期工作完成后,县级以上地方人民政府方可申请征收土地。

第四十八条　征收土地应当给予公平、合理的补偿,保障被征地农民原有生活水平不降低、长远生计有保障。

征收土地应当依法及时足额支付土地补偿费、安置补助费以及农村村民住宅、其他地上附着物和青苗等的补偿费用,并安排被征地农民的社会保障费用。

征收农用地的土地补偿费、安置补助费标准由省、自治区、直辖市通过制定公布区片综合地价确定。制定区片综合地价应当综合考虑土地原用途、土地资源条件、土地产值、土地区位、土地供求关系、人口以及经济社会发展水平等因素,并至少每三年调整或者重新公布一次。

征收农用地以外的其他土地、地上附着物和青苗等的补偿标准,由省、自治区、直辖市制定。对其中的农村村民住宅,应当按照先补偿后搬迁、居住条件有改善的原则,尊重农村村民意愿,采取重新安排宅基地建房、提供安置房或者货币补偿等方式给予公平、合理的补偿,并对因征收造成的搬迁、临时安置等费用予以补偿,保障农村村民居住的权利和合法的住房财产权益。

县级以上地方人民政府应当将被征地农民纳入相应的养老等社会保障体系。被征地农民的社会保障费用主要用于符合条件的被征地农民的养老保险等社会保险缴费补贴。被征地农民社会保障费用的筹集、管理和使用办法,由省、自治区、直辖市制定。

第四十九条　被征地的农村集体经济组织应当将征收土地的补偿费用的收支状况向本集体经济组织的成员公布,接受监督。

禁止侵占、挪用被征收土地单位的征地补偿费用和其他有关费用。

第五十条　地方各级人民政府应当支持被征地的农村集体经济组织和农民从事开发经营,兴办企业。

第五十一条　大中型水利、水电工程建设征收土地的补偿费标准和移民安置办法，由国务院另行规定。

第五十二条　建设项目可行性研究论证时，自然资源主管部门可以根据土地利用总体规划、土地利用年度计划和建设用地标准，对建设用地有关事项进行审查，并提出意见。

第五十三条　经批准的建设项目需要使用国有建设用地的，建设单位应当持法律、行政法规规定的有关文件，向有批准权的县级以上人民政府自然资源主管部门提出建设用地申请，经自然资源主管部门审查，报本级人民政府批准。

第五十四条　建设单位使用国有土地，应当以出让等有偿使用方式取得；但是，下列建设用地，经县级以上人民政府依法批准，可以以划拨方式取得：

（一）国家机关用地和军事用地；

（二）城市基础设施用地和公益事业用地；

（三）国家重点扶持的能源、交通、水利等基础设施用地；

（四）法律、行政法规规定的其他用地。

第五十五条　以出让等有偿使用方式取得国有土地使用权的建设单位，按照国务院规定的标准和办法，缴纳土地使用权出让金等土地有偿使用费和其他费用后，方可使用土地。

自本法施行之日起，新增建设用地的土地有偿使用费，百分之三十上缴中央财政，百分之七十留给有关地方人民政府。具体使用管理办法由国务院财政部门会同有关部门制定，并报国务院批准。

第五十六条　建设单位使用国有土地的，应当按照土地使用权出让等有偿使用合同的约定或者土地使用权划拨批准文件的规定使用土地；确需改变该幅土地建设用途的，应当经有关人民政府自然资源主管部门同意，报原批准用地的人民政府批准。其中，在城市规划区内改变土地用途的，在报批前，应当先经有关城市规划行政主管部门同意。

第五十七条　建设项目施工和地质勘查需要临时使用国有土地或者农民集体所有的土地的，由县级以上人民政府自然资源主管部门批准。其中，在城市规划区内的临时用地，在报批前，应当先经有关城市规划行政主管部门同意。土地使用者应当根据土地权属，与有关自然资源主管部门或者农村集体经济组织、村民委员会签订临时使用土地合同，并按照合同的约定支付临时使用土地补偿费。

临时使用土地的使用者应当按照临时使用土地合同约定的用途使用土地，并不得修建永久性建筑物。

临时使用土地期限一般不超过二年。

第五十八条　有下列情形之一的，由有关人民政府自然资源主管部门报经原批准用地的人民政府或者有批准权的人民政府批准，可以收回国有土地使用权：

（一）为实施城市规划进行旧城区改建以及其他公共利益需要，确需使用土地的；

（二）土地出让等有偿使用合同约定的使用期限届满，土地使用者未申请续期或者申请续期未获批准的；

(三)因单位撤销、迁移等原因,停止使用原划拨的国有土地的;

(四)公路、铁路、机场、矿场等经核准报废的。

依照前款第(一)项的规定收回国有土地使用权的,对土地使用权人应当给予适当补偿。

第五十九条　乡镇企业、乡(镇)村公共设施、公益事业、农村村民住宅等乡(镇)村建设,应当按照村庄和集镇规划,合理布局,综合开发,配套建设;建设用地,应当符合乡(镇)土地利用总体规划和土地利用年度计划,并依照本法第四十四条、第六十条、第六十一条、第六十二条的规定办理审批手续。

第六十条　农村集体经济组织使用乡(镇)土地利用总体规划确定的建设用地兴办企业或者与其他单位、个人以土地使用权入股、联营等形式共同举办企业的,应当持有关批准文件,向县级以上地方人民政府自然资源主管部门提出申请,按照省、自治区、直辖市规定的批准权限,由县级以上地方人民政府批准;其中,涉及占用农用地的,依照本法第四十四条的规定办理审批手续。

按照前款规定兴办企业的建设用地,必须严格控制。省、自治区、直辖市可以按照乡镇企业的不同行业和经营规模,分别规定用地标准。

第六十一条　乡(镇)村公共设施、公益事业建设,需要使用土地的,经乡(镇)人民政府审核,向县级以上地方人民政府自然资源主管部门提出申请,按照省、自治区、直辖市规定的批准权限,由县级以上地方人民政府批准;其中,涉及占用农用地的,依照本法第四十四条的规定办理审批手续。

第六十二条　农村村民一户只能拥有一处宅基地,其宅基地的面积不得超过省、自治区、直辖市规定的标准。

人均土地少、不能保障一户拥有一处宅基地的地区,县级人民政府在充分尊重农村村民意愿的基础上,可以采取措施,按照省、自治区、直辖市规定的标准保障农村村民实现户有所居。

农村村民建住宅,应当符合乡(镇)土地利用总体规划、村庄规划,不得占用永久基本农田,并尽量使用原有的宅基地和村内空闲地。编制乡(镇)土地利用总体规划、村庄规划应当统筹并合理安排宅基地用地,改善农村村民居住环境和条件。

农村村民住宅用地,由乡(镇)人民政府审核批准;其中,涉及占用农用地的,依照本法第四十四条的规定办理审批手续。

农村村民出卖、出租、赠与住宅后,再申请宅基地的,不予批准。

国家允许进城落户的农村村民依法自愿有偿退出宅基地,鼓励农村集体经济组织及其成员盘活利用闲置宅基地和闲置住宅。

国务院农业农村主管部门负责全国农村宅基地改革和管理有关工作。

第六十三条　土地利用总体规划、城乡规划确定为工业、商业等经营性用途,并经依法登记的集体经营性建设用地,土地所有权人可以通过出让、出租等方式交由单位或者个人使用,并应当签订书面合同,载明土地界址、面积、动工期限、使用期限、土地用途、规划条件和双方其他权利义务。

前款规定的集体经营性建设用地出让、出租等,应当经本集体经济组织成员的村民会议三分之二以上成员或者三分之二以上村民代表的同意。

通过出让等方式取得的集体经营性建设用地使用权可以转让、互换、出资、赠与或者抵押,但法律、行政法规另有规定或者土地所有权人、土地使用权人签订的书面合同另有约定的除外。

集体经营性建设用地的出租，集体建设用地使用权的出让及其最高年限、转让、互换、出资、赠与、抵押等，参照同类用途的国有建设用地执行。具体办法由国务院制定。

第六十四条　集体建设用地的使用者应当严格按照土地利用总体规划、城乡规划确定的用途使用土地。

第六十五条　在土地利用总体规划制定前已建的不符合土地利用总体规划确定的用途的建筑物、构筑物，不得重建、扩建。

第六十六条　有下列情形之一的，农村集体经济组织报经原批准用地的人民政府批准，可以收回土地使用权：

(一)为乡(镇)村公共设施和公益事业建设，需要使用土地的；

(二)不按照批准的用途使用土地的；

(三)因撤销、迁移等原因而停止使用土地的。

依照前款第(一)项规定收回农民集体所有的土地的，对土地使用权人应当给予适当补偿。

收回集体经营性建设用地使用权，依照双方签订的书面合同办理，法律、行政法规另有规定的除外。

第六章　监 督 检 查

第六十七条　县级以上人民政府自然资源主管部门对违反土地管理法律、法规的行为进行监督检查。

县级以上人民政府农业农村主管部门对违反农村宅基地管理法律、法规的行为进行监督检查的，适用本法关于自然资源主管部门监督检查的规定。

土地管理监督检查人员应当熟悉土地管理法律、法规，忠于职守、秉公执法。

第六十八条　县级以上人民政府自然资源主管部门履行监督检查职责时，有权采取下列措施：

(一)要求被检查的单位或者个人提供有关土地权利的文件和资料，进行查阅或者予以复制；

(二)要求被检查的单位或者个人就有关土地权利的问题作出说明；

(三)进入被检查单位或者个人非法占用的土地现场进行勘测；

(四)责令非法占用土地的单位或者个人停止违反土地管理法律、法规的行为。

第六十九条　土地管理监督检查人员履行职责，需要进入现场进行勘测、要求有关单位或者个人提供文件、资料和作出说明的，应当出示土地管理监督检查证件。

第七十条　有关单位和个人对县级以上人民政府自然资源主管部门就土地违法行为进行的监督检查应当支持与配合，并提供工作方便，不得拒绝与阻碍土地管理监督检查人员依法执行职务。

第七十一条　县级以上人民政府自然资源主管部门在监督检查工作中发现国家工作人员的违法行为，依法应当给予处分的，应当依法予以处理；自己无权处理的，应当依法移送监察机关或者有关机关处理。

第七十二条　县级以上人民政府自然资源主管部门在监督检查工作中发现土地违法行为构成犯罪的，应当将案件移送有关机关，依法追究刑事责任；尚不构成犯罪的，应当依法给予行政处罚。

第七十三条　依照本法规定应当给予行政处罚，而有关自然资源主管部门不给予行政处罚的，上级人民政府自然资源主管部门有权责令有关自然资源主管部门作出行政处罚决定或者直接给予行政处罚，并给予有关自然资源主管部门的负责人处分。

第七章　法律责任

第七十四条　买卖或者以其他形式非法转让土地的，由县级以上人民政府自然资源主管部门没收违法所得；对违反土地利用总体规划擅自将农用地改为建设用地的，限期拆除在非法转让的土地上新建的建筑物和其他设施，恢复土地原状，对符合土地利用总体规划的，没收在非法转让的土地上新建的建筑物和其他设施；可以并处罚款；对直接负责的主管人员和其他直接责任人员，依法给予处分；构成犯罪的，依法追究刑事责任。

第七十五条　违反本法规定，占用耕地建窑、建坟或者擅自在耕地上建房、挖砂、采石、采矿、取土等，破坏种植条件的，或者因开发土地造成土地荒漠化、盐渍化的，由县级以上人民政府自然资源主管部门、农业农村主管部门等按照职责责令限期改正或者治理，可以并处罚款；构成犯罪的，依法追究刑事责任。

第七十六条　违反本法规定，拒不履行土地复垦义务的，由县级以上人民政府自然资源主管部门责令限期改正；逾期不改正的，责令缴纳复垦费，专项用于土地复垦，可以处以罚款。

第七十七条　未经批准或者采取欺骗手段骗取批准，非法占用土地的，由县级以上人民政府自然资源主管部门责令退还非法占用的土地，对违反土地利用总体规划擅自将农用地改为建设用地的，限期拆除在非法占用的土地上新建的建筑物和其他设施，恢复土地原状，对符合土地利用总体规划的，没收在非法占用的土地上新建的建筑物和其他设施，可以并处罚款；对非法占用土地单位的直接负责的主管人员和其他直接责任人员，依法给予处分；构成犯罪的，依法追究刑事责任。

超过批准的数量占用土地，多占的土地以非法占用土地论处。

第七十八条　农村村民未经批准或者采取欺骗手段骗取批准，非法占用土地建住宅的，由县级以上人民政府农业农村主管部门责令退还非法占用的土地，限期拆除在非法占用的土地上新建的房屋。

超过省、自治区、直辖市规定的标准，多占的土地以非法占用土地论处。

第七十九条　无权批准征收、使用土地的单位或者个人非法批准占用土地的，超越批准权限非法批准占用土地的，不按照土地利用总体规划确定的用途批准用地的，或者违反法律规定的程序批准占用、征收土地的，其批准文件无效，对非法批准征收、使用土地的直接负责的主管人员和其他直接责任人员，依法给予处分；构成犯罪的，依法追究刑事责任。非法批准、使用的土地应当收回，有关当事人拒不归还的，以非法占用土地论处。

非法批准征收、使用土地，对当事人造成损失的，依法应当承担赔偿责任。

第八十条　侵占、挪用被征收土地单位的征地补偿费用和其他有关费用，构成犯罪的，依法追究刑事责任;尚不构成犯罪的,依法给予处分。

第八十一条　依法收回国有土地使用权当事人拒不交出土地的,临时使用土地期满拒不归还的,或者不按照批准的用途使用国有土地的,由县级以上人民政府自然资源主管部门责令交还土地,处以罚款。

第八十二条　擅自将农民集体所有的土地通过出让、转让使用权或者出租等方式用于非农业建设,或者违反本法规定,将集体经营性建设用地通过出让、出租等方式交由单位或者个人使用的,由县级以上人民政府自然资源主管部门责令限期改正,没收违法所得,并处罚款。

第八十三条　依照本法规定,责令限期拆除在非法占用的土地上新建的建筑物和其他设施的,建设单位或者个人必须立即停止施工,自行拆除;对继续施工的,作出处罚决定的机关有权制止。建设单位或者个人对责令限期拆除的行政处罚决定不服的,可以在接到责令限期拆除决定之日起十五日内,向人民法院起诉;期满不起诉又不自行拆除的,由作出处罚决定的机关依法申请人民法院强制执行,费用由违法者承担。

第八十四条　自然资源主管部门、农业农村主管部门的工作人员玩忽职守、滥用职权、徇私舞弊,构成犯罪的,依法追究刑事责任;尚不构成犯罪的,依法给予处分。

第八章　附则

第八十五条　外商投资企业使用土地的,适用本法;法律另有规定的,从其规定。

第八十六条　在根据本法第十八条的规定编制国土空间规划前,经依法批准的土地利用总体规划和城乡规划继续执行。

第八十七条　本法自1999年1月1日起施行。

中华人民共和国政府信息公开条例

(2007年4月5日中华人民共和国国务院令第492号公布 2019年4月3日中华人民共和国国务院令第711号修订)

第一章　总则

第一条　为了保障公民、法人和其他组织依法获取政府信息,提高政府工作的透明度,建设法治政府,充分发挥政府信息对人民群众生产、生活和经济社会活动的服务作用,制定本条例。

第二条　本条例所称政府信息,是指行政机关在履行行政管理职能过程中制作或者获取的,以一定形式记录、保存的信息。

第三条　各级人民政府应当加强对政府信息公开工作的组织领导。

国务院办公厅是全国政府信息公开工作的主管部门,负责推进、指导、协调、监督全国的政府信息公开工作。

县级以上地方人民政府办公厅(室)是本行政区域的政府信息公开工作主管部门,负责推进、指导、协调、监督本行政区域的政府信息公开工作。

实行垂直领导的部门的办公厅(室)主管本系统的政府信息公开工作。

第四条　各级人民政府及县级以上人民政府部门应当建立健全本行政机关的政府信息公开工作制度,并指定机构(以下统称政府信息公开工作机构)负责本行政机关政府信息公开的日常工作。

政府信息公开工作机构的具体职能是:

(一)办理本行政机关的政府信息公开事宜;

(二)维护和更新本行政机关公开的政府信息;

(三)组织编制本行政机关的政府信息公开指南、政府信息公开目录和政府信息公开工作年度报告;

(四)组织开展对拟公开政府信息的审查;

(五)本行政机关规定的与政府信息公开有关的其他职能。

第五条　行政机关公开政府信息,应当坚持以公开为常态、不公开为例外,遵循公正、公平、合法、便民的原则。

第六条　行政机关应当及时、准确地公开政府信息。

行政机关发现影响或者可能影响社会稳定、扰乱社会和经济管理秩序的虚假或者不完整信息的,应当发布准确的政府信息予以澄清。

第七条　各级人民政府应当积极推进政府信息公开工作,逐步增加政府信息公开的内容。

第八条　各级人民政府应当加强政府信息资源的规范化、标准化、信息化管理,加强互联网政府信息公开平台建设,推进政府信息公开平台与政务服务平台融合,提高政府信息公开在线办理水平。

第九条　公民、法人和其他组织有权对行政机关的政府信息公开工作进行监督，并提出批评和建议。

第二章　公开的主体和范围

第十条　行政机关制作的政府信息，由制作该政府信息的行政机关负责公开。行政机关从公民、法人和其他组织获取的政府信息，由保存该政府信息的行政机关负责公开；行政机关获取的其他行政机关的政府信息，由制作或者最初获取该政府信息的行政机关负责公开。法律、法规对政府信息公开的权限另有规定的，从其规定。

行政机关设立的派出机构、内设机构依照法律、法规对外以自己名义履行行政管理职能的，可以由该派出机构、内设机构负责与所履行行政管理职能有关的政府信息公开工作。

两个以上行政机关共同制作的政府信息，由牵头制作的行政机关负责公开。

第十一条　行政机关应当建立健全政府信息公开协调机制。行政机关公开政府信息涉及其他机关的，应当与有关机关协商、确认，保证行政机关公开的政府信息准确一致。

行政机关公开政府信息依照法律、行政法规和国家有关规定需要批准的，经批准予以公开。

第十二条　行政机关编制、公布的政府信息公开指南和政府信息公开目录应当及时更新。

政府信息公开指南包括政府信息的分类、编排体系、获取方式和政府信息公开工作机构的名称、办公地址、办公时间、联系电话、传真号码、互联网联系方式等内容。

政府信息公开目录包括政府信息的索引、名称、内容概述、生成日期等内容。

第十三条　除本条例第十四条、第十五条、第十六条规定的政府信息外，政府信息应当公开。

行政机关公开政府信息，采取主动公开和依申请公开的方式。

第十四条　依法确定为国家秘密的政府信息，法律、行政法规禁止公开的政府信息，以及公开后可能危及国家安全、公共安全、经济安全、社会稳定的政府信息，不予公开。

第十五条　涉及商业秘密、个人隐私等公开会对第三方合法权益造成损害的政府信息，行政机关不得公开。但是，第三方同意公开或者行政机关认为不公开会对公共利益造成重大影响的，予以公开。

第十六条　行政机关的内部事务信息，包括人事管理、后勤管理、内部工作流程等方面的信息，可以不予公开。

行政机关在履行行政管理职能过程中形成的讨论记录、过程稿、磋商信函、请示报告等过程性信息以及行政执法案卷信息，可以不予公开。法律、法规、规章规定上述信息应当公开的，从其规定。

第十七条　行政机关应当建立健全政府信息公开审查机制，明确审查的程序和责任。

行政机关应当依照《中华人民共和国保守国家秘密法》以及其他法律、法规和国家有关规定对拟公开的政府信息进行审查。

行政机关不能确定政府信息是否可以公开的，应当依照法律、法规和国家有关规定报有关主管部门或者保密行政管理部门确定。

第十八条　行政机关应当建立健全政府信息管理动态调整机制,对本行政机关不予公开的政府信息进行定期评估审查,对因情势变化可以公开的政府信息应当公开。

第三章　主动公开

第十九条　对涉及公众利益调整、需要公众广泛知晓或者需要公众参与决策的政府信息,行政机关应当主动公开。

第二十条　行政机关应当依照本条例第十九条的规定,主动公开本行政机关的下列政府信息:

(一)行政法规、规章和规范性文件;

(二)机关职能、机构设置、办公地址、办公时间、联系方式、负责人姓名;

(三)国民经济和社会发展规划、专项规划、区域规划及相关政策;

(四)国民经济和社会发展统计信息;

(五)办理行政许可和其他对外管理服务事项的依据、条件、程序以及办理结果;

(六)实施行政处罚、行政强制的依据、条件、程序以及本行政机关认为具有一定社会影响的行政处罚决定;

(七)财政预算、决算信息;

(八)行政事业性收费项目及其依据、标准;

(九)政府集中采购项目的目录、标准及实施情况;

(十)重大建设项目的批准和实施情况;

(十一)扶贫、教育、医疗、社会保障、促进就业等方面的政策、措施及其实施情况;

(十二)突发公共事件的应急预案、预警信息及应对情况;

(十三)环境保护、公共卫生、安全生产、食品药品、产品质量的监督检查情况;

(十四)公务员招考的职位、名额、报考条件等事项以及录用结果;

(十五)法律、法规、规章和国家有关规定规定应当主动公开的其他政府信息。

第二十一条　除本条例第二十条规定的政府信息外,设区的市级、县级人民政府及其部门还应当根据本地方的具体情况,主动公开涉及市政建设、公共服务、公益事业、土地征收、房屋征收、治安管理、社会救助等方面的政府信息;乡(镇)人民政府还应当根据本地方的具体情况,主动公开贯彻落实农业农村政策、农田水利工程建设运营、农村土地承包经营权流转、宅基地使用情况审核、土地征收、房屋征收、筹资筹劳、社会救助等方面的政府信息。

第二十二条　行政机关应当依照本条例第二十条、第二十一条的规定,确定主动公开政府信息的具体内容,并按照上级行政机关的部署,不断增加主动公开的内容。

第二十三条　行政机关应当建立健全政府信息发布机制,将主动公开的政府信息通过政府公报、政府网站或者其他互联网政务媒体、新闻发布会以及报刊、广播、电视等途径予以公开。

第二十四条　各级人民政府应当加强依托政府门户网站公开政府信息的工作,利用统一的政府信息公开平台集中发布主动公开的政府信息。政府信息公开平台应当具备信息检索、查阅、下载等功能。

第二十五条　各级人民政府应当在国家档案馆、公共图书馆、政务服务场所设置政府信息查阅场所，并配备相应的设施、设备，为公民、法人和其他组织获取政府信息提供便利。

行政机关可以根据需要设立公共查阅室、资料索取点、信息公告栏、电子信息屏等场所、设施，公开政府信息。

行政机关应当及时向国家档案馆、公共图书馆提供主动公开的政府信息。

第二十六条　属于主动公开范围的政府信息，应当自该政府信息形成或者变更之日起20个工作日内及时公开。法律、法规对政府信息公开的期限另有规定的，从其规定。

第四章　依申请公开

第二十七条　除行政机关主动公开的政府信息外，公民、法人或者其他组织可以向地方各级人民政府、对外以自己名义履行行政管理职能的县级以上人民政府部门(含本条例第十条第二款规定的派出机构、内设机构)申请获取相关政府信息。

第二十八条　本条例第二十七条规定的行政机关应当建立完善政府信息公开申请渠道，为申请人依法申请获取政府信息提供便利。

第二十九条　公民、法人或者其他组织申请获取政府信息的，应当向行政机关的政府信息公开工作机构提出，并采用包括信件、数据电文在内的书面形式；采用书面形式确有困难的，申请人可以口头提出，由受理该申请的政府信息公开工作机构代为填写政府信息公开申请。

政府信息公开申请应当包括下列内容：

(一)申请人的姓名或者名称、身份证明、联系方式；

(二)申请公开的政府信息的名称、文号或者便于行政机关查询的其他特征性描述；

(三)申请公开的政府信息的形式要求，包括获取信息的方式、途径。

第三十条　政府信息公开申请内容不明确的，行政机关应当给予指导和释明，并自收到申请之日起7个工作日内一次性告知申请人作出补正，说明需要补正的事项和合理的补正期限。答复期限自行政机关收到补正的申请之日起计算。申请人无正当理由逾期不补正的，视为放弃申请，行政机关不再处理该政府信息公开申请。

第三十一条　行政机关收到政府信息公开申请的时间，按照下列规定确定：

(一)申请人当面提交政府信息公开申请的，以提交之日为收到申请之日；

(二)申请人以邮寄方式提交政府信息公开申请的，以行政机关签收之日为收到申请之日；以平常信函等无需签收的邮寄方式提交政府信息公开申请的，政府信息公开工作机构应当于收到申请的当日与申请人确认，确认之日为收到申请之日；

(三)申请人通过互联网渠道或者政府信息公开工作机构的传真提交政府信息公开申请的，以双方确认之日为收到申请之日。

第三十二条　依申请公开的政府信息公开会损害第三方合法权益的，行政机关应当书面征求第三方的意见。第三方应当自收到征求意见书之日起15个工作日内提出意见。第三方逾期未提出意见的,由行政机关依照本条例的规定决定是否公开。第三方不同意公开且有合理理由的,行政机关不予公开。行政机关认为不公开可能对公共利益造成重大影响的,可以决定予以公开,并将决定公开的政府信息内容和理由书面告知第三方。

第三十三条　行政机关收到政府信息公开申请,能够当场答复的,应当当场予以答复。

行政机关不能当场答复的,应当自收到申请之日起20个工作日内予以答复;需要延长答复期限的,应当经政府信息公开工作机构负责人同意并告知申请人,延长的期限最长不得超过20个工作日。

行政机关征求第三方和其他机关意见所需时间不计算在前款规定的期限内。

第三十四条　申请公开的政府信息由两个以上行政机关共同制作的,牵头制作的行政机关收到政府信息公开申请后可以征求相关行政机关的意见,被征求意见机关应当自收到征求意见书之日起15个工作日内提出意见,逾期未提出意见的视为同意公开。

第三十五条　申请人申请公开政府信息的数量、频次明显超过合理范围,行政机关可以要求申请人说明理由。行政机关认为申请理由不合理的,告知申请人不予处理;行政机关认为申请理由合理,但是无法在本条例第三十三条规定的期限内答复申请人的,可以确定延迟答复的合理期限并告知申请人。

第三十六条　对政府信息公开申请,行政机关根据下列情况分别作出答复:

(一)所申请公开信息已经主动公开的,告知申请人获取该政府信息的方式、途径;

(二)所申请公开信息可以公开的,向申请人提供该政府信息,或者告知申请人获取该政府信息的方式、途径和时间;

(三)行政机关依据本条例的规定决定不予公开的,告知申请人不予公开并说明理由;

(四)经检索没有所申请公开信息的,告知申请人该政府信息不存在;

(五)所申请公开信息不属于本行政机关负责公开的,告知申请人并说明理由;能够确定负责公开该政府信息的行政机关的,告知申请人该行政机关的名称、联系方式;

(六)行政机关已就申请人提出的政府信息公开申请作出答复、申请人重复申请公开相同政府信息的,告知申请人不予重复处理;

(七)所申请公开信息属于工商、不动产登记资料等信息,有关法律、行政法规对信息的获取有特别规定的,告知申请人依照有关法律、行政法规的规定办理。

第三十七条　申请公开的信息中含有不应当公开或者不属于政府信息的内容,但是能够作区分处理的,行政机关应当向申请人提供可以公开的政府信息内容,并对不予公开的内容说明理由。

第三十八条　行政机关向申请人提供的信息,应当是已制作或者获取的政府信息。除依照本条例第三十七条的规定能够作区分处理的外,需要行政机关对现有政府信息进行加工、分析的,行政机关可以不予提供。

第三十九条　申请人以政府信息公开申请的形式进行信访、投诉、举报等活动,行政机关应当告知申请人不作为政府信息公开申请处理并可以告知通过相应渠道提出。

申请人提出的申请内容为要求行政机关提供政府公报、报刊、书籍等公开出版物的，行政机关可以告知获取的途径。

第四十条　行政机关依申请公开政府信息，应当根据申请人的要求及行政机关保存政府信息的实际情况，确定提供政府信息的具体形式；按照申请人要求的形式提供政府信息，可能危及政府信息载体安全或者公开成本过高的，可以通过电子数据以及其他适当形式提供，或者安排申请人查阅、抄录相关政府信息。

第四十一条　公民、法人或者其他组织有证据证明行政机关提供的与其自身相关的政府信息记录不准确的，可以要求行政机关更正。有权更正的行政机关审核属实的，应当予以更正并告知申请人；不属于本行政机关职能范围的，行政机关可以转送有权更正的行政机关处理并告知申请人，或者告知申请人向有权更正的行政机关提出。

第四十二条　行政机关依申请提供政府信息，不收取费用。但是，申请人申请公开政府信息的数量、频次明显超过合理范围的，行政机关可以收取信息处理费。

行政机关收取信息处理费的具体办法由国务院价格主管部门会同国务院财政部门、全国政府信息公开工作主管部门制定。

第四十三条　申请公开政府信息的公民存在阅读困难或者视听障碍的，行政机关应当为其提供必要的帮助。

第四十四条　多个申请人就相同政府信息向同一行政机关提出公开申请，且该政府信息属于可以公开的，行政机关可以纳入主动公开的范围。

对行政机关依申请公开的政府信息，申请人认为涉及公众利益调整、需要公众广泛知晓或者需要公众参与决策的，可以建议行政机关将该信息纳入主动公开的范围。行政机关经审核认为属于主动公开范围的，应当及时主动公开。

第四十五条　行政机关应当建立健全政府信息公开申请登记、审核、办理、答复、归档的工作制度，加强工作规范。

第五章　监督和保障

第四十六条　各级人民政府应当建立健全政府信息公开工作考核制度、社会评议制度和责任追究制度，定期对政府信息公开工作进行考核、评议。

第四十七条　政府信息公开工作主管部门应当加强对政府信息公开工作的日常指导和监督检查，对行政机关未按照要求开展政府信息公开工作的，予以督促整改或者通报批评；需要对负有责任的领导人员和直接责任人员追究责任的，依法向有权机关提出处理建议。

公民、法人或者其他组织认为行政机关未按照要求主动公开政府信息或者对政府信息公开申请不依法答复处理的，可以向政府信息公开工作主管部门提出。政府信息公开工作主管部门查证属实的，应当予以督促整改或者通报批评。

第四十八条　政府信息公开工作主管部门应当对行政机关的政府信息公开工作人员定期进行

培训。

第四十九条　县级以上人民政府部门应当在每年1月31日前向本级政府信息公开工作主管部门提交本行政机关上一年度政府信息公开工作年度报告并向社会公布。

县级以上地方人民政府的政府信息公开工作主管部门应当在每年3月31日前向社会公布本级政府上一年度政府信息公开工作年度报告。

第五十条　政府信息公开工作年度报告应当包括下列内容：

(一)行政机关主动公开政府信息的情况；

(二)行政机关收到和处理政府信息公开申请的情况；

(三)因政府信息公开工作被申请行政复议、提起行政诉讼的情况；

(四)政府信息公开工作存在的主要问题及改进情况，各级人民政府的政府信息公开工作年度报告还应当包括工作考核、社会评议和责任追究结果情况；

(五)其他需要报告的事项。

全国政府信息公开工作主管部门应当公布政府信息公开工作年度报告统一格式，并适时更新。

第五十一条　公民、法人或者其他组织认为行政机关在政府信息公开工作中侵犯其合法权益的，可以向上一级行政机关或者政府信息公开工作主管部门投诉、举报，也可以依法申请行政复议或者提起行政诉讼。

第五十二条　行政机关违反本条例的规定，未建立健全政府信息公开有关制度、机制的，由上一级行政机关责令改正；情节严重的，对负有责任的领导人员和直接责任人员依法给予处分。

第五十三条　行政机关违反本条例的规定，有下列情形之一的，由上一级行政机关责令改正；情节严重的，对负有责任的领导人员和直接责任人员依法给予处分；构成犯罪的，依法追究刑事责任：

(一)不依法履行政府信息公开职能；

(二)不及时更新公开的政府信息内容、政府信息公开指南和政府信息公开目录；

(三)违反本条例规定的其他情形。

第六章　附则

第五十四条　法律、法规授权的具有管理公共事务职能的组织公开政府信息的活动，适用本条例。

第五十五条　教育、卫生健康、供水、供电、供气、供热、环境保护、公共交通等与人民群众利益密切相关的公共企事业单位，公开在提供社会公共服务过程中制作、获取的信息，依照相关法律、法规和国务院有关主管部门或者机构的规定执行。全国政府信息公开工作主管部门根据实际需要可以制定专门的规定。

前款规定的公共企事业单位未依照相关法律、法规和国务院有关主管部门或者机构的规定公开在提供社会公共服务过程中制作、获取的信息，公民、法人或者其他组织可以向有关主管部门或者机构申诉，接受申诉的部门或者机构应当及时调查处理并将处理结果告知申诉人。

第五十六条　本条例自2019年5月15日起施行。

不动产登记资料查询暂行办法

(2018年3月2日 国土资源部令第80号公布根据2019年7月16日自然资源部第2次部务会《自然资源部关于废止和修改的第一批部门规章的决定》修正)

第一章　总则

第一条为了规范不动产登记资料查询活动,加强不动产登记资料管理、保护和利用,维护不动产交易安全,保护不动产权利人的合法权益,根据《中华人民共和国物权法》《不动产登记暂行条例》等法律法规,制定本办法。

第二条本办法所称不动产登记资料,包括:

(一)不动产登记簿等不动产登记结果;

(二)不动产登记原始资料,包括不动产登记申请书、申请人身份材料、不动产权属来源、登记原因、不动产权籍调查成果等材料以及不动产登记机构审核材料。

不动产登记资料由不动产登记机构负责保存和管理。

第三条县级以上人民政府不动产登记机构负责不动产登记资料查询管理工作。

第四条不动产权利人、利害关系人可以依照本办法的规定,查询、复制不动产登记资料。

不动产权利人、利害关系人可以委托律师或者其他代理人查询、复制不动产登记资料。

第五条不动产登记资料查询,遵循依法、便民、高效的原则。

第六条不动产登记机构应当加强不动产登记信息化建设,以不动产登记信息管理基础平台为基础,通过运用互联网技术、设置自助查询终端、在相关场所设置登记信息查询端口等方式,为查询人提供便利。

第二章　一般规定

第七条查询不动产登记资料,应当在不动产所在地的市、县人民政府不动产登记机构进行,但法律法规另有规定的除外。

查询人到非不动产所在地的不动产登记机构申请查询的,该机构应当告知其到相应的机构查询。

不动产登记机构应当提供必要的查询场地,并安排专门人员负责不动产登记资料的查询、复制和出具查询结果证明等工作。

申请查询不动产登记原始资料,应当优先调取数字化成果,确有需求和必要,可以调取纸质不动产登记原始资料。

第八条不动产权利人、利害关系人申请查询不动产登记资料,应当提交查询申请书以及不动产权利人、利害关系人的身份证明材料。

查询申请书应当包括下列内容:

(一)查询主体;

(二)查询目的;

(三)查询内容;

(四)查询结果要求;

(五)提交的申请材料清单。

第九条不动产权利人、利害关系人委托代理人代为申请查询不动产登记资料的,被委托人应当提交双方身份证明原件和授权委托书。

授权委托书中应当注明双方姓名或者名称、公民身份号码或者统一社会信用代码、委托事项、委托时限、法律义务、委托日期等内容,双方签字或者盖章。

代理人受委托查询、复制不动产登记资料的,其查询、复制范围由授权委托书确定。

第十条符合查询条件,查询人需要出具不动产登记资料查询结果证明或者复制不动产登记资料的,不动产登记机构应当当场提供。因特殊原因不能当场提供的,应当在5个工作日内向查询人提供。

查询结果证明应当注明出具的时间,并加盖不动产登记机构查询专用章。

第十一条有下列情形之一的,不动产登记机构不予查询,并出具不予查询告知书:

(一)查询人提交的申请材料不符合本办法规定的;

(二)申请查询的主体或者查询事项不符合本办法规定的;

(三)申请查询的目的不符合法律法规规定的;

(四)法律、行政法规规定的其他情形。

查询人对不动产登记机构出具的不予查询告知书不服的,可以依法申请行政复议或者提起行政诉讼。

第十二条申请查询的不动产登记资料涉及国家秘密的,不动产登记机构应当按照保守国家秘密法等有关规定执行。

第十三条不动产登记机构应当建立查询记录簿,做好查询记录工作,记录查询人、查询目的或者用途、查询时间以及复制不动产登记资料的种类、出具的查询结果证明情况等。

第三章　权利人查询

第十四条不动产登记簿上记载的权利人可以查询本不动产登记结果和本不动产登记原始资料。

第十五条不动产权利人可以申请以下列索引信息查询不动产登记资料,但法律法规另有规定的除外:

(一)权利人的姓名或者名称、公民身份号码或者统一社会信用代码等特定主体身份信息;

(二)不动产具体坐落位置信息;

(三)不动产权属证书号;

(四)不动产单元号。

第十六条不动产登记机构可以设置自助查询终端,为不动产权利人提供不动产登记结果查询服务。

自助查询终端应当具备验证相关身份证明以及出具查询结果证明的功能。

第十七条继承人、受遗赠人因继承和受遗赠取得不动产权利的,适用本章关于不动产权利人查询的规定。

前款规定的继承人、受遗赠人查询不动产登记资料的,除提交本办法第八条规定的材料外,还应当提交被继承人或者遗赠人死亡证明、遗嘱或者遗赠抚养协议等可以证明继承或者遗赠行为发生的材料。

第十八条清算组、破产管理人、财产代管人、监护人等依法有权管理和处分不动产权利的主体,参照本章规定查询相关不动产权利人的不动产登记资料。

依照本条规定查询不动产登记资料的,除提交本办法第八条规定的材料,还应当提交依法有权处分该不动产的材料。

第四章　利害关系人查询

第十九条符合下列条件的利害关系人可以申请查询有利害关系的不动产登记结果:

(一)因买卖、互换、赠与、租赁、抵押不动产构成利害关系的;

(二)因不动产存在民事纠纷且已经提起诉讼、仲裁而构成利害关系的;

(三)法律法规规定的其他情形。

第二十条不动产的利害关系人申请查询不动产登记结果的,除提交本办法第八条规定的材料外,还应当提交下列利害关系证明材料:

(一)因买卖、互换、赠与、租赁、抵押不动产构成利害关系的,提交买卖合同、互换合同、赠与合同、租赁合同、抵押合同;

(二)因不动产存在相关民事纠纷且已经提起诉讼或者仲裁而构成利害关系的,提交受理案件通知书、仲裁受理通知书。

第二十一条有买卖、租赁、抵押不动产意向,或者拟就不动产提起诉讼或者仲裁等,但不能提供本办法第二十条规定的利害关系证明材料的,可以提交本办法第八条规定材料,查询相关不动产登记簿记载的下列信息:

(一)不动产的自然状况;

(二)不动产是否存在共有情形;

(三)不动产是否存在抵押权登记、预告登记或者异议登记情形;

(四)不动产是否存在查封登记或者其他限制处分的情形。

第二十二条受本办法第二十一条规定的当事人委托的律师,还可以申请查询相关不动产登记簿记载的下列信息：

(一)申请验证所提供的被查询不动产权利主体名称与登记簿的记载是否一致；

(二)不动产的共有形式；

(三)要求办理查封登记或者限制处分机关的名称。

第二十三条律师受当事人委托申请查询不动产登记资料的，除提交本办法第八条、第九条规定的材料外，还应当提交律师证和律师事务所出具的证明材料。

律师持人民法院的调查令申请查询不动产登记资料的，除提交本办法第八条规定的材料外，还应当提交律师证、律师事务所出具的证明材料以及人民法院的调查令。

第二十四条不动产的利害关系人可以申请以下列索引信息查询不动产登记资料：

(一)不动产具体坐落位置；

(二)不动产权属证书号；

(三)不动产单元号。

每份申请书只能申请查询一个不动产登记单元。

第二十五条不动产利害关系人及其委托代理人，按照本办法申请查询的，应当承诺不将查询获得的不动产登记资料、登记信息用于其他目的，不泄露查询获得的不动产登记资料、登记信息，并承担由此产生的法律后果。

第五章　登记资料保护

第二十六条查询人查询、复制不动产登记资料的，不得将不动产登记资料带离指定场所，不得拆散、调换、抽取、撕毁、污损不动产登记资料，也不得损坏查询设备。

查询人有前款行为的，不动产登记机构有权禁止该查询人继续查询不动产登记资料，并可以拒绝为其出具查询结果证明。

第二十七条已有电子介质，且符合下列情形之一的纸质不动产登记原始资料可以销毁：

(一)抵押权登记、地役权登记已经注销且自注销之日起满五年的；

(二)查封登记、预告登记、异议登记已经注销且自注销之日起满五年的。

第二十八条符合本办法第二十七条规定销毁条件的不动产登记资料应当在不动产登记机构指定的场所销毁。

不动产登记机构应当建立纸质不动产登记资料销毁清册，详细记录被销毁的纸质不动产登记资料的名称、数量、时间、地点，负责销毁以及监督销毁的人员应当在清册上签名。

第六章　罚则

第二十九条不动产登记机构及其工作人员违反本办法规定，有下列行为之一，对有关责任人员依法给予处分；涉嫌构成犯罪的，移送有关机关依法追究刑事责任：

(一)对符合查询、复制不动产登记资料条件的申请不予查询、复制，对不符合查询、复制不动产登记资料条件的申请予以查询、复制的；

（二）擅自查询、复制不动产登记资料或者出具查询结果证明的；

（三）泄露不动产登记资料、登记信息的；

（四）利用不动产登记资料进行不正当活动的；

（五）未履行对不动产登记资料的安全保护义务，导致不动产登记资料、登记信息毁损、灭失或者被他人篡改，造成严重后果的。

第三十条查询人违反本办法规定，有下列行为之一，构成违反治安管理行为的，移送公安机关依法给予治安管理处罚；涉嫌构成犯罪的，移送有关机关依法追究刑事责任：

（一）采用提供虚假材料等欺骗手段申请查询、复制不动产登记资料的；

（二）泄露不动产登记资料、登记信息的；

（三）遗失、拆散、调换、抽取、污损、撕毁不动产登记资料的；

（四）擅自将不动产登记资料带离查询场所、损坏查询设备的；

（五）因扰乱查询、复制秩序导致不动产登记机构受损失的；

（六）滥用查询结果证明的。

第七章　附则

第三十一条有关国家机关查询复制不动产登记资料以及国家机关之间共享不动产登记信息的具体办法另行规定。

第三十二条《不动产登记暂行条例》实施前已经形成的土地、房屋、森林、林木、海域等登记资料，属于不动产登记资料。不动产登记机构应当依照本办法的规定提供查询。

第三十三条公民、法人或者其他组织依据《中华人民共和国政府信息公开条例》，以申请政府信息公开的方式申请查询不动产登记资料的，有关自然资源主管部门应当告知其按照本办法的规定申请不动产登记资料查询。

第三十四条本办法自公布之日起施行。2002年12月4日国土资源部公布的《土地登记资料公开查询办法》（国土资源部令第14号）同时废止。

自然资源部关于以“多规合一”为基础推进规划用地“多审合一、多证合一”改革的通知

自然资规[2019]2号

各省、自治区、直辖市及计划单列市自然资源主管部门、新疆生产建设兵团自然资源主管部门,中央军委后勤保障部军事设施建设局,国家林业和草原局,中国地质调查局及部其他直属单位,各派出机构,部机关各司局:

为落实党中央、国务院推进政府职能转变、深化“放管服”改革和优化营商环境的要求,现就以“多规合一”为基础推进规划用地“多审合一、多证合一”改革的有关事项通知如下:

一、合并规划选址和用地预审

将建设项目选址意见书、建设项目用地预审意见合并,自然资源主管部门统一核发建设项目用地预审与选址意见书(见附件1),不再单独核发建设项目选址意见书、建设项目用地预审意见。

涉及新增建设用地,用地预审权限在自然资源部的,建设单位向地方自然资源主管部门提出用地预审与选址申请,由地方自然资源主管部门受理;经省级自然资源主管部门报自然资源部通过用地预审后,地方自然资源主管部门向建设单位核发建设项目用地预审与选址意见书。用地预审权限在省级以下自然资源主管部门的,由省级自然资源主管部门确定建设项目用地预审与选址意见书办理的层级和权限。

使用已经依法批准的建设用地进行建设的项目,不再办理用地预审;需要办理规划选址的,由地方自然资源主管部门对规划选址情况进行审查,核发建设项目用地预审与选址意见书。

建设项目用地预审与选址意见书有效期为三年,自批准之日起计算。

二、合并建设用地规划许可和用地批准

将建设用地规划许可证、建设用地批准书合并,自然资源主管部门统一核发新的建设用地规划许可证(见附件2),不再单独核发建设用地批准书。

以划拨方式取得国有土地使用权的,建设单位向所在地的市、县自然资源主管部门提出建设用地规划许可申请,经有建设用地批准权的人民政府批准后,市、县自然资源主管部门向建设单位同步核发建设用地规划许可证、国有土地划拨决定书。

以出让方式取得国有土地使用权的,市、县自然资源主管部门依据规划条件编制土地出让方案,经依法批准后组织土地供应,将规划条件纳入国有建设用地使用权出让合同。建设单位在签订国有建设用地使用权出让合同后,市、县自然资源主管部门向建设单位核发建设用地规划许可证。

三、推进多测整合、多验合一

以统一规范标准、强化成果共享为重点，将建设用地审批、城乡规划许可、规划核实、竣工验收和不动产登记等多项测绘业务整合，归口成果管理，推进“多测合并、联合测绘、成果共享”。不得重复审核和要求建设单位或者个人多次提交对同一标的物的测绘成果；确有需要的，可以进行核实更新和补充测绘。在建设项目竣工验收阶段，将自然资源主管部门负责的规划核实、土地核验、不动产测绘等合并为一个验收事项。

四、简化报件审批材料

各地要依据“多审合一、多证合一”改革要求，核发新版证书。对现有建设用地审批和城乡规划许可的办事指南、申请表单和申报材料清单进行清理，进一步简化和规范申报材料。除法定的批准文件和证书以外，地方自行设立的各类通知书、审查意见等一律取消。加快信息化建设，可以通过政府内部信息共享获得的有关文件、证书等材料，不得要求行政相对人提交；对行政相对人前期已提供且无变化的材料，不得要求重复提交。支持各地探索以互联网、手机APP等方式，为行政相对人提供在线办理、进度查询和文书下载打印等服务。

本通知自发布之日起执行，有效期5年。各地可结合实际，制订实施细则。

自然资源部
2019年9月17日

重庆市人民政府关于印发重庆市深化工程建设项目审批制度改革实施方案的通知

渝府发〔2019〕25号

各区县(自治县)人民政府,市政府各部门,有关单位:

现将《重庆市深化工程建设项目审批制度改革实施方案》印发给你们,请认真贯彻执行。

重庆市人民政府

2019年10月8日

重庆市深化工程建设项目审批制度改革实施方案

为认真落实党中央、国务院关于深化“放管服”改革和优化营商环境的部署,深入贯彻《国务院办公厅关于全面开展工程建设项目审批制度改革的实施意见》(国办发〔2019〕11号)精神,结合我市实际,制定本方案。

一、总体要求

(一)指导思想。以习近平新时代中国特色社会主义思想为指导,深入学习贯彻党的十九大和十九届二中、三中全会精神,全面贯彻落实习近平总书记对重庆提出的“两点”定位、“两地”“两高”目标、发挥“三个作用”和营造良好政治生态的重要指示要求,坚持以问题为导向、以企业和群众满意度为评判标准,充分发挥先行先试优势,在2018年改革试点的基础上,聚焦改革中的难点、堵点和卡点,着力减时限、减程序、减费用,补齐短板、增添措施、大胆创新、完善机制,深化全市工程建设领域审批制度全流程、全项目、全事项改革。

(二)主要目标。在巩固政府投资项目审批时间80个工作日以内、一般社会投资项目50个工作日以内改革试点工作成果的基础上,推动审批流程再优化、审批环节再精简、审批时限再压缩,全面提升企业与群众办事便捷度和满意度。

到2019年底,进一步优化审批流程,取消和合并部分审批事项,精简同一部门强相关事项内审环节,根据项目类型精准定制全市统一的项目审批流程图,确保申报事项和材料再精减20%以上;进一步优化审批系统,按照“横向到边、纵向到底”的原则,全方位改造升级工程建设项目审批管理系统,打通市级各部门、各区县(自治县,以下简称区县)业务系统与审批系统的数据接口,构建完善的工程建设项目审批管理信息数据平台;进一步优化审批管理体系,实现全市"一张蓝图"统筹生成项目,"一个窗口"接件、出件率100%,"一张表单"落实率100%;优化监管方式,全面加强事中事后监管力度,改进督查考核问效方式,引入第三方评估,全面监测改革效能。到2020年底,形成便捷、高效的工程建设项目审批和管理体系。

二、统一审批流程

(三)细化项目类别。在一般社会投资工程建设项目、小型社会投资工程建设项目、带方案出让土地工程建设项目、一般工业建设项目、一般政府投资房屋建筑和市政工程建设项目、政府投资线性市政工程建设项目等6类工程建设项目基础上细化审批分类,将加装电梯、装饰装修等只需进行部分审批流程的工程建设项目单列一类管理。

(四)精简审批事项。取消建设工程勘察设计招标情况备案。取消水利工程招标限价审查、施工合同备案、验收质量结论核备、出具质量监督报告环节。对列入国家和市级发展规划、专项规划的政府投资项目,取消项目建议书审批。在已批准的划拨建设用地范围内的改扩建工程项目,不再办理相关用地批准手续。大中型水利工程征地移民安置大纲审批和水利水电工程建设征地移民安置规划审核合并办理。将人防工程质量监督报监由建设单位申报调整为部门主动服务。

(五)优化审批环节。以出让方式取得国有土地的,在签订国有建设用地使用权出让合同后,同步核发建设用地规划许可证。用地预审意见可以作为使用土地证明文件申请办理建设工程规划许可证。取消规划方案预审环节,建设工程规划许可与规划设计方案审查一并办理,规划设计方案审查通过后即核发建设工程规划许可证。简化社会投资的中小型工程建设项目审批,对带方案出让土地的项目,不再对设计方案进行审核,将工程建设许可和施工许可合并为一个阶段。将风电、印刷线路板等建设项目环境影响评价文件审批权限下放至区县。

(六)深化区域评估。出台节能、文物影响、建设项目安全等区域评价标准。已实施区域整体评估的,政府有关部门应在土地出让或划拨前告知建设单位相关建设要求。已实施整体评估区域内的工程建设项目,对环境影响评价、地震安全性评价、地质灾害危险性评价、压覆重要矿产资源评价、建设项目安全条件评价等审批事项采用告知承诺方式办理;绿化方案评价、文物影响评价、气候可行性论证、节能评价等审批事项可申请直接使用区域整体评价成果。各区县政府2019年底前完成本行政区域内现有产业园区的区域整体评价,并将评价成果向社会公开。

(七)优化联合验收。优化联合验收方式和流程,统一竣工图纸和验收标准。工程竣工验收阶段,建设单位依法组织自查验收,项目达到验收条件后向牵头部门申请联合验收,统一提交申请资料,统一组织现场联合勘验。有关部门分别出具现场验收结论意见,由牵头部门汇总出具联合验收意见书。需整改的,有关部门一次性告知整改要求,在建设单位完成整改后限时进行复验。建设单位凭联合验收意见书及各专项验收批准文件办理竣工验收备案手续。

三、完善审批系统

(八)推动审批系统全覆盖。按照“横向到边、纵向到底”原则,加快实现各行业部门业务的电子化,进一步优化工程建设项目审批平台与各行业业务系统的数据接口,全面实现“网络通、数据通、业务通”,市区两级审批数据实时共享。按照国家审批系统建设标准,进一步优化“多规合一”业务协同、在线并联审批、统计分析、效能监管等功能。对照全国统一的审批服务事项清单和审批流程图,结合我市实际,形成全市统一的审批事项名称、申请材料清单和审批流程,纳入审批系统一体化、规范化运行。建立工程建设项目效能监管系统,跟踪审批事项办理进度和项目状态,即时预警纠错,实现对工程建设项目“全项目、全流程、全事项”监管。

四、健全管理体系

(九)深化“一张蓝图”。以现有“多规合一”规划成果为基础底图,整合专业专项规划和区域评估成果,落实生态保护红线、永久基本农田保护红线,进一步完善“一张蓝图”数据图层,2019年底前完成全市所有区县控规整合成果审定并纳入“一张蓝图”,建立“一张蓝图”数据动态更新机制。制定全市“一张蓝图”统筹项目实施工作规程,明确市级各部门职责分工、工作流程、工作内容和监督办法,持续策划生成项目。将节能评价、环境影响评价、地质灾害危险性评估、地震安全性评价、水土保持方案等区域整体评价成果纳入“多规合一”业务协同平台应用,在项目策划生成阶段由行业主管部门提出审批要求。将涉及空间利用的社会投资项目和一般政府投资项目纳入“多规合一”平台,落实项目空间范围、规划控制指标和行业管控要求,确定建设、出让条件,实现工程建设项目在“一张蓝图”上生成、在“一张蓝图”上审批。

(十)提升“一个窗口”。优化工程建设项目审批服务大厅,统一设立立项用地规划许可、工程建设许可、施工许可、竣工验收综合窗口,各阶段统一接件、出件。制定大厅建设指导标准和“一窗受理”工作规程,落实“一枚印章管审批”。完善市工程建设项目审批服务大厅的管理运行体制机制,设置市工程建设项目审批服务大厅的管理机构,进一步明确其统筹指导、监督全市“一个窗口”运行的职责。鼓励为申请人提供工程建设项目审批咨询、指导、协调和代办等服务,提高申报通过率。

(十一)优化“一张表单”。进一步理顺事项间的逻辑关系,准确划分顺序办理和并行办理事项。进一步精简申报材料,取消重复提交的材料,统一规范表单中相近要素和申报材料中相同性质材料的名称,推行申请材料、审批结果(文书、证照)、中介成果的标准化。每个阶段均实行“一份办事指南、一张申请表单、一套申报材料”的运行模式。

(十二)完善“一套机制”。建立健全市区两级领导机制和协调机制,健全“分级负责、统一监管”的行政审批效能监管体系,开展“日扫描、周调度、月通报、季分析、年考评”,对审批全过程监测分析、跟踪督办。建立审批改革公开制度,全面公开工作方案、工作进度和审批结果。

五、优化监管方式

(十三)强化事中事后监管。建立与工程建设项目审批制度改革相适应的事中事后监管体系。全面推行“双随机、一公开”监管,对项目实施情况随机抽查,抽查工作全程留痕,执法结果全部公开。对于实行告知承诺制的事项，审批部门应当在规定时间内核查，对申请人未履行承诺的，依法依规撤销行政审批决定并追究其责任。

（十四）强化信用体系建设。构建“一处失信、处处受限”的联合惩戒机制，将存在违背承诺、发生重大工程质量安全事故、违法发包、转包、违法分包、拖欠工程款和农民工工资等重大失信行为的企业及相关人员纳入黑名单，在政府资金支持、政府采购、招投标、生产许可、融资贷款、市场准入、税收优惠、评优评先等方面予以限制。

（十五）提升市政公用服务。根据改革试点以来的市场反馈与社会评价，持续提升各行业服务水平。供水、供电、燃气、排水、通信等市政公用服务全部入驻审批服务大厅，实施统一规范管理，为建设单位提供“一站式”服务。巩固提前介入服务、主动告知服务等工作机制，在工程建设许可阶段同步将水电气讯等市政公用基础设施需求推送相关市政公用企业。将水电气讯等市政公用基础设施报装提前到开工前办理，在工程施工阶段完成相关设施建设，验收后直接办理接入事宜。实现水电气讯等市政公用服务办理数据与审批系统互联互通，保证市政公用服务的全事项、全流程纳入监管。进一步优化办理流程、压缩办理时限，营造良好服务环境。

（十六）规范中介服务。正式建成投运“中介超市”，为全市工程建设领域中介服务交易提供入驻登记、信息发布、公开选取、结果反馈、合同管理、服务评价、监督管理等“一站式”综合服务，对服务竞价、合同网签、成果评价和信用公示实施全过程在线监管。细化“中介超市”交易规则，公开收费标准，配套形成中介服务清单、交易细则、信用评价办法、交易合同范本等制度文件。

六、积极探索创新

（十七）建立“一本字典”。建立全市投资项目基础数据字典，将各审批部门的办理事项、申请材料、审批文件等进行要素化解构，建立一套全面完整的指标体系。以数据字典为基础进一步构建数据交换及应用规则，通过项目代码将各个阶段的要素指标自动归集、有序整合，从根本上解决重复申报、交叉审批、多头管理的问题，实现简材料、优流程、治数据的改革目标。

（十八）推进“多审合一”。探索推进建设用地审批和城乡规划许可“多审合一”，整合建设项目用地预审和规划选址。统筹建设用地供应管理和建设用地规划许可，以划拨方式取得国有土地的，探索将国有土地划拨决定书、建设用地批准书和建设用地规划许可证合并办理。

（十九）合理调整施工许可范围。根据住房城乡建设部关于施工许可管理的规定，在充分论证的基础上合理调整必须办理施工许可证的工程范围，促使管理规定能够更加适应市场需求，为市场主体减负，促进企业发展。

（二十）优化施工图审查。进一步推进施工图设计文件联合审查。探索缩小施工图审查范围，对建筑面积1000平方米以下的装修工程、房屋建筑工程（涉及高切坡、深基坑、高填方的除外）不再强制要求开展施工图审查。严格控制施工图审查内容，重点审查涉及工程建设强制性标准、地基基础和主体结构安全、消防安全、人防工程防护安全、绿建节能标准的内容。加快实行告知承诺制，探索推行设计单位自审责任制，落实设计单位人员终身负责制。实行施工图无纸化申报及数字化审查，实现施工图审查在线监管。

(二十一)推进"多测合一"。将建设工程竣工验收所涉及的规划核实测量、人防核实测量、消防核实测量以及产权登记涉及的房产测绘、地籍测绘等多项测绘业务合并为一个综合性联合测绘事项，实行"一次委托、联合测绘、成果共享"，不得要求建设单位和个人多次提交测绘成果。

(二十二)探索推广"标准地+承诺制"。在完成相关区域评估基础上，对有条件的工业项目推行"标准地+承诺制"，建设单位事前事中承诺兑现指标，明确违约责任，启动项目建设。同时加强事后监管，建立"标准地"企业承诺信用评价管理机制和严重失信名单制度。

(二十三)优化水利工程审批。优化中型水库停建通告审核等政府内部事项审批流程。将水利工程建设项目由2类细分为大中型水源工程、小型水源工程、长江干流及中小河流防洪工程、大型灌区续建配套工程、除险加固工程、社会投资大中型水利工程等6类，分类制定审批流程图，将审批时限压缩为45至80个工作日。

七、加强组织实施

(二十四)强化组织领导。市工程建设项目审批制度改革试点工作领导小组更名为市工程建设项目审批制度改革工作领导小组(以下简称领导小组)，负责组织协调和督促指导改革工作；领导小组办公室设在市住房城乡建委，负责牵头推进改革任务，对本方案各项改革任务分解落实到各区县政府和市级有关部门，定期向住房城乡建设部报告改革进展情况。市级有关部门要密切配合，形成改革合力。各区县政府全面负责本区县工程建设项目审批制度改革工作，成立由主要负责同志任组长的工作小组，明确牵头部门，分解落实责任，积极协调解决改革中遇到的困难和问题，每月向领导小组办公室报送改革进展情况。市级有关部门和各区县政府要为改革工作提供资金、人员和物资保障，推动改革措施顺利落地。

(二十五)强化督导检查。以市场主体和群众实际感受为主要评价标准，构建多维度评价体系。领导小组办公室要切实加强效能监管，每日扫描工作进展情况，形成问题清单，反馈责任单位限期整改；每周汇总问题清单，形成台账，跟踪有关工作后续推进情况。市政府督查办全程介入，定期开展督查督办，对问题整改不力的予以通报批评。创新监督方式，选取企业和项目定点监测审批情况，引入第三方评估机构对改革成效进行系统评估。督查督办情况和第三方评估结果纳入市级党政机关目标管理绩效考核和区县经济社会发展考核。

(二十六)加强指导培训。市级有关部门加强对区县的业务指导，及时协调解决审批制度改革过程中出现的困难和问题，打通工程建设项目审批流程的堵点、卡点。各区县要加大培训力度，按照优化后的审批服务模式对窗口和办事人员进行培训，把标准化、智能化、信息化作为重要培训内容，切实提高服务意识、业务能力和办事效率。

《重庆市人民政府关于印发重庆市工程建设项目审批制度改革试点实施方案的通知》(渝府发〔2018〕43号)有关内容与本方案不一致的，以本方案为准。

重庆市人民政府办公厅关于印发重庆市主城区“四山”保护提升实施方案的通知

渝府办〔2019〕14号

主城各区人民政府，市政府有关部门，有关单位：

《重庆市主城区“四山”保护提升实施方案》已经市政府同意，现印发给你们，请认真贯彻执行。

重庆市人民政府办公厅

2019年7月1日

重庆市主城区“四山”保护提升实施方案

缙云山、中梁山、铜锣山和明月山（以下简称“四山”），纵贯主城南北，是重庆主城区重要的生态屏障。为切实加强对“四山”的保护和管理，加快建设山清水秀美丽之地，根据《重庆市城市提升行动计划》，制定本方案。

一、总体要求

（一）指导思想。

以习近平新时代中国特色社会主义思想为指导，深入学习贯彻党的十九大和十九届二中、三中全会精神，全面贯彻落实习近平总书记对重庆提出的“两点”定位、“两地”“两高”目标、发挥“三个作用”和营造良好政治生态的重要指示要求，增强“四个意识”、坚定“四个自信”、做到“两个维护”，认真践行习近平生态文明思想，坚决落实党中央、国务院决策部署，学好用好绿水青山就是金山银山“两山论”，走深走实产业生态化、生态产业化“两化路”，统筹山水林田湖草系统治理，着力实施“四山”自然保护和生态修复，优化空间布局，完善功能配套，加强历史文化保护和利用，推动生产生活方式绿色转型。

（二）工作原则。

严格保护，全面管控。突出“四山”自然风貌和历史文化特色，坚持全域管控与项目管理并重，全方位保护“四山”自然人文环境。

生态优先，绿色发展。坚定不移走生态优先、绿色发展之路，坚持生态惠民、生态利民、生态为民，着力改善“四山”管制区原住民基本生活条件，努力实现生态美与百姓富的有机统一。

问题导向,重点突破。针对群众关心、社会关切的问题,抓重点补短板强弱项,分类制定措施,加快制度创新,强化制度执行,为建设山清水秀美丽之地作出贡献。

市级统筹,属地负责。按照属地管理、分级负责的原则,建立“林长制”,强化市级统筹管理,落实属地主体责任,强化部门分工协作、共同发力。

(三)工作目标。

按照“干五年、看十年、谋划三十年”的总体思路,着力实施“四山”保护提升工作,保护、修复“四山”自然人文环境,营造“山在城中、城在山中”的和谐画卷。

2019年全面开展“四山”违法建设清除和整治工作,完成“四山”自然生态资源和历史人文资源本底调查,完成缙云山国家级自然保护区生态环境集中整治,启动山水林田湖草系统修复治理。

到2020年,基本完成“四山”违法建设清除和整治工作,完成约8.9平方千米废弃矿山环境恢复治理,实施营造林约40万亩,完成南山—黄山、黄桷垭及涂山传统风貌区的保护修缮利用,建成南山等一批城市山地生态公园。

到2022年,全面完成“四山”违法建设清除和整治工作,山水林田湖草系统治理成效明显,生态系统得到有效修复,“山青、水秀、林美、田良、湖净、草绿”的“四山”自然环境基本形成,历史人文价值得以彰显。

到2035年,“四山”生态保护、绿色发展全面实现,自然环境与城市风貌相得益彰,山、城、人和谐相融,生态治理与经济发展良性互动,实现“绿水青山就是金山银山”。

二、工作任务

(一)着力完善“四山”各类国土空间规划。

切实加强规划统筹,全面梳理“四山”自然人文资源本底,完善“四山”各类国土空间规划,实施最严格的生态空间管控,科学合理利用“四山”资源。

1.明确功能定位。“四山”总体定位为“城市绿肺、市民花园”,重点突出自然、人文、民生、休闲四大功能。突出自然功能,按照“尊重自然、保护自然、顺应自然”的要求,恢复“四山”自然生态系统。突出人文功能,坚持自然生态与历史人文相互融合,推进“四山”历史文化资源保护修缮,讲好重庆故事,弘扬巴渝文化。突出民生功能,构建“四山”生态环境服务惠民体系。突出休闲功能,倡导绿色生产生活方式,提供更多绿色生态的公共活动空间,满足高品质生活需要。(责任单位:市政府有关部门,主城有关区政府;以下责任单位均含主城有关区政府,不再列出)

2.明确管控边界。根据国家关于国土空间规划“三区三线”划定原则和管控要求,整合各类规划生态空间管控要素,解决生态空间管理范围交叉重叠问题,划定“四山”管制区生态保护红线、永久基本农田和城镇开发边界,实施更为严格、更有针对性的分区管控制度。(责任单位:市规划自然资源局、市生态环境局、市林业局、市城市管理局)

3.明确管控路径。主城有关区政府要认真制定本行政区域内“四山”保护提升实施方案,梳理“四山”自然、人文、建设本底情况,统筹人口结构与产业转型的关系,认真制定相关专项工作方案。市政府有关部门加强统筹指导,强化源头管控,严格按照“四山”管控要求,对已研究论证确定的开发建设

项目，应制定详细规划、村规划等各类专项规划，经依法批准后办理相关审批手续。（责任单位：市政府有关部门）

（二）着力推进“四山”违法建设综合整治。

统筹抓好“大棚房”、违建别墅专项清理整治，“四乱”专项整治等工作，严肃整治在“四山”范围内违法建设“别墅”“度假村”“私家大院”等乱搭乱建行为，依法依规处置存量问题，坚决管住新增问题，恢复山体的自然景观和生态功能。

1.全面清理核实违法建设。以缙云山国家级自然保护区生态环境综合整治为突破口，举一反三，全面清理“四山”违法建设情况，对违法建设位置（与各类自然保护地的空间关系）、违法占地面积及权属、用途等信息进行清理核实和勘测定界，建立矢量数据库、明细台账和分类汇总表，为存量违法建设综合整治提供基础数据支持。（责任单位：市规划自然资源局、市林业局、市城市管理局）

2.实施违法建设分类处置。以保护自然生态、提升群众满意度为目的，按照先易后难、突出重点、确保安全稳定的原则，根据违法主体、建设时间、用途、管制区域、土地性质、房屋安全和生态景观影响程度，结合实际，采取依法拆除、保留提升等方式进行分类处置。

对违反自然保护地有关法律法规和“四山”保护提升要求的工矿企业、商业设施、改变用途的农业及林业设施、拆除超建部分不影响其余房屋结构安全的超建农房，以及影响“四山”风貌和生态环境的其他违法建设，应予依法拆除并同步实施生态环境恢复治理，确保拆除一处植绿一处；对符合“四山”保护提升要求的工矿企业、旅游服务设施、因房屋结构安全原因无法拆除超建部分的超建农房、因建筑安全隐患不能拆除或拆除后损失较大的公共公益基础设施等违法建设，可予以保留或局部拆除后实施提档升级。（责任单位：市规划自然资源局、市林业局、市城市管理局）

3.强化违法建设整治组织工作。主城有关区政府是“四山”违法建设整治的责任主体，市规划自然资源局会同市生态环境局、市城市管理局、市文化旅游委、市农业农村委、市林业局等部门按照各自职责做好政策指导、督促检查等工作。（责任单位：市规划自然资源局、市生态环境局、市城市管理局、市农业农村委、市文化旅游委、市林业局、市住房城乡建委）

（三）着力推进自然生态资源保护。

按照“四山”分区管制要求，实施全域全类型保护，加强森林资源保护、水资源保护、特色农地资源保护、生物多样性保护，促进生态系统自然恢复。

1.森林资源保护。加强“四山”林地保护管理，严格林地规划管控、用途管制，严格执行林地审核审批制度，强化森林采伐管理，全面停止天然林商业性采伐；建设主城“四山”林火智能监控系统，完善林火阻隔系统、消防水池、防火宣传教育设施设备等基础设施建设；建立林业有害生物监测预警、检疫御灾、防灾减灾体系，加强以松材线虫病为重点的危险性林业有害生物防控；加大林业执法力度，严厉打击破坏林地、森林、湿地和野生动植物资源等违法行为，保护森林资源安全。（责任单位：市林业局）

2.水资源保护。加强对“四山”河流、溪沟、湖泊、水库、暗河等水资源保护，重点对渝北区、北碚区海底沟，北碚区北温泉—大地坝，渝北区张家湾—小塘、黄家湾—五间房，渝北区陈家湾—大石盘，巴南区界石—回龙湾等地下战略后备水源地划定保护范围，建立完善水质监测网络；对沙坪坝五彩池、云泉池(虎峰小九寨)及特色矿坑水体等采取适度的人工措施,消除安全隐患,有效保护和利用,最大限度维持自然原生态景观;制定完善工程建设破坏水环境防治制度,以资源环境承载力和开发建设适宜性评价为基础,充分运用水文地质评价结果,防止对水资源造成新的破坏。(责任单位:市生态环境局、市住房城乡建委、市规划自然资源局、市城市管理局)

3.特色农地资源保护。加大对“槽上萝卜”“静观小米”“巴南银针”“缙云甜茶”等特色农产品基地及山地沟田、梯田的保护力度,保护好巴渝特色自主品牌农产品优势区的田土资源。(责任单位:市农业农村委)

4.生物多样性保护。开展“四山”生物多样性普查,加强对自然保护区等生态功能区域的保护和规范化管理,采取建设生物廊道、珍稀特有物种保育、生物多样性监测监管等措施,逐步恢复受损森林环境,维护生物多样性,重点实施缙云山生物多样性保护工程,开展缙云黄芩、中华秋沙鸭等野生动植物监测和拯救保护行动。(责任单位:市林业局、市生态环境局、市城市管理局)

(四)实施山水林田湖草生态保护修复。

将“四山”生态保护修复作为国家山水林田湖草试点工程的重要内容,着力实施矿山综合治理、水环境系统修复、国土绿化提升、土地综合整治等生态修复工作。

1.实施区域生态系统治理。开展缙云山片区生态系统修复整治,对缙云山自然保护区核心区和缓冲区原住民实施生态搬迁,对约17万平方米拆除和搬迁区域面积开展生态修复,对受损山体和污染退化土地进行治理修复,对缙云山森林开展封育保护、特色自然资源保护和生态系统修复。开展铜锣山—铜锣峡片区20余处约38平方千米塌陷坑生态系统修复整治,对铜锣山国家矿山公园地质遗迹实施保护并开展次生灾害防治、矿坑水环境保护修复,对废弃地开展复绿、治污和植被恢复和森林抚育,提升废弃地森林覆盖率和生态功能。开展中梁山片区生态系统修复整治,重点治理180余处塌陷坑,修复地表泉、井,对塌陷区与拆迁废弃区开展综合修复保护,加大优质矿泉水和特色农田基地保护力度。开展明月山片区生态系统修复整治,加大区域内安澜鹭类市级自然保护区、张关水溶洞的保护力度,对自然保护区核心区、缓冲区以及具有重要生态功能的区域实施封育保护,严控人类工程活动,重点保护区域内珍稀植物、野生动物栖息地。(责任单位:市规划自然资源局、市林业局、市生态环境局、市水利局、市城市管理局、市农业农村委)

2.实施矿山修复整治。推进矿业权有序退出,“四山”范围内不再新设矿业权,对已设采矿权进行分类处置,无法通过调整矿区范围线退出生态保护红线的采矿权(地热、矿泉水除外)应退出;其余保留的采矿权在依法履行矿山地质环境治理恢复与土地复垦义务后,按绿色矿山建设标准达标入库;采矿权合同到期后不再续签,探矿权逐步有序退出。推动废弃矿山环境恢复治理,以自然恢复为主,辅以生态化工程治理复绿、复耕等手段,优先在中梁山、铜锣山等重点区域开展试点,有序推进“四山”8.9平方千米废弃矿山及废弃地块的治理修复。(责任单位:市规划自然资源局、市林业局、市生态环境局)

3.实施水环境修复治理。修复地下水环境,对缙云山、中梁山和铜锣山等地下水漏失问题严重的典型区域开展地下水环境现状普查,实施地下水环境修复治理;针对穿山隧道、采煤沉陷区等重点区域制定治理修复实施方案,完成中梁山区域地下水漏失治理试点工作;建立完善地下水监测体系,实现实时监控。整治地表水环境综合,采取农田尾水生态净化、构建多塘湿地系统、控制库周污染、库周面山绿化等措施,加强“四山”农田面源污染治理和库塘整治;通过产业结构调整、污水管网建设、农村垃圾收集与转运工程建设等方式,开展“四山”城镇农村工业、生活污染治理;通过水源地污染源治理、实施生态清洁小流域治理、配置植被带等措施,落实水源地保护;开展“四山”重要湖库保护修复,确保湖库水质达标。(责任单位:市生态环境局、市住房城乡建委、市林业局、市规划自然资源局)

4.实施“四山”森林绿化。扩大植被覆盖水平。对“四山”坡度在25度以上的坡耕地实施退耕还林3万亩,对疏林地实施人工促进封山育林和对未成林地实施补植管护4万亩,对宜林荒山和无立木林地实施人工造林1万亩,在“农村四旁”植树4万亩,实施森林抚育约32万亩。结合农业种植结构调整,在15—25度坡耕地大力发展特色经济林;通过退耕还林还草、疏林地补植补播、宜林荒山荒地工程造林、“农村四旁”植树等造林绿化工程,提高植被覆盖水平,逐步培育健康稳定优质的森林。优化提升森林品质。按照近自然森林培育理念,依托自然特色,依法有序开展人工纯林、低效林改造,进一步体现季相、林相、色相等多重效果;对疏林地及未成林地实施人工促进封山育林等措施,逐步将现有森林培育成健康稳定优质森林;通过补植优良景观树、彩叶树种、防火树种等,提升森林生态系统的层次感、多样性、观赏性和稳定性。(责任单位:市林业局、市农业农村委)

5.农村土地综合整治。按照生态化、景观化、精细化的要求,因地制宜推进“四山”农村土地综合整治,按照宜耕则耕、宜林则林、宜草则草原则,实施“四山”农村建设用地复垦,探索多元化、市场化生态补偿的新路径。实施工矿废弃用地功能置换,用好用活地票政策,盘活农村土地资产。修复治理退化土地,开展水土流失和石漠化治理。(责任单位:市规划自然资源局、市水利局、市发展改革委、市农业农村委、市林业局、市生态环境局)

(五)着力抓好“四山”文化保护和传承。

立足“四山”自然人文资源特点和现状问题,保护和传承“四山”历史文化,引导“四山”生态文旅融合发展。

1.开展“四山”文化资源普查。梳理“四山”历史人文家底,排查出具有保护价值的文化文物资源,完成“四山”历史建筑认定和历史文化街区划定等资源普查评定工作,建立“四山”重点人文资源保护名录,收集整理具有地域文化特色的诗词歌赋及历史文化故事等文字资源。(责任单位:市文化旅游委、市规划自然资源局、市城市管理局)

2.推进历史文化资源保护修缮。对“四山”范围内3个传统风貌区、50余处各级文物保护单位、9处历史建筑及其他特色历史环境要素进行保护和修缮,加强对“四山”宗教寺院、名人旧居公馆、外国机构历史遗迹的保护,实施南山—黄山传统风貌区、黄桷垭及涂山传统风貌区保护利用修缮工程。(责任单位:市文化旅游委、市规划自然资源局、市城市管理局)

3.传承历史文脉弘扬优秀文化。探寻挖掘“四山”特色历史文化底蕴和内涵,利用重庆山城步道特色品牌,有效串联和对接散落在主城“四山”各个区域的重要历史文化资源,统一规划和打造歌乐山至磁器口,南山—黄山、黄葛古道至慈云寺—米市街—龙门浩的历史文化风貌展示带。加快推进缙云山巴渝民宿项目建设,保护和传承有价值的历史文化风貌,力争再现“巴渝十二景”中“歌乐灵音、缙岭云霞、云篆风清、华蓥雪霁、桶井峡猿”等“四山”景观。(责任单位:市文化旅游委、市住房城乡建委、市规划自然资源局、市林业局)

(六)着力做好“四山”民生保障。

坚持“保护自然、保障民生”方针,有序推进“四山”生态移民搬迁,重点开展乡村环境改善提升,完善乡村基础配套设施,保障原住民和生态移民基本生活需要。

1.改善提升城镇环境。以南山街道、歌乐山街道、山洞街道、中梁镇、玉峰山镇、澄江镇等街镇为重点,开展“四山”城镇环境风貌改造提升工作;对城镇开发边缘与林地、农田等自然生态要素之间的空间环境进行整治和修复,减少人工痕迹,避免城镇建设无序蔓延;采取生态化措施美化、绿化、亮化上山下山道路,形成特色景观带和风景轴。(责任单位:市城市管理局、市住房城乡建委、市交通局)

2.改善提升乡村环境。加强乡村环境改善提升和美丽宜居乡村建设,重点对“四山”范围内低质无序建设的农家乐,包括“蓝屋顶”“彩钢棚”及建筑立面等进行整治;规整房前屋后、院坝池塘等环境;引导规范农作物种植,整体形成独具特色的大地景观风貌;实施农田基础设施改造,实现农村田园化、景观化;开展乡村道路路旁环境优化美化,全面提升乡村风貌。(责任单位:市农业农村委、市规划自然资源局、市城市管理局、市住房城乡建委)

3.完善乡村基础设施。进一步提升农村道路、水电等基础设施水平,加快建设“四好农村路”,完善乡村旅游停车设施;推进农村“厕所革命”,鼓励建设生态化卫生厕所;实施一批农村集中供水工程,解决农村人口饮水不安全问题;实施农村污水治理工程,完成村聚居点集中式生活污水处理设施建设;实施农村生活垃圾专项整治,推进“户集、村收、镇运、区域处理”模式;完善农村电网,通过线路改造、变压器增容等方式,提升“四山”农民用电质量和服务水平。(责任单位:市住房城乡建委、市城市管理局、市文化旅游委、市水利局、市交通局、市能源局)

4.改善提升景区环境。开展“四山”旅游景区卫生环境整治,尤其要加大景区水域环境卫生整治力度,严禁污染排放,全面提升景区水环境质量;建立设置合理、图形规范、风格统一、管护良好的景区标识系统;严格控制景区配套设施的油污、噪音以及白色污染等。(责任单位:市城市管理局、市文化旅游委、市生态环境局)

5.地质灾害综合防治。优先整治“四山”范围内危及人口集中区、重要交通干线的重大地质灾害隐患点,重点实施缙云山自然保护区嘉陵江段危岩带综合治理项目;采取工程治理、搬迁避让、监测预警等措施,有效防治危岩崩塌、地面塌陷、地裂缝等地质灾害。“四山”范围内新建穿山隧道、大型市政管廊等由项目业主同步开展无害化设计、施工,已造成工程性破坏的要积极开展修补工作。(责任单位:市规划自然资源局、市住房城乡建委)

6.有序实施生态移民搬迁。合理控制“四山”范围内人口规模,对自然保护区核心区、缓冲区、地质灾害隐患区域人口实施逐步搬迁;在尊重农民意愿的前提下,探索通过有偿退出或参股等市场化方式,实现生态移民;鼓励搬迁农民因地制宜发展绿色农副产业,实现搬得出、稳得住、能致富。(责任单位:市农业农村委)

（七）着力加强“四山”建设管控。

坚持“共抓大保护、不搞大开发”方针，对“四山”建设用地总量进行控制，以现有建设用地总量为基数，做好减量工作；规范“四山”开发建设行为，加强建筑、景观风貌管控，实现“四山”资源合理有度利用。

1.严控建设总量。主城“四山”范围内现状建设用地按照总规模只减不增的原则，严格控制建设开发行为。未建设区域进一步优化建设用地功能结构，不再规划新增居住用地；已出让未实施的项目，按照“降容量、控高度、提品质”的思路开展清理工作，严格执行减量要求，加强建筑高度、风貌的规划管控；符合管控要求的项目加快实施并优先恢复生态功能；农村集体建设用地和建筑可以按照有关规定发展精品民宿等高品质配套设施。（责任单位：市规划自然资源局、市住房城乡建委）

2.严格项目准入。主城“四山”范围内城镇开发边界内的建设用地，包括城镇建设用地、村庄建设用地、其他建设用地（H9），以保护和恢复生态环境、自然景观为主，严把项目准入关，适度发展文化休闲、养生养老和乡村旅游功能，严禁新增住宅类房地产开发项目，其中其他建设用地（H9）和集体土地上的建设项目也应参照城市建设的标准，高水平、高标准建设。主城“四山”管制范围实施严格保护控制，除排危抢险、村民自用住房、重大基础设施、军事设施、重要的公益性设施、必要旅游配套设施和因生态环境保护、风景名胜资源保护、文物保护需要建设的外，禁止各类房地产开发建设活动。（责任单位：市规划自然资源局、市发展改革委、市生态环境局、市住房城乡建委、市城市管理局、市交通局、市水利局、市农业农村委、市文化旅游委、市林业局）

3.提升建筑品质。“四山”地区的建筑风貌应突出地域特色，对建筑形态、建筑高度、风格色彩等作出规定，做到与山体景观、山林风貌相协调；因地制宜、依山就势地进行建筑布局，严禁平山填坑、毁林建房、大开挖和大规模场地平整及连片建设，突出“大保护、微开发、巧利用”，形成建筑掩映在自然环境中的效果；严格控制各类新建建筑和构筑物高度，不得遮挡山脊线、森林树冠和崖壁景观，以树为参照，原则上不超过12米，文化旅游、瞭望观察、军事设施等特殊建构筑物高度确需突破的，应开展专题论证；倡导绿色出行，保障公共交通出行需求，适度调减建设项目停车位配建标准；加强“四山”山麓区域建设管控，留足观山观景视线廊道，防止“建筑围山”。（责任单位：市规划自然资源局、市住房城乡建委）

（八）积极推进“四山”产业生态化、生态产业化。

加强“四山”范围内优质农林产品有效供给，发挥“四山”绿色产业功能，持续巩固“四山”生态建设成果，实现生态保护与绿色产业共融共生，大力推动产业生态化、生态产业化。

1.实现农林产业高质量发展。依托“四山”自然资源禀赋，适度发展“四山”特色农林产业，引导发展以水果、蔬菜、花卉苗木为重点的都市农业，大力发展农产品精深加工，传承乡村传统手工艺，加大特色农产品的推广。（责任单位：市农业农村委、市林业局）

2.统筹旅游业发展升级。充分发挥“四山”生态资源优势，挖掘提升一批“四山”精品景区，提升“四山”景观品牌效应；依托“四山”特色产业，发展特色乡村旅游，推动“温泉+”新业态发展；依托“四山”矿山资源，高标准规划建设江合煤矿、渝北铜锣山国家地质矿山公园和中梁山“地心之旅”等项目。

(责任单位:市文化旅游委、市农业农村委、市规划自然资源局)

3.建设山地生态公园。结合“四山”风景名胜区、森林公园、郊野公园、景区等旅游资源,统筹整合主城各区休闲游憩项目,科学合理布局山地生态公园,从严控制公园内机动车道、停车场、游乐设施、人造景观等旅游服务设施,科学合理建设公园观景平台、风景游憩道、观光索道、游客集散中心等服务配套设施,开展南山山地生态公园试点示范,探索形成可复制推广的经验。(责任单位:市文化旅游委、市城市管理局、市规划自然资源局、市林业局、市住房城乡建委)

4.建设“四山”山林步道。规划建设7条约224千米山林步道,丰富步道沿线自然观赏、生态科普、文化体验、历史教育和休闲健身等功能,布局山林驿站及登山入口,连接城市腹地,方便市民登山游憩。(责任单位:市住房城乡建委、市规划自然资源局、市文化旅游委、市林业局)

5.完善公共交通体系。优化“四山”道路交通组织,构建绿色低碳的公共交通体系,根据各段山脉的地形和功能特征,设计特色旅游线路,完善山上山下步行系统,引导公共交通出行,倡导电动观光车接驳,探索其他特色山地交通方式,提供便捷丰富、无缝对接的交通体验,提高“四山”的可入性、可达性。(责任单位:市交通局、市文化旅游委、市城市管理局、市规划自然资源局)

三、保障措施

(一)加强组织领导。

在市城市提升领导小组主城区“四山”保护提升专项小组领导下,主城有关区政府、市政府有关部门和单位统筹推进“四山”保护提升有关工作。按照《重庆市开展林长制试点方案》,设立市总林长,实行“一山设一长、一长一办公室”工作指挥协调机制。涉及重大问题提交市城市提升领导小组主城区“四山”保护提升专项小组研究解决。

(二)强化属地责任。

主城有关区政府是主城“四山”保护提升工作的责任主体,具体负责组织实施“四山”保护提升工作;要统筹整合规划自然资源、生态环境、城市管理、交通、文化旅游等部门的执法力量,统一对“四山”保护提升实施综合执法。

(三)完善制度保障。

依据《重庆市“四山”地区开发建设管制规定》(重庆市人民政府令第204号),开展“四山”违法建设分类处置、“四山”建筑风貌规划设计导则等专项研究工作,推动出台《重庆市“四山”地区自然资源和生态保护条例》,提升“四山”保护法治化水平。

(四)加强资金保障。

主城各区政府要加大对“四山”保护提升工作的资金投入,市、区级财政按照事权和支出责任合理安排专项配套资金,用好国家专项奖补资金,积极鼓励社会资本参与。

(五)加强宣传报道。

主城各区政府要充分利用报刊、电视、广播、网络等媒体,对“四山”保护提升工作进行宣传报道,引导市民积极参与,营造良好的舆论氛围。

重庆市人民政府办公厅关于印发重庆市农村集体产权制度改革试点方案的通知

渝府办发〔2019〕95号

各区县(自治县)人民政府,市政府有关部门,有关单位:

《重庆市农村集体产权制度改革试点方案》已经市政府同意,现印发给你们,请认真贯彻执行。

重庆市人民政府办公厅

2019年8月30日

重庆市农村集体产权制度改革试点方案

为深入贯彻落实《中共中央国务院关于坚持农业农村优先发展做好"三农"工作的若干意见》和《中共中央国务院关于稳步推进农村集体产权制度改革的意见》(以下简称《意见》)等文件精神,推进我市农村集体产权制度改革提速、扩面,按照中央农村工作领导小组办公室、农业农村部关于扩大农村集体产权制度改革试点工作的安排,结合我市实际,制定本方案。

一、总体要求

以习近平新时代中国特色社会主义思想为指导,深入学习贯彻党的十九大和十九届二中、三中全会精神以及中央经济工作会议、中央农村工作会议精神,全面贯彻落实习近平总书记对重庆提出的"两点"定位、"两地""两高"目标、发挥"三个作用"和营造良好政治生态的重要指示要求,紧紧围绕实施乡村振兴战略,认真落实中央脱贫攻坚专项巡视反馈意见整改要求,以完善农村基本经营制度为前提,以加快推进农村集体资产清产核资和集体经营性资产股份合作制改革为重点,聚焦管好用好农村集体资源资产、维护好农民合法权益、增加农民财产性收入等目标任务,加快推进农村集体产权制度改革,有效盘活农村集体资源资产,发展壮大农村集体经济。

二、试点范围

本次农村集体产权制度改革试点为全市整建制推进。各区县(自治县)和万盛经开区(以下统称区县)要对照试点任务,结合本地实际分类组织实施。

(一)基本完成改革试点工作的巴南区、永川区、梁平区在赋予农民集体资产股份权能、发挥农村集体经济组织功能作用、多种形式发展农村集体经济、全面加强农村集体资产财务管理等方面进一步深化探索，力争在关键环节取得突破，形成可复制、可推广的改革经验。

(二)2018年被列为全国农村集体产权制度改革整县推进试点的万州区、黔江区、九龙坡区、渝北区、长寿区、江津区、合川区、綦江区、璧山区、铜梁区、潼南区、武隆区、云阳县、奉节县，对标中央要求，增添工作措施，加大工作力度，确保按期高质量完成试点任务。

(三)新开展试点的涪陵区、大渡口区、江北区、沙坪坝区、南岸区、北碚区、南川区、大足区、荣昌区、开州区、城口县、丰都县、垫江县、忠县、巫山县、巫溪县、石柱县、秀山县、酉阳县、彭水县、万盛经开区，结合试点工作安排和试点任务提出切实可行的工作方案，加快组织实施。

三、主要任务

以《意见》明确的改革任务为基本依据，重点抓好以下试点试验工作。

(一)按期高质量完成农村集体资产清产核资。按照农村集体资产清产核资工作程序、清理范围、权属确认、价值评估、账目调处等要求，全面清查核实集体资产。明确集体资产所有权，并确权到不同层级的农村集体经济组织成员集体。落实好政府拨款、减免税费等形成的资产归农村集体经济组织所有的政策。健全完善集体资产登记、保管、使用、处置等制度，实行台账管理。建立农村集体资产年度清查制度和定期报告制度，本轮清产核资结束后，以后每年末对资产增减变动情况进行清查核实，清查结果逐级审核上报。

(二)全面确认农村集体经济组织成员身份。按照《重庆市农村集体经济组织成员身份确认指导意见(试行)》(渝农发〔2018〕325号)要求，指导农村集体经济组织稳妥开展成员身份确认。各区县可结合实际，制定本区县农村集体经济组织成员身份确认的指导意见，明确政策底线、规范工作流程，建立健全农村集体经济组织成员备案制度。指导农村集体经济组织在群众民主协商基础上，制定成员身份确认的具体程序、标准和管理办法。加强农村集体经济组织成员确认工作监督，确保公开透明、规范有序。要注重保护外嫁女、入赘婿、现役义务兵、在校学生等特殊人群的合法权益。

(三)加快推进经营性资产股份合作制改革。在尊重农民意愿的前提下，将农村集体经营性资产折股量化到本集体经济组织成员，作为其参加集体收益分配的基本依据。在股权设置上，应以成员股为主，是否设置集体股由农村集体经济组织成员民主讨论决定。鼓励集体经济组织按照章程制度提取一定比例的公积金、公益金后，集体经济组织成员按股分红。设置集体股的农村集体经济组织需在章程中明确集体股收益的使用和监管制度，一般不再另外提取公积金、公益金。在股权管理上，量化到人确权到户，提倡实行不随人口增减变动而调整的方式。指导改革后农村集体经济组织制定完善章程制度、健全治理机制，防止少数人操控。

(四)赋予农民集体资产股份权能。积极探索赋予农民集体资产股份占有、收益、有偿退出及抵押、担保、继承等权能。建立集体资产股权登记、公示、鉴证等制度，把成员对集体资产股份的占有权落实到位。健全集体收益分配制度，有条件的农村集体经济组织，鼓励实行年度分红制度。结合实际确定农民集体资产股份有偿退出、继承的条件和程序，探索集体资产抵押贷款办法。维护进城落户农民土地承包权、宅基地使用权、集体收益分配权，引导其依法自愿有偿转让相关权益。

（五）发挥农村集体经济组织功能作用。按照农业农村部、人民银行、市场监管总局《关于开展农村集体经济组织登记赋码工作的通知》要求，做好改革后集体经济组织登记赋码工作。衔接做好农村集体经济组织办理公章刻制和银行开户等工作。强化农村基层党组织对集体经济组织的领导，推行村党组织书记通过法定程序担任村级集体经济组织负责人。进一步厘清农村集体经济组织与村民委员会的职能关系，实行村民委员会事务和集体经济事务分离。

（六）多种形式发展农村集体经济。实施好中央财政资金扶持壮大村级集体经济项目。稳步推进农村"三变"改革，2019年每个涉农区县新增2—3个村开展试点，在条件成熟的村推广改革经验。管好用好扶贫资金，支持贫困区县集体经济薄弱村发展，通过入股或参股等形式引入新型农业经营主体有效盘活集体资源资产。支持农村集体经济组织按照有关规定承接农田水利、机耕道路、土地整治、环境治理等基础设施的建设、运营和管护。支持农村集体经济组织开展生产、生活等经营性服务。支持通过托管服务等形式整合利用好组级集体资源资产。支持农村集体经济组织领办的农民专业合作社参与供销合作社、农民专业合作社、信用社"三社融合"发展。建立健全农村产权流转交易市场，推动农村集体资产入场交易，公开规范运行。

（七）全面加强农村集体资产财务管理。加强县乡农村经营管理体系建设，稳定农村财会队伍。用好农村集体资产清产核资管理、集体经济组织登记赋码管理等系统和监督管理平台，提高农村集体资产、农村集体经济组织成员、农村财务会计核算等管理的信息化水平。落实民主理财制度，规范财务公开，切实维护好农村集体经济组织成员的财产权益。集体经济组织依法依规接受监察、审计等监督，强化日常财务收支等定期审计、集体经济组织负责人离任审计，对财务混乱的村集体，及时组织力量整顿。

四、进度安排

2018年被列为农村集体产权制度改革整县推进试点的14个区县，2019年10月20日前完成试点任务，并以本区县名义向市政府报送总结，同时抄送市农业农村委。新开展试点的21个区县按照以下进度倒排工期、加快推进。

（一）制定方案（2019年8—9月）。对照试点任务，细化分解、落实责任、明确措施，编制切实可行的试点方案，于2019年9月底前以本区县名义报送市农业农村委，市农业农村委审核批复后组织实施。

（二）组织实施（2019年9月—2020年8月）。细化年度工作目标和计划，采取有力措施狠抓落实。市农业农村委会同市级有关部门组织工作组加强调研指导和改革经验推广。

（三）评估验收（2020年9月）。各区县对照试点任务和绩效要求，对乡镇农村集体产权制度改革工作开展评估验收。在此基础上，以区县为单位开展自查自评。市级视情况适时组织开展评估验收。

（四）总结完善（2020年10月）。对全市农村集体产权制度改革工作进行全面总结。各区县于2020年10月20日前形成总结报市政府，抄送市农业农村委。

五、组织保障

(一)强化组织领导。市农业农村改革专项小组统筹指导全市农村集体产权制度改革工作。各区县要建立政府(管委会)主要负责人亲自抓、分管负责人具体抓、有关部门协同抓的工作机制。全市各级农业农村部门要统筹协调、精心组织,进一步建立健全工作机制。有关单位要主动作为、密切协作,形成整体合力,共同研究解决改革推进过程中的突出问题,确保农村集体产权制度改革稳妥有序推进。

(二)强化培训宣讲。农业农村部门要会同有关部门采取有效形式层层开展培训,加快构建一支掌握理论、熟悉政策、擅长操作的专业人才队伍,及时启动改革试点工作。加大改革宣传力度,把有关政策原原本本贯彻到农村基层,调动广大农民群众参与改革的积极性。

(三)强化改革研判。畅通信息渠道,及时报送工作进展情况,及时研究解决工作中遇到的新情况、新问题,重大问题要及时组织研究,对矛盾纠纷要依法妥善处置。要及时总结好的经验和做法,经论证符合改革方向、具有推广价值的要及时推广。

(四)强化跟踪问效。按照有关要求适时开展农村集体产权制度改革督查,重点就组织领导、推进措施、工作成效进行评估,对进展较慢、推进不力的实行蹲点督导。

重庆市生态环境局、重庆市规划和自然资源局、重庆市住房和城乡建设委员会、重庆市水利局、重庆市农业农村委员会、重庆市林业局关于印发重庆市生态环境损害修复管理办法的通知

渝环〔2019〕194号

各区县(自治县)生态环境局、两江新区分局、万盛经开区环保局,各区县(自治县)规划自然资源局,住房城乡建委,水利局,农业农村委,林业局:

为贯彻落实《重庆市生态环境损害赔偿制度改革实施方案》,规范本市生态环境损害修复管理工作,市生态环境局、市规划自然资源局、市住房城乡建委、市水利局、市农业农村委、市林业局共同制定了《重庆市生态环境损害修复管理办法》,现予印发,请遵照执行。

重庆市生态环境局
重庆市规划和自然资源局
重庆市住房和城乡建设委员会
重庆市水利局
重庆市农业农村委员会
重庆市林业局
2019年9月26日

重庆市生态环境损害修复管理办法

第一条为规范本市生态环境损害修复管理工作,根据《生态环境损害赔偿制度改革方案》《重庆市生态环境损害赔偿制度改革实施方案》等规定,结合本市实际,制定本办法。

第二条 本市行政区域内生态环境损害赔偿制度改革有关的生态环境损害修复项目(以下称损害修复项目)管理适用于本办法。

第三条 市和各区县(自治县)人民政府(含两江新区、万盛经开区管委会)为本行政区域内生态环境损害赔偿权利人。

规划自然资源、生态环境、住房城乡建设、水利、农业农村、林业等受赔偿权利人指定承担生态环境损害赔偿具体工作的部门或者机构(以下称赔偿权利人指定的部门),负责损害修复项目的监督管理工作。

第四条本办法所称损害修复项目,是指违反法律法规造成生态环境损害的单位或个人(以下称赔偿义务人)根据生态环境损害赔偿协议、生态环境损害赔偿诉讼裁判文书等确定需要开展生态环境损害修复的项目。具体包括:

(一)赔偿义务人自行或者委托具备修复能力的社会第三方机构对其造成的生态环境损害开展的修复项目(以下称原位修复项目);

(二)赔偿义务人造成的生态环境损害无法修复的,赔偿权利人指定的部门委托具备修复能力的社会第三方机构开展的替代修复项目(以下称替代修复项目)。

第五条 实施原位修复项目,按照以下程序进行:

(一)赔偿义务人自行或委托第三方机构根据生态环境损害鉴定评估报告、磋商赔偿协议或诉讼裁判文书要求,编制生态环境损害修复方案(含环境风险控制与应急处置方案),通过专家评审后报送赔偿权利人指定的部门;

(二)赔偿义务人可自行或委托具备修复能力的第三方机构,对受损生态环境进行修复。委托第三方机构修复的,应当在修复施工合同中约定修复方案预定目标及修复责任;

(三)赔偿义务人在修复施工结束后,向赔偿权利人指定的部门提请开展生态环境修复效果后评估;

(四)通过生态环境修复效果评估后,赔偿权利人指定的部门在本部门官网上向社会公开修复效果,该修复项目完成。

修复过程中确有必要对修复方案进行调整的,赔偿义务人需组织并通过专家评审后实施,并向赔偿权利人指定的部门报送变更内容。

第六条 实施替代修复项目,按照以下程序进行:

(一)赔偿权利人指定的部门根据《重庆市生态环境损害赔偿资金管理办法》(渝财建〔2018〕293号)规定,向同级财政部门申请生态环境损害修复项目资金预算;

(二)赔偿权利人指定的部门应当委托第三方机构编制生态环境损害修复方案并通过专家评审;

(三)赔偿权利人指定的部门按相关要求委托具备修复能力的修复施工单位对受损生态环境进行修复,并在修复施工合同中约定修复方案预定目标及修复责任;

(四)修复施工结束后,修复施工单位向赔偿权利人指定的部门提请开展生态环境修复效果后评估;

(五)通过生态环境修复效果评估后,赔偿权利人指定的部门在本部门官网上向社会公开修复效果,该修复项目完成。

修复过程中确有必要对修复方案进行调整的，修复施工单位组织并通过专家评审后实施，并向赔偿权利人指定的部门报送变更内容。

第七条实施原位修复的赔偿义务人或实施替代修复的施工单位应在修复施工前，向赔偿权利人指定的部门提交修复施工合同、修复施工计划（包括修复资金安排、修复进度安排和修复目标）等材料。

第八条 修复施工单位应根据修复方案进行施工，加强修复施工过程管理，确保工程质量，防止发生次生环境污染。

第九条生态环境修复施工结束后，实施原位修复的赔偿义务人和实施替代修复的施工单位应编制修复全过程总结报告和施工全过程台账，并报送赔偿权利人指定的部门。施工全过程台账一般包括：

（一）修复过程资料。包括但不限于修复设施运行记录、污染排放监测记录、修复工程竣工记录等相关资料；

（二）工程监理文件。包括但不限于工程监理合同、监理记录、监理报告等相关文件；

（三）项目资金使用情况报告；

（四）相关图件。包括但不限于地理位置示意图、总平面布置图、修复范围图、污染修复工艺流程图、修复过程影像记录等。

第十条 赔偿权利人指定的部门收到本办法第九条规定的材料后，应当及时委托第三方机构开展生态环境修复效果后评估。

第十一条生态环境修复效果后评估认为生态环境修复效果未达到修复方案预定目标的，原位修复项目由赔偿义务人按照修复方案预定目标继续修复，替代修复项目由替代修复施工单位按照修复方案预定目标继续修复，确保受损生态环境得到及时有效修复。

第十二条 赔偿权利人指定的部门应当将生态环境损害修复效果及时向社会公开，接受公众监督。

第十三条 本办法自印发之日起30日后施行。

重庆市规划和自然资源局、重庆市农业农村委员会关于加强和改进永久基本农田保护工作的实施意见

渝规资规范〔2019〕2号

各区县(自治县)、两江新区、万盛经开区规划自然资源主管部门、农业农村委,局(委)属有关单位、有关处室:

在市委、市政府的坚强领导下,我市于2017年6月底完成了永久基本农田划定工作,并纳入土地利用总体规划,实现了上图入库、落到实地,取得积极成效。当前,我市紧紧围绕习近平总书记对重庆提出的“两点”定位、“两地”“两高”目标、发挥“三个作用”和营造良好的政治生态重要指示要求,打好“三大攻坚战”和实施“八项行动计划”,对守住耕地红线和永久基本农田控制线提出了更高要求。为巩固划定成果,与第三次国土调查(以下简称“三调”)充分衔接,有效解决划定不实、非法占用等问题,完善保护措施,提高监管水平,按照《自然资源部 农业农村部关于加强和改进永久基本农田保护工作的通知》(自然资规〔2019〕1号)要求,结合我市实际,现提出如下实施意见:

一、总体要求

(一)指导思想。以习近平新时代中国特色社会主义思想为指导,深入贯彻党的十九大和十九届二中、三中全会精神,牢固树立新发展理念,实施乡村振兴战略,坚持最严格的耕地保护制度和最严格的节约用地制度,落实“藏粮于地、藏粮于技”战略,坚持从严保护、底线思维、问题导向、权责一致的原则,着力加强耕地数量、质量、生态“三位一体”保护,确保我市粮食安全和农产品质量安全,为全市社会经济持续健康发展构筑坚实的资源基础。

(二)工作目标。统筹协调好永久基本农田控制线与生态保护红线、城镇开发边界关系。强化永久基本农田对各类建设布局的约束,严格建设占用和补划永久基本农田踏勘论证,健全永久基本农田监督、执法和督察监管机制,构建保护有力、集约高效、监管严格的永久基本农田特殊保护新格局,牢牢守住耕地红线。到2020年,全市永久基本农田保护面积不少于2424万亩,确保建成1083万亩高标准农田;全面完成三调耕地等级调查评价与耕地分等调查评价工作;2019年底完成永久基本农田划定成果核实整改和永久基本农田储备区划定工作。

二、巩固永久基本农田划定成果

(三)全面开展划定成果核实工作。各区县(自治县,含两江新区、万盛经开区,下同)要尊重事实,以问题为导向,按照“先清理、再定性、后处置、再补划”的工作思路,找准找全问题图斑,准确定性,分类处置,编制整改补划方案,提交举证资料,同步开展永久基本农田数据库更新完善和土地利用总体

规划修改报批工作，在2019年10月底前完成核实整改成果论证和验收。市规划自然资源局会同市农业农村委对区县（自治县）提交的工作成果进行验收确认，并以区县（自治县）为单元汇交到自然资源部和农业农村部（以下简称“两部”）审核。

（四）全面清理问题图斑。区县（自治县）规划自然资源主管部门会同同级农业农村部门以2017年土地变更调查、地理国情监测、耕地质量调查监测与评价等成果为基础，结合三调、土地卫片执法、自然资源督察、土地资源全天候遥感监测、永久基本农田划定成果专项检查、粮食生产功能区和重要农产品生产保护区（以下简称“两区”）划定等工作中发现的问题，对下列不符合要求的耕地或其他土地错划入永久基本农田的，开展全面清理核实，确定永久基本农田问题图斑清单。

1.将不符合《基本农田划定技术规程》要求的建设用地、园地、林地、草地、湿地、水域及水利设施用地等划入永久基本农田的；

2.河道两岸堤防之间范围内不适宜稳定利用的耕地；

3.受自然灾害严重损毁且无法复垦的耕地；

4.因采矿造成耕作层损毁、地面塌陷无法耕种且无法复垦的耕地；

5.依据《土壤污染防治法》列入严格管控类且无法恢复治理的耕地；

6.公路铁路沿线、主干渠道、城市规划区周围建设绿色通道或绿化隔离的林带和公园绿化占用永久基本农田的用地；

7.永久基本农田划定前已批准建设项目占用的土地或已办理设施农用地备案手续的土地；

8.法律法规确定的其他禁止或不适宜划入永久基本农田保护的土地。

（五）严格分类处置问题图斑。根据土地利用总体规划、城乡规划、建设用地审批、设施农用地备案等数据，准确界定问题图斑性质，并严格分类处置。

1.划定不实。2017年6月30日前，已将上述（1）~（8）项所属的耕地或其他土地划为永久基本农田的。

处置方式：对三调已认定为种植园地、林地、草地、坑塘水面等地类的，按照《国务院第三次全国国土调查领导小组办公室关于调整第三次全国国土调查有关内容与要求的补充通知》（国土调查办〔2019〕7号）要求，凡是种植属性标注“即可恢复”的，可继续保留为永久基本农田；标注为“工程恢复”的，按国家要求整改。其中，永久基本农田上已经种植杨树、桉树、构树等林木，草坪、草皮等用于绿化装饰的植物，其他破坏耕作层的植物的，各区县（自治县）要有序规范引导，在永久基本农田数据库、国土调查中标注实际利用情况和管理信息，强化动态监督管理。2019年以前已经种植的，区县（自治县）规划自然资源主管部门会同同级农业农村部门根据农业生产现状和对耕作层的影响程度组织认定，能恢复粮食作物生产的，5年内恢复；确实不能恢复的，在核实整改工作中调出永久基本农田，并按要求补划。

对错划的建设用地、设施农用地、临时用地等，区县（自治县）规划自然资源主管部门要进一步界定合法合规性，对合法合规的，可整改补划永久基本农田；对违法违规的，按照下列“2.违法违规建设占用或破坏”的要求处置。

2.违法违规建设占用或破坏。各类未经批准或不符合规定要求的建设项目、临时用地、农村基础设施、设施农用地,以及人工湿地、景观绿化工程等占用永久基本农田的;违法违规占用永久基本农田建窑、建房、建坟、挖沙、采石、采矿、取土、堆放固体废弃物或者从事其他活动破坏永久基本农田,毁坏种植条件的。

处置方式:对违法违规建设占用的,区县(自治县)规划自然资源主管部门应依法依规严肃处理,责令限期恢复原种植条件。经区县(自治县)规划自然资源主管部门会同同级农业农村部门组织核实,市规划自然资源局会同市农业农村委论证审核确实不能恢复的,按有关要求整改补划永久基本农田和修改相应的土地利用总体规划。对违法违规破坏永久基本农田的,不允许整改补划,按照相关法律法规进行查处,构成犯罪的,依法移送司法机关追究刑事责任。

(六)全面开展整改补划。根据问题图斑分类处置意见,以区县(自治县)为单位编制永久基本农田整改补划方案。凡是调整补划的,要按照"总体稳定、局部微调、量质并重"的原则进行永久基本农田整改补划。

三、严控建设占用永久基本农田

(七)严格占用和补划审查论证

1.严格预审初审。重大建设项目占用永久基本农田按《重庆市国土房管局关于全面落实永久基本农田特殊保护制度的实施意见》(渝国土房管规发〔2018〕6号)办理。深度贫困地区、集中连片特困地区、国家扶贫开发工作重点县市级以下基础设施、易地扶贫搬迁、民生发展等建设项目,确实难以避让永久基本农田的,可以纳入重大建设项目范围,由市规划自然资源局办理用地预审,并按照规定办理农用地转用和土地征收。

2.严格过程监管。重大建设项目在用地预审时不占永久基本农田、用地审批时占用的,按有关要求报自然资源部用地预审。线性重大建设项目占用永久基本农田用地预审通过后,选址发生局部调整、占用永久基本农田规模和区位发生变化的,由市规划自然资源局论证审核后区县(自治县)自行完善补划方案,在用地审查报批时详细说明调整和补划情况。非线性重大建设项目占用永久基本农田用地预审通过后,所占规模和区位原则上不予调整。

(八)加强临时用地占用永久基本农田管理

1.临时用地申请范围。临时用地一般不得占用永久基本农田,建设项目施工和地质勘查需要临时用地、选址确实难以避让永久基本农田的,在不修建永久性建(构)筑物、经复垦能恢复原种植条件的前提下,土地使用者按法定程序申请临时用地并编制土地复垦方案。

2.临时用地审批要求。临时用地选址难以避让永久基本农田的,由用地单位编制《临时用地踏勘报告》,做到不占或少占水田。区县(自治县)规划自然资源主管部门组织论证通过后,连同土地复垦方案报区县(自治县)人民政府批准,并将相关审批资料报市规划自然资源局备案。临时用地一般不超过两年,到期后确需延期的,按相关规定办理延期手续。

3.临时用地复垦监管要求。区县(自治县)规划自然资源主管部门要切实履行职责,对在临时用地上修建永久性建(构)筑物或其他造成无法恢复原种植条件的行为依法进行处理。市规划自然资源局通过日常检查、年度卫片执法检查等，及时发现并纠正临时用地中存在的问题，强化临时用地监督管理。临时用地到期后土地使用者应按复垦方案及时复垦恢复原种植条件，区县（自治县）规划自然资源主管部门会同同级农业农村部门开展土地复垦验收，验收合格的，继续按照永久基本农田保护和管理；验收不合格的，责令土地使用者进行整改，经整改仍不合格的，区县（自治县）规划自然资源主管部门使用土地复垦义务人预存费用代为组织复垦，并由区县（自治县）规划自然资源主管部门会同同级农业农村部门开展土地复垦验收，并将相关验收资料报市规划自然资源局备案。

（九）规范涉及永久基本农田的矿业权管理

1.战略性矿产。石油、天然气、页岩气、煤层气等油气战略性矿产的地质勘查，经批准可临时占用永久基本农田布设探井。在试采和取得采矿权后转为开采井的，可依法办理农用地转用和土地征收审批手续，按规定补划永久基本农田。煤炭等非油气战略性矿产申请采矿权涉及永久基本农田的，采取露天方式开采的应符合占用永久基本农田重大建设项目用地要求；采取井下方式开采的，按有关规定落实保护性开发措施。井下开采方式所配套建设的地面工业广场等设施，要符合占用永久基本农田重大建设项目用地要求。

2.非战略性矿产。非战略性矿产申请新设矿业权时应避让永久基本农田，其中地热、矿泉水勘查开采，不造成永久基本农田损毁、塌陷破坏的，可申请新设矿业权。

3.已设矿业权管理。已设矿业权与永久基本农田空间重叠的，各级规划自然资源主管部门要加强永久基本农田保护、土地复垦等日常监管，允许在原矿业权范围内办理延续变更等登记手续。已通过现场复核集体会审、已下达采矿权出让计划、已完成出让前期技术报告编制和储量核实报告并通过评审备案、已取得探矿权申请划定矿区范围、探矿权转采矿权按上述煤炭等非油气战略性矿产管理规定执行。扩大勘查区块范围或扩大矿区范围、申请将勘查或开采矿种由战略性矿产变更为非战略性矿产，涉及与永久基本农田空间重叠的，按新设矿业权处理。矿业权人不依法履行土地复垦义务的，不得批准新设矿业权，不得批准新的建设用地。

四、统筹生态建设和永久基本农田保护

（十）合理安排生态建设项目。党中央、国务院确定或同意建设的重大生态建设项目，确实难以避让永久基本农田的，按照有关要求调整补划永久基本农田和修改土地利用总体规划。其他景观公园、湖泊湿地、植树造林、建设绿色通道和城市绿化隔离带等人造工程，严禁占用永久基本农田。

（十一）统筹协调生态退耕。对位于国家级自然保护地范围内禁止人为活动区域的永久基本农田，由区县（自治县）规划自然资源主管部门会同同级农业农村部门组织编制调整补划方案，经区县（自治县）人民政府同意后报市规划自然资源局会同市农业农村委审查，经“两部”论证确定后可逐步退出，并在所在区县域范围内补划；非禁止人为活动的保护区域，结合国土空间规划统筹调整生态保护红线和永久基本农田控制线。不得擅自将永久基本农田和已实施坡改梯耕地纳入退耕范围。对不能实现水土保持的25度以上陡坡耕地、重要水源地15-25度的坡耕地、严重石漠化耕地、严重污染耕地、移民搬迁后确实无法耕种的耕地等，由相关部门按照有关规定和程序逐级上报生态退耕方案，经国务院同意后，结合生态退耕可有序退出永久基本农田。根据各区县（自治县）生态退耕检查验收和土地变更调查结果,相应核减有关区县(自治县)耕地保有量和永久基本农田保护面积,在国土空间规划编制时予以调整。

五、加强永久基本农田建设

(十二)开展永久基本农田质量建设

1.开展高标准农田建设。根据土地利用总体规划、高标准农田建设规划和土地整治规划安排,以政府财政资金为主导,鼓励社会资本参与,优先在永久基本农田上开展高标准农田建设,提高永久基本农田质量。

2.耕作层土壤剥离再利用。严格按照土地复垦方案开展重大建设项目和临时用地占用永久基本农田耕作层土壤剥离再利用,减少对耕作层的破坏。剥离的土壤优先用于土地整治、土地复垦项目的土壤改良。

3.规范农村土地综合整治项目区永久基本农田调整。开展农村土地综合整治、农田建设等涉及永久基本农田调整的,在确保耕地数量有增加、质量有提升、生态有改善的前提下,区县(自治县)规划自然资源主管部门会同同级农业农村部门组织制定所在项目区范围内永久基本农田调整方案,经区县(自治县)人民政府同意后,在项目立项前报市规划自然资源局会同市农业农村委审核,按法定程序修改相应的土地利用总体规划。调整方案一经批准原则上不得擅自调整,确需变更的,由市规划自然资源局会同市农业农村委论证审核后区县(自治县)自行完善调整方案,在项目验收时详细说明调整和补划情况。项目完成并通过验收后,更新完善永久基本农田数据库。

(十三)加强耕地质量调查监测与评价。定期对耕地和永久基本农田质量水平进行全面调查监测评价。加快推进三调耕地等级调查评价与耕地分等调查评价,并发布评价结果。完善耕地和永久基本农田质量监测网络,开展耕地质量年度调查监测成果更新。加强耕地质量保护与提升,采取工程、化学、生物、农艺等措施,开展农田整治、土壤培肥改良、退化耕地综合治理、污染耕地阻控修复等,有效提高耕地特别是永久基本农田综合生产能力。

(十四)建立永久基本农田储备区

1.工作任务及进度安排。市规划自然资源局会同市农业农村委根据未来一定时期内重大建设项目占用、生态建设等补划永久基本农田需要,结合自然资源部下发的永久基本农田储备区资源潜力,确定区县(自治县)储备区划定目标任务,负责组织验收确认储备区划定成果,并在2019年8月底前汇交到“两部”。各区县(自治县)要利用部下发的永久基本农田储备区实地核实软件,对拟划入储备区的耕地开展实地核实,编制永久基本农田储备区划定方案,建设永久基本农田储备区数据库,在2019年7月底前完成储备区划定成果验收与上报。

2.划定条件。永久基本农田之外已实施过土地整治、已建成或拟实施高标准农田建设的质量和集中连片程度相对较好的耕地优先划入储备区。划定的储备区应相对集中或与已有永久基本农田集中连片。未来拟占用城市周边永久基本农田的,应将城市周边范围内一定数量的耕地划入储备区。

3.动态管理。重大建设项目依法占用或整改补划永久基本农田的,直接在储备区中补划。储备区内耕地补划前按一般耕地管理和使用,并根据补划和土地综合整治、高标准农田建设和土地复垦等新增加耕地的情况,结合年度土地变更调查对储备区进行补充更新。

六、健全永久基本农田监管机制

(十五)建立动态监管机制。完善永久基本农田监测监管系统,建立多源数据获取渠道,实现与部动态监测监管系统的互联互通。市规划自然资源局和市农业农村委将分别组织全市永久基本农田保护区和"两区"信息变化情况分析,通过监测监管系统汇交到自然资源部和农业农村部,实时更新和共享永久基本农田占用、补划信息及永久基本农田储备区信息。结合自然资源调查、年度变更调查、耕地质量调查监测与评价、自然资源督察等,对永久基本农田数量、质量变化情况进行全程跟踪,实现动态管理,对审批和管理中发现的违法违规问题应当及时移交执法机构。

(十六)严格执法督察。要加强永久基本农田保护监督巡查,强化内部审批、管理和执法信息共享,切实履行永久基本农田执法职责,将违法占用耕地特别是永久基本农田作为执法重点,严肃查处。要强化日常监管,及时发现、制止和严肃查处违法违规占用永久基本农田的行为。经查实属于主观故意、谋利为主、非程序性、非政策性等严重违法行为的,依照法律法规严肃查处并适时公开曝光。要加强执法与自然资源督察的统筹和协调,执法机构对自然资源督察发现的永久基本农田违法违规问题要及时查处,督促整改到位。

(十七)强化考核奖补机制。将永久基本农田保护情况列入区县(自治县)人民政府耕地保护责任目标考核、粮食安全行政首长责任制考核、领导干部自然资源资产离任审计的重要内容。鼓励有条件的区县(自治县)统筹安排财政资金,按照"谁保护、谁受益"的原则,对耕地保护特别是永久基本农田保护成效突出的乡(镇)人民政府、农村集体经济组织和农户给予奖补,探索建立永久基本农田保护奖补机制。

七、保障措施

(十八)压实工作责任。在区县(自治县)人民政府领导下,区县(自治县)规划自然资源主管部门会同农业农村部门等相关部门组织开展永久基本农田划定成果核实整改、永久基本农田储备区划定、土地利用总体规划修改报批等各项工作,对工作成果质量负责;严格规范永久基本农田上农业生产活动,全面落实重大建设项目占用和补划永久基本农田踏勘论证制度,规范临时占用永久基本农田用地踏勘论证、审批和监督;按照有关规定,落实划定成果核实整改、储备区划定技术服务单位和工作经费。

市规划自然资源局会同市农业农村委研究制定划定成果核实整改和储备区划定技术要求,负责对区县(自治县)提交的工作成果进行审核和验收确认,并以区县级行政区划为单元汇交"两部";与市级相关部门加强联动形成合力,按照各自职责切实履行永久基本农田保护责任,强化责任意识,共同保护好永久基本农田。

(十九)严肃工作纪律。区县(自治县)规划自然资源主管部门和农业农村部门要站在讲政治、顾大局的高度,履职尽责、求真务实、敢于碰硬,已经划定的永久基本农田不得随意调整,进一步巩固永久基本农田划定成果,提高监管水平,确保永久基本农田成果的稳定性与信息的真实性。市规划自然资源局会同市农业农村委对不按政策要求核实整改的,对弄虚作假、敷衍了事的,督促区县(自治县)全面整改,严肃问责。

(二十)强化宣传引导。各区县(自治县)结合整改补划工作,补充更新永久基本农田保护标志牌和界桩、保护档案等,规范标识内容,保障群众知情权,接受社会监督;主动加强永久基本农田特殊保护政策解读,及时回应社会关切,凝聚起全社会保护耕地共识,营造良好的舆论氛围。

原重庆市国土房管局印发的《关于开展永久基本农田数据库现状清理的通知》、《关于进一步优化永久基本农田整备区划定的通知》与本通知不符的,按本通知要求执行。永久基本农田划定成果核实和永久基本农田储备区划定工作部署、技术标准和成果要求另行通知。

重庆市规划和自然资源局

重庆市农业农村委员会

2019年6月19日

重庆市规划和自然资源局关于贯彻落实自然资源部“多审合一、多证合一”改革工作的通知

渝规资规范〔2019〕35号

各区县(自治县)局、两江新区规划自然资源局、高新区规划自然资源局、万盛经开区规划自然资源主管部门,局属各单位,机关各处室:

为深入贯彻落实“放管服”改革精神,推进以“多规合一”为基础的建设用地“多审合一、多证合一”改革,根据《中华人民共和国土地管理法》《中华人民共和国城乡规划法》等相关法律和自然资源部《关于以“多规合一”为基础推进规划用地“多审合一、多证合一”改革的通知》(自然资规〔2019〕2号)文件要求,结合我市实际,现将相关工作通知如下。

一、合并建设项目规划选址和用地预审

将建设项目选址意见书、建设项目用地预审意见合并,各级规划自然资源主管部门统一核发《建设项目用地预审与选址意见书》(申请材料详见附件1、2)。不再单独核发建设项目选址意见书、建设项目用地预审意见。

(一)办理层级和权限

《建设项目用地预审与选址意见书》核发按照建设项目审批权限实行分级管理。

1.跨区县(自治县)项目,由建设单位向市规划自然资源局提出用地预审与选址申请;单一区县(自治县)项目,由建设单位向项目所在地区县(自治县)规划自然资源局提出用地预审与选址申请。

2.用地预审权限与规划选址权限一致的,由受理用地预审与选址申请的规划自然资源主管部门进行审查,审核通过后核发《建设项目用地预审与选址意见书》。

3.用地预审权限与规划选址权限不一致的,由受理用地预审与选址申请的规划自然资源主管部门对规划选址情况进行审查,对用地预审情况进行初审并提出初步意见后逐级上报上一级规划自然资源主管部门,规划选址与用地预审均审查通过后,由受理申请的规划自然资源主管部门向建设单位核发《建设项目用地预审与选址意见书》。

4.使用国有建设用地进行建设的项目,不再办理用地预审;需要办理规划选址的,按照办理层级和权限由各级规划自然资源主管部门对规划选址情况进行审查,核发《建设项目用地预审与选址意见书》。

(二)有效期限

《建设项目用地预审与选址意见书》有效期为三年,自批准之日起计算。

1.本《通知》执行前,用地预审和规划选址均已进入审批流程的项目,仍按原流程办理。本《通知》执行后申请的项目,按该文件规定核发《建设项目用地预审与选址意见书》。

2.针对预审意见或选址意见书已过期的项目,建设项目用地预审或选址意见书超出三年有效期的,应按新要求重新申请办理。

3.针对重新申请办理的项目,已办理用地预审与选址意见的建设项目,如需对土地用途、项目选址位置规模等重大事项进行调整的,应当重新申请办理。

(三)办理时限

《建设项目用地预审与选址意见书》办理时限不得超过十个工作日,不含报上级审查、材料补正、专家论证、批前公示时间。

二、合并建设用地规划许可和用地批准

将《建设用地规划许可证》、《建设用地批准书》合并,各级规划自然资源主管部门统一核发新的《建设用地规划许可证》(申请材料详见附件3、4),合并后的《建设用地规划许可证》与《国有建设用地划拨决定书》同步核发,不再单独核发《建设用地批准书》。

(一)办理层级和权限

1.《建设用地规划许可证》的核发按照建设项目审批权限实行分级管理。跨区县(自治县)的线性工程项目由市规划自然资源局统筹办理,其余项目由各区县(自治县)规划自然资源局办理。

2.《国有建设用地划拨决定书》的核发,主城区的按照《重庆市规划和自然资源局关于委托实施主城区国有建设用地使用权划拨审查的通知》(渝规资〔2019〕696号)相关规定办理。主城区外的,由各区县(自治县)局负责。

本《通知》执行前,用地规划许可和国有建设用地使用权划拨审查均已进入审批流程的项目,仍按原流程办理。本《通知》执行后申请的项目,按该文件规定同步核发《建设用地规划许可证》与《国有建设用地划拨决定书》。

(二)办理时限

《建设用地规划许可证》办理时限不得超过十二个工作日,不含报上级审查、材料补正、专家论证、批前公示时间。

三、证书发放要求

(一)证书编号规则

《建设项目用地预审与选址意见书》、《建设用地规划许可证》、《建设工程规划许可证》等规划用地许可证书,实行全国统一编号。编号数字共15位,前6位数号码按照《中华人民共和国行政区划代码》执行,7-10位数号码代表证书发放年份,11-15位数号码代表证书发放序号。

(二)证书印刷与领取

证书由市规划自然资源局统一印刷,区县(自治县)规划自然资源主管部门领取并负责本辖区证书的发放、统计。

四、推进多测合一、多验合一

按照“规范提效，一次委托，公开透明，成果共享”的原则，以实现多测合一办法、标准、平台“三统一”为工作目标，将工程建设项目竣工验收阶段涉及规划、土地、房产、人防、消防等审批以及不动产登记的各项测绘业务整合，归口成果管理，推进“联合测绘”，创新“多测合一”服务模式。不得重复审核和要求行政相对人多次提交对同一标的物的测绘成果；确有需要的，可以进行核实更新和补充测绘。具体要求，另文通知。

在建设项目竣工验收阶段，将规划核实、土地核验、不动产测绘等合并为一个验收事项，切实简化工作流程，为项目建设提供高效优质服务。

五、简化程序提高效率

各级规划自然资源主管部门要依据“多审合一、多证合一”改革要求，对现有建设用地审批和城乡规划许可的办事指南、申报材料清单和申请表单进行梳理完善，进一步简化申报材料、精简审批环节、压缩审批时间、提高审批效率。同时要通过信息化手段，实现建设用地审批和城乡规划许可的信息共享，对行政相对人前期已提供且无变化的、能够通过信息共享的材料，不再要求重复提交。

各级规划自然资源主管部门按职能职责切实做好相关审查工作，对审批结果及审批时限承担相关责任。

本《通知》自发布之日起执行。

附件：1.《建设项目用地预审与选址意见书》申请表

2.《建设项目用地预审与选址意见书》申报材料清单

3.《建设用地规划许可证》申请表

4.《建设用地规划许可证、国有建设用地划拨决定书》

申报材料清单

重庆市规划和自然资源局

2019年12月26日

附件1

《建设项目用地预审与选址意见书》申请表

<table>
<tr><td>项目名称</td><td colspan="5"></td><td>行业分类</td><td colspan="2"></td></tr>
<tr><td>项目批准类型</td><td colspan="5">○审批　○核准　○备案</td><td>项目批准机关</td><td colspan="2"></td></tr>
<tr><td>项目拟建地点</td><td colspan="5"></td><td>项目投资(万元)</td><td colspan="2"></td></tr>
<tr><td>统一项目代码</td><td colspan="5"></td><td>涉及区县</td><td colspan="2"></td></tr>
<tr><td>是否涉及新增建设用地</td><td colspan="8">○是　○否</td></tr>
<tr><td>项目建设依据</td><td colspan="8"></td></tr>
<tr><td>申请内容</td><td colspan="8"></td></tr>
<tr><td rowspan="3">用地规模(公顷)</td><td rowspan="3">总规模</td><td colspan="4">农用地</td><td colspan="2">建设用地</td><td>未利用地</td></tr>
<tr><td rowspan="2"></td><td>耕地</td><td colspan="2">基本农田</td><td colspan="2" rowspan="2"></td><td rowspan="2"></td></tr>
<tr><td></td><td colspan="2"></td></tr>
<tr><td>主要功能分区和技术指标</td><td colspan="8"></td></tr>
<tr><td>拟建设规模</td><td colspan="3">________(平方米)</td><td colspan="3">投资性质</td><td colspan="2"></td></tr>
<tr><td rowspan="5">申请○单位
○个人信息</td><td>名称</td><td colspan="5"></td><td>法定代表人</td><td></td></tr>
<tr><td>通讯地址</td><td colspan="5"></td><td>邮政编码</td><td></td></tr>
<tr><td>联系人</td><td></td><td>手机</td><td colspan="3"></td><td>座机</td><td></td></tr>
<tr><td colspan="4">行政相对人证件类型</td><td colspan="4">行政相对人证件代码</td></tr>
<tr><td colspan="4">○统一社会信用代码○组织机构代码○工商登记码○税务登记号(注:此栏为建设单位时,任选一个填写)○身份证号码(注:此栏为建设个人时,填写)</td><td colspan="4"></td></tr>
<tr><td rowspan="2">联建单位信息</td><td colspan="2">名称</td><td colspan="3"></td><td>地址</td><td colspan="2"></td></tr>
<tr><td colspan="2">法定代表人</td><td></td><td>联系人</td><td></td><td>电话</td><td></td></tr>
<tr><td>备注</td><td colspan="8"></td></tr>
</table>

1.建设单位申明

填报的内容及提交的所有材料(含复印件)及其内容是真实、合法、有效的。如因虚假而引致的法律责任,概由申明单位承担,与许可或审批机关无关。

2.设计单位申明

所提交的设计图的纸质文件与电子文件内容一一对应,且对同一内容的表达完全一致。

已进行无障碍设计并符合国家标准。

已按规定设计充电基础设施或预留安装条件。

相关材料遵守了城乡规划法律、法规、规章和工程建设有关强制性标准,所提供的信息、数据真实有效。如因虚假而引致的法律责任,概由申明单位承担,与许可或审批机关无关。

建设单位(人)(签章):

年 月 日

附件2

《建设项目用地预审与选址意见书》申报材料清单

1.《建设项目用地预审与选址意见书申请表》;

2.法定代表人委托书、组织机构代码证(复印件1份);

3. 1:500实测现状地形图(含地下管网及地下建(构)筑物)(长距离市政工程(如高压线、长输管线等)地形图比例根据工程具体情况确定,比例可为1:1000-1:10000,原件1份,附电子文档);

4.道路、管线等线性工程项目还应当提供选址、选线说明书及图纸(原件1份,附电子文档);

5.各区县(自治县)规划自然资源主管部门的初审意见(仅限跨区县(自治县)项目);

6.项目已被纳入经审批且对外发布的中长期规划的相关证明文件或者项目建议书批复(纸质版);

7.建设项目用地预审申请报告(PDF文档、纸质材料;原件1份);

8.建设项目用地需要修改土地利用总体规划的,应提供土地利用总体规划修改方案(暨永久基本农田补划方案)(PDF文档、纸质材料;原件1份);

9.项目用地边界拐点坐标表、占用永久基本农田拐点坐标表、补划永久基本农田拐点坐标表(2000国家大地坐标系)(数据库表);

10.项目用地踏勘论证报告(项目占用永久基本农田或占用其他耕地规模较大的,线性工程占用耕地100公顷以上、块状工程70公顷以上或占用耕地达到用地总面积50%以上提供,不包括水库类项目)(PDF文档、纸质材料1份);

11.建设项目用地节地评价报告(国家和地方尚未颁布土地使用标准和建设标准,以及确需突破土地使用标准的项目提供)(PDF文档、纸质材料1份);

12.城乡规划编制机构诚信承诺书;

13.建筑(市政)设计机构城乡规划诚信承诺书;

14.建设单位(个人)城乡规划诚信承诺书。

附件3

《建设用地规划许可证》申请表

<table>
<tr><td rowspan="7">建设
○单位
○个人</td><td>名称</td><td colspan="3"></td><td rowspan="7">联建单位</td><td rowspan="3">名称</td><td rowspan="3" colspan="3"></td></tr>
<tr><td>投资项目统一代码</td><td colspan="3"></td></tr>
<tr><td>○社会信用代码
○组织机构代码
○工商登记码
○税务登记号
（注：此栏为建设单位时，任选一个填写）</td><td colspan="3"></td></tr>
<tr><td>○身份证号码（注：此栏为建设个人时，填写）</td><td colspan="3"></td><td>地址</td><td colspan="3"></td></tr>
<tr><td>地址</td><td colspan="3"></td><td></td><td colspan="3"></td></tr>
<tr><td>法定代表人</td><td colspan="3"></td><td>法定代表人</td><td colspan="3"></td></tr>
<tr><td>联系人</td><td></td><td>电话</td><td></td><td>联系人</td><td></td><td>电话</td><td></td></tr>
<tr><td>项目名称</td><td colspan="4"></td><td>建设地址</td><td colspan="4"></td></tr>
<tr><td>土地获得方式</td><td>○出让
○划拨</td><td>用地规模</td><td colspan="2">平方米</td><td>建设规模</td><td>平方米</td><td>投资总额</td><td colspan="2">万元</td></tr>
<tr><td></td><td></td><td></td><td colspan="2"></td><td></td><td></td><td>投资性质</td><td colspan="2"></td></tr>
<tr><td>申请内容</td><td colspan="9"></td></tr>
</table>

1.建设单位申明

填报的内容及提交的所有材料（含复印件）及其内容是真实、合法、有效的。如因虚假而引致的法律责任，概由申明单位承担，与许可或审批机关无关。

建设单位（人）（签章）：

年　月　日

附件4

《建设用地规划许可证、国有建设用地划拨决定书》申报材料清单

1. 申请人身份证明材料(复印件1份,核原件),或申请人委托证明文件、被委托人身份证明材料(证明文件,原件1份;身份证明,复印件1份,核原件)(限申请人委托他人代办的)

2. 有关主管部门的批准、核准、备案文件;

3. 各区县(自治县)规划自然资源主管部门初审意见(仅限跨区县(自治县)的政府投资线性工程);

4. 区、县(自治县)人民政府(管委会)关于划拨用地的请示;

5. 发展改革部门立项批复文件(投资备案证明、核准证明);

6. 农用地征、转用批文等土地来源证明;

7. 征地办出具的征收补偿安置完毕证明;

8. 用地情况说明(定额)/节地评价;

9. 划拨土地价款发票;

10. 地质灾害危险性评估报告;

11. 针对教育、体育等公益项目需提供行业主管部门出具的项目"非营利性"证明。

重庆市规划和自然资源局关于印发行政审批一次性告知规定的通知

渝规资规范〔2019〕38号

各区县(自治县)规划自然资源局、两江新区规划自然资源局、高新区规划自然资源局、万盛经开区规划自然资源主管部门,局属各单位,机关各处室:

为规范规划自然资源行政审批受理行为,经研究,制定《重庆市规划和自然资源局行政审批一次性告知规定》,现印发给你们,请认真贯彻执行。

重庆市规划和自然资源局

2019年12月31日

重庆市规划和自然资源局行政审批一次性告知规定

第一条 为规范规划自然资源行政审批受理行为,根据《中华人民共和国行政许可法》,结合实际,制定本规定。

第二条 本规定所称一次性告知指行政审批工作人员依据《中华人民共和国行政许可法》等相关法律法规和政策文件,结合申报事项具体情况,一次性全面、准确、及时告知申请人在受理前所需要完成的各项准备工作及相关要求的行为。

第三条 一次性告知的方式为书面告知。若申请人对书面告知内容的意思表示有疑义的,工作人员应当向申请人进行说明、解释。

第四条 规划自然资源主管部门应当在窗口或者在网上公示法律、法规规定的有关行政审批的事项、依据、条件、数量、程序、期限,以及需要提供的全部材料的目录和申请示范文本等,供公众查阅。公示的信息应当准确、可靠、适用。

第五条 工作人员对申请人要求办理的事项,属于本人业务范围的,必须按政策法规及有关文件规定,一次性告知需办事项的办理程序和相关手续;不属于本人业务范围的,要明确告知申请人具体办理的部门;申请人要求办理的事项不属于本单位职权范围内的事项,工作人员应当告知申请人向有关行政机关申请。

第六条　履行一次性告知的基本工作程序为:

(一)申报材料符合要求,工作人员应在五个工作日内受理,并向申请人出具加盖行政审批章和注明日期的《受理复函》。

(二)申请材料不齐全或者不符合法定形式的,应当一次性告知申请人需要补正的全部内容,出具《补正告知书》,《补正告知书》的内容应当详细列明申请人需要补正的材料。

(三)审查后发现不属于本部门受理范围,或者经补正后申报材料仍不符合要求的,出具《不予受理复函》。

(四)逾期未书面告知申请人不予受理的,视为受理。

第七条　行政机关及其工作人员出现下列情形之一的,应当责令改正,并根据情节轻重对直接责任人和负有领导责任的人员进行行政过错责任追究:

(一)不履行一次性告知义务的,不出具《补正告知书》、《受理复函》和《不予受理复函》的;

(二)口头作出一次性告知、补正告知、不予受理和退件处理的;

(三)《补正告知书》《不予受理复函》中未说明理由和依据的;

(四)违反一次性告知规定,索取、收受他人财物或者谋取其他利益的;

(五)违反一次性告知规定,贻误行政审批工作或损害申请人合法权益的。

第八条　工作人员对违反一次性告知规定的投诉,应及时办理并回复。

第九条　本规定自印发之日起施行。原《重庆市规划局关于印发《重庆市规划局一次性告知制度》的通知》(渝规发〔2013〕105号)同时废止。

中共重庆市委办公厅

重庆市人民政府办公厅

关于印发《重庆市规划和自然资源局职能配置、内设机构和人员编制规定》的通知

各区县(自治县)党委和人民政府,市委各部委,市级国家机关各部门,各人民团体:

《重庆市规划和自然资源局职能配置、内设机构和人员编制规定》经中共重庆市委机构编制委员会办公室审核后,已报市委、市政府批准,现予印发。

中共重庆市委办公厅

重庆市人民政府办公厅

2019年1月31日

重庆市规划和自然资源局职能配置、内设机构和人员编制规定

第一条　根据党的十九大精神、党的十九届三中全会审议通过的《中共中央关于深化党和国家机构改革的决定》《深化党和国家机构改革方案》和党中央、国务院批准的《重庆市机构改革方案》,制定本规定。

第二条　重庆市规划和自然资源局是市政府组成部门,为正局级。

第三条　重庆市规划和自然资源局贯彻落实党中央关于规划和自然资源工作的方针政策、决策部署和市委、市政府的工作部署,在履行职责过程中坚持和加强党对规划和自然资源工作的集中统一领导。主要职责是:

(一)履行全民所有土地、矿产、森林、草原、湿地、水等自然资源资产所有者职责和所有国土空间用途管制职责。贯彻执行自然资源和国土空间规划及测绘等法律、法规、规章和方针政策,起草有关地方性法规、规章。

(二)负责自然资源调查监测评价。制定自然资源调查监测评价的市级指标体系和统计标准,建立统一规范的自然资源调查监测评价制度。实施自然资源基础调查、专项调查和监测。负责自然资源调查监测评价成果的监督管理和信息发布。指导区县(自治县)自然资源调查监测评价工作。

(三)负责自然资源统一确权登记工作。制定全市各类自然资源和不动产统一确权登记、权籍调查、不动产测绘、争议调处、成果应用的制度、标准、规范。建立健全全市自然资源和不动产登记信息管理基础平台。负责自然资源和不动产登记资料收集、整理、共享、汇交管理等。监督管理全市自然资源和不动产确权登记工作。

(四)负责自然资源资产有偿使用工作。建立全市全民所有自然资源资产统计制度,负责全民所

有自然资源资产核算。编制全市全民所有自然资源资产负债表,拟订考核标准。拟订全市全民所有自然资源资产划拨、出让、租赁、作价出资和土地储备政策,合理配置全民所有自然资源资产。负责自然资源资产价值评估管理,依法收缴相关资产收益。

(五)负责自然资源的合理开发利用。组织拟订全市自然资源发展规划和战略,制定自然资源开发利用市级标准并组织实施,建立政府公示自然资源价格体系,组织开展自然资源分等定级价格评估,开展自然资源利用评价考核,指导节约集约利用。负责全市自然资源市场监管。组织研究自然资源管理涉及区域协调和城乡统筹的政策措施。

(六)负责建立空间规划体系并监督实施。落实国家主体功能区战略和制度,组织编制并监督实施全市国土空间规划和相关专项规划。开展国土空间开发适宜性评价,建立国土空间规划实施监测、评估和预警体系。组织划定全市生态保护红线、永久基本农田、城镇开发边界等控制线,构建节约资源和保护环境的生产、生活、生态空间布局。组织编制主城及近郊的区国土空间规划、分区国土空间规划、详细规划、国家级开发区国土空间规划以及地质灾害防治、矿山环境保护等空间规划和自然资源领域重要专项规划,指导和审核区县(自治县)国土空间规划,负责对涉及国土空间利用保护的其他各类专项规划进行综合协调与平衡。承担市政府交办的重要区域国土空间规划的审查报批工作。

(七)建立健全国土空间用途管制制度,研究拟订全市城乡规划政策并监督实施。承担由市政府组织制定的主城及近郊的区近期建设规划的具体工作。建立城市规划对城市发展、建设时序、范围、内容等引导和管控机制。依法核发建设项目选址意见书、建设用地规划许可证和建设工程规划许可证及乡村建设规划许可证。负责规划条件、用地预审、建设工程竣工规划核实、国有建设用地使用权划拨和有偿使用等工作。组织拟订并实施全市土地等自然资源年度利用计划。负责全市土地等国土空间用途转用工作。负责土地征收征用管理。

(八)负责自然资源文化的挖掘、研究、保护和利用工作。负责全市历史文化名城总体规划及其专项规划编制,承担历史文化名城、名镇、名村、街区,传统风貌区,历史建筑和传统风貌建筑保护的规划管理与规划统筹工作。

(九)负责统筹国土空间生态修复。牵头组织编制全市国土空间生态修复规划并实施有关生态修复工程。负责全市国土空间综合整治、土地整理复垦、矿山地质环境恢复治理等工作。牵头建立和实施生态保护补偿制度,制定合理利用社会资金进行生态修复的政策措施,提出有关重大备选项目。

(十)负责组织实施最严格的耕地保护制度。牵头拟订并实施耕地保护政策,负责全市耕地数量、质量、生态保护。组织实施耕地保护责任目标考核和永久基本农田特殊保护。完善耕地占补平衡制度。监督占用耕地补偿制度执行情况。

(十一)负责管理地质勘查行业和地质工作。编制全市地质勘查规划并监督检查执行情况。管理市级地质勘查项目。组织实施全市重大地质矿产勘查专项。负责地质灾害预防和治理,监督管理地下水过量开采及引发的地面沉降等地质问题。负责古生物化石的监督管理。

(十二)负责落实综合防灾减灾规划相关要求,组织编制全市地质灾害防治规划和防护标准并指导实施。组织指导协调和监督地质灾害调查评价及隐患的普查、详查、排查和防治工作。指导开展全市群测群防、专业监测和预报预警等工作。指导开展地质灾害工程治理工作。承担全市地质灾害应急救援的技术支撑工作。

(十三)负责矿产资源管理工作。负责全市矿产资源储量管理及压覆矿产资源审批。负责全市矿业权管理。会同有关部门承担保护性开采的特定矿种、优势矿产的调控及相关管理工作。监督指导全市矿产资源合理利用和保护。

(十四)负责测绘地理信息管理工作。负责全市基础测绘和测绘行业管理。负责测绘资质资格与信用管理,监督管理全市地理信息安全和市场秩序。负责全市地理信息公共服务管理。负责全市测量标志保护。

(十五)促进空间规划和自然资源领域科技发展。制定并实施全市空间规划和自然资源领域科技创新发展和人才培养战略、规划和计划。组织制定市级技术标准、规程规范并监督实施。组织实施重大科技工程及创新能力建设,推进空间规划和自然资源信息化及信息资料的公共服务。组织开展空间规划和自然资源领域有关对外交流合作。

(十六)承担全市空间规划和自然资源管理的督察工作。负责自然资源权属调查、自然资源保护和开发利用、空间规划管理、测绘地理信息管理等领域的行政执法工作,具体执法交由执法队伍承担,并以部门名义统一执法。指导区县(自治县)有关综合行政执法工作。

(十七)负责机关、所属单位党群工作。

(十八)管理重庆市林业局。

(十九)承担重庆市规划委员会的日常工作。

(二十)完成市委、市政府交办的其他任务。

(二十一)职能转变。重庆市规划和自然资源局要落实关于统一行使全民所有自然资源资产所有者职责,统一行使所有国土空间用途管制和生态保护修复职责的要求,建立空间规划体系并监督实施,发挥国土空间规划管控作用,为保护和合理开发利用自然资源提供科学指引。进一步加强自然资源的保护和合理开发利用,建立健全源头保护和全过程修复治理相结合的工作机制,实现整体保护、系统修复、综合治理。推进自然资源节约集约利用。进一步精简下放有关行政审批事项、强化监管力度,充分发挥市场对资源配置的决定性作用,更好发挥政府作用,强化自然资源管理规则、标准、制度的约束性作用,推进自然资源确权登记和评估的便民高效。

第四条 重庆市规划和自然资源局设下列内设机构:

(一)办公室。负责机关政务工作,负责文电、会务、机要、档案、机关后勤等机关日常运转工作,承担政务信息、外事、保密、安全、督查督办等工作。承担人大建议、政协提案的办理工作。

(二)综合处。承担组织编制规划和自然资源发展战略、中长期规划和年度计划工作。负责起草重要文稿。组织开展重大课题、综合性政策调研。承担有关新闻宣传工作,承办新闻发布,开展舆论引导和舆情处置工作。承担综合统计并指导有关专业统计工作。协调规划和自然资源领域军民融合发展工作。

(三)政策法规处。组织起草规划和自然资源、测绘地理信息管理的地方性法规、规章、规范性文件和行业示范文本。承担有关规范性文件的合法性审查、备案和清理工作。推进依法行政工作,依法承担和指导行政复议、行政应诉等有关工作。承担规划和自然资源领域综合改革工作。指导区县(自治县)规划和自然资源管理法治建设相关工作。

(四)自然资源调查监测处。拟订自然资源调查监测评价的市级指标体系和统计标准,建立自然资源定期调查监测评价制度。定期组织实施全市性的自然资源基础调查、变更调查、动态监测和分析评价。开展水、森林、草原、湿地资源和地理国情等专项调查监测评价工作。承担自然资源调查监测评价成果的汇交、管理、维护、发布、共享和利用监督。

(五)自然资源确权登记处。拟订各类自然资源和不动产统一确权登记、权籍调查、争议调处、成果应用的制度、标准、规范。承担自然资源和不动产确权登记、权属调查工作。建立健全自然资源和不动产登记信息管理基础平台,管理登记资料。组织调处重大自然资源和不动产权属争议。指导监督区县(自治县)的自然资源和不动产确权登记、权属调查工作。

(六)自然资源所有者权益处。拟订全市全民所有自然资源资产管理政策、制度,组织编制全民所有自然资源资产保护、使用规划。承担全市全民所有自然资源资产统计工作,承担自然资源资产价值评估和资产核算工作。编制全市全民所有自然资源资产负债表,拟订相关考核标准并组织实施。拟订全市全民所有自然资源资产划拨、出让、租赁、作价出资政策。拟订土地储备政策并组织实施。承担报市政府审批的改制企业国有土地资产处置工作。

(七)自然资源开发利用处。拟订自然资源资产有偿使用制度政策并监督实施。组织实施全民所有自然资源资产划拨、出让、租赁、作价出资的审查(审批)及价款征收。建立全市自然资源市场交易规则,指导建立自然资源市场交易平台。组织开展自然资源市场调控。负责自然资源市场监督管理和动态监测,建立自然资源市场信用体系。建立政府公示自然资源价格体系,组织开展自然资源分等定级价格评估。拟订全市自然资源开发利用标准,开展评价考核,指导节约集约利用工作。

(八)重点规划处(重庆市规划委员会办公室)。承担市规划委员会以及专家咨询委员会日常工作。组织开展重大空间规划和自然资源项目的调查研究、前期论证、统筹协调和汇总分析等工作。承担自然资源保护与利用项目库建设及动态更新维护工作。承担规划和自然资源专家库建设以及专家遴选、管理、服务工作。

(九)总体规划处。拟订全市国土空间规划相关政策、制度、标准、规范,拟订主体功能区规划相关政策和制度。承担全市和主城及近郊的区国土空间规划编制、报批、备案工作,指导和审核远郊区县(自治县)国土空间规划编制并监督实施。承担区域性国土空间规划和相关战略的协调、研究工作。组织划定全市生态保护红线、永久基本农田、城镇开发边界等控制线。负责对涉及国土空间开发利用保护的市级专项规划进行综合协调和平衡。开展国土空间开发适宜性评价,组织国土空间规划实施监测、评估和预警工作。负责各级国土空间规划编制和实施的综合信息统计等工作。

(十)交通规划处。拟订国土空间交通规划相关政策、制度、标准、规范。组织编制市域和主城及近郊的区城市综合交通体系规划及交通基础设施等国土空间规划,负责对涉及国土空间开发利用的其他市级交通专项规划进行综合平衡,统筹交通基础设施对国土空间开发利用的需求。承担主城及近郊的区和跨区县(自治县)交通项目选址意见书、建设用地规划许可、建设工程规划许可的规划管理工作。指导建设项目交通影响评价工作。承担主城及近郊的区交通规划控制线的管理工作。统筹、指导、协调各区县(自治县)交通规划管理工作。

(十一)文化风貌处。组织开展自然资源和历史文化名城文化的挖掘、研究、保护和利用工作。负责全市历史文化名城总体规划及专项规划编制,历史文化街区、传统风貌区、历史文化名镇名村及历史建筑的组织认定和保护的规划管理工作。指导各区县(自治县)开展有关规划的编制工作。承担主城及近郊的区有关项目规划条件函和选址意见书、建设用地规划许可、建设工程规划许可的规划管理工作。承担重庆市历史文化名城保护委员会的日常工作。

(十二)城市规划处。拟订控制性详细规划政策、制度、标准、规范。参与全市国土空间规划工作,负责主城及近郊的区城市总体规划的编制工作。组织开展主城及近郊的区分区国土空间规划、近期建设规划、控制性详细规划(含镇区)等有关法定规划及专项规划的编制、报批、备案工作。对主城及近郊的区涉及国土空间利用的有关专项规划进行综合平衡。承担统筹规划实施时序,优化土地供应和建设项目安排的有关工作。承担规划实施项目库建设及动态更新维护工作。承担主城及近郊的区建设用地规划条件函的规划管理工作。承担规划和自然资源领域城市提升行动计划的相关工作。承担城市设计有关工作。指导区县(自治县)的相关规划管理工作。负责规划设计单位资质管理工作。

(十三)建筑规划处。拟订建设用地规划管理和建筑规划管理政策、制度、标准、规范。依法承担主城及近郊的区重要区域和重点建筑项目选址意见书、建设用地规划许可、建设工程规划许可的规划管理工作。承担修建性详细规划、重点建筑空间形态规划设计的管理工作。承担规划许可过程中的控制性详细规划一般技术性内容修改工作。承担重大建筑项目的方案征集工作。

(十四)市政规划处。拟订市政规划相关政策、制度、标准、规范。组织开展市域和主城及近郊的区市政专项规划的编制、报批、备案工作,负责对涉及国土空间开发利用的其他市级市政专项规划进行综合平衡,统筹项目需求和时序安排。承担主城及近郊的区和跨区县(自治县)市政项目的规划条件函和选址意见书、建设用地规划许可、建设工程规划许可的规划管理工作。承担主城及近郊的区市政规划控制线的管理工作。指导各区县(自治县)市政规划管理工作。

(十五)村镇规划处。拟订全市村镇规划政策、制度、标准、规范,指导开展乡村设计工作。组织主城区镇及近郊的区乡镇国土空间规划、村规划的编制、报批工作,承担远郊区县(自治县)乡镇国土空间规划的法定管理职责。指导远郊区县(自治县)乡镇详细规划、专项规划及村规划的编制、实施工作。承担规划和自然资源领域乡村振兴战略行动计划的有关工作。

(十六)国土空间用途管制处。拟订市级国土空间用途管制制度规范和技术标准并监督实施。负责编制并组织实施土地年度利用计划。组织拟订全市耕地、林地、草地、湿地等国土空间用途转用政策,承担建设项目用地预审工作。承担各类土地用途转用和农村集体土地征收、征用的管理及转用和征收的审查报批工作,承担土地征收、征用批后实施的监管工作,组织调处土地征收、征用补偿安置重大争议。

(十七)国土空间生态修复处。承担国土空间生态修复政策研究、市级标准拟订等工作,编制国土空间生态修复规划。承担国土空间综合整治、土地整理复垦、矿山地质环境恢复治理等工作。承担生态保护补偿相关工作。指导区县(自治县)国土空间生态修复相关工作。

(十八)耕地保护监督处。拟订并实施全市耕地保护政策。组织实施耕地保护责任目标考核和永久基本农田特殊保护,负责永久基本农田划定、占用和补划的监督管理。拟订全市设施农用地管理政策,指导监督设施农用地管理工作。承担耕地占补平衡管理工作。负责耕地保护政策与林地、草地、湿地等土地资源保护政策的衔接。

(十九)地质勘查管理处(重庆市油气管理办公室)。管理全市地质勘查行业和地质工作,编制地质勘查中长期规划、年度计划并监督实施。管理市级地质勘查项目,组织申报国家地质勘查和矿产资源勘查项目。组织编制地质灾害防治规划和防护标准,组织实施和监督地质灾害的预防和治理工作。依法管理地质灾害防治机构资质,监督管理地质灾害危险性评估工作。监督管理市级地质灾害防治项目。组织监测、监督防止地下水过量开采引起的地面沉降等地质问题。承担全市油气资源的勘查开发及保护的监督管理工作。

(二十)矿业权管理处。拟订全市矿业权管理政策并组织实施,管理矿产资源矿业权的出让及审批登记。监督指导全市探矿权、采矿权审批登记,开展全市重要矿产品供需及开发利用统计分析,组织调处矿业权重大权属纠纷。承担保护性开采的特定矿种、优势矿产的开采总量控制及相关管理工作。

(二十一)矿产资源保护监督处。拟订全市矿产资源政策和规划并组织实施,监督指导矿产资源合理利用和保护。承担矿产资源储量评审、备案、登记、统计和信息发布及压覆矿产资源审批管理、矿产地战略储备工作。实施矿山储量动态管理,建立矿产资源安全监测预警体系。监督地质资料汇交、保管和利用工作,监督管理古生物化石。

(二十二)测绘管理处。组织起草测绘地理信息政策、制度、标准、规范。拟订全市基础测绘中长期规划、年度计划并监督实施。组织实施全市基础测绘和重大测绘项目。建立和管理测绘基准、测绘系统。监督管理全市民用卫星遥感、测绘航空摄影等数据获取。拟订测绘行业管理政策,监督管理测绘活动、成果质量。管理测绘资质资格。监督管理境外和市外组织、个人来渝测绘。

(二十三)地理信息管理处。拟订全市地理信息中长期规划、年度计划以及安全保密政策并监督实施。负责地理信息成果管理和测量标志保护,审核全市重要地理信息数据。负责地图管理,审查向社会公开的地图,监督互联网地图服务,开展国家版图意识宣传教育。协同拟订界限标准样图。开展地下管线普查、数据维护及管理。提供地理信息应急保障,指导监督地理信息公共服务和地理信息数据管理、运用工作。

(二十四)规划和自然资源督察处(行政审批处)。对接自然资源部督察派驻机构。拟订规划和自然资源督察相关政策和工作规则等。承担本市规划和自然资源督察工作。依法承担对自然资源和国土空间规划等法律法规执行情况的监督检查工作。负责建设工程规划竣工核实。承担局系统行政审批相关工作。

(二十五)科技与信息化处。拟订规划和自然资源领城科技发展战略、规划和计划。拟订有关技术标准、规程规范,组织实施重大科技工程、项目及创新能力建设。承担规划和自然资源领域科技成果管理、信息化管理。承担对外科学技术合作交流工作。

(二十六)信访与政务公开处。负责局机关信访事项的受理、办理、复查和督办,承担规划和自然资源矛盾纠纷排查与调处、维护稳定、综合治理工作。承担规划和自然资源领域项目的稳定风险性评估工作。负责规划自然资源系统有关政务信息公开工作。

(二十七)计划财务处。依法承担规划和自然资源非税收入征管和专项资金、基金的管理工作。拟订有关财务、资产管理规章,承担机关财务和资产管理工作以及所属单位财务及国有资产监管工作,负责部门预决算、政府采购和国库集中支付有关工作。管理有关基本建设及重大专项投资、重大装备。承担财政和社会资金的结构优化和监测工作。

(二十八)审计处。拟订内部审计制度并组织实施,指导所属单位内部审计工作,承担机关、所属单位相关审计工作,督促和落实审计发现问题的整改工作。

(二十九)干部人事处。承担机关干部人事、机构编制、队伍建设等工作,指导所属单位的干部人事、机构编制、队伍建设等工作。承担人才规划编制,组织实施教育培训工作。

机关党委。设置机关党委办公室,负责机关、所属单位的党群工作,具体管理本部门所主管的社会组织党的建设工作。

离退休人员工作处。负责机关离退休人员管理工作,指导所属单位的离退休人员管理工作。

第五条 重庆市规划和自然资源局机关行政编制203名。设局长1名,副局长5名(其中1名兼局党组副书记);处级领导职数82名(含总工程师、总经济师、总规划师、总建筑师各1名,机关党委专职副书记兼机关党委办公室主任1名、离退休人员工作处领导职数1名)。

第六条 涪陵区、渝中区、大渡口区、江北区、沙坪坝区、九龙坡区、南岸区、北碚区、渝北区、巴南区、长寿区、江津区、合川区、永川区、南川区、綦江区、大足区、璧山区、铜梁区、潼南区、荣昌区规划和自然资源局,实行市以下垂直管理,其职能配置、内设机构和人员编制另行规定。

第七条 重庆市规划和自然资源局所属事业单位的设置、职责和编制事项另行规定。

第八条 本规定具体解释工作由中共重庆市委机构编制委员会办公室承担,其调整由中共重庆市委机构编制委员会办公室按规定程序办理。

第九条 本规定自2019年1月31日起施行。

2019年规范性文件目录

法律

中华人民共和国耕地占用税法

中华人民共和国主席令第18号　2019年1月17日

中华人民共和国资源税法

中华人民共和国主席令第33号　2019年8月27日

全国人民代表大会常务委员会关于修改《中华人民共和国土地管理法》、《中华人民共和国城市房地产管理法》的决定

中华人民共和国主席令第32号　2019年8月28日

中华人民共和国土地管理法

中华人民共和国主席令第32号　2019年9月6日

中华人民共和国城市房地产管理法

中华人民共和国主席令第32号　2019年9月6日

中华人民共和国森林法

中华人民共和国主席令 第39号　2019年12月28日

行政法规及国务院文件

国务院关于取消和下放一批行政许可事项的决定

2019年3月6日 国发〔2019〕6号

国务院办公厅关于压缩不动产登记办理时间的通知

2019年3月11日 国办发〔2019〕8号

国务院办公厅关于在制定行政法规规章行政规范性文件过程中充分听取企业和行业协会商会意见的通知

2019年3月13日 国办发〔2019〕9号

国务院关于修改部分行政法规的决定

2019年3月18日 国务院令第709号

中华人民共和国政府信息公开条例

2019年4月3日 国务院令第711号

国务院关于修改部分行政法规的决定

2019年4月10日 国务院令第710号

中共中央办公厅 国务院办公厅印发《关于统筹推进自然资源资产产权制度改革的指导意见》

2019年4月14日

国务院关于在线政务服务的若干规定

2019年4月30日 国务院令第716号

中共中央 国务院关于建立国土空间规划体系并监督实施的若干意见

2019年5月23日

国务院关于推进国家级经济技术开发区创新提升打造改革开放新高地的意见

2019年5月28日 国发〔2019〕11号

关于建立以国家公园为主体的自然保护地体系的指导意见

2019年6月26日

国务院办公厅关于完善建设用地使用权转让、出租、抵押二级市场的指导意见

2019年7月19日 国办发〔2019〕34号

国务院关于加强和规范事中事后监管的指导意见

2019年9月12日 国发〔2019〕18号

国务院办公厅关于切实加强高标准农田建设提升国家粮食安全保障能力的意见

2019年11月13日 国办发〔2019〕50号

中共中央 国务院关于保持土地承包关系稳定并长久不变的意见
2019年11月26日

国务院办公厅政府信息与政务公开办公室关于规范政府信息公开平台有关事项的通知
2019年12月3日 国办公开办函〔2019〕61号

国务院办公厅关于建立政务服务“好差评”制度提高政务服务水平的意见
2019年12月17日 国办发〔2019〕51号

部门规章

自然资源行政复议规定
2019年7月19日 中华人民共和国自然资源部令第3号

自然资源行政应诉规定
2019年7月19日 中华人民共和国自然资源部令第4号

自然资源部关于第一批废止和修改的部门规章的决定
2019年8月1日 中华人民共和国自然资源部令第5号

不动产登记资料查询暂行办法
2019年8月13日

不动产登记暂行条例实施细则
2019年8月13日

节约集约利用土地规定
2019年8月13日

土地调查条例实施办法
2019年8月13日

矿山地质环境保护规定
2019年8月14日

地质环境监测管理办法

2019年8月14日

古生物化石保护条例实施办法

2019年8月14日

矿产资源规划编制实施办法

2019年8月14日

地质灾害治理工程监理单位资质管理办法

2019年8月14日

地质灾害治理工程勘查设计施工单位资质管理办法

2019年8月14日

地质灾害危险性评估单位资质管理办法

2019年8月14日

土地复垦条例实施办法

2019年8月14日

部门规范性文件

自然资源部关于以"多规合一"为基础推进规划用地"多审合一、多证合一"改革的通知

2019年9月20日 自然资规〔2019〕2号

自然资源部关于加强规划和用地保障支持养老服务发展的指导意见

2019年12月5日 自然资规〔2019〕3号

市政府规章及规范性文件

重庆市行政规范性文件管理办法

2019年9月26日 重庆市人民政府令第329号

重庆市人民政府关于废止和修改部分政府规章的决定

2019年10月10日　重庆市人民政府令第330号

重庆市无线电管理办法

2019年11月19日 重庆市人民政府令第331号

重庆市建设用地土壤污染防治办法

2019年12月8日　重庆市人民政府令第332号

重庆市人民政府关于取消和调整一批行政许可事项的决定

2019年4月17日 渝府发〔2019〕9号

重庆市人民政府关于印发在重庆市市场监管领域全面推行部门联合“双随机、一公开”监管实施方案的通知

2019年7月17日 渝府发〔2019〕19号

重庆市人民政府关于印发重庆市深化工程建设项目审批制度改革实施方案的通知

2019年10月8日 渝府发〔2019〕25号

重庆市人民政府关于废止部分市政府规范性文件的决定

2019年10月11日　渝府发〔2019〕26号

重庆市人民政府关于禁止在双江航电枢纽工程占地和淹没区新增建设项目和迁入人口的通告

2019年12月3日 渝府发〔2019〕30号

重庆市人民政府办公厅关于印发重庆市主城区“四山”保护提升实施方案的通知

2019年7月1日 渝府办〔2019〕14号

重庆市人民政府办公厅关于印发重庆市农村集体产权制度改革试点方案的通知

2019年8月30日 渝府办发〔2019〕95号

重庆市生态环境局、重庆市规划和自然资源局、重庆市住房和城乡建设委员会、重庆市水利局重庆市农业农村委员会、重庆市林业局关于印发重庆市生态环境损害修复管理办法的通知

2019年9月26日　渝环〔2019〕194号

局规范性文件

关于加快办理易地扶贫搬迁户房屋不动产权证的通知

（2019年4月30日 渝规资规范〔2019〕1号）

重庆市规划和自然资源局、重庆市农业农村委员会关于加强和改进永久基本农田保护工作的实施意见

（2019年6月19日 渝规资规范〔2019〕2号）

重庆市规划和自然资源局关于历史遗留废弃矿山复垦指标交易有关事项的通知

（2019年7月30日 渝规资规范〔2019〕3号）

重庆市规划和自然资源局关于印发《重庆市基础测绘地理信息成果提供使用管理办法》的通知

（2019年8月16日 渝规资规范〔2019〕4号）

重庆市规划和自然资源局关于印发《重庆市主城区建设项目主创建筑师铭牌设置办法》的通知

（2019年8月16日 渝规资规范〔2019〕5号）

重庆市规划和自然资源局关于进一步细化工业项目配套设施规划管理要求的通知

（2019年8月16日 渝规资规范〔2019〕6号）

重庆市规划和自然资源局关于进一步规范房产面积测算的通知（2019年8月16日 渝规资规范〔2019〕7号）

重庆市规划和自然资源局关于印发《重庆市地下管线综合管理信息系统部署使用管理办法》的通知

（2019年8月16日 渝规资规范〔2019〕8号）

重庆市规划和自然资源局关于印发《重庆市建设工程（建筑类）规划许可内容管理规定》的通知

（2019年8月16日 渝规资规范〔2019〕9号）

重庆市规划和自然资源局关于工业企业原址开发利用涉及环评有关问题的通知

（2019年8月19日 渝规资规范〔2019〕10号）

重庆市规划和自然资源局关于印发历史遗留和关闭矿山环境治理恢复与土地复垦项目管理办法的通知

(2019年8月19日 渝规资规范〔2019〕11号)

重庆市规划和自然资源局关于进一步加强土地储备整治供应管理工作的通知

(2019年8月19日 渝规资规范〔2019〕12号)

重庆市规划和自然资源局关于进一步加强土地储备整治工作的通知

(2019年8月19日 渝规资规范〔2019〕13号)

重庆市规划和自然资源局关于印发《重庆市集体土地上非农村居民住宅建设规划管理办法》的通知

(2019年8月19日 渝规资规范〔2019〕14号)

重庆市规划和自然资源局关于印发《重庆市房屋面积测算实施细则》的通知

(2019年8月19日 渝规资规范〔2019〕15号)

重庆市规划和自然资源局关于印发《房产面积测算成果备案审核管理办法》的通知

(2019年8月19日 渝规资规范〔2019〕16号)

重庆市规划和自然资源局关于印发《重庆市测绘资质管理办法》的通知

(2019年8月19日 渝规资规范〔2019〕17号)

重庆市规划和自然资源局关于印发《重庆市建筑工程项目规划公告牌管理规定》的通知

(2019年8月19日 渝规资规范〔2019〕18号)

重庆市规划和自然资源局关于调整地票价款分配及拨付标准的通知

(2019年8月20日 渝规资规范〔2019〕19号)

重庆市规划和自然资源局关于规范土地复垦相关报告编制及竣工验收有关事项的通知

(2019年8月28日 渝规资规范〔2019〕20号)

重庆规划和自然资源局关于进一步规范矿山闭坑地质报告管理工作的通知

(2019年9月7日 渝规资规范〔2019〕21号)

重庆市规划和自然资源局关于印发我市主要矿产资源合理开发利用“三率”最低指标要求的通知

（2019年9月7日 渝规资规范〔2019〕22号）

重庆市规划和自然资源局关于规范建设项目压覆重要矿产资源审批工作的通知
（2019年9月9日 渝规资规范〔2019〕23号）

重庆市规划和自然资源局关于进一步加强地质资料管理工作的通知
（2019年9月9日 渝规资规范〔2019〕24号）

重庆市规划和自然资源局关于进一步加强地质灾害危险性评估管理工作的通知
（2019年10月23日 渝规资规范〔2019〕25号）

重庆市规划和自然资源局关于印发《重庆市工程建设项目建筑面积测算规则》的通知
（2019年10月24日 渝规资规范〔2019〕26号）

重庆市规划和自然资源局关于印发重庆市矿业权人勘查开采信息公示实施办法的通知
（2019年12月7日 渝规资规范〔2019〕27号）

重庆市规划和自然资源局关于对超越批准矿区范围矿山处置意见的通知
（2019年12月7日 渝规资规范〔2019〕28号）

重庆市规划和自然资源局关于进一步减轻矿山企业负担有关事项的通知
（2019年12月7日 渝规资规范〔2019〕29号）

重庆市规划和自然资源局关于进一步完善矿产资源开采申请审批登记管理有关事项的通知
（2019年12月7日 渝规资规范〔2019〕30号）

重庆市规划和自然资源局关于印发《重庆市矿业权出让基准价》的通知
（2019年12月7日 渝规资规范〔2019〕31号）

重庆市规划和自然资源局关于规范矿区范围界桩和采矿权标识牌设置工作的通知
（2019年12月7日 渝规资规范〔2019〕32号）

重庆市规划和自然资源局关于规范局办件大厅矿业权行政审批事项的通知
（2019年12月7日 渝规资规范〔2019〕33号）

重庆市规划和自然资源局关于进一步加强乡村民宿规划建设管理工作的通知
(2019年12月26日 渝规资规范〔2019〕34号)

重庆市规划和自然资源局关于贯彻落实自然资源部“多审合一、多证合一”改革工作的通知
(2019年12月26日 渝规资规范〔2019〕35号)

重庆市规划和自然资源局关于印发规划管理公示办法的通知
(2019年12月31日 渝规资规范〔2019〕36号)

重庆市规划和自然资源局关于印发行政管理文书遗失补办规定的通知
(2019年12月31日 渝规资规范〔2019〕37号)

重庆市规划和自然资源局关于印发行政审批一次性告知规定的通知
(2019年12月31日 渝规资规范〔2019〕38号)

表1 2019年全市自然资源状况表（单位:公顷）

类型	耕地	园地	林地	草地	城镇村及工矿用地	交通运输用地	水域及水利设施用地	其他土地	合计
面积	2003188.96	273357.30	4752290.18	25796.65	398507.54	177237.18	284909.72	322194.23	8237481.76

表2 2019年全市历史文化资源新编保护规划表

类型	序号	名称
历史文化街区	1	渝中区中山四路历史文化街区保护规划
	2	北碚区澄江老街历史文化街区保护规划
	3	长寿区三倒拐历史文化街区保护规划
历史文化名镇	4	万州区走马镇历史文化名镇保护规划
	5	万州区柱山乡历史文化名镇保护规划
	6	涪陵区新妙镇历史文化名镇保护规划
	7	綦江区中峰镇历史文化名镇保护规划
	8	潼南区上和镇市级历史文化名镇保护规划
	9	荣昌区清江镇历史文化名镇保护规划
	10	垫江县高安镇历史文化名镇保护规划
历史文化名村	1	万州区普子乡碗厂村历史文化名村保护规划
	2	黔江区凤台村历史文化名村保护规划
	3	长寿区葛兰镇大坝村历史文化名村保护规划
	4	合川区隆兴镇永兴村历史文化名村保护规划
	5	大足区玉龙镇玉峰村历史文化名村保护规划
	6	梁平区聚奎镇席帽村历史文化名村保护规划
	7	丰都县仙女湖镇金竹林村历史文化名村保护规划
	8	奉节县兴隆镇六垭村历史文化名村保护规划
	9	石柱县黄龙村历史文化名村保护规划
	10	秀山县清溪场镇司城村史文化名村保护规划
	11	酉阳县苍岭村历史文化名村保护规划
	12	酉阳县大江村历史文化名村保护规划
	13	酉阳县花田乡何家岩村历史文化名村保护规划
	14	酉阳县汇家村历史文化名村保护规划
	15	酉阳县亮垭村历史文化名村保护规划
	16	酉阳县板溪镇山羊村历史文化名村保护规划
	17	酉阳县杨柳村历史文化名村保护规划
历史建筑	1	重庆市第二批历史建筑保护规划

表3 2019年全市新增历史文化街区表

序号	区县	名称
1	渝中区	中山四路历史文化街区
2	北碚区	澄江老街历史文化街区
3	长寿区	三倒拐历史文化街区

表4 2019年全市新增历史建筑情况表(重庆市第三批历史建筑名录)

序号	区县	名称	位置	建筑年代	建筑类型
1	渝北区	彭家大院	木耳镇金刚村石狮社区	19世纪	居住建筑
2	奉节县	大庄村王家老屋院子	吐祥镇大庄村1组(大庄老屋)	清末民初	居住建筑
3	奉节县	花屋书院	兴隆镇龙门村15组(花屋)	清末民初	居住建筑
4	奉节县	新庙村大屋基民居	青莲镇新庙村4组(大屋基)	民国初期	居住建筑
5	奉节县	中兴村李家祖屋	新民镇中兴村(小天池)	清末民初	居住建筑
6	城口县	曾家大院	双河镇厚朴园村4组	咸丰2年	居住建筑
7	巫溪县	蔡家湾煤场职工楼	上磺镇干龙村2社(蔡家湾)	1970年代	居住建筑
8	涪陵区	白涛街道新院子	白涛街道三门子村四社(沙田)	清朝光绪年间	居住建筑
9	沙坪坝区	重庆大学外教宿舍1#、2#	沙坪坝区沙坪坝正街174号	1930年代	居住建筑
10	长寿区	双龙镇正街52号	双龙镇双龙街52号	1936年	居住建筑
11	南川区	赵家湾胡宅及朝门	乾丰镇新元村2社	民国后期	居住建筑
12	南川区	新月台	黎香湖镇东湖村1社2、3号	1944年	居住建筑
13	南川区	张家院子	中桥乡普陀村3社	1941年	居住建筑
14	綦江区	原松藻矿务局—住宿楼	打通镇打通垭社区红星一村	1979年	居住建筑
15	江津区	杜家咀孙家大院	塘河镇硐寨村2组136号	明末	居住建筑
16	江津区	袁家洋楼	白沙镇石坝街社区38号	1949年	居住建筑
17	璧山区	八塘镇高梯子院子	八塘镇五龙村五组66号	1945年	居住建筑
18	铜梁区	段家院子	西河镇兴建村11组	民国时期	居住建筑
19	荣昌区	安富老知青点	安福街道通安村13组	1972年	居住建筑
20	永川区	杨家大院	中山路街道中山大道附7-4号	1930年代	居住建筑
21	彭水县	彭水高桥村新房子	高桥村新房子	1941年6月	居住建筑
22	彭水县	靛水李氏民居	靛水街道文武社区1组	19世纪中叶	居住建筑
23	云阳县	刘家花厅	清水土家族乡清水村5组37号	清末民初	居住建筑
24	彭水县	廖家村传统建筑群	万足镇廖家村二组瓦厂坝	17世纪中	居住建筑
25	彭水县	太原镇冉氏祖宅(太原老粮仓)	太原镇高桥村8组碾坊	清末年间	居住建筑
26	武隆区	邹家村出水塘屋基	浩口乡邹家村吴家坝组	19世纪初	居住建筑

续表

序号	区县	名称	位置	建筑年代	建筑类型
27	黔江区	石会镇黄家大院	石会镇工农社区1组43-49号	清道光年间	居住建筑
28	秀山县	杨家四合院	雅江镇雅江居委会富民街	清代	居住建筑
29	云阳县	刘家院子	清水土家族乡清水村14组500号	清末	居住建筑
30	梁平区	大观镇大兴村新院子与保安楼	大观镇大兴村8组(新院子)	1932年	居住建筑
31	垫江县	翠屏湾老屋	砚台镇百胜村一社	1840年代	居住建筑
32	巴南区	石坝屋基廖氏庄园	巴南区天星寺镇花房村黄草坪组66号	清末	居住建筑
33	酉阳县	义瑞号	龙潭镇龙泉街社区永胜上街	民国时期	商业建筑
34	渝中区	重庆大礼堂东楼	大溪沟街道人民路173号	1989年	商业建筑
35	南岸区	工贸大厦	铜元局街道南坪北路12号	1988年	商业建筑
36	合川区	铜溪老百货公司	铜溪镇铜溪社区中巷街	1976年	商业建筑
37	南岸区	扬子江假日酒店	南坪街道后堡社区南坪新街巷87号	1989年	商业建筑
38	渝中区	罗汉寺街9-2#	解放碑街道罗汉寺街9-2号	70年代	公共服务建筑
39	渝中区	文化宫大剧院	两路口街道中山二路174号	1952年	公共服务建筑
40	渝中区	马鞍山47号	大溪沟街道红球坝社区马鞍山47号	1930年代	公共服务建筑
41	渝北区	西南合成制药厂办公楼	洛碛镇药川路22号	1988年	公共服务建筑
42	北碚区	原文星公社办公楼	天府镇文星支路	1936年	公共服务建筑
43	沙坪坝区	西南政法大学图书馆	童家桥街道壮志路2号	1982年	公共服务建筑
44	沙坪坝区	西南政法大学电教中心	童家桥街道壮志路2号	1950年代	公共服务建筑
45	沙坪坝区	西南政法大学东山办公楼	童家桥街道壮志路2号	1950年代	公共服务建筑
46	沙坪坝区	四川外语学院培英楼	童家桥街道壮志路33号	1979年	公共服务建筑
47	南岸区	重庆邮电大学樱花园1号、3号	南山街道黄桷垭社区崇文路2号	1950年	公共服务建筑
48	巴南区	重化俱乐部	花溪街道走马梁二村51号106幢	1980年代	公共服务建筑
49	大渡口区	原重钢型钢厂—行政办公楼	新山村街道光明社区	1941年	公共服务建筑
50	大渡口区	原重钢职工医院住院部主楼	跃进村街道钢铁社区	1953年	公共服务建筑
51	万州区	原走马镇供销社	走马镇走马社区岭上街75号	1970年代	公共服务建筑
52	万州区	柱山一校	柱山乡草盘村5组(云兴寺)	1963年	公共服务建筑
53	涪陵区	义和镇大山粮站	义和镇高峰村1社	1968年	公共服务建筑
54	长寿区	原天台公社办公楼	天台村东街1号	1961年	公共服务建筑
55	綦江区	新田乡中学教学楼	隆盛镇振兴村一社周家楼岗	1958年	公共服务建筑
56	綦江区	原松藻矿务局一体育场	打通镇打通垭社区	1979年	公共服务建筑
57	万盛区	青年公社堡堂大队办公楼	青年镇堡堂村双星社村委会旁边	1970年	公共服务建筑

续表

序号	区县	名称	位置	建筑年代	建筑类型
58	万盛区	九锅箐知青房	关坝镇凉风村	1950年代	公共服务建筑
59	江津区	原3539厂女工卫生室	几江街道三五三九社区西门路263号	1980年代	公共服务建筑
60	江津区	聚奎中学—石柱洋楼	白沙街道黑石山社区999号	1910年,2005年重建	公共服务建筑
61	江津区	原晋江机械厂—办公楼	夏坝街道跃进社区	1960年代	公共服务建筑
62	璧山区	高石坎小学	龙井弯村六组93号	19世纪20年代	公共服务建筑
63	合川区	国营华川机械厂大礼堂	草街街道办事处大庙村人文科技学院	1965年	公共服务建筑
64	合川区	金子畜牧站	钱塘镇金子社区金子沱	1979年	公共服务建筑
65	合川区	原四川矿业学院办公楼	三汇镇汇兴社区柑子园	1969年前后	公共服务建筑
66	合川区	重棉四厂—电影院	南津街街道东津沱上豫丰3号	建于	公共服务建筑
67	合川区	天星粮站	云门街道大碑村三社	1980年	公共服务建筑
68	铜梁区	小林粮站	小林镇庆云村	1970年代	公共服务建筑
69	荣昌区	原五福乡影剧院	安富街道斑竹村(原五福乡镇府旁)	1981年	公共服务建筑
70	秀山县	原莲花公社办公楼	平凯街道莲花社区马鞍桥	1960年代	公共服务建筑
71	酉阳县	龙潭镇老派出所	龙潭镇龙泉街社区永胜下街	民国时期	公共服务建筑
72	南川区	郭家祠堂朝门	石溪镇五星村2社	1874年2月	宗教及祠庙会馆建筑
73	万盛区	犹家大祠堂	关坝镇兴隆村水井湾组35号	1795年	宗教及祠庙会馆建筑
74	江津区	龙门号	塘河街道古镇社区塘河老街34号	清初	宗教及祠庙会馆建筑
75	大渡口区	原重钢型钢厂—第三跨厂房	九宫庙街道马桑溪社区	1941年	工业建筑
76	大渡口区	原重钢型钢厂—机械厂车间	九宫庙街道马桑溪社区	1938年	工业建筑
77	大渡口区	原重钢型钢厂—煤气柜	新山村街道光明社区	1941年	工业建筑
78	云阳县	原云阳国营酒厂	养鹿镇养鹿社区3组	1969年	工业建筑
79	梁平区	大梨土陶窑	合兴镇大梨村5组(英勇水库旁)	1970年代	工业建筑
80	綦江区	綦江齿轮厂—技术装备部热后加工区	古南街道綦齿社区綦江齿轮厂	1958年	工业建筑
81	綦江区	重庆松藻矿山机械厂—热工铸造车间	打通镇沿河村瓦子坝社	1970年	工业建筑
82	綦江区	原松藻矿务局—打通一矿主力井	打通镇打通村	1990年	工业建筑
83	两江新区	重庆渝北储运公司603仓库	天宫殿街道天龙路社区红锦大道590号	1969年	工业建筑

续表

序号	区县	名称	位置	建筑年代	建筑类型
84	沙坪坝区	鸽牌电缆厂红砖厂房	覃家岗街道金星社区	1970年左右	工业建筑
85	沙坪坝区	鸽牌电缆厂主厂房	覃家岗街道金星社区	1982年	工业建筑
86	大渡口区	原重钢型钢厂—1#、2#、3#烟囱	九宫庙街道马桑溪社区	先后建于50年代与90年代中期	工业建筑
87	大渡口区	原重钢型钢厂—5号高炉	跃进村街道钢铁社区	1987年	工业建筑
88	渝中区	枇杷山正街碉堡	两路口街道枇杷山正街社区	1940年代	军事防御建筑
89	北碚区	龙王洞碉楼(李家沟碉楼)	北碚区复兴街道	1931年	军事防御建筑
90	开州	杨老爷寨子	九龙山镇广佛村6组(黄虎坪)	1917年	军事防御建筑
91	忠县	新立中学碉楼	新立镇双柏村1组	1948年	军事防御建筑
92	忠县	石坝村碉楼(永安楼)	三汇镇石坝村5组	1920年	军事防御建筑
93	巴南区	董家山碉楼	石龙镇柏树村董家山	1898年	军事防御建筑
94	垫江县	熊孝能碉楼	沙坪镇双坪村6街巷9号	民国时期	军事防御建筑
95	垫江县	高宗友碉楼	永安镇双桥村1组毛草房	1940年	军事防御建筑
96	垫江县	座坪碉楼	澄溪镇大雷村8社	1930年	军事防御建筑
97	垫江县	徐生云碉楼	杠家镇凉水村4社22号	1948年	军事防御建筑
98	垫江县	南山碉楼	沙河乡南山村五组	1942年	军事防御建筑
99	涪陵区	蔺市镇五尧村6社大屋基石碉楼	蔺市镇五尧村6社	民国初期	军事防御建筑
100	南川区	刘足山碉楼	楠竹山镇锅厂村5社34号	民国末年	军事防御建筑
101	江津区	青堰村双雕楼	四屏镇青堰村1组17号	19世纪初	军事防御建筑
102	江津区	黄桷田碉楼	四屏镇四面村2社	1941年	军事防御建筑
103	璧山区	郭家村碉楼	郭家村三组52号	1930年	军事防御建筑
104	渝北区	多宝渡槽	古路镇继光村3社	1973年	市政水利设施
105	渝北区	统景风景桥	统景镇温泉社区景兴路	1990年	市政水利设施
106	南岸区	长生桥镇河咀渡槽	长生桥街道茶花社区	1979年	市政水利设施
107	九龙坡区	重庆啤酒厂水塔	九龙镇龙泉村社区龙泉路重庆啤酒厂内	1987年	市政水利设施
108	九龙坡区	重庆热水瓶厂水塔	二郎街道石杨路第二社区陈家坪立交南侧	1985年	市政水利设施
109	开州	临江大桥	临江镇万安村与复杨村间	1977年10月	市政水利设施
110	丰都县	敞垭口引水渠	董家镇水巷子居委5组	1972年	市政水利设施
111	忠县	新立渡槽	新立镇文笔社区	1958年	市政水利设施
112	巫山县	龙溪老桥	龙溪镇龙溪场镇社区	1987年	市政水利设施
113	南川区	百年廊桥	河图镇河图村1社	1947年	市政水利设施
114	南川区	庙子塘大桥	西城街道永合社区三社	1981年	市政水利设施

续表

序号	区县	名称	位置	建筑年代	建筑类型
115	南川区	安坪大桥	西城街道安平社区一组	20世纪60年代	市政水利设施
116	江津区	中兴桥洞及桥楼	吴滩镇宝塔社区东街西街河坝街交汇处西街1号、2号	清朝	市政水利设施
117	江津区	桥溪口闸坝	广兴镇彭桥村4社	1930年代	市政水利设施
118	江津区	五福电站	贾嗣镇五福村	历经1940-70年代	市政水利设施
119	江津区	洋辉铁路桥	油溪镇明月社区	20世纪50年代	市政水利设施
120	江津区	老仁沱大桥	支坪镇仁沱社区和津坪社区交接綦江河上	1977年	市政水利设施
121	江津区	老真武大桥	支坪街道真武社区檬子村4组	1930年,1954年改建	市政水利设施
122	璧山区	健龙镇画眉村引水渠	健龙镇画眉村五社	1964年	市政水利设施
123	潼南区	太安罐头厂水塔	太安镇滩石村滩石路5号	1963年	市政水利设施
124	铜梁区	巴岳山水塔	南城街道巴岳社区5组	1980年代	市政水利设施
125	铜梁区	少云大桥	少云镇琼江村	20世纪70年代	市政水利设施
126	荣昌区	铜鼓桥	清流镇马草村	清朝末年	市政水利设施
127	永川区	万善桥渡槽	吉安镇铜凉村老槽房组	1981年	市政水利设施
128	永川区	吉安镇黄沙村新桥	吉安镇黄沙村	清代	市政水利设施
129	渝中区	文化宫红星亭	两路口街道中山二路174号	1952年	风景园林建筑
130	渝北区	碧津公园	双龙湖街道双龙大道31号	1987年	风景园林建筑

表5　2019年中心城区建筑项目建设用地规划许可证核发情况表

管理机构	总件次（件）	总面积（公顷）	居住用地（公顷）	公共管理与公共服务设施用地(公顷)	商业服务业设施用地(公顷)	工业用地（公顷）	物流仓储用地（公顷）	道路与交通设施用地(公顷)	公用设施用地（公顷）	绿地（公顷）	其他用地（公顷）
两江新区局	134	936.90	451.72	82.70	118.33	177.34	21.70	13.40	6.18	65.52	0.00
渝中区局	18	55.33	15.05	30.58	5.60	0.00	0.00	0.95	0.88	2.27	0.00
大渡口区局	25	188.49	102.09	21.42	0.91	59.15	0.00	1.95	0.00	2.96	0.00
江北区局	15	47.09	27.89	6.48	6.89	5.21	0.00	0.00	0.34	0.28	0.00
沙坪坝区局	52	276.25	137.11	17.96	42.32	17.85	41.89	1.54	7.18	10.40	0.00
九龙坡区局	51	235.61	88.02	18.56	2.55	64.65	36.52	0.32	0.00	24.98	0.00
南岸区局	47	393.17	275.83	23.62	29.81	24.63	11.73	3.09	0.00	11.27	13.18
北碚区局	51	284.19	155.45	5.65	20.17	28.49	0.00	3.03	1.28	69.83	0.29
渝北区局	92	482.66	165.51	44.36	84.51	56.08	23.57	3.70	0.52	104.42	0.00
巴南区局	75	452.97	243.52	34.80	37.26	78.60	26.96	0.00	0.00	31.84	0.00
合计	560	3352.66	1662.19	286.13	348.33	512.02	162.37	27.99	16.39	323.78	13.47

表6　2019年区县建筑项目建设用地规划许可情况表

行政区	民用类用地件次(件)	工业及仓储类用地件次(件)	民用类用地面积(公顷)	工业及仓储类用地面积(公顷)
璧山区	25	54	187.08	252.92
长寿区	16	52	49.21	188.55
城口县	2	1	5.06	1.52
大足区	26	14	64.88	38.74
垫江县	39	10	97.36	20.30
丰都县	22	4	59.94	4.21
奉节县	15	1	49.00	17.81
涪陵区	51	14	245.59	285.44
合川区	54	11	152.75	54.31
江津区	42	29	255.67	69.74
开州区	45	6	76.39	11.07
梁平区	11	8	20.32	52.54
南川区	18	15	79.16	130.92
彭水县	38	0	72.17	0.00
綦江区	20	11	38.99	15.73
黔江区	11	2	17.50	4.11
荣昌区	40	39	131.28	206.80
石柱县	24	8	33.88	4.66
双桥区	2	4	23.87	10.12
铜梁区	13	14	66.91	53.53
潼南区	24	1	48.18	3.27
万盛区	13	5	19.01	18.89
万州区	27	23	66.63	81.01
巫山县	27	1	58.40	1.13
巫溪县	1	0	5.17	0.00
武隆区	20	2	46.77	0.36
秀山县	44	16	86.11	82.82
永川区	31	28	125.77	149.73
酉阳县	6	2	30.16	9.77
云阳县	18	14	26.25	61.89
忠县	28	11	75.51	51.78
合计	753	400	2314.95	1883.68

表7 2018—2019年中心城区各区核发《建设工程规划许可证》变化情况表

所属分局	2018年(万平方米)	2019年(万平方米)	面积变化(万平方米)	所占比例
两江新区局	2039.86	2564.29	524.43	25.71%
渝中区局	245.22	314.30	69.08	28.17%
大渡口区局	532.29	398.50	−133.79	−25.13%
江北区局	321.60	249.13	−72.48	−22.54%
沙坪坝区局	1087.32	1133.30	45.98	4.23%
九龙坡区局	624.46	710.69	86.22	13.81%
南岸区局	848.10	574.76	−273.35	−32.23%
北碚区局	560.43	471.19	−89.25	−15.92%
渝北区局	644.68	1161.55	516.87	80.17%
巴南区局	1669.84	1023.44	−646.39	−38.71%
合计	8573.81	8601.14	27.33	0.32%

表8 2019年中心城区区建筑项目建设工程规划许可情况表

管理机构	总件次(件)	总建筑面积(万平方米)	总计容建筑面积(万平方米)	居住面积(万平方米)	公建面积(万平方米)	工业面积(万平方米)	配套设施(万平方米)	车库面积(万平方米)	其他面积(万平方米)
两江新区局	366	2564.29	1853.27	1068.64	346.35	287.26	76.35	638.28	147.41
渝中区局	80	314.30	213.38	84.39	124.74	0.00	6.99	83.88	14.30
大渡口区局	69	398.50	295.67	196.38	42.78	48.21	8.81	93.79	8.53
江北区局	39	249.13	148.84	69.07	88.10	5.05	9.96	63.31	13.64
沙坪坝区局	145	1133.30	833.82	411.83	325.66	34.52	15.83	254.98	90.49
九龙坡区局	134	710.69	586.53	210.51	126.70	167.90	18.43	142.04	45.10
南岸区局	110	574.76	425.30	220.05	127.46	31.01	16.60	159.73	19.92
北碚区局	135	471.19	347.51	230.75	72.40	30.54	7.00	119.52	10.98
渝北区局	382	1161.55	869.84	222.79	384.94	170.12	40.64	269.67	73.40
巴南区局	207	1023.44	759.52	531.18	90.88	42.20	23.48	247.17	88.53
合计	1667	8601.14	6333.69	3245.58	1730.02	816.81	224.08	2072.36	512.29

表9 2019年远郊区(县)建筑项目建设工程规划许可情况表

行政区	工程证件次(件)	工程证面积(万平方米)
璧山区	286	688.11
城口县	47	75.37
大足区	69	206.85
垫江县	149	189.69
丰都县	34	197.33
奉节县	143	136.00
涪陵区	181	452.46
合川区	99	444.12
江津区	274	838.49
开州区	48	117.63
梁平区	47	109.35
南川区	70	361.60
彭水县	48	165.14
綦江区	121	240.82
黔江区	88	106.48
荣昌区	126	222.32
石柱县	70	97.11
双桥区	8	4.96
铜梁区	149	266.32
潼南区	110	217.54
万盛区	65	37.01
万州区	128	708.68
巫山县	45	136.98
巫溪县	36	63.46
武隆区	37	131.22
秀山县	59	157.17
永川区	179	585.87
酉阳县	41	126.82
云阳县	50	154.31
长寿区	105	337.02
忠县	72	361.62
合计	2984	7937.86

表10　2019年全市农村土地综合整治情况表

指标名称	单位	全市	主城区	渝西	渝东北	渝东南
立项项目						
立项项目数	个	2	—	2	—	—
项目实施规模	亩	10462	—	10462	—	—
预计新增耕地	亩	759	—	759	—	—
预算投资	万元	10603	—	10603	—	—
验收项目						
验收项目数	个	14	—	8	6	—
项目实施规模	亩	50427	—	31374	19053	—
新增耕地	亩	6069	—	5209	860	—
实际完成投资	万元	26156	—	14196	11960	—

表11　2019年全市农村土地开发整理项目情况表

指标名称	单位	全市	主城区(中心城区)	渝西	渝东北	渝东南
立项项目						
立项项目数	个	169	5	105	44	15
项目实施规模	亩	609872.28	14876.40	407301.75	133762.31	53931.90
预计新增耕地	亩	65265.01	1628.22	43153.50	15012.64	5470.65
预算投资	万元	117876.62	2940.77	77940.52	27114.67	9880.66
验收项目						
验收项目数	个	235	10	105	50	70
项目实施规模	亩	600380.42	15929.20	335019.91	91437.35	157993.97
新增耕地	亩	77754.83	2849.29	39954.73	13260.79	21690.02
实际完成投资	万元	127173.05	4660.19	65348.54	21688.88	35475.43

表12 2019年全市审批建设用地情况表

		累计	去年同期累计	累计同比	主城区	渝西	渝东北	渝东南
总计		14483	15299	-5.33%	4127	6694	905	2757
批次		11914	12230	-2.58%	3769	5840	685	16220
单选		2569	3069	-16.30%	358	854	220	1137
#农用地		13272	14075	-5.70%	3815	6124	833	2499
#耕地		7801	8364	-6.73%	1990	4000	437	1374
未利用地		249	324	-23.23%	79	61	16	93
国务院审批	宗数	99	90	10.00%	97	0	0	2
	面积	1633	1406	16.14%	1122	0	0	512
省级审批	宗数	1561	1329	17.46%	219	686	219	437
	面积	12850	13893	-7.51%	3006	6694	905	2246
批准用地用途	商服用地	538	848	-36.61%	157	243	62	75
	工矿仓储用地	4492	3652	23.01%	416	3173	159	744
	住宅用地	1904	1789	6.45%	506	836	201	361
	公共管理与公共服务用地	2132	2050	4.01%	898	673	204	357
	交通运输用地	3718	2992	24.29%	991	1393	238	1096
	水域及水利设施用地	238	1115	-78.66%	12	102	17	107
	其他用地	1461	2854	-48.81%	1147	272	24	18
征地农转非人数		147065	144208	1.98%	36233	68330	10635	31867
补偿安置资金		3499308	3757418	-6.87%	1331679	1472757	149494	545377

表13　2019年全市土地出让情况表

地区	项目	土地面积		出让综合价金		土地单价		楼面单价		出让价款到账财政专户（亿元）	土地价款入库		土地和房地产行业引进外资（亿美元）
		（亩）	同比（%）	（亿元）	同比（%）	（万元/亩）	同比（%）	（元/平方米）	同比（%）		（亿元）	同比（%）	
全市	经营性用地	41326	−11.5%	1435.45	−5.0%	347	7.4%	2689	7.7%	1998.3	1929.3	−9.6%	5.61
	工业用地	43110	22.2%	103.06	22.5%	24	0.2%	——	——				
	合计	84436	3.0%	1538.51	−3.6%	182	−6.4%	——	——				
中心地区	经营性用地	13490	0.1%	900.39	4.6%	667	4.5%	6294	24.3%	2067.3	1169.0	−18.2%	4.55
	工业用地	10134	35.9%	39.77	26.7%	39	−6.8%	——	——				
	合计	23624	12.8%	940.16	5.4%	398	−6.6%	——	——				
主城新区	经营性用地	18892	−8.3%	399.70	−15.2%	212	−7.6%	1515	−11.4%	554.8	554.8	8.7%	1.06
	工业用地	27444	35.6%	54.62	70.1%	20	25.4%	——	——				
	合计	46336	13.5%	454.31	−9.8%	98	−20.5%	——	——				
渝东北三峡库区城镇群	经营性用地	6122	−33.6%	105.85	−28.0%	173	8.5%	1083	−9.2%	158.3	158.3	3.4%	0.00
	工业用地	4004	−34.0%	5.69	−69.0%	14	−53.0%	——	——				
	合计	10126	−33.8%	111.54	−32.5%	110	1.9%	——	——				
渝东南武陵山区城镇群	经营性用地	2823	−17.7%	29.51	−9.0%	105	10.6%	1015	13.1%	47.1	47.1	10.3%	0.00
	工业用地	1527	1.4%	2.99	32.1%	20	30.2%	——	——				
	合计	4350	−11.9%	32.50	−6.3%	75	6.3%	——	——				

表14　2019年全市国有建设用地供应情况表

指标名称	单位	全市	同比(%)	主城区	同比(%)	渝西	渝东北	渝东南
供应宗数	宗	2106	-11.4%	527	-14.3%	959	425	195
面积	亩	154617	-37.4%	51019	-43.4%	74028	18904	10667
#工矿仓储用地	亩	43110	22.2%	10134	16.5%	27444	4004	1527
房地产用地	亩	39955	-20.1%	13310	-9.4%	17813	6105	2727
#普通商品房用地	亩	33731	-13.2%	11572	-9.9%	14365	5335	2460
保障性住房	亩	1407	-41.0%	190	-29.2%	652	442	123
其他用地	亩	69660	-57.2%	27385	-59.0%	27634	8352	6289
出让宗数	宗	1164	8.0%	236	19.2%	655	198	75
面积	亩	84436	1.2%	23624	2.0%	46336	10126	4350
#工矿仓储用地	亩	43110	22.2%	10134	16.5%	27444	4004	1527
房地产用地	亩	39955	-15.6%	13310	-6.6%	17813	6105	2727
其他用地	亩	1371	-40.6%	180	-12.0%	1079	16.440615	95
成交价款	亿元	1538.51	-3.5%	940.16	2.4%	454.31	111.54	32.50
#工矿仓储用地	亿元	103.06	30.6%	39.77	5.8%	54.62	5.69	2.99
房地产用地	亿元	1428.45	-4.7%	897.86	2.2%	395.68	105.70	29.21
其他用地	亿元	7.00	-57.3%	2.53	1.4%	4.02	0.14	0.30
土地出让入库收入	亿元	1929.3	-9.6%	1169.0	-18.2%	554.8	158.3	47.1
土地和房地产行业引进外资	亿美元	5.61	1.2%	4.55	138.0%	1.06	0	0

表15 2019年全市非油气矿产资源开发利用情况表（按矿种分列）

矿种	矿山企业数				设计生产能力		年产矿量		矿产品销售量	
	合计	大型	中型	小型	万吨/年	万立方米/年	万吨	万立方米	万吨	万立方米
合计	1070	121	286	663	27543.8115	1661.27	19866.91	449.39	16606.38	50.92
煤炭	42	4	8	30	1838	0	1154.05	0	1154.44	0
石煤	1	0	0	1	10	0	0.00	0	0.00	0
地下热水	37	31	4	2	0	1477.76	0	392.92		0.00
铁矿	7	1	1	5	295	0	5.39	0	5.39	0
锰矿	63	2	10	51	220	0	56.81	0	41.37	0
铅矿	4	0	0	4	7.5	0	0.54	0	0.00	0
锌矿	2	0	0	2	5	0		0	0.02	0
铝土矿	3	0	2	1	86.3	0	17.06	0	17.06	0
汞矿	2	0	1	1	0.0065	0	0.00	0	0.00	0
锶矿	8	0	0	8	9.9	0	2.86	0	2.86	0
普通萤石	20	0	7	13	65	0	3.93	0	1.25	0
熔剂用灰岩	1	0	0	1	30	0	42.12	0	42.12	0
冶金用白云岩	4	1	0	3	99	0	57.38	0	5.40	0
冶金用砂岩	1	0	0	1	2	0	0.00	0	0.00	0
硫铁矿	1	0	0	1	3	0	0.00	0	0.00	0
重晶石	19	0	2	17	53	0	0.63	0	0.21	0
毒重石	13	0	3	10	48	0	3.51	0	4.66	0
盐矿	5	5	0	0	340	0	1111.00	0	257.08	0
石膏	12	2	1	9	154.7	0	23.50	0	22.21	0
方解石	7	2	2	3	40.9	0	5.34	0	4.03	0
水泥用灰岩	41	20	5	16	6126	0	6196.96	0	4799.16	0
建筑石料用灰岩	383	23	121	239	15513	0	9915.60	0	9292.70	0
饰面用灰岩	24	24	0	0	97.4	52.4	0	3.40	0	0.91
制灰用石灰岩	4	1	1	2	176	0	106.10	0	106.10	0
玻璃用砂岩	12	0	2	10	68	0	60.34	0	61.41	0
水泥配料用砂岩	16	1	8	7	385	0	307.61	0	131.49	0
陶瓷用砂岩	2	0	0	2	5	0	3.69	0	0.00	0
建筑用砂岩	90	2	39	49	627	90	142.20	49.24	141.51	46.30
陶粒页岩	1	0	1	0	6	0	0.37	0	0.00	0
砖瓦用页岩	219	0	58	161	1077.605	12.1	510.50	0	509.24	0
水泥配料用页岩	4	1	1	2	68	0	135.33	0	3.44	0

续表

矿种	矿山企业数				设计生产能力		年产矿量		矿产品销售量	
	合计	大型	中型	小型	万吨/年	万立方米/年	万吨	万立方米	万吨	万立方米
高岭土	2	0	0	2	6	0	0.00	0	0.00	0
陶瓷土	8	1	7	0	60	6	3.41	0	2.56	0
凹凸棒石粘土	1	0	0	1	1	0	0.00	0	0.00	0
伊利石粘土	3	0	1	2	20.5	0	0.68	0	0.68	0
矿泉水	8	0	1	7	0	23.01	0	3.84	0	3.71

表16　2019年全市国土资源违法案件查处情况表

指标名称	单位	全市
土地违法案件查处		
立案件数	件	1214
立案涉及土地面积	亩	35553.19
#耕地	亩	11799.73
结案件数	件	953
结案涉及土地面积	亩	32130.68
#耕地	亩	9900.08
罚没款	万元	10607.09
地矿违法案件查处		
立案件数	件	132
结案件数	件	120
吊销勘查许可证	件	0
吊销采矿许可证	件	0
罚没款	万元	1002.23

表17 2019年科学技术奖获奖成果名单

序号	成果名称	主要完成单位	主要完成人	获奖等级	授奖机构
1	中国高精度数字高程基准建立的关键技术及其推广应用	武汉大学、湖北省测绘工程院、内蒙古自治区测绘地理信息局、深圳市地籍测绘大队、宁波市自然资源和规划局、浙江省第一测绘院、重庆市勘测院、重庆市国土资源和房屋勘测规划院、山西省测绘工程院、国家测绘地理信息局第一大地测量队	李建成、邹贤才、姚宜斌、申文斌、魏辉、王彬、张士柱、刘秀、石强、陈为民、杨一挺、向泽君、张孝成、陈弘奕、李国鹏	国家科学技术进步奖一等奖	中华人民共和国国务院
2	山地城市径流污染低影响开发控制与治理技术研究及应用	重庆大学、西南大学、重庆市市政设计研究院、中国建筑设计研究院有限公司、重庆悦来投资集团有限公司、住房和城乡建设部科技发展促进中心、重庆知行宏图科技有限公司、北京泰宁科创雨水利用技术股份有限公司	柴宏祥、黄玉明、赵锂、吕波、杨平、孔祥娟、古励、彭志刚、苏晓杰、邵知宇、魏映彦、敖良根、李莉、徐大勇	重庆市科技进步奖一等奖	重庆市人民政府
3	智慧重庆时空大数据与云平台建设关键技术及应用	重庆市地理信息中心、北京超图软件股份有限公司、北京大学、中国测绘科学研究院、重庆知行宏图科技有限公司	张泽烈、张远、李静、梁星、袁超、曹春华、李林、焦元奎、刘瑜	重庆市科技进步奖二等奖	重庆市人民政府
4	四川盆地东部三叠纪海相钾盐成矿预测与找矿突破	重庆地质矿产研究院、西南石油大学、中国地质科学院矿产资源研究所、中国石油集团东方地球物理勘探有限责任公司	朱正杰、陈科贵、张雄、赵艳军、刘永旺、陈愿愿、刘振、张瑞刚、陈阳	重庆市科技进步奖二等奖	重庆市人民政府
5	重庆历史文化名城资源化传承模式、技术及工程应用	重庆大学、重庆市规划局、重庆雅凯斯凯建筑设计有限公司、重庆大学规划设计研究院有限公司	黄勇、张睿、刘源、秦海田、石亚灵、方钱江、姜涛、程潇潇、李林、张启瑞	重庆市科技进步奖二等奖	重庆市人民政府
6	城乡融合背景下农村集体建设用地资产评估研究与示范应用	重庆市国土资源和房屋勘测规划院、重庆欣荣土地房屋勘测技术研究所、西南大学	郑财贵、牛德利、邱道持、宇德良、陈晓军、任玉龙、屈二千、李磊、唐君桃、申丽琼	重庆市科技进步奖二等奖	重庆市人民政府
7	山地城市违法建筑遥感智能检测关键技术研发与应用	重庆市地理信息中心、重庆大学、重庆市规划监察执法总队	胡艳、李伟红、李朋龙、严加川、徐永书、李正浩、丁忆	重庆市科技进步奖三等奖	重庆市人民政府
8	《重庆历史地图集第二卷 政区沿革 城市变迁 政治军事》	重庆市勘测院 、重庆市测绘地理信息局	郑运松、颜宇、熊明、杨鑫、和世开、刘军、程飞	重庆市科技进步奖三等奖	重庆市人民政府
9	西南山区生态敏感区土地生态状况调查评估研究	重庆市国土资源和房屋勘测规划院、西南大学、重庆欣荣土地房屋勘测技术研究所	马泽忠、彭正涛、罗卓、刘俊波、马世五、刘学、刘元帅	重庆市科技进步奖三等奖	重庆市人民政府

续表

序号	成果名称	主要完成单位	主要完成人	获奖等级	授奖机构
10	长江三峡库区典型地质灾害减灾理论与创新技术	重庆地质矿产研究院、重庆交通大学、中国科学院、水利部成都山地灾害与环境研究所、枣庄学院、西南大学、重庆大学	陈洪凯、徐　洪、唐红梅、陈立川、汪时机、秦代伦、陈柏林、王桂林、王全才、魏世玉	国土资源科学技术奖二等奖	自然资源部
11	盆缘山区页岩气绿色开发技术研究与示范	重庆地质矿产研究院、重庆大学、中石化重庆涪陵页岩气勘探开发有限公司、杰瑞环保科技有限公司	陆朝晖、王里奥、卢培利、朱党辉、杨德敏、孙启刚、贺培、江建飞、梁仁刚、蒙　春	国土资源科学技术奖二等奖	自然资源部
12	西南地区五峰组-龙马溪组地层典型特征及关键识别技术	重庆地质矿产研究院、中国石油天然气股份有限公司勘探开发研究院、中石化重庆涪陵页岩气勘探开发有限公司、中国石油化工股份有限公司华东油气分公司、中国地质大学(武汉)、成都理工大学	张　烨、刘尧文、王红岩、夏海帮、姚光华、方光建、蒋恕、刘德勋、王锦喜、张志平	国土资源科学技术奖二等奖	自然资源部
13	基于智能无线网关的高精度变形监测成套技术与应用	重庆市勘测院、重庆市勘察设计有限公司、重庆市智能感知大数据产业协同创新中心	陈翰新、向泽君、滕德贵、胡波、明　镜、李　超、王大涛、张　恒、袁长征、黄　赟、林江伟、周成涛、贺　勇、杨旭东、王新胜	测绘科技进步奖一等奖	中国测绘学会
14	重庆市土地房屋大数据关键技术研究	重庆市国土资源和房屋勘测规划院、重庆欣荣土地房屋勘测技术研究所、北京捷泰天域信息技术有限公司、易智瑞(中国)信息技术有限公司	李爱迪、马泽忠、吕　煊、陈欣、蒋　涛、王　强、曹　鑫、雷黎、何　灏、于有翔	测绘科技进步奖二等奖	中国测绘学会
15	山地城市轨道交通工程 GIS+BIM 全过程支撑技术体系	重庆市勘测院、重庆市勘察设计有限公司、重庆邮电大学	薛　梅、陈　光、胡章杰、何兴富、向泽君、袁　轶、王国牛、白德贵、罗小波、刘一臻	测绘科技进步奖二等奖	中国测绘学会
16	新一代车载移动测量系统精度提升关键技术及应用	重庆数字城市科技有限公司、重庆市勘测院、重庆大学	向泽君、李　锋、罗再谦、刘寓、吕　楠、龙　川、刘　星、黄志、苟永刚、陈　汉	测绘科技进步奖二等奖	中国测绘学会